Bernard Favre-Bulle

# Automatisierung komplexer Industrieprozesse

# Systeme, Verfahren und Informationsmanagement

SpringerWienNewYork

Univ.-Prof. Dipl.-Ing. Dr. techn.
Bernard Favre-Bulle
Institut für Automatisierungs- und Regelungstechnik
Technische Universität Wien
Gußhausstraße 27–29
1040 Wien
Österreich

© 2004  Springer-Verlag/Wien · Printed in Austria
SpringerWienNewYork ist ein Unternehmen von
Springer Science + Business Media
springer.at

Reproduktionsfertige Vorlage vom Autor
Druck: G. Grasl Ges.m.b.H., 2540 Bad Vöslau, Österreich
Gedruckt auf säurefreiem, chlorfrei gebleichtem Papier - TCF
SPIN: 10992067

Mit 239 Abbildungen

Bibliografische Information Der Deutschen Bibliothek
Die Deutsche Bibliothek verzeichnet diese Publikation in der Deutschen Nationalbibliografie;
detaillierte bibliografische Daten sind im Internet über
http://dnb.ddb.de abrufbar.

ISBN 3-211-21194-2  SpringerWienNewYork

# Vorwort

Dieses Buch verfolgt das Ziel, Studenten technischer Studienrichtungen die Fachgebiete der Automatisierungs- und Prozessleittechnik auf systematische Weise und mit direktem Praxisbezug zu vermitteln. Es ist ein Lehrbuch und es soll darüber hinaus als Nachschlagewerk für Ingenieure in der industriellen Praxis dienen.

Der Ansatz der Darstellung ist ein ganzheitlicher: Ausgehend vom Systemgedanken werden die einzelnen technischen Komponenten und Verfahren erläutert und in Hinblick auf ihre gegenseitige Interaktion analysiert. Dem industriellen Prozessmanagement durch menschliche Entscheidungsträger ist ein eigenes Kapitel gewidmet. In allen Darstellungen steht der Bezug zur industriellen Praxis im Vordergrund.

Besondere Beachtung finden Informationsprozesse und Informationssysteme, die in der industriellen Automation eine zentrale Rolle spielen. Die informationstechnisch/ physikalische Analyse von komplexen Prozessen bildet die Grundlage zur Synthese von Automatisierungssystemen. Es werden etablierte und neue industrielle Informationstechnologien behandelt. Zu den Ersteren gehören z. B. die „Computer-Aided-Technologies", zu den Zweiteren Methoden und Konzepte aus dem aktuellen Fachgebiet der kognitiven Informationsverarbeitung, wo menschliches Denken auf maschineller Basis nachgebildet werden soll. Das Prinzip von konnektionistischen Systemen und die grundlegenden Verfahren der industriellen Bildverarbeitung werden eingehender diskutiert.

Auf dem Gebiet der verteilten Steuerungsarchitekturen wird derzeit intensiv geforscht und entwickelt. Da die relevanten Technologien vermutlich eine große Rolle in zukünftigen Automatisierungssystemen spielen werden, wird das Thema an mehreren Stellen des Buchs behandelt und von verschiedenen Seiten beleuchtet.

Als Lehrbuch will das vorliegende Werk Kenntnisse vermitteln über

- Systemtechnik in der Automation,
- Komponenten der Automatisierung,
- Prozessleittechnik,
- Prozesse und Verfahren in unternehmerischen Systemen sowie über
- Informationssysteme und moderne Verfahren der kognitiven Informationsverarbeitung.

Grundlage des Werks bilden Vorlesungen des Autors an der Technischen Universität Wien in den Fächern Automation, Leittechnik und Prozesstechnik der Magisterstudien Automatisierungstechnik, Computertechnik und Energietechnik für Studenten der Elektrotechnik.

Der Leser kennt nach dem Studium des Buchs die wichtigsten Konzepte, Komponenten und Verfahren der Automatisierungstechnik und kann grundlegende methodische Bewertungen im Rahmen von Automatisierungsprojekten durchführen. Er gewinnt einen Überblick über automationsspezifische Methoden der kognitiven Informationsverarbeitung und über ihre Einsatzmöglichkeiten im Rahmen der Prozessautomatisierung.

Für die Mitwirkung am Zustandekommen dieses Buchs danke ich allen Personen, die durch Diskussionsbeiträge, kritische Auseinandersetzungen mit Inhalten und Darstellungsweisen sowie Textbeiträgen und Abbildungen dazu beigetragen haben, dass dieses Buch entstehen konnte.

Insbesondere danke ich den Herrn o. Univ.-Prof. Dr. Alexander Weinmann und em. o. Univ.-Prof. Dr. Gerfried Zeichen für die kollegialen Fachdiskussionen und Frau Gabriele Grabensteiner für die Redigierung des Manuskripts. An der Entstehung des Buchs haben auch die MitarbeiterInnen des Instituts für Automatisierungs- und Regelungstechnik, ACIN, an der Technischen Universität Wien mitgewirkt. Mein Dank gilt Frau Dipl.-Ing. Ivanka Krezic und Frau Dr. Minu Ayromlou sowie den Herrn Dr. Thomas Berndorfer, Dipl.-Ing. Georg Biegelbauer, Nikolaus Hofbauer, Harald Klauser, Alexander Leopold, Dipl.-Ing. Wolfgang Ponweiser, Dr. Thomas Schmidt, Bernhard Steininger, Dipl.-Ing. Klaus Stocker, Dipl.-Ing. Christoph Sünder, Dipl.-Ing. Zsolt Tamási, Dipl.-Ing. Walter Van Dyck, a. o. Univ.-Prof. Dr. Markus Vincze, Dipl.-Ing. Michael Zillich und Dipl. Ing. Alois Zoitl.

Den Firmen Festo AG & Co. KG, Rockwell Automation und Hilti AG möchte ich für ihren praxisrelevanten Rat und für die zur Verfügung gestellten Abbildungen danken.

Dem Springer Verlag danke ich für seine Unterstützung und für die gelungene Ausführung des Werks.


Bernard Favre-Bulle
Wien, am 30. Juli 2004

# Inhalt

# 1 Automatisierung industrieller Prozesse

Die erfolgreiche Automatisierung von industriellen Prozessen erfordert ganzheitliche Ansätze. Das zu betrachtende System besteht aus den *Märkten*, die auf Grund der aktuellen Marktstrukturen, Kundenanforderungen und Mitbewerber die herzustellenden Produkte in Qualität, Funktion und Preis mitdefinieren, dem *industriellen Unternehmen*, das seine Aufbau- und Ablauforganisation auf die strategischen Ziele hin optimiert, und den verfügbaren *technologischen Komponenten und Verfahren* der Produktions- und Automatisierungstechnik, die zur Umsetzung der Produktkonzepte und damit zur Erreichung der Ziele erforderlich sind. Alle am System beteiligten Prozesse funktionieren nur, wenn die Kommunikations- und Informationsflüsse optimal ablaufen.

Im technologischen Mittelpunkt der Automatisierungstechnik steht die rechnergesteuerte Leitung industrieller Prozesse. Informationen aus dem Prozess werden über Sensorsysteme gewonnen. Auf die Material- und Energieströme wird über Aktorsysteme eingewirkt. Die Kommunikation erfolgt über leistungsfähige Bussysteme. Die zur Prozessführung notwendige Informationsverarbeitung findet mit geeigneter Informationstechnik statt. Über Mensch-Maschinen-Interfaces steht der Mensch mit dem Prozess im direkten Dialog.

Das erste Kapitel beschäftigt sich mit grundlegenden Begriffsdefinitionen sowie mit den Faktoren, die für eine erfolgreiche Automatisierung von Industrieprozessen zu beachten sind. Es bietet einen Einblick in die gegenwärtige Situation am Automatisierungsmarkt und zeigt einige wichtige technologische Trends für zukünftige Entwicklungen auf.

## 1.1 Was ist Automatisierung?

Über den Begriff „Automatisierung" klärt uns die DIN 19233 auf:

> *Automatisieren heißt künstliche Mittel einsetzen, damit ein Vorgang automatisch abläuft. Bei einer Anlage bedeutet dies, sie mit Automaten so auszurüsten, dass sie automatisch arbeitet. Die Automatisierung ist das Ergebnis des Automatisierens.*

> *Automatisch heißt, nach Art eines Automaten arbeitend.*

> *Ein Automat ist ein künstliches System, das selbsttätig ein Programm befolgt. Auf Grund des Programms trifft das System Entscheidungen, die auf der Verknüpfung von Eingaben mit den jeweiligen Zuständen des Systems beruhen und Ausgaben zur Folge haben.*

Das griechische Wort *automatos* kann ins Deutsche mit „sich selbst bewegend, von selbst geschehend" übersetzt werden. In dieser Definition begegnen uns erstmals die Begriffe des *Systems* und des *Prozesses*. Sie werden in Kap. 2 ausführlich besprochen, deshalb sollen sie hier nur durch Beispiele erläutert werden (Tabelle 1).

Die *Prozessautomatisierung* kennzeichnet als Spezialfall das Fachgebiet der Automatisierung (beliebiger) technischer Prozesse. Ein *Prozessautomatisierungssystem* besteht aus einem technischen System (einem Produkt oder einer Anlage), einem Rechner- und Kommunikationssystem sowie menschlichen Komponenten zur Bedienung, Wartung und Kontrolle (Lauber und Göhner 1999a). Die Aufgaben der Teilsysteme sind die Umformung, Verarbeitung und der Transport von *Materie*, *Energie* und *Information*.

**Tabelle 1:** Beispiele für Systeme und Prozesse im industriellen Kontext

| Systeme | Prozesse |
|---|---|
| Geräte, Sensoren, Aktoren, Rechner, Regler, Steuerungen, Automaten, Industrieroboter, Anlagen, Automatisierungseinrichtungen, Organisationseinheiten, Unternehmen etc. | Physikalische Vorgänge, Schaltvorgänge, Produktionsabläufe, chemische Umwandlungsprozesse, Fertigungs- und Montagefolgen, Prüfvorgänge, Geschäftsprozesse etc. |

### 1.1.1 Domänen der Automatisierung

Abhängig von der Art des Systems, in dem der technische Prozess abläuft, und abhängig vom Grad der Komplexität des Prozesses unterscheiden wir zwei Automatisierungsdomänen:

- *Produktautomatisierung*: Der technische Prozess läuft in einem Gerät ab, das in der Regel ein Massenprodukt ist (Kraftfahrzeug, DVD-Player, Waschmaschine, Fernsehgerät, Alarmanlage, Werkzeugmaschine, Messgerät etc.).
- *Anlagenautomatisierung*: Ein in der Regel komplexer technischer Prozess läuft auf (meist räumlich verteilten) Anlagen ab. Beispiele dafür sind die Fertigungsautomatisierung und die Automatisierung verfahrenstechnischer Anlagen (Chemie, Petrochemie, Wasserwerke etc.).

Dieses Buch setzt sich vorwiegend mit der industriellen Anlagenautomatisierung auseinander. Die erläuterten Prinzipien und Verfahren gelten jedoch auch in weiten Bereichen für die Produktautomatisierung, wenn auch Umfang und Maßstab der Systeme und Prozesse prinzipiell verschieden sind.

*Produktautomatisierung*

Die typische Systemarchitektur bei der Produktautomatisierung umfasst (neben der Hilfsenergieversorgung) das eigentliche technische Produkt, einen Mikrocontroller mit Programm- und Datenspeicher sowie eine Bedienerschnittstelle. In den meisten Fällen geht es bei der Produktautomatisierung darum, dem menschlichen Bediener Informationen über den Betriebszustand des Produkts zur Verfügung zu stellen und die Bedienung des Geräts durch Komfortfunktionen zu erleichtern. In der Regel sind die Automatisierungsaufgaben auf stark spezialisierte Funktionen beschränkt. Wegen der dem Bestimmungszweck des Geräts fest zugeordneten Funktionalität der Automatisierungsaufgabe werden die entspechenden Systeme auch als *Dedicated Systems* bezeichnet. Da der Mikrocontroller inklusive spezialisiertem Automatisierungsalgorithmus in der Regel im Produkt *eingebettet* ist, spricht man auch von *Embedded Systems*. Die Softwareentwicklung für diese Systeme ist nicht vergleichbar mit der für Desktop- oder PC-Systeme. Oftmals werden Betriebssysteme eingesetzt, die zwar über keinen Speicherschutz verfügen, dafür jedoch Echtzeitanforderungen genügen. Die Programme laufen meist im Online/Closed-loop-Betrieb, um den Anwender durch eine unmittelbare Reaktion auf seine Eingaben einen besseren Bedienungskomfort zu bieten.

Mitunter bestehen Produkte aus vielen Teilsystemen, wie das beispielsweise beim Automobil der Fall ist. Während in den 1970er Jahren die Kraftfahrzeuge nur über elektrische und mechanische Automatisierungssysteme gesteuert und geregelt wurden, erfolgt dies heute zunehmend über elektronische Systeme und die darin enthaltene Software (Seiffert 2001). Heute entfallen bereits etwa 30 % der Herstellkosten eines Automobils auf elektronische Systeme. In den neuen Modellen der Oberklasse sind bereits bis zu 100 elektronische Steuergeräte eingebaut. Sie kommunizieren in der Regel über standardisierte Bussysteme. Das Ziel der Automatisierungssoftware ist die Unterstützung des Fahrers in den Haupt- und Nebenfunktionen der Fahrzeugbedienung und die Regelung von Motorparametern zur Optimierung des Fahrverhaltens und der Schadstoffemission.

*Fertigungsautomatisierung*

Die Zielsysteme der Fertigungsautomatisierung sind Produktionsanlagen, einschließlich der für die Realisierung der logistischen Funktionen (Materialtransport, Lagerhaltung, Transport und Speicherung von Halbzeugen etc.) erforderlichen Einrichtungen. Die operativen Funktionen der Produktion sind die *Teilefertigung* und die *Montage*. Neben den Automatisierungsaufgaben, die *Material-* und *Produktströme* betreffen, kommt der *Informationsautomatisierung* in der Fertigungsautomatisierung eine entscheidende Bedeutung zu. Die Kap. 2 und 3 setzen sich intensiv mit den Architekturen, Komponenten und Informationsprozessen in der Fertigungsautomatisierung auseinander.

*Automatisierung in der Verfahrenstechnik*

Die Verfahrenstechnik hat die technische und wirtschaftliche Durchführung von Prozessen zum Ziel, in denen Stoffe nach Art, Eigenschaft und Zusammensetzung verändert werden. Es ist vor allem der Aspekt der Stoffumwandlung, der bei verfahrenstechnischen Prozessen zum Tragen kommt. Im Unterschied zu den Tätigkeiten des Chemikers im Labor findet in der Verfahrenstechnik die Umsetzung der Stoffumwandlung im großtechnischen Maßstab statt. Im Kap. 4 werden die Architekturen von leittechnischen Systemen unter besonderer Berücksichtigung der verfahrenstechnischen Problemstellungen besprochen.

*Energie-, Kraftwerks- und Netzleittechnik, Haustechnik, Verkehrsleittechnik*
Weitere Anwendungsbereiche der Anlagenautomatisierung erstrecken sich auf

- Kraftwerksanlagen
- Energieversorgungsnetze
- Gebäude- und haustechnische Anlagen
- Schienenverkehrssysteme (Bahntechnik)
- Straßenverkehrssysteme (Ampelsteuerungen, Mautsysteme etc.)
- Klär- und Wasserwerke
- Umweltmessanlagen

und viele andere mehr. Auf jedem Gebiet sind spezielle Anforderungen an die Funktionalität und Leistung der Automatisierungssysteme zu berücksichtigen. Die grundlegenden Methoden und Prinzipien der Leit-, Steuer- und Regelungstechnik sind jedoch für die meisten Anwendungen gleich.

## 1.2 Unternehmenserfolg durch Automation

Die folgenden Überlegungen versuchen die Frage zu beantworten, wie ein produzierendes Unternehmen durch gezielten Einsatz von Automatisierungstechnik seine Konkurrenzfähigkeit am Markt behaupten und seinen Geschäftserfolg nachhaltig ausbauen kann. Diese Frage ist in Zeiten instabiler Konjunkturlage und bei wachsendem Wettbewerb durch Anbieter aus Billiglohnländern äußerst aktuell und betrifft eine hohe Zahl von europäischen Unternehmen. Wie wir sehen werden, kann eine Lösung nur in ganzheitlichen Ansätzen gefunden werden, die sowohl strukturelle wie auch technologische Veränderungen im Unternehmen in Betracht ziehen.

### 1.2.1 Strategische Ausrichtung von Unternehmen

Die strategische Ausrichtung eines Unternehmens gilt heutzutage als entscheidende Grundlage für den Erfolg. Nicht selten werden wichtige strategische Entscheidungen für die Zukunft eines Unternehmens zu schnell und ohne gründliche Einbeziehung des Marktes getroffen. Fragen wie „Was ist unser Zielmarkt und wie entwickelt er sich?", „Wer sind unsere Kunden?", „Welche Bedürfnisse haben sie?", „Wie kann ich meine Kunden erreichen?" stehen an der Spitze der Strategieentwicklung eines erfolgreichen Unternehmens. Die vollständige Befriedigung der Kundenbedürfnisse und das uneingeschränkte Qualitätsbewusstsein zeichnen einen Hersteller mit Produktführerschaft aus. Darüber hinaus sind strategische Dynamik und Flexibilität des Unternehmens gefordert. Einflüsse der globalen Märkte sowie E-Business-Aktivitäten können die Positionierung und die damit verbundene strategische Ausrichtung eines Unternehmens oder einer Produktion rasch ändern. Ein schnelles Reaktionsvermögen auf veränderte Ausgangssituationen und ein flexibles, innovationsfreudiges Unternehmensmanagement zeichnen die erfolgreichen Firmen der Gegenwart (und vermutlich auch der Zukunft) aus. Größe spielt dabei eine weniger entscheidende Rolle, so dass wir sagen können:

*In Zukunft werden nicht die großen Fische die kleinen fressen, sondern die schnellen Fische die langsamen!*

Für produzierende Unternehmen gilt darüber hinaus als oberstes Ziel, Produkte hinsichtlich Qualität, Zeit, Preis und Ort exakt nach den aktuellen Kundenbedürfnissen am Markt zu placieren. Bei der Realisation des Produkts spielt die industrielle Automation eine wichtige Rolle, und zwar nicht erst in der Produktion, wo die Automatisierungstechnik die Erreichung von Qualitäts-, Kosten- und Terminzielen ermöglicht. Schon in frühen Phasen der Produktentwicklung kommt der *Informationsautomatisierung* eine wichtige Rolle zu. Wir verstehen darunter die technologiegestützte Automatisierung von unternehmerischen Informationsflüssen (produkt- und prozessorientierten *technischen Informationsflüssen* und ablauforientierten *logistischen Informationsflüssen*), von der strategischen bis hin zur operative Ebene.

Als Randbedingungen für alle Aktivitäten gelten die ethischen Grundwerte der Firma. Sie beinhalten den Umweltschutz, die Sicherheit, die Berücksichtigung von Vorschriften und Gesetzen sowie die Schaffung von menschenwürdigen Arbeitsbedingungen bei guten Weiterentwicklungsmöglichkeiten für die Mitarbeiter. Das bewusste Entwickeln einer strategiekonformen Unternehmenskultur führt zu einem einheitlichen Wertesystem, an dem sich die Unternehmensleitung, das obere und mittlere Management und die Mitarbeiter orientieren können. Die Erfahrung lehrt uns, dass der Unternehmenserfolg nicht zuletzt von einer exzellenten Unternehmenskultur abhängt.

*Strategische Triebkräfte*
Die strategischen Erwägungen zum Einsatz von Automation orientieren sich am übergeordneten Ziel eines jeden Unternehmers:

*Langfristige Sicherung des Unternehmens und Gewinnmaximierung bei hoher Kundenorientierung und Produktqualität.*

Das langfristige Überleben eines produzierenden Betriebs hängt in hohem Maße vom Standort ab (Lohnkosten, Verfügbarkeit von Arbeitskräften), von der raschen Folge an Produktinnovationen und von der konstant hohen Produktqualität. Alle drei Faktoren können durch Automation positiv beeinflusst werden.

*Operative Triebkräfte*
Der Wunsch nach Rationalisierung bildet die stärkste Triebkraft für die industrielle Automation. Grundvoraussetzung für ein erfolgreiches Automatisierungsprojekt ist der klare Nachweis der Wirtschaftlichkeit. Gemessen wird die Wirtschaftlichkeit oft an der Amortisationszeit. Damit ist jene Zeit gemeint, nach der sich die Investitionen der Anlagen und die Aufwendungen für die Entwicklung neuer Prozesse und Technologien durch erhöhte Profite (ermöglicht durch geringere Herstellkosten, höhere Taktraten) „bezahlt gemacht" haben. Die Obergrenze einer bestimmten Amortisationszeit von Anlagen ist oft unternehmensintern festgelegt. Demzufolge orientieren sich auch die Eingangsbedingungen eines Automationsprojekts an diesen Obergrenzen. In der Praxis schwanken die geforderten Amortisationszeiten zwischen einem halben Jahr und fünf Jahren, mit einem Schwerpunkt bei drei Jahren (Schraft und Kaun 1998). Maßgeblich für die Zielgröße der Amortisationszeit sind die Produktlebensdauer, die

Variantenvielfalt, die Innovationsbereitschaft der Branche und natürlich auch die Philosophie und Risikobereitschaft des Unternehmens (*schneller* versus *langfristiger* Erfolg). Der Trend geht hin zu Forderung nach kürzeren Amortisationszeiten. Der Preisfall bei vielen Automatisierungskomponenten (z. B. Speicherprogrammierbare Steuerungen, Roboter) unterstützt diesen Trend.

*Operative Ziele von Automation*
Schraft und Kaun (1998) stellten in einer Umfrage fest, wie sich die operativen Ziele für Automation in deutschen Unternehmen von den 1980er zu den 1990er Jahren entwickelt haben (Abb. 1).

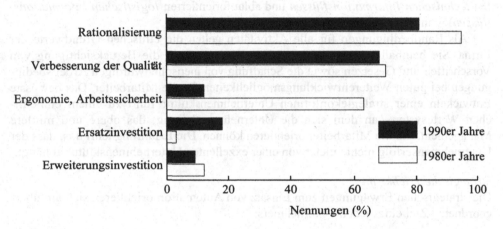

**Abb. 1:** Operative Ziele von Automatisierungsprojekten aus einer Umfrage nach Schraft und Kaun (1998)

Demnach ist das „klassische" Automatisierungsziel die *Rationalisierung von Produktionsprozessen*. Sie ist zum größten Teil motiviert durch den Zwang zum Erhalt der Konkurrenzfähigkeit gegenüber den „Billiglohn"-Produktionsstätten in den osteuropäischen und asiatischen Ländern. Etwa 70 % der Befragten nannten die *Verbesserung der Produktqualität* als vorrangiges Ziel. Darin spiegeln sich die ständig steigenden Kundenansprüche wider. Der signifikante Abfall der Nennungen im Punkt *Ergonomie und Arbeitssicherheit* kann wohl nicht durch ein schwindendes Interesse an der Humanisierung der Produktion erklärt werden, sondern deutet eher darauf hin, dass man die Thematik zunehmend als Selbstverständlichkeit betrachtet, sind doch die Arbeitsplätze im betreffenden Jahrzehnt viel ergonomischer und sicherer geworden. Ein Anstieg der Nennungen beim Punkt *Automatisierungstechnik bei Ersatzinvestitionen* deutet auf ein gestiegenes Vertrauen in neue Technologien hin.

### 1.2.2 Menge versus Vielfalt: wirtschaftliches Produzieren

Die Erfüllung der Kundenbedürfnisse muss das oberste Ziel eines jeden Unternehmens sein. Veränderungen der Marktverhältnisse zwischen den 1980er Jahren und heute haben es mit sich gebracht, dass die Vielfalt der gewünschten Produktvarianten stets zunimmt. Nicht zuletzt anhand der Automobilindustrie kann man verfolgen, wie Sonderausstattungen und individuelle Fahrzeugvarianten zunehmend von den Kunden gewünscht und gekauft werden. Der Extremfall ist mit der „Losgröße 1" erreicht, wo Serienprodukte grundsätzlich individuell verschiedene Merkmale aufweisen.

Als Schlüssel zur Wettbewerbsfähigkeit gilt die Beherrschung der daraus entstehenden Komplexität des Entwicklungs-, Produktions- und Logistikprozesses (Warnecke 1996). Der Einsatz fortschrittlicher Informationstechnologien bei unternehmensweiter Informationsintegration sowie eine konsequente flexible Automatisierung sind wichtige Voraussetzungen, reichen aber allein nicht aus, um die Komplexität in den Griff zu bekommen. Dies hat die anfängliche Ernüchterung nach der Einführung der ersten CIM-Technologien (Computer Integrated Manufacturing) in den 1980er Jahren gezeigt. Allein die Abbildung der unternehmerischen Komplexität in Computerprogramme und Steuerungsalgorithmen genügt nicht. Es ist entscheidend, zunächst die *Organisationsstrukturen* und *Geschäftsprozesse* den Marktanforderungen anzupassen. Dabei muss der Trend in Richtung *Vereinfachung* gehen. Die erneuerten Strukturen und Prozesse bilden dann eine Basis, auf der die *Technologie* mit *Automation* und *Informationsintegration* aufsetzt.

Jede erfolgreiche Unternehmensstrategie geht im Kern von der Maximierung des Profits unter Einhaltung von qualitativen und ideellen Nebenbedingungen aus. Muss ein Unternehmen seinen Gewinn steigern, so stehen ihm in der Regel eine Palette von Maßnahmen zur Verfügung (Schraft und Kaun 1998), die einerseits auf der Erhöhung von Verkaufspreisen [*VP*+] und andererseits auf einer Herstellkostensenkung [*HK*–] beruhen:

- Günstigerer Einkauf von Rohmaterialien (z. B. durch „Global Sourcing") [*HK*–]
- Höhere Verkaufspreise für das Endprodukt (wird immer schwieriger durchzusetzen und kann allenfalls durch einzigartige Produkt-Leistungsmerkmale realisiert werden) [*VP*+]
- Ausweitung des Marktes und dadurch Reduktion der Stückkosten durch höhere Stückzahlen [*HK*–]
- Verlagerung der Produktion in Billiglohnländer [*HK*–]
- Verringerung der Fertigungstiefe und Zukauf billiger Teile [*HK*–]
- Redesign mit Kostenoptimierung (Entwicklung, Produktion) [*HK*–]
- Rationalisierung der Produktion [*HK*–]

Erhöhte Stückzahlen (über die Erweiterung der Produktionsmenge) haben einen direkten günstigen Einfluss auf die Herstellkosten [*HK*–], da einerseits der einmalige Aufwand für Planung, Entwicklung, Marketing, Investition in Betriebs- und Sonderbetriebsmittel etc. auf *viele Leistungseinheiten* (Produktstücke) verteilt wird, andererseits die *Lern- und Erfahrungskurve* voll ausgenützt wird (Warnecke 1996). Als Faustformel gilt: Eine Verdopplung der Produktionsmenge bringt 20 % Einsparungen an Herstellkosten. Auf dem Effekt der Mengendegression baut das Konzept der Massenfertigung auf, die Unternehmen streben nach hohen Marktanteilen und Marktführerschaft.

Auf der anderen Seite verlangt der Markt nach *Individualprodukten*, was eine hohe Variantenvielfalt zur Folge hat. Diese Forderung läuft auf den ersten Blick dem Wunsch des Herstellers nach *erhöhten Losgrößen*, also Produktmengen mit den exakt gleichen Eigenschaften, entgegen. Die Erfüllung des Bedürfnisses nach Vielfalt stellt den Hersteller vor folgende Herausforderungen:

- Für jede Variante ist ein zusätzlicher Aufwand zu treiben, der auf weniger Stück Endprodukte aufzuteilen ist [*HK+*]. Das führt im ungünstigen Fall zur Notwendigkeit, den Verkaufspreis signifikant zu erhöhen [*VP++*], was die Wettbewerbsfähigkeit senkt;
- der Informations- und Kommunikationsaufwand im Unternehmen steigt wegen der erhöhten Komplexität steil an, leistungsfähige Informationsstrukturen werden erforderlich;
- der Faktor „Zeit" wird zum Wettbewerbsfaktor;
- die Umstellprozesse in der Produktion wegen der erhöhten Variantenzahl nehmen einen größeren Einfluss auf die Herstellkosten als der eigentliche Fertigungsprozess.

Wir haben in *Menge* und *Vielfalt* zwei polare Größen vorliegen, die beherrscht werden müssen, soll die Wirtschaftlichkeit des Unternehmens gesichert bleiben:

- *Menge* (*Economy of Scale*): beherrschbar durch Spezialisierung, Mengenkonzentration, spezialisierte Arbeitsstationen und starre Automatisierung
- *Vielfalt* (*Economy of Scope*): beherrschbar durch Generalisierung, Konzentration auf Organisation und Information, flexible Arbeitsstationen mit Komplettbearbeitung und flexibler Automatisierung

Eine Fabrik muss demnach so strukturiert sein, dass jedes Teilsystem seinen Schwerpunkt in Menge *oder* Vielfalt hat. Je ausgeprägter (eindeutiger) der Schwerpunkt gelegt werden kann, desto einfacher können die Strukturen und Prozesse gestaltet werden.

### 1.2.3 Was erwartet die Industrie von der Automation?

Die aktuellen Herausforderungen der produzierenden Industrie sind – auf einen einfachen Nenner gebracht – folgende:

- Verbesserung der Wettbewerbsfähigkeit durch Differenzierung vom Wettbewerb
- Senkung der Herstellkosten, um konkurrenzfähig zu bleiben
- Beherrschung der geforderten Variantenvielfalt
- Verkürzung der Innovationszyklen und Verringerung der Durchlaufzeiten (der Schnellste und Kostengünstigste siegt!)

- Entwicklung von robusten Produktionssystemen mit erhöhter Flexibilität bei Änderungen

Die daraus abgeleiteten Anforderungen der Industrie an die Automatisierungstechnik sind:

- Produktionssysteme, die ohne nennenswerten Umrüstaufwand ein breites Variantenspektrum beherrschen (flexible Automation)
- Kompatibilität von Automatisierungskomponenten untereinander, auch wenn sie von unterschiedlichen Herstellern stammen und ein unterschiedliches Herstelldatum haben (Standardisierung, „Plug and Produce")
- Verringerung der Störanfälligkeit der Komponenten (Robustheit)
- Idealerweise Selbstanpassungsfähigkeit der Komponenten bei Änderungen im System oder bei Ausfall von Systemteilen (automatische Rekonfiguration)
- Verringerung der *Gesamtkosten* der Automation (Investition, Service, Pflege der Softwarevarianten, Kosten für Modifikationen und Erweiterungen der Anlagen)

Die imperativen Antworten der Forschungs- und Entwicklungsabteilungen der Firmen sowie der Universitäten und Forschungsinstitute auf diese Forderungen muss daher sein:

- Schaffe Technologien für agile, rekonfigurierbare Automatisierungssysteme
- Entwickle „Plug and Produce"-Technologien
- Schaffe offene Standards, die es den Automatisierungsherstellern ermöglichen, systemkompatible Komponenten zu bauen
- Treibe Forschung in Richtung künstlicher kognitiver Systeme mit verteilter Intelligenz
- Entwickle „intelligente Software", die sich an den Wahrnehmungs- und Denkleistungen des Menschen orientiert (Bildverarbeitung, fortgeschrittene Robotik, intelligente Sensorik und Aktorik, wissensbasierte Entscheidungsgeneratoren etc.)
- Integriere all diese Bestandteile in ein kommunikativ (horizontal und vertikal) vernetztes Automatisierungssystem

Es ist Aufgabe der Universitäten und Forschungseinrichtungen, durch Grundlagenforschung und angewandte Technologieforschung für die entscheidenden Innovationen zu sorgen.

### 1.2.4  Fazit: Automatisierungstechnik als Erfolgsfaktor

Aus den vorangegangenen Betrachtungen geht hervor: Die Wettbewerbsfähigkeit eines produzierenden Industrieunternehmens kann durch *Produktführerschaft* in Qualität, Funktion und Innovation, durch *konkurrenzfähige Verkaufspreise* und durch die gezielte Beherrschung von *Menge* und *Vielfalt* gesichert werden. Soll der Hochlohn-Produktionsstandort erhalten bleiben (Schaffung und Erhalt von Arbeitsplätzen, Know-how-Absicherung), so ist es die *Prozessautomatisierung*, die signifikant zur

Rationalisierung der Produktion und damit zur Wettbewerbsfähigkeit beitragen kann. Die *Informationsautomatisierung* stellt Werkzeuge und Strukturen zur Beherrschung der Komplexität bei variantenreichen Produktstrategien zur Verfügung. Durch unternehmensweite *Informationsintegration* kann die Planung sowie die Bewertung und Steuerung von Geschäftsprozessen unter Berücksichtigung des aktuellen Unternehmenszustands erfolgen. Voraussetzung für den Geschäftserfolg sind in jedem Fall geeignete Organisationsstrukturen und Prozessabläufe im Unternehmen.

## 1.3 Markt und Technologie

Die Stimulation der Innovation geht in der Automatisierungstechnik, wie in anderen Wirtschaftszweigen, von den Kundenbedürfnissen (*Market-Pull*) und den technologischen Stoßrichtungen der industriellen und akademischen Forschung und Entwicklung (*Technology-Push*) aus.

### 1.3.1 Der Weltmarkt der Automatisierungstechnik

Die Weltproduktion von automatisierungstechnischen Anlagen und Komponenten umfasste im Jahr 2003 ein Volumen von etwa 200 Milliarden €. Nach konjunkturell bedingten Stagnationsjahren 2000–2002 prognostiziert der deutsche Zentralverband für Elektrotechnik und Elektronikindustrie für 2004 und die Folgejahre wieder ein ein- bis zweistelliges langfristiges Wachstum. Die Länderanteile der Weltproduktion 2003 ergaben für die USA etwa ein Drittel, für Europa ein Viertel und für Japan ca. 20 % des Gesamtvolumens. Der Rest teilte sich auf andere Staaten der Erde auf. Deutschland hatte mit etwa 12 % den größten Anteil in Europa (Quelle: ZVEI Automation).

Die Abnehmergruppen von Automatisierungstechnik gliederten sich 2003 innerhalb Deutschlands in folgende Segmente: Maschinenbau 30 %, Elektroindustrie 20 %, Groß- und Einzelhandel Elektroinstallation 11 %, Fahrzeugbau 9 %, Energiewirtschaft 8 %, Chemie und Petrochemie 7 %. Der Rest umfasste die Eisen- und Stahlgewinnung, den Bergbau und sonstige kleinere Abnehmersegmente (Quelle: ZVEI Automation).

### 1.3.2 Technologische Trends

Als wichtigste Wachstumssegmente 2004 werden die Bildverarbeitung, elektrische Antriebe, Industriesteuerungen, Netzwerktechnologien, Sensorik, Prozessmesstechnik und Bedienschnittstellen genannt (Quelle: ZVEI Automation). Eine besondere Bedeutung kommt folgenden Technologien zu: mechatronische Integration von intelligenter Funktionalität in die Hardware-Komponenten (intelligente Sensoren und Aktoren, Embedded Systems), verteilte Steuerungsintelligenz und vertikale Informationsintegration (z. B. über den Einsatz von Ethernet in der Automation, insbesondere in Koexistenz mit dem Feldbus auf Feldebene), durchgängige Datenkommunikation und offene Standards, Einsatz von Web-basierten Technologien in der Automatisierungstechnik, neue Bedienerschnittstellenkonzepte und sensorgeführte Robotik.

Der Schwerpunkt der technologischen Innovation bewegt sich nachhaltig weg von den mechanischen und elektromechanischen Produkten hin zur Software und Elektronik. Das bestätigen die Verläufe der Umsatzanteile in den jeweiligen Produktsegmenten (Quelle: Siemens). Mechatronik als Integrationsdisziplin von mechanischen, elektronischen und informationstechnischen Systemen wird auch in Zukunft eine wichtige Rolle spielen.

Als langfristige Tendenz kann die zunehmende Bedeutung von *intelligenter Software* in der Automatisierungstechnik angesehen werden. Darunter verstehen wir Software, die das menschliche Wahrnehmungs-, Denk- und Entscheidungsverhalten bis zu einem gewissen Grad nachbilden kann. Die einschlägige Fachdisziplin ist die *kognitive Informationsverarbeitung* (Kap. 5), mit Teilgebieten wie dem *Soft-Computing*, der *Agententechnologie* und den *wissensbasierten Systemen*. Die Einbindung des Internets in die Systemstrukturen der Automation und die Integration von Web-Technologien in unternehmerische Geschäftsprozesse spielen bereits in der Gegenwart eine wichtige Rolle und werden ihre Bedeutung in der Zukunft voraussichtlich weiter ausbauen können.

### 1.3.3  Die Rolle des Informationsmanagements

Bei der Automatisierung komplexer Industrieprozesse spielen *Informationsflüsse* eine vorrangige Rolle. Während in der Unternehmensleit- und Planungsebene (Abb. 2) im Wesentlichen *strategische Entscheidungen* getroffen werden, so sind die „Entscheidungen" der Steuerungsebene vielmehr von technisch/operativem Verhalten geprägt. Dementsprechend unterscheiden sich auch die Art der Informationsflüsse. In den höheren Ebenen fallen in der Regel hohe Datenmengen (Wissen und Erfahrung!) für eine Entscheidung an, die Informationsverarbeitung basiert auf kognitiven Vorgängen (Menschen denken und entscheiden). Die Reaktionszeit spielt eine untergeordnete Rolle, da die Entscheidungen zwar so schnell wie möglich benötigt werden, aber in den meisten Fällen nicht einem minimalen Zeitrahmen gehorchen müssen.

Anders ist die Situation auf der Feldebene: Relativ geringe Datenmengen müssen mit hohen Reaktionsgeschwindigkeiten (z. B. mit „Echtzeitanforderungen") auf technischer Basis verarbeitet werden. Für die Entscheidungen verantwortlich sind meist Steuerungen und Regler, die ihre Ein- und Ausgangsdaten über Feldbusse mit den entsprechenden Sensoren und Aktoren austauschen.

In diesem Zusammenhang sind heute zwei Trends zu verfolgen: Durch *vertikale Integration* versucht man einerseits, die Ebenen informationstechnisch zu „verschmelzen". Dadurch soll beispielsweise gewährleistet werden, dass übergeordnete strategische Ebenen kurzfristig auf Informationen der operativen Ebenen zugreifen können. Zum anderen strebt man an, die „Intelligenz" der beteiligten Automatisierungskomponenten weitgehend zu erhöhen. Im Idealfall erhalten die Komponenten „kognitive" Fähigkeiten und erreichen damit eine gesteigerte Flexibilität und Rekonfigurierbarkeit, womöglich in Echtzeit.

Die Integration von verschiedenen Informationssystemen im Unternehmen wird von der Industrie als wesentlicher Erfolgsfaktor erkannt. Wir werden uns mit dieser Thematik näher im Abschn. 3.3 auseinander setzen.

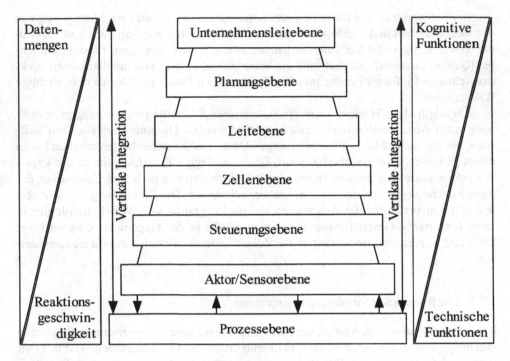

**Abb. 2:** Ebenenmodell der Informationsflüsse im produzierenden Unternehmen

# 2  Systeme und Komponenten der Automation

Der Systembegriff spielt in der Automatisierungstechnik eine wichtige Rolle. Ein dynamisches System lässt sich durch seine zeitabhängigen inneren Zustandsgrößen $x_i(t)$, durch die Ein- und Ausgangsgrößen $u_j(t)$ und $y_k(t)$ sowie durch die Führungs- und Störgrößen $u_l(t)$ und $y_m(t)$ beschreiben (Abb. 3). Bei dieser Beschreibung treten im Allgemeinen Differentialgleichungen auf, die sowohl die Systemgrößen wie auch deren zeitliche Ableitungen beinhalten. In vielen Fällen werden die dabei auftretenden Gleichungen nichtlinear sein. Oft ist es nicht möglich oder zweckmäßig, ein System auf der Basis von Differentialgleichungen zu beschreiben. Man denke beispielsweise an eine Steuerung, deren Systemverhalten durch das Steuerprogramm definiert ist, oder an das „Systemverhalten" eines menschlichen Anlagenbedieners.

Der zu automatisierende Prozess läuft in Systemen ab, die sich ebenso wie das Automatisierungssystem durch Zustands- und Schnittstellengrößen beschreiben lassen. Die dynamische Wechselwirkung aller Teilsysteme liefert das Verhalten des Gesamtsystems.

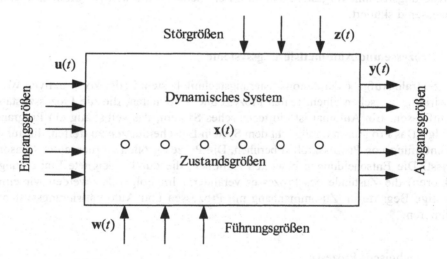

**Abb. 3:** Ein System mit inneren Zustandsgrößen $x(t)$, Eingangsgrößen $u(t)$, Ausgangsgrößen $y(t)$, Führungsgrößen $w(t)$ und Störgrößen $z(t)$

Je höher Anzahl und Verschiedenartigkeit der Wechselwirkungen der Elemente eines Systems sind, desto *komplexer* ist es. Komplexe Systeme benötigen zu ihrer Beschreibung eine hohe Anzahl von Parametern. Die meisten komplexen Systeme weisen so genannte *Attraktoren* auf. Darunter versteht man bestimmte Zustände oder Zustandsabfolgen, die das System weitgehend unabhängig von seinen Anfangsbedingungen anstrebt. Diese Zustandsabfolgen können auch *chaotisch* sein.

Lebende Organismen bzw. deren Organisationsformen oder künstliche Systeme, die das Verhalten von lebendigen Organismen simulieren, fallen in die Kategorie *komplexer adaptiver* Systeme, da sie sich im Laufe der Zeit an Gegebenheiten ihrer Umwelt *anpassen*. Diese Anpassung ist eine Form des *Lernens*.

Industrielle Systeme (Unternehmen, Unternehmensbereiche, Abteilungen, Produktionsanlagen, Fertigungsanlagen, verfahrenstechnische Anlagen, Energieverteilersysteme, Informationssysteme etc.) sind in der Regel *komplex*. In komplexen dynamischen Systemen wie Organisationen oder Ökosystemen resultieren neue, globale Eigenschaften aus den Interaktionen der einzelnen Mitglieder (Emergenz). Gemeinsam ist diesen Systemen eine Fähigkeit zur *Selbststabilisierung*.

In unternehmerischen Systemen der Gegenwart kommt es in der Regel zu einer Wechselwirkung von Menschen und Automaten. Diese Systeme sind nicht nur auf Grund ihrer menschlichen Komponenten komplex und adaptiv, sondern auch wegen der meist anlagenweit vernetzten und zum Teil anpassungsfähigen Automaten. In Zukunft wird man vermehrt autonome Automatisierungssysteme mit Lernfähigkeit und intelligentem Entscheidungsverhalten einsetzen. Das Kap. 5 bespricht dazu einige wichtige Methoden der kognitiven Informationsverarbeitung.

In diesem Kapitel werden die wichtigsten Systeme und Komponenten der Automatisierungstechnik vorgestellt und im Zusammenhang mit den zu automatisierenden Prozessen diskutiert.


## 2.1 Prozesse und Automatisierungssysteme

Die zentrale Aufgabe der Automatisierungstechnik besteht in der konstruktiven Wechselwirkung zwischen einem realen Prozess und Automaten, die die Prozesszustände beeinflussen. Ein Automat ist ein technisches System, das selbsttätig ein Programm befolgt. Das Programm ermöglicht dem System Entscheidungen zu treffen, die auf der Verknüpfung von Prozessgrößen beruhen. Die Prozessgrößen werden durch Sensoren erfasst. Die Entscheidungen bewirken Aktionen, die durch geeignete Einrichtungen (Aktoren) die Zustände des Prozesses verändern. Im Folgenden werden wir einige wichtige Begriffe im Zusammenhang mit Prozessen und Automatisierungssystemen definieren.


### 2.1.1 Technische Prozesse

Prozesse sind Vorgänge, in denen materielle Objekte, Energien oder Informationen eine *Zustandsänderung* erfahren. Diese Zustandsänderung kann in der Praxis z. B. eine Umwandlung, ein Transport, ein Speichervorgang oder ganz allgemein die Veränderung von Eigenschaften der betreffenden Entitäten sein.

Als technischer Prozess wird ein Prozess bezeichnet, dessen *Zustandsgrößen* mit *technischen Mitteln* gemessen, gesteuert und geregelt werden können. Dabei geht Materie, Energie oder Information von einem *Anfangszustand* in einen *Endzustand* über (Abb. 4). Zustandsgrößen sind charakteristische (dynamisch veränderliche) Kenngrößen eines Prozesses. Wir unterscheiden *kontinuierliche* und *diskrete*

Zustandsgrößen. Temperatur, Füllstand und Druck sind Beispiele für kontinuierliche, Ventil- und Schalterstellungen Beispiele für diskrete Zustandsgrößen. In der Praxis müssen technische Zustandsgrößen eines Prozesses gemessen und überwacht werden, um aus diesen Informationen Maßnahmen für eine Einflussnahme im Sinne einer *Steuerung* oder *Regelung* abzuleiten. Somit kommen wir zur Definition nach DIN 66201:

*Ein Prozess ist eine Gesamtheit von aufeinander einwirkenden Vorgängen in einem System, durch die Materie, Energie oder Information umgeformt, transportiert oder gespeichert wird. Ein technischer Prozess ist ein Prozess, dessen physikalische Größen mit technischen Mitteln erfasst und beeinflusst werden.*

Die Aufgaben der Automatisierungstechnik bestehen im Führen, Steuern, Regeln und Optimieren von Prozessen durch Erfassung von Prozesszuständen und in der gezielten Einflussnahme auf ihren Verlauf. Wir unterscheiden nach Lauber und Göhner (1999a):

- *Kontinuierliche Vorgänge*, wie sie z. B. in der Verfahrens- oder Energietechnik auftreten. Sie sind durch Differentialgleichungen und Übertragungsfunktionen beschreibbar.
- *Sequentielle Vorgänge*, typisch für fertigungstechnische Prozesse. Sie können durch Flussdiagramme, Funktionspläne, Zustandsmodelle oder Petri-Netze beschrieben werden.
- *Objektbezogene Vorgänge*, z. B. Transport-, Förder- und Speicherprozesse. Sie können durch Simulationsmodelle, Petri-Netze oder Warteschlangenmodelle beschrieben werden.

Weiters können folgende Prozessklassen gebildet werden:

- *Fließprozesse*. Dominierend ist der kontinuierliche Vorgangstyp. Beispiele: Petrochemische Verfahren, Energieerzeugung und -verteilung, Stahlerzeugung.
- *Folgeprozesse*. Es handelt sich hier um sequentielle Vorgänge, wie sie z. B. in der Fertigungstechnik, beim An- und Abfahren von Anlagen sowie in der Prüftechnik vorkommen.
- *Stückgutprozesse*. Sie sind objektbezogen und kommen beispielsweise in der Fertigungstechnik, beim Warentransport und in der Verkehrstechnik vor.

Um auf Prozesse gezielt Einfluss nehmen zu können, muss man über ihre statischen und dynamischen Eigenschaften Bescheid wissen. Dazu werden Prozesse *analysiert* und *modelliert*. Nach DIN 19226 ist ein *Modell*

*die Abbildung eines Systems oder Prozesses in ein anderes begriffliches oder gegenständliches System, das aufgrund der Anwendung bekannter Gesetzmäßigkeiten, einer Identifikation oder auch getroffener Annahmen gewonnen wird und das System oder den Prozess bezüglich ausgewählter Fragestellungen hinreichend genau beschreibt.*

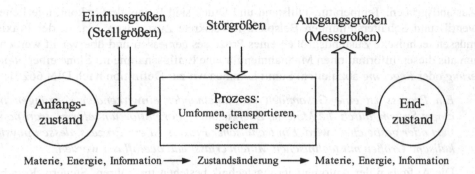

**Abb. 4:** Ein technischer Prozess führt Materie, Energie oder Information von einem Anfangs- in einen Endzustand über

Wir unterscheiden zwei Kategorien von Prozessmodellen:

- *Mathematische Modelle*, sie geben eine geschlossene, analytische Beschreibung des Prozesses durch Differentialgleichungen, Übertragungsfunktionen, Bool'sche Gleichungen (bei diskreten Prozessen) und Ablaufpläne (bei zeitlichen Abläufen);
- *Simulationsmodelle*, sie bilden die Prozesseigenschaften und -kenngrößen auf ein Computerprogramm ab. Durch ein Simulationsprogramm kann mit dem Prozess unabhängig von der realen Situation experimentiert werden. Das Ziel der Simulation besteht letztendlich in der Optimierung des realen Prozesses.

*Simulation*

Soll ein Prozess ohne Experimente an der laufenden Anlage optimiert werden, so kann eine *Simulation* als Werkzeug zur Informationsgewinnung dienen. Durch Abstraktion und Schaffung eines physikalisch/mathematischen Modells wird der Realprozess in ein vereinfachtes Modell abgebildet (Abb. 5). Eine analoge Vorgehensweise kann auch zweckmäßig sein, wenn der Prozess in Realität noch gar nicht existiert und trotzdem schon Aussagen über sein Verhalten gemacht werden sollen. In diesem Fall besteht jedoch keine Möglichkeit zur Verifikation des Modells durch Vergleich der Simulationsergebnisse mit der Realität.

Das strukturelle Modell wird in weiterer Folge *parametriert*, d. h. durch seine internen Parameter beschrieben. Die *Prozessidentifikation* (Versuche mit dem realen Prozess und Übertragung des Verhaltens auf das Modell) führt zu einem Modell, dessen Übereinstimmung mit der Realität durch Simulation verifiziert werden muss. Gegebenenfalls müssen Struktur und Parameter so lange angepasst werden, bis die Simulationsgüte den Anforderungen entspricht.

Konnte eine hinreichend genaue Übereinstimmung des Modellverhaltens in der Simulation mit dem Verhalten des realen Systems erzielt werden, so besteht nun die Möglichkeit, Simulationsexperimente durchzuführen. Die Ergebnisse können zur Optimierung des realen Prozesses genutzt werden.

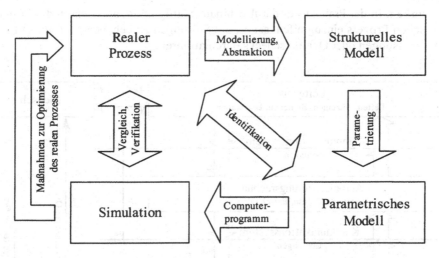

**Abb. 5:** Analyse und Optimierung eines realen Prozesses durch Modellbildung und Simulation

Das mathematische Modell eines Prozesses kann auf verschiedene Arten gewonnen werden. Sind bereits physikalisch-chemische Zusammenhänge und Gesetzmäßigkeiten bekannt, so können diese in Form von Gleichungssystemen aufgestellt werden. Dieses Vorgehen nennt man *theoretische Analyse*. Alternativ dazu können Experimente mit dem realen Prozess dazu dienen, das Prozessverhalten in ein mehr oder weniger vollständiges mathematisches Modell abzubilden. Man spricht dann von einer *experimentellen Analyse*. Schließlich ist auch eine Kombination der beiden Verfahren möglich. Dabei werden bekannte Zusammenhänge formuliert und fehlende Parameter durch Experimente ergänzt.

## 2.1.2  Automatisierungssysteme

Obwohl die Vielfalt der Konfigurationen von automatisierungstechnischen Systemen im Detail praktisch unbegrenzt ist, sind sich die Strukturen industrieller Systeme im Großen meist sehr ähnlich. Die Abb. 6 zeigt einen typischen Aufbau eines industriellen Automationssystems.

Die Zustandsgrößen des technischen Prozesses werden von Sensoren erfasst und über ein Kommunikationssystem an Automatisierungsrechner weitergeleitet. Diese verarbeiten die sensorischen Informationen mit ihren Automatisierungsprogrammen und erzeugen daraus Handlungsentscheidungen, die über die Aktorik den technischen Prozess beeinflussen.

Die Ebene der Automatisierungsrechner ist ihrerseits über ein Kommunikationssystem mit einer übergeordneten Leitebene verbunden. Der Mensch als Bediener und Überwacher des gesamten Systems hat an wohldefinierten Schnittstellen die Möglichkeit, Informationen über den Systemzustand abzurufen und gegebenenfalls korrektiv einzuwirken. In der Praxis ist es darüber hinaus häufig nötig, als Mensch direkt in den technischen Prozess einzugreifen, sei es, um Störungen zu beheben oder vor Ort Analysen, Messungen oder Qualitätschecks durchzuführen.

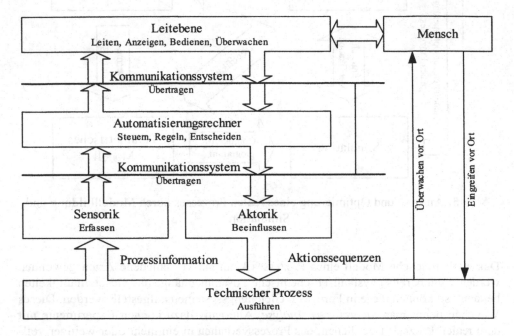

**Abb. 6:** Generischer hierarchischer Aufbau eines industriellen Automationssystems

Während in „klassischen" Automatisierungssystemen der Vergangenheit typischerweise *zentrale Rechnerstrukturen* zu finden waren (ein zentraler Prozessrechner ist mit allen Sensoren und Aktoren sternförmig verbunden), geht der Trend heute eindeutig in Richtung *Verteilung der Funktionalität*: Intelligente Sensoren und Aktoren übernehmen auf autonomer Basis Aufgaben und führen Steuerungs- und Regelungsfunktionen ohne die Koordination durch einen Zentralrechner aus. Eine nähere Diskussion der Architekturen von Automatisierungssystemen wird im Abschn. 2.5 und im Kap. 4 geführt.

*Anforderungen an ein Automatisierungssystem*
Die technischen Anforderungen an Komponenten von Automatisierungssystemen werden Gegenstand der weiteren Betrachtungen in diesem Kapitel sein. In einer sehr allgemeinen Form können die Anforderungen wie folgt zusammengefasst werden:

- Das System muss seine *spezifikationsgemäßen Anforderungen* unter allen Betriebsbedingungen erfüllen.
- Die Systemreaktion auf Prozessveränderungen muss unter Bedachtnahme der *Echtzeitfähigkeit*, d. h. so rechtzeitig erfolgen, dass die Funktionalität gewahrt

bleibt und allfällige Schäden durch zu späte Reaktionen mit hoher Wahrscheinlichkeit ausgeschlossen werden können.

- Das System muss ausreichend *widerstandsfähig gegenüber Störungen* und Umwelteinflüssen sein.
- Das System muss in allen Betriebszuständen *sicher* und *zuverlässig* arbeiten. Die Anforderungen an Sicherheit betreffen den menschlichen Bediener, die Umwelt und die Anlage selbst. Die Zuverlässigkeit ist ein Maß der Ausfallswahrscheinlichkeit bei Defekt von einem oder mehreren Anlagenteilen.

### 2.1.3 Sensor-, Steuerungs- und Aktorsysteme

Wie bereits ausgeführt, ist das technisch vorrangige Ziel bei der Automatisierung von Prozessen die Einflussnahme auf den Prozess durch autonome technische Einrichtungen in einer Weise, dass dieser einen vordefinierten Sollzustand einnimmt und in diesem so lange verharrt, wie es die Spezifikationen vorgeben. Definierte Zustandsübergänge entstehen durch Vorgabe einer Folge von Sollzuständen einschließlich ihrer zeitlichen Ableitungen (z. B. Geschwindigkeit, Beschleunigung). Bedingt durch die Komplexität von industriellen Prozessen kann jenes übergeordnete Ziel in der Praxis nur durch das koordinierte Zusammenspiel vieler autonomer Komponenten erreicht werden, die mit dem Gesamtsystem auf der Basis der Einflussnahme auf dessen Teilsysteme interagieren.

Abstrahiert man die ausführungstechnischen Details einer solchen autonomen Komponente, so gelangt man zu folgenden wesentlichen Kernfunktionen:

- Erfassung von physikalischen Prozessgrößen
- Umwandlung der physikalischen Prozessgrößen in elektrische Messgrößen
- Umwandlung der elektrischen Messgrößen in Daten/Information
- Verknüpfung der Daten mit vorhandenen Daten/Informationen
- Ableiten von Entscheidungen und Aktionssequenzen auf Datenebene
- Umwandlung der Aktionsdaten in elektrische Stellgrößen
- Umwandlung der elektrischen Stellgrößen in physikalische Prozessgrößen
- Beaufschlagung des Prozesses mit den neuen Prozessgrößen
- Kommunikation mit anderen autonomen Komponenten im System

Auf einer sehr allgemeinen Basis kann eine derartige autonome Komponente und ihr zugeordneter Teilprozess wie in Abb. 7 dargestellt werden. Darin wird die autonome Komponente als technischer *Agent* angesehen, der Prozesszustände in Form von Sensordaten aufnimmt, mit Hilfe von Daten, Programmen und maschinell repräsentiertem Wissen eine Aktionssequenz ableitet und diese über einen Aktor in den technischen Prozess einprägt. Als zentrales Element im Agentenmodell tritt hier die *Inferenzmaschine* auf, deren Aufgabe die Verknüpfung von Eingangsdaten, Sensordaten und intern gespeicherten Daten ist. In der Regel sind Automatisierungs- bzw. Informationsagenten miteinander über Kommunikationssysteme verbunden.

Ein Automatisierungssystem setzt sich aus einer Vielzahl von Automatisierungs- und Informationsagenten zusammen. Beispiele dafür sind Steuerungen, Regler, prozessnahe Komponenten in verfahrenstechnischen Anlagen (s. Kap. 4), Leitwarten, Prozessrechner, Datenbanksysteme, Betriebsdatenerfassungssysteme etc.

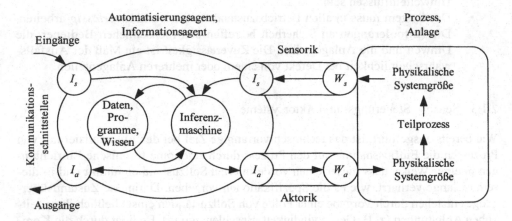

**Abb. 7:** Wechselwirkung zwischen einem Teilprozess in einer Anlage/einem Prozess und einem Automatisierungs-/Informationsagent über Sensorik und Aktorik

Die Wechselwirkung zwischen Agent und Prozess erfolgt durch Sensoren und Aktoren. Gemäß Abb. 7 setzt sich ein Sensorsystem aus einem sensorischen Wandler $W_s$ und einer sensorischen Informationsschnittstelle $I_s$ zusammen. Analog dazu besteht das Aktorsystem aus der aktorischen Informationsschnittstelle $I_a$ und dem aktorischen Wandler $W_a$. Die folgenden beiden Abschnitte widmen sich dem Thema Sensorik und Aktorik in der Automatisierungstechnik.

## 2.2 Sensoren

Die Aufgabe von Sensoren in der Automatisierungstechnik besteht in der Aufnahme von physikalischen Prozessgrößen und deren Umwandlung in eine Form, die zur Weiterverarbeitung der Prozessinformationen geeignet ist.

In Abb. 8 sind die Bestandteile eines Sensors dargestellt. Die Darstellung knüpft an Abb. 7 an. Sie stellt den Sensor sozusagen in einer „höheren Detailauflösung" dar. Das *physikalische Umsetzelement* dient zur Übertragung der Messgröße in eine für das Sensorelement geeignete Größe und Form (z. B. Schwimmer überträgt den Füllstand eines Tanks in eine Hebelstellung. Der Hebel bewegt ein Potentiometer). Das *Sensorelement* wandelt die physikalische Größe in eine elektrische Größe um (z. B. Potentiometer verwandelt die Achswinkelstellung in einen elektrischen Widerstand). Die *Signalaufbereitung* schließlich transformiert die elektrische Größe in eine Form, die für die Übertragung an andere Komponenten des Automatisierungssystems geeignet ist. Im Beispiel der potentiometrischen Füllstandmessung ist das die Umwandlung des Widerstandswerts in eine proportionale Stromstärke (z. B. von 4 bis 20 mA reichend).

Abhängig vom Sensorprinzip wird zusätzlich Hilfsenergie von außen benötigt. Die Möglichkeit der äußeren und inneren Störeinwirkung ist in jedem Fall zu beachten (im Beispiel: der Temperatureinfluss auf den Bahnwiderstand des Potentiometers zufolge der Umgebungstemperatur und eventuell zufolge der Eigenerwärmung).

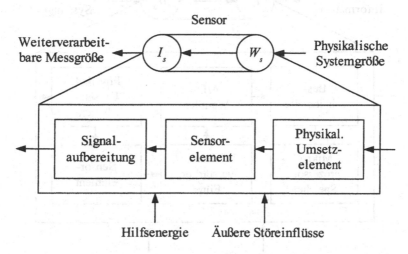

**Abb. 8:** Bestandteile eines Sensors

In einem Automatisierungssystem müssen in der Regel eine Vielzahl von Messstellen überwacht werden. Der in Abb. 8 dargestellte „klassische Sensor" hat den Nachteil, dass das aufbereitete analoge Signal Störeinflüssen ausgesetzt ist, wenn es über längere Wegstrecken transportiert werden muss. Werden die Messsignale vieler Messstellen in analoger Form zu einer zentralen Auswerteeinheit gesendet, so erfolgt die Umwandlung in digitale Form erst am Ort des zentralen Prozessors. Dies erhöht den Verkabelungsaufwand und birgt die Gefahr in sich, dass beim Ausfall des zentralen Prozessors die ganze Anlage zum Stillstand kommt. In modernen Automatisierungsarchitekturen werden deshalb dezentrale oder verteilte Komponenten bevorzugt (vgl. Abschn. 2.5).

So genannte „intelligente Sensoren" ermöglichen die Dezentralisierung der sensorischen Informationsaufbereitung. In Abb. 9 sind die Komponenten eines intelligenten Sensors dargestellt.

Messverstärker und Analog-Digital-Wandler sind bereits im Gehäuse des Sensors integriert. Ein Mikroprozessor ermöglicht die Vorverarbeitung des Messsignals (Linearisierung, Temperaturkompensation, Skalierung), die autonome Kalibrierung des Sensors und im Bedarfsfall die Durchführung einer komplexen Auswertefunktion (z. B. Bestimmen des Leistungsspektrums des Eingangssignals durch eine Fast-Fourier-Transformation). Eine Busschnittstelle bereitet die vorverarbeiteten Sensordaten für die Kommunikation auf einem Feldbus vor (vgl. Abschn. 2.6.5). Intelligente Sensoren können in verteilten Systemen eingesetzt werden. So wird es beispielsweise möglich, einen geschlossenen Regelkreis über den Sensor, einen Regler und einen „intelligenten Aktor" zu bilden.

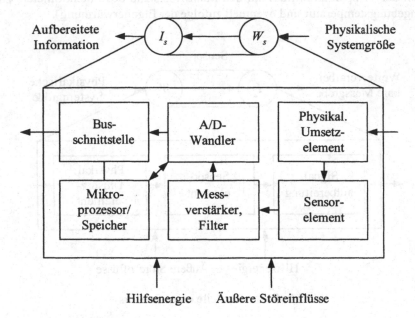

**Abb. 9:** Komponenten eines „intelligenten Sensors"

In vielen Fällen können die Komponenten eines intelligenten Sensors heute bereits auf einem Halbleiterchip integriert werden (z. B. Sensoren für Temperatur, Feuchtigkeit, Beschleunigung, bildgebende Sensoren etc).

## 2.2.1 Klassifizierung

Eine Klassifizierung von Sensoren kann über primäre und sekundäre Kriterien erfolgen. Zu den primären Kriterien zählt der *Anwendungsfall* und mit ihm die zu erfassende physikalische Messgröße. In der Automatisierungstechnik müssen häufig die folgenden physikalischen Messgrößen erfasst werden:

- Kraft, Masse, Drehmoment
- Druck, Druckdifferenz
- Lage, Länge, Distanz und Winkel
- Geschwindigkeit, Winkelgeschwindigkeit und Beschleunigung
- Temperatur, Feuchte
- Füllmenge, Füllstand und Durchfluss
- chemische Größen (pH-Wert, Redoxspannung, Leitfähigkeit)
- Gasfeuchte und Gasbestandteile (Gasanalyse)

- elektrische und magnetische Messgrößen (Widerstand, Leitfähigkeit)
- optische Messgrößen (Transmissionsgrad, Reflexionsgrad, Farbe)
- visuelle Merkmale und Oberflächeneigenschaften (Bildverarbeitung)
- Anwesenheit von Objekten

Zu den sekundären Klassifikationskriterien gehören u. a. quantitative und qualitative Kenngrößen wie

- Empfindlichkeit (s. Gl. 2)
- Auflösung (kleinste mit der Messeinrichtung erkennbare Änderung der Messgröße)
- Genauigkeit (Fehler: s. Gln. 5 und 6)
- Störempfindlichkeit
- statische und dynamische Eigenschaften
- Messprinzip
- Bauform und Baugröße
- Zuverlässigkeit und Lebensdauer
- Systemfähigkeit (Busschnittstelle, Konfigurier- und Wartbarkeit)
- integrierte Funktionalität (Selbstkalibrierung, Linearisierung etc.)
- Hersteller
- Preis

Weitere Klassifizierungsmerkmale und Anwendungskriterien werden beispielsweise in Tränkler und Obermeier (1998) besprochen.

### 2.2.2 Sensoreigenschaften

Ein Sensor bildet die Messgröße $x$ in ein Ausgangssignal $y$ ab. Dabei ist es für unsere Betrachtungen zunächst unerheblich, in welcher Größe und Form das Ausgangssignal repräsentiert wird (analog, digital, normiert etc.). Im Idealfall ist dieser Zusammenhang linear und ungestört:

$$y(x) = y_0 + \frac{\Delta y}{\Delta x}(x - x_0). \tag{1}$$

Dabei bedeuten $x_0$ Messbereichsanfang, $x_0 + \Delta x$ Messbereichsende, $\Delta x$ Messbereich, $y_0$ Ausgangssignal bei $x_0 = 0$ und $\Delta y$ Ausgangsspanne (Tränkler und Obermeier 1998). Die Empfindlichkeit $\varepsilon$ eines Sensors ist definiert als

$$\varepsilon(x) = \frac{dy}{dx}, \tag{2}$$

das ist die Steigung der Kennlinie im jeweiligen Arbeitspunkt $(x, y)$. Für die in Gl. (1) dargestellte lineare Kennlinie gilt

$$\varepsilon(x) = \frac{dy}{dx} = \frac{\Delta y}{\Delta x} = \text{const.} \tag{3}$$

Für einen *realen* Sensor ergeben sich im Ausgangssignal durch diverse physikalische Effekte sowie stochastische Einflüsse unerwünschte Abweichungen des Istwerts $y_i$ vom Sollwert $y_s$. Der absolute Fehler ist

$$F_{abs} = y_i - y_s, \tag{4}$$

der auf die Soll-Ausgangsspanne bezogene relative Fehler hingegen

$$F_{rel} = \frac{y_i - y_s}{\Delta y_s}. \tag{5}$$

Der absolute Fehler lässt sich aufspalten in den Nullpunktfehler $F_n$, den Steigungsfehler $F_s$ und den Linearitätsfehler $F_l$,

$$F_{abs} = F_n + F_s + F_l = (y_{0i} - y_{0s}) + (\Delta y_i - \Delta y_s)\frac{(x - x_0)}{\Delta x} + F_l(x). \tag{6}$$

Bei den in Gl. (6) betrachteten Fehlern wurde angenommen, dass die Einflussgrößen zeitlich konstant sind. In Wirklichkeit ändern sich die physikalischen Störeinflüsse. Sie können daher nicht allein durch Kennlinienentzerrung, sondern nur durch zusätzliche aktive Kompensationsmaßnahmen korrigiert werden. In der Praxis treten häufig folgende Fehlergrößen auf:

- Temperatur und Luftfeuche
- elektrische und magnetische Felder
- mechanische Erschütterungen

Grundsätzlich sind *systematische* Fehler (z. B. Kennlinieneinflüsse, Belastung des Sensorelements durch den Messstrom) von *zufälligen* (stochastischen) Fehlern (z. B. plötzlichen Änderungen der Umgebungstemperatur) zu unterscheiden.

Die durch statische Sensoreigenschaften bedingten Fehler können durch *Kalibrierung*, *Skalierung* und *Kennlinien-Linearisierung* kompensiert werden.

*Differenzprinzip*

Mit zwei gleichartigen Sensoren kann eine Einflusskorrektur über das *Differenzprinzip* erfolgen: Werden beide Sensoren in der Umgebung eines bestimmten Arbeitspunkts $(x_0, \vartheta_0)$ von der Messgröße $x_0$ *gegensinnig* und von der Störgröße $\vartheta_0$ *gleichsinnig* beeinflusst, so wird durch Differenzbildung mit anschließender Halbierung des Differenzsignals die Empfindlichkeit gegenüber dem Einflussglied verringert. Entwickeln wir die Ausgangssignale der Sensoren in eine Taylorreihe, so erhalten wir bei Abbruch nach dem quadratischen Glied

$$y(x_0 \pm x, \vartheta_0 + \vartheta) = y(x_0, \vartheta_0) + \left( \pm \frac{\partial y(x_0, \vartheta_0)}{\delta x} x + \frac{\partial y(x_0, \vartheta_0)}{\delta \vartheta} \vartheta \right)$$

$$+ \frac{1}{2}\left( \frac{\partial^2}{\partial x^2} y(x_0, \vartheta_0) x^2 \pm 2 \frac{\partial^2}{\partial x \partial \vartheta} y(x_0, \vartheta_0) \cdot x \cdot \vartheta + \frac{\partial^2}{\partial \vartheta^2} y(x_0, \vartheta_0) \vartheta^2 \right) + \dots \tag{7}$$

Für das Differenzsignal ergibt sich

$$\Delta y = y(x, \vartheta) - y(-x, \vartheta) = 2\left(\frac{\partial}{\partial x}y(x_0, \vartheta_0)x + \frac{\partial^2}{\partial x \partial \vartheta}y(x_0, \vartheta_0) \cdot x \cdot \vartheta\right). \qquad (8)$$

Die Empfindlichkeit gegenüber der Messgröße verdoppelt sich also, während die linearen und rein quadratischen Glieder der Einflussgröße wegfallen. Nur die gemischt-quadratischen Glieder von $\vartheta$ und $x$ bleiben erhalten.

*Kompensationsprinzip*
Steht kein geeignetes direktes Messprinzip zur Erfassung der Messgröße zur Verfügung, so kann der Messwert über die Erzeugung einer der Messgröße entgegengerichtete *Kompensationsgröße* auf indirekte Weise bestimmt werden. Das Kompensationsprinzip soll an Hand eines Beispiels erläutert werden:
   Beim Servo-Beschleunigungssensor wird eine seismische Masse zur Erfassung der Messgröße eingesetzt. Die Masse ist mit einer Feder am Sensorgehäuse befestigt. Durch die zu messende Beschleunigung wird die Masse aus ihrer Ruhelage ausgelenkt. Ein mit der seismischen Masse verbundenes Tauchspulensystem wird vom Ruhestrom $I_0$ durchflossen. Befindet sich der Sensor in Ruhelage, so kompensiert die durch den Ruhestrom erzeugte Kraft gerade die Federkraft und die Masse wird in Nulllage gehalten. Ein Wegsensor misst die Position der seismischen Masse relativ zur Nulllage und stellt über einen Regler mit Verstärker den jeweiligen Spulenstrom so ein, dass sich die Masse wieder in Richtung Nulllage bewegt. Tritt nun eine externe Beschleunigung auf, so wird die Masse aus der Nulllage herausbewegt. Der Servoregelkreis erzeugt dann durch Stromerhöhung eine Kompensationskraft, die die Masse wieder in die Nulllage zurückbewegt. Im eingeschwungenen Zustand ist der Spulenstrom $I$ proportional zur externen Beschleunigung. Mit dem Kompensationsprinzip können heute hochlineare und hochempfindliche Sensoren zur Messung verschiedener physikalischer Größen realisiert werden. Die Abb. 10 zeigt das generische Prinzip einer Kompensationsmessung.

### 2.2.3 Sensortypen und ihre Funktionsweise

Im Folgenden werden exemplarisch einige für die Fertigungs- und Prozessautomatisierung wichtige Sensorprinzipien angeführt, geordnet nach den physikalischen Messgrößen. Im Rahmen dieses Buchs kann nur ein kurzer Überblick über dieses umfassende Gebiet geboten werden. Für weiterführende Informationen sei auf die einschlägige Literatur verwiesen (z. B. Gevatter 1999, Tränkler und Obermeier 1998).

*Kraft, Masse, Drehmoment, Dehnung*
Masse ist eine fundamentale Eigenschaft der Materie und über „träge" und „schwere" Masse mit den physikalischen Größen *Kraft* und *Beschleunigung* verbunden. Es gilt

$$F = m \cdot a, \qquad (9)$$

wobei *F* Kraft, *m* Masse und *a* Beschleunigung bedeutet. Die Maßeinheit der Kraft ist das Newton [N]. Die Messung der Masse erfolgt in industriellen Anwendungen meist über eine Kraftmessung (Gewicht im Schwerefeld der Erde, „Waagen"). Am häufigsten werden folgende Messprinzipien zur Kraftmessung eingesetzt:

- *Kompensationsmessung:* Die zu messende externe Kraft wird auf ein bewegliches, im Sensor eindimensional gelagertes Messelement übertragen. Durch einen regelbaren Kraftgenerator (z. B. auf elektromagnetischer Basis) wird im Sensor eine Gegenkraft erzeugt, die das bewegliche Messelement in seiner Ruhelage hält. Die dazu erforderliche Gegenkraft ist dann proportional zu einer eingeprägten elektrischen Größe (dem Spulenstrom). Die Messung der elektrischen Größe lässt auf die externe zu messende Kraft rückschließen.

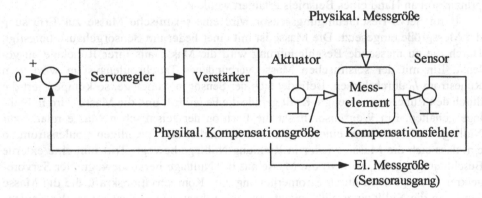

**Abb. 10:** Messung nach dem Kompensationsprinzip

- *Federwaagenprinzip:* Die externe Kraft lenkt eine Feder aus. Die Kraftmessung wird auf eine Wegmessung zurückgeführt.
- *Deformations-Kraftaufnehmer:* Auf einen speziell geformten Messkörper (z. B. zylindrischen Zugstab mit Verjüngung in Stabmitte oder Biegebalken) wird die zu messende Kraft eingeleitet. Durch Zug-, Druck-, Torsions-, Scher- oder Biegespannungen erfolgt eine geringfügige Deformation des Messkörpers. Die Deformation wird z. B. mit Dehnungsmessstreifen (s. u.) aufgenommen und in eine elektrische Größe umgesetzt.
- *Piezoelektrische Kraftaufnehmer:* Piezoelektrische Materialien geben bei elastischer Deformation eine elektrische Ladung ab. Die abgegebene Ladung ist (vorzeichenrichtig) proportional zur angelegten Kraft. Der Effekt ist abhängig von der Richtung der eingeleiteten Kraft, bezogen auf die Kristallgitterausrichtung. Zur Umwandlung der Ladung in ein weiterverwendbares Messsignal werden Ladungs- oder Spannungsverstärker eingesetzt. Zu beachten ist dabei, dass ein einmaliges Einprägen einer Kraft eine bestimmte Ladung Q erzeugt. Durch Leckeffekte im Sensorelement klingt die erzeugte Ladung mit der Zeit ab. Piezosensoren eignen sich daher vornehmlich für die

Messung von Kräften mit zeitlich wechselndem Verlauf. Der Piezoeffekt kann auch umgekehrt werden: Durch Anlegen einer (hohen) elektrischen Spannung an den Piezokristall verformt sich dieser (geringförmig).

- *Resonante Kraftsensoren*: Schwingende Saiten verändern ihre Schwingfrequenz, wenn die Saitenspannung verändert wird (vgl. das Stimmen der Saiten einer Gitarre). Auf der Basis dieses physikalischen Effekts werden Kraftsensoren mit schwingenden Messelementen eingesetzt. Die eingeprägte Kraft kann direkt aus der Schwingfrequenz des zu Dauerschwingungen angeregten Messkörpers ermittelt werden.

Kraftsensoren können auch zur Messung von mehrachsigen Kraftzuständen ausgelegt werden. Dazu werden relativ komplizierte Messkörper aus zusammengesetzten Federelementen verwendet. Derartige Sensoren können bis zu 6-dimensionale Kraftzustände messen, die sich aus drei Kraft- und drei Drehmomentkomponenten zusammensetzen (Abb. 11 links). Wird ein 6-achsiger Kraftsensor z. B. zwischen Greiferflansch und Greifer eines Industrieroboters montiert, so können Greiferkräfte und Drehmomente gemessen und zur Regelung eines kraftsensiblen Greifverhaltens herangezogen werden. Bei derartigen Kraftsensoren erfolgt die Messung indirekt über die Dehnungsmessung an Biege- oder Torsionsbalken. Dazu werden häufig *Dehnungsmessstreifen* eingesetzt. Auch optische Verfahren sind gebräuchlich. Dabei wird jedes einer Krafteinwirkung ausgesetzte Balkenelement mit einer hebelförmigen Blende ausgestattet. Über den Grad der Abschattung einer Lichtquelle (LED) zu Folge der Biegung des Balkens und damit der Bewegung der Blende kann eine Komponente des Kraftvektors erfasst werden. Die Biegung oder Torsion der Messbalken muss im elastischen (reversiblen) Bereich erfolgen, da andernfalls der Sensor zerstört würde.

Die Bestimmung der tatsächlichen Kraft- und Momentenkomponenten aus den Messsignalen der Messelemente erfolgt durch Anwendung von Algorithmen der Festigkeitslehre.

Das „klassische" Messelement zur Dehnungsmessung ist der Dehnungsmessstreifen. In modernen Ausführungsformen besteht er aus einer dünnen Metallfolie, die einen mäanderförmig geschlungenen elektrischen Leiter bildet (Abb. 12). Der Folienleiter ist zwischen einem Träger und einer Abdeckung aus Kunststoff eingebettet. Über Kontaktanschlüsse und Anschlussdrähte wird eine Verbindung mit dem Messverstärker hergestellt. Der Dehnungsmessstreifen (DMS) wird mit der Trägerfolie auf der Oberfläche des Messobjekts festgeklebt.

Die Wirkungsweise des DMS beruht auf einer elektrischen Widerstandsänderung durch Erhöhung der Leiterlänge und Verkleinerung des Leiterquerschnitts bei Dehnung. Die mäanderförmigen Schlingen dienen zur Erhöhung der Empfindlichkeit, da jede der parallelen Leiterbahnen in gleichem Maße zur Widerstandsänderung beiträgt. Da der DMS flächenhaft auf der Messobjektoberfläche aufgeklebt ist, folgt er den lokalen Dehnungen und Stauchungen. Über das Hook'sche Gesetz kann aus der Dehnung die lokale mechanische Spannung berechnet werden:

$$\Delta\sigma_{el} = E\Delta\varepsilon_{el}. \tag{10}$$

Darin bedeutet $\sigma_{el}$ die mechanische Spannung im elastischen Bereich, $\varepsilon_{el}$ die Dehnung im elastischen Bereich und $E$ der *Elastizitätsmodul*. Der in Gl. (10) dargestellte Zusammenhang gilt für den einachsigen Spannungszustand im linearelastischen Bereich des Bauteils.

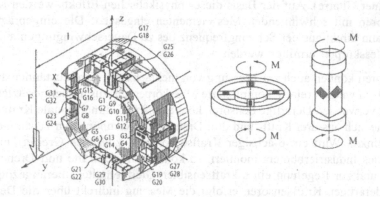

**Abb. 11:** Links: Sechsachsiger Kraft- und Momentaufnehmer. Mitte und rechts: Scheraufnehmer und Vierkantwelle zur Drehmomentmessung. Die Messelemente sind in allen drei Beispielen Dehnungsmessstreifen (aus Gevatter 1999, Tränkler und Obermeier 1998)

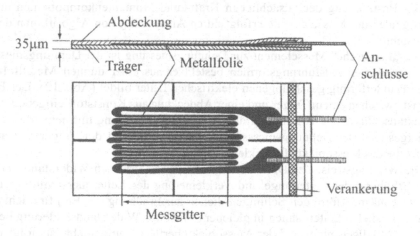

**Abb. 12:** Dehnungsmessstreifen (DMS)

Die typische Messschaltung für den DMS ist die Wheatstone'sche Brückenschaltung (Abb. 13).

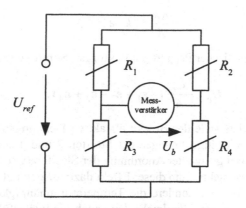

**Abb. 13:** Wheatstone'sche Brückenschaltung

Bei vorgegebener (konstanter) Speisereferenzspannung $U_{ref}$ ergibt sich die Leerlauf-brückenspannung $U_b$ unter Vernachlässigung von Leitungswiderständen zu

$$U_b = U_{ref}\frac{R_2R_3 - R_1R_4}{(R_1 + R_3)(R_2 + R_4)}. \tag{11}$$

Bei abgeglichener Brücke wird $U_b = 0$. Die Abgleichbedingung lautet

$$\frac{R_1}{R_3} = \frac{R_2}{R_4}. \tag{12}$$

Unter der Annahme, dass alle vier Widerstände (Dehnungsmessstreifen) im Ruhezu-stand (dehnungslosen Zustand) gleich groß sind,

$$R_1(0) \approx R_2(0) \approx R_3(0) \approx R_4(0) \approx R, \tag{13}$$

ergibt sich für die Leerlaufbrückenspannung

$$U_b = \frac{U_{ref}}{4R^2}(R_2R_3 - R_1R_4) = \frac{U_{ref}}{4R^2} \cdot f(R_1, R_2, R_3, R_4). \tag{14}$$

Entwickeln wir Gl. (14) nach einer Taylorreihe und brechen nach dem linearen Glied ab, so ergibt sich

$$U_b \approx U_0 + \frac{U_{ref}}{4}\Big(-\frac{\Delta R_1}{R} + \frac{\Delta R_2}{R} - \frac{\Delta R_3}{R} + \frac{\Delta R_4}{R}\Big), \tag{15}$$

wobei $U_0$ für die Brückenleerlaufspannung im ungedehnten Zustand steht. Da wir von einer anfangs abgeglichenen Brücke ausgehen können, wird $U_0 = 0$ angenommen.

Für den Dehnungsmessstreifen im linearelastischen Bereich gilt

$$\frac{\Delta R}{R} = k \cdot \varepsilon , \tag{16}$$

worin $k$ ein sensorspezifischer Proportionalfaktor ist. Somit können wir anschreiben

$$U_b \approx \frac{kU_{ref}}{4}(- \varepsilon_1 + \varepsilon_2 - \varepsilon_3 + \varepsilon_4) . \tag{17}$$

Werden alle vier Widerstände der Brücke als aktive Dehnungsmessstreifen ausgebildet, so addieren sich die Zugdehnungen der Streifen 2 und 4 sowie die Stauchungen der Streifen 1 und 3. Bei geeigneter Anordnung der Streifen (vgl. Abb. 11) in Zug- und Stauchzonen des Messobjekts kann dieser Effekt dazu ausgenützt werden, gleichsinnig wirkende Störeinflüsse (insbesondere die Temperaturabhängigkeit des Widerstands) weitgehend zu kompensieren. Vergleiche dazu auch die weiterführende Literatur, beispielsweise Niebuhr und Lindner (2002).

*Druck, Druckdifferenz*
Druck ist eine wichtige Zustandsgröße in verfahrenstechnischen Prozessen. Der Absolutdruck $p$ ergibt sich aus der auf eine Fläche $A$ gleichmäßig wirkende Kraft $F$ zu

$$p = \frac{F}{A} , \tag{18}$$

die Maßeinheit des Drucks ist das Pascal [Pa]. In einem Gerät oder Anlagenteil können Drücke zwischen Vakuum und Berstdruck auftreten. Je nach Anwendungsfall müssen Absolutdrücke, Relativdrücke oder Druckdifferenzen gemessen werden (Abb. 14).

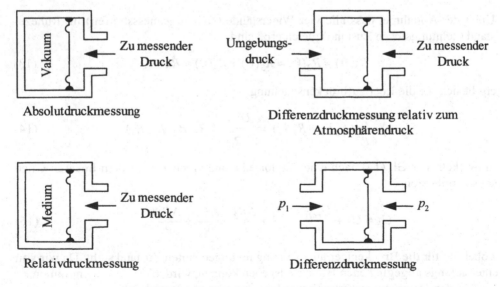

Abb. 14: Prinzipien von Drucksensoren

Der Messwandler im Druckmessgerät kann auf mechanischer, hydraulischer oder elektrischer Basis aufgebaut sein. Wir betrachten hier nur den dritten Fall. Die Prinzipdarstellungen in Abb. 14 zeigen, wie eine Membran eingesetzt werden kann, um die physikalische Größe *Druck* in die mechanische Größe *Biegung* umzuwandeln. Die Durchbiegung der Membran ermöglicht über eine Längen- oder Dehnungsmessung die Umwandlung der Druckdifferenz in eine elektrische Größe. Zur Biegedehnungsmessung eignen sich unter anderem elektrische Dehnungsmessstreifen, deren Funktionsprinzip bereits oben erläutert wurde.

Ein alternatives Verfahren zur Umwandlung der Membrandurchbiegung in eine elektrische Größe benützt die veränderliche Kapazität zwischen der Membran und einer Referenzelektrode (Abb. 15). Dieses Prinzip kann auch für integrierte Halbleiterdrucksensoren verwendet werden. Als Auswerteschaltung kommt wieder die Wheatstone-Brücke in Frage, hier jedoch mit Wechselspannungsanregung. Alternativ zum *kapazitiven* Prinzip kann auch der *piezoresistive* Effekt genützt werden. Er tritt bei Halbleitern auf, wenn diese mechanischen Spannungen ausgesetzt werden. Bei der Verschiebung von Gitteratomen zufolge externer Kräfte wird die Bandstruktur beeinflusst, so dass sich letztlich der elektrische Widerstand des Halbleiterelements verändert.

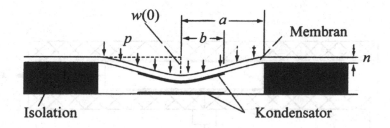

**Abb. 15:** Kapazitive Messzelle zur Druckmessung (nach Tränkler und Obermeier 1998)

*Lage, Länge, Distanz, Winkel*
Zur Messung von geometrischen Längen und Winkeln kommen eine Vielzahl von Messprinzipien in Frage, die überwiegend indirekt arbeiten, d. h. die eigentliche geometrische Messgröße wird über eine andere physikalische Zwischengröße bestimmt. In vielen Fällen kann die Winkelmessung durch eine Längenmessung oder umgekehrt erfolgen (z. B. durch kinematische Umwandlung einer Linearbewegung in eine Rotationsbewegung mit Hilfe von Hebeln, Zahnrädern oder Seilen und umgekehrt).

Die für den industriellen Einsatz wichtigen Verfahren sind:

* *Potentiometrische Messverfahren:* Eine Widerstandsbahn wird von einem beweglichen Schleifkontakt abgetastet. Der Widerstandswert zwischen

Schleifer und Bahn ist dann näherungsweise proportional zum Weg bzw. Winkel.

- *Induktive Messverfahren:* Induktive Sensoren bestehen typischerweise aus einer oder mehreren zylinderförmigen Spulen mit Tauchanker aus permeablem Material. Die Induktivität der Spulen ändert sich, wenn der Kern mehr oder weniger in die Spule eingetaucht wird. Zur Realisation einer möglichst linearen Kennlinie werden für größere Wegauslenkungen häufig Differentialspulen mit Tauchkern verwendet (Abb. 16). Zur elektrischen Auswertung der Induktivitätsänderung kommt eine Wechselstrombrückenschaltung in Frage.
- *Kapazitive Messverfahren:* Der Kapazitätswert eines Kondensators ist von der wirksamen Plattenfläche $A$, vom Abstand der Platten und von der relativen Permittivität $\varepsilon_r$ des Dielektrikums abhängig. Alle drei Größen können durch die Messgröße zu Sensorzwecken verändert werden. Wird ein Differentialkondensator analog zur Differentialspule nach Abb. 16 durch zwei stationäre Zylinderplatten und einen beweglichen Zylinderkern gebildet, so kann die Position des Kerns aus den Kapazitätsverhältnissen der Zylinderelektroden abgeleitet und mit Hilfe einer Wechselstrombrücke in ein elektrisches Signal umgesetzt werden. Zur Erfassung von Drehwinkeln eignen sich beispielsweise gestapelte Drehkondensatoren, deren segmentförmige Plattenpaare sich je nach Winkelstellung mehr oder weniger überlappen.

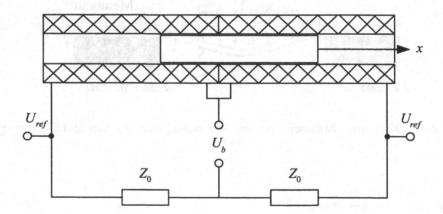

**Abb. 16:** Wegaufnehmer in Form einer Differentialspule mit Tauchkern. Die dargestellte Brückenschaltung wird mit Wechselstrom betrieben.

- *Messprinzipien mit Maßverkörperung durch Referenzlineale und -messscheiben:* Bei den *inkrementellen* Verfahren werden Messlineale oder Messscheiben verwendet, die alternierend in gleichbreite, unterscheidbare Zonen eingeteilt sind. Kommen *optische* Messprinzipien zum Einsatz, so sind das abwechselnd transparente und lichtundurchlässige Zonen bzw. Zonen mit unterschiedlichem Reflexionsgrad. Beim Einsatz *magnetischer* Verfahren werden z. B. Messlineale mit regelmäßig angeordneten Permanentmagnetelementen abwechselnder Polung verwendet. Die Wegmessung erfolgt auf der Basis einer *Zählung* der Abschattungen bzw. Polwechsel durch geeignete Sensoren. Vor dem betriebsmäßigen Einsatz muss eine Referenzposition eingenommen und der Zähler auf 0 gesetzt werden. Bei den *absoluten* Verfahren werden Lineale mit Längencodierung eingesetzt. Die Codierung erfolgt z. B. im Binärcode, wodurch ein mehrkanaliger optischer Aufnehmer gleich den absoluten Messwert der Länge oder des Winkels aufnimmt. Durch den Einsatz geeigneter Interpolationsverfahren lassen sich bei beiden Verfahren Positionswerte zwischen zwei Markierungen bestimmen.

- *Berührungslose Messprinzipien:* Für viele industrielle Messanwendungen ist es erforderlich, die Lage eines Messobjekts berührungslos zu erfassen. Für kleinere Objektdistanzen eigen sich dazu induktive und kapazitive Verfahren. Auch die Ultraschall-Entfernungsmessung, die im Wesentlichen auf einer Laufzeitmessung von Schallwellen beruht, kommt ohne taktilen Kontakt zum Messobjekt aus. Für Messungen mit erhöhter Genauigkeit werden verschiedene optische Messverfahren eingesetzt.

- *Optische Triangulation:* Werden berührungslose Abstandsmessungen mit hoher Genauigkeit und mittlerem Objektabstand (0,1–2 m) verlangt, so ist die Verwendung von Triangulationssensoren in Betracht zu ziehen (Abb. 17). Von den Enden einer Basisstrecke bekannter Länge *d* werden die Winkel zu einem Objektpunkt gemessen und daraus die Distanz zum Messsystem bestimmt. Eine Lichtquelle erzeugt auf der Objektoberfläche über eine Fokussierungsoptik einen Lichtfleck („Messfleck"). Die Abbildung dieses Lichtflecks auf einem positionsempfindlichen optischen Detektor ist die Basis zur Bestimmung des aktuellen Grundabstands. Als Detektor kommt beispielsweise die *Lateraldiode* (Position Sensitive Diode, PSD) oder ein CCD-Zeilensensor in Frage.

- *Lichtschnitt-Triangulation:* Zur dreidimensionalen Vermessung von Werkstückoberflächen eignet sich das Verfahren der Lichtschnitt-Triangulation. Ein Laserstrahl wird über eine Zylinderlinse optisch aufgefächert, so dass er ein Ebenensegment des Raumes überstreicht. Im Schnitt dieses Lichtfächers mit der Werkstückoberfläche entsteht eine Lichtspur, die von einer außerhalb der Fächerebene montierten Matrixkamera aufgenommen wird. Das Werkstück wird entlang einer Geraden an der Laserquelle vorbeigeführt. Über die Auflösung von trigonometrischen Beziehungen lässt sich die Oberflächenkontur des Werkstücks vermessen.

- *Laser-Interferometrie:* Für Distanzmessungen mit höchster Auflösung und Genauigkeit kommen laserinterferometrische Verfahren zum Einsatz. Das Prinzip des Michelson-Interferometers ist in Abb. 18 dargestellt. Bei der Überlagerung von zwei kohärenten Lichtwellen kommt es zur Ausbildung eines örtlich stehenden Intensitätsrasters, verursacht durch die lokale Addition und Subtraktion von Wellenbergen bzw. -tälern. Dieser physikalische Effekt wird Interferenz genannt. Er lässt sich zur Messung von Entfernungsänderungen nützen. Der Quellstrahl wird über einen halbdurchlässigen Spiegel (Strahlteiler) auf einen relativ zum Messsystem feststehenden Spiegel und auf das Messobjekt aufgeteilt. Die beiden reflektierten Anteile werden im Detektor zusammengeführt. Bei Bewegungen des Messobjekts in Richtung Laserquelle kommt es je halber Lichtwellenlänge zur Ausbildung eines Intensitätsmaximums, gefolgt von einem Minimum. Typische Laser-Wellenlängen sind 634 nm (HeNe-Laser). Daraus ergibt sich z. B. eine Längenauflösung von etwa 317 nm. Das entstehende Hell-/Dunkel-Raster entspricht der Verkörperung durch einen Inkrementalmaßstab und kann auf der Basis eines Zählvorgangs zur Längenmessung herangezogen werden.

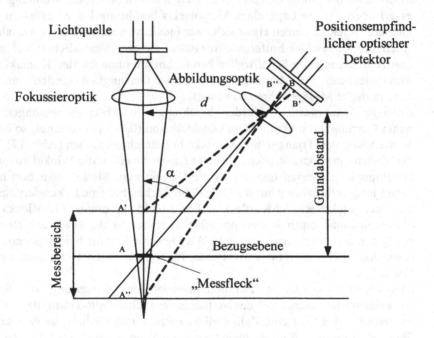

**Abb. 17:** Methode der optischen Lichtpunkttriangulation

*Geschwindigkeit, Winkelgeschwindigkeit und Beschleunigung*
Die Aufgabe der Geschwindigkeits- und Winkelgeschwindigkeitsmessung in der Automatisierungstechnik stellt sich beispielsweise bei der Überwachung der Drehzahlen von Antrieben oder bei der Messung der Translationsgeschwindigkeit von Walzgut. Eine Beschleunigungsmessung ist beispielsweise bei der Überwachung von Maschinenvibrationen von Bedeutung. Über diese Beispiele hinaus gibt es eine Vielzahl weiterer Anwendungsmöglichkeiten.

Prinzipiell kann die Geschwindigkeits- und Beschleunigungsmessung auf eine dynamische Wegmessung zurückgeführt werden (s. auch Gl. 19). Zur Berechnung der

Geschwindigkeit aus dem Wegsignal wäre dazu ein einmaliger Differentiationsvorgang nötig, zur Berechnung der Beschleunigung ein zweifacher.

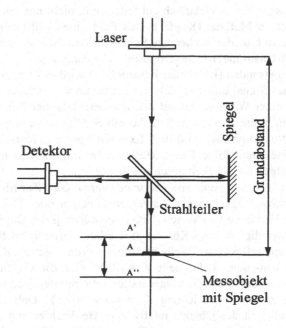

**Abb. 18:** Prinzip des Michelson-Interferometers

Durch die Differentiation werden höherfrequente Rauschanteile verstärkt, was diese Methode in der Praxis oft unbrauchbar werden lässt.

$$s(t) = \int_{t_0}^{t_1} v(t)dt + s_0 \qquad v(t) = \int_{t_o}^{t_1} a(t)dt \qquad (19)$$

Für die Messung der Beschleunigung in industriellen Einsatzfeldern kommen in erster Linie *piezoelektrische* und *piezoresistive* Aufnehmer in Frage. Beide Typen zeichnen sich durch eine hohe Robustheit aus. Piezoelektrische Aufnehmer erfüllen höhere Anforderungen an Grenzfrequenz und Querunempfindlichkeit. Piezoresisitve Aufnehmer können leicht in einen Halbleiterchip integriert und so als „intelligenter Sensor" mit integrierter Signalverarbeitung angeboten werden.

Für die Messung von Drehwinkel- und Translationsgeschwindigkeiten sind für den industriellen Einsatz folgende Verfahren zu erwähnen:

- *Winkelgeschwindigkeitsmessung von elektrischen Antrieben:* Hier kommt es vor allem auf die Linearität des Sensors und bei Umkehrbetrieb des Antriebs auf seine Symmetrie an (zentralsymmetrische Kennlinie). Bereits seit längerer

Zeit bekannt und im Einsatz sind *Gleich- und Wechselstrom-Tachogeneratoren*, die mit der Antriebsachse verbunden sind. Ein anderes Messverfahren beruht auf dem sog. *Ferraris-Prinzip:* Auf der Antriebswelle befindet sich eine Messscheibe aus elektrisch gut leitendem, nicht notwendigerweise ferromagnetischem Material (Kupfer). Das Feld eines stillstehenden Permanentmagneten ruft in der drehenden Scheibe Wirbelströme hervor. Die Stärke dieser Wirbelströme ist der Drehzahl näherungsweise proportional. Durch zwei Magnetsonden (Hall- oder Feldsonden) wird das Feld erfasst und in ein elektrisches Signal umgewandelt. Eine alternative Methode zur Messung der Drehzahl einer Welle beruht auf den Inkrementalgeber-Prinzip. Eine Impulsscheibe (in optischer Bauart: Scheibe mit Schlitzen; in magnetischer Bauart: Rad mit Nuten) erzeugt im örtlich fixierten Sensor (Lichtschranke, induktive Sonde) eine Impulsfolge. Durch Messung der Impulsfrequenz kann direkt auf die Winkelgeschwindigkeit geschlossen werden.

- *Geschwindigkeitsmessung von linear bewegtem Gut:* Zur Messung der Translationsgeschwindigkeiten von bewegten Blechen oder Drähten sind berührungslose Verfahren von Vorteil. Unter Ausnützung des Doppler-Effekts kann die Geschwindigkeit eines Körpers durch das Frequenzverhältnis einer ausgesendeten und reflektierten Welle bestimmt werden. Beträgt die Frequenz einer Schall-, Licht- oder Radarquelle $f$, so lässt sich die Geschwindigkeit eines Objekts bestimmen, das die ausgesandte Welle mit der Frequenz $f_1$ reflektiert, und zwar nach der Beziehung $f_1 = f/(1 - \upsilon/c)$. Dabei bedeutet $\upsilon$ die Geschwindigkeit des Objekts relativ zum Beobachter und $c$ die Wellenausbreitungsgeschwindigkeit im betreffenden Medium. Für das Verfahren werden in der Praxis Licht- (Laser-) oder Radarwellen eingesetzt.

*Temperatur*

Die Erfassung der Temperatur gehört zu den grundlegenden Aufgaben der Prozess- und Fertigungsautomatisierung. An Stelle herkömmlicher Thermometer kommen heute vor allem elektronische Temperatursensoren, zum Teil mit integrierter Signalverarbeitung, zum Einsatz. Je nach Temperaturbereich und erforderlicher Genauigkeit sind eine Reihe verschiedener Messverfahren in Gebrauch.

Grundlage der Temperaturmessung ist die von Stoffeigenschaften unabhängige thermodynamische Temperaturskala mit der Einheit Kelvin [K]. 1 Kelvin ist der 273,16te Teil der thermodynamischen Temperatur des Tripelpunktes des reinen Wassers. Das Grad Celsius [°C] wird so definiert, dass der Nullpunkt der damit verbundenen Skala 0,01 Grad unter der thermodynamischen Temperatur des Tripelpunktes des Wassers liegt. 0 °C entspricht also 273,15 K.

Wir beschränken uns bei der Besprechung der Temperaturmessverfahren im vorliegenden Kontext auf Sensoren mit elektrischen Ausgangsgrößen. Darin sind die beiden Kategorien zu unterscheiden:

- berührende Verfahren
- berührungslose Verfahren

Die Tabelle 2 stellt einige wichtige Verfahren zur industriellen Temperaturmessung gegenüber.

**Tabelle 2:** Beispiele für Verfahren und Geräte zur industriellen Temperaturmessung mit elektrischer Ausgangsgröße (nach Gevatter 1999)

| Gerät/Verfahren | Ausgangssignal | Temperaturmessbereich in °C |
|---|---|---|
| *Thermoelemente* *(berührend)* | Elektrische Spannung | |
| Fe-CuNi | | −200 bis 900 |
| NiCr-Ni | | 0 bis 1300 |
| PtRh 10/0 | | 0 bis 1760 |
| PtRh 30/6 | | 0 bis 1820 |
| *Widerstandsthermometer* *(berührend)* | Elektrischer Widerstand | |
| Platin | | −250 bis 1000 |
| Heißleiter | | −100 bis 400 |
| Kaltleiter | | 5 bis 200 |
| Silizium | | −70 bis 175 |
| *Strahlungsthermometer* *(berührungslos)* | El. Widerstand, el. Spannung, el. Polarisation, abhängig vom Wirkprinzip des Empfängers | |
| Spektralpyrometer | | 20 bis 5000 |
| Bandstrahlungspyrometer | | −100 bis 2000 |
| Gesamtstrahlungspyrom. | | −100 bis 2000 |
| Thermografiegerät | | −50 bis 1500 |

- Das *Thermoelement* besteht aus zwei thermoelektrisch verschiedenen Leitern, die an ihren beiden Enden miteinander verbunden sind. Befinden sich die Verbindungsstellen auf unterschiedlichen Temperaturen $T_1$ und $T_2$, so entsteht zu Folge des Seebeck-Effekts eine Gleichspannung, wenn der Kreis an einer beliebigen Stelle unterbrochen wird (Abb. 19 links). Die der Temperatur $T_1$ ausgesetzte Stelle ist die *Messstelle*, die auf der Temperatur $T_2$ liegenden Kontaktstellen bilden die *Vergleichsstelle*. Die Messausgangsgröße $U_M$ ist ein Maß für die Temperaturdifferenz zwischen Mess- und Vergleichsstelle. Die statische Übertragungskennlinie ist materialabhängig und nichtlinear. Sie wird entweder über Polynome höherer Ordnung oder über tabellarische Werte angegeben.
- Beim *Widerstandsthermometer* (Abb. 19 rechts) wird von der Temperaturabhängigkeit des elektrischen Widerstands eines Prüfkörpers ausgegangen. Die Abhängigkeit des spezifischen Widerstands von der Temperatur kann allgemein durch

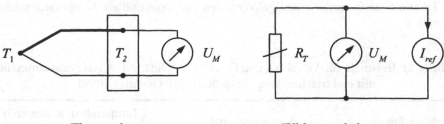

Thermoelement                          Widerstandsthermometer

**Abb. 19:** Grundschaltungen für Thermoelement und Widerstandsthermometer

$$\rho(T) = \rho(0)(1 + \alpha T + \beta T^2 + \ldots) \tag{20}$$

beschrieben werden, wobei $\alpha$ und $\beta$ Materialkonstanten und $\rho(0)$ der spezifische Widerstand bei Bezugstemperatur sind. Als Prüfkörpermaterial wird vornehmlich Platin, aber auch Nickel, Kupfer und Iridium eingesetzt. Der Übertragungsfaktor bei einem 100 $\Omega$ Platinwiderstandsthermometer (Pt 100) bei Raumtemperatur beträgt etwa 0,4 $\Omega$/K, für ein Nickel-Element etwa 0,6 $\Omega$/K. Widerstandsthermometer werden entweder in Schaltungen mit eingeprägtem Strom nach Abb. 19 oder in Brückenschaltungen nach Abb. 13 verwendet. In jedem Fall ist darauf zu achten, dass es durch den Messstrom zu keiner übermäßigen Eigenerwärmung des Sensorelements kommt.

• Auch bei den *Halbleiter-Widerstandssensoren* bildet der temperaturabhängige Widerstand die Basis der Messwertbildung. Halbleiter-Messwiderstände für *Heißleiter* (Thermistoren) bestehen aus gesinterten polykristallinen Mischoxidkeramiken. Innerhalb bestimmter Temperaturintervalle weisen sie einen negativen Temperaturkoeffizienten auf und werden daher als NTC-Widerstände bezeichnet (IEC 40408, DIN 44070). *Kaltleiter* bestehen aus Sinterkeramiken auf der Basis von polykristallinem Bariumtitanat ($BaTiO_3$), das mit verschiedenen Zusätzen versehen ist (Gevatter 1999). Wegen ihres positiven Temperaturkoeffizienten werden sie auch als PTC-Widerstände bezeichnet. Silizium-Messwiderstände besitzen einen positiven Temperaturkoeffizienten von etwa 0,75 %/°C.

• *Strahlungsthermometer* weisen den Vorteil der Möglichkeit zur berührungsfreien Temperaturmessung auf. Typische Anwendungsfälle sind Messungen an bewegten Objekten, an Messobjekten mit sehr hoher Temperatur (Schmelzen, frisch gewalztes Blech etc.) und Messungen in Situationen, wo die Wechselwirkung durch berührende Verfahren (z. B. wegen Wärmeableitung) unerwünscht ist. Jede feste, flüssige oder gasförmige Substanz mit einer Temperatur über dem absoluten Nullpunkt (0 K) sendet eine elektromagnetische Wärmestrahlung im Wellenlängenbereich von 0,4–30 µm aus. Die Abhängigkeit der Strahldichte $L$ eines schwarzen Strahlers mit der Temperatur $T$ wird über das *Stefan-Boltzmann-Gesetz* ausgedrückt:

$$L = \frac{\sigma T^4}{\pi \Omega_0}. \tag{21}$$

Darin ist $\sigma$ die Stefan-Boltzmann-Strahlungskonstante und $\Omega_0$ der Raumwinkel des Halbraums dividiert durch $2\pi$. Das *Wien'sche Verschiebungsgesetz* liefert den Zusammenhang zwischen der Temperatur $T$ und der Wellenlänge $\lambda_{max}$, bei der die Strahlungsdichte ein Maximum aufweist:

$$\lambda_{max} = \frac{2898}{T} \ \mu\text{m}, \ T \text{ in K}. \tag{22}$$

- Zur Erfassung der Oberflächentemperatur des Messobjekts wird der von ihm ausgesendete Strahlungsfluss gemessen. Als Detektoren kommen Sensoren auf fotoelektrischer und thermoelektrischer Basis in Frage. Der Strahlungsfluss muss über eine Fokussierungseinrichtung auf die Sensorfläche konzentriert werden. Auf Grund des Wellenlängenbereichs der Wärmestrahlung kommen hier keine Glaslinsen in Frage, sondern nur Speziallinsen, die etwa aus Germanium gefertigt sind.

### Füllmenge, Durchfluss und Füllstand

Im Bereich der Verfahrenstechnik (Chemie und Wasserwirtschaft) haben Mengen-, Durchfluss- und Füllstandsmessungen eine große Bedeutung. Beispiele für Messverfahren und Geräte für die Mengen- und Durchflussmessung in geschlossenen Rohrleitungen sind in Abb. 20 aufgestellt.

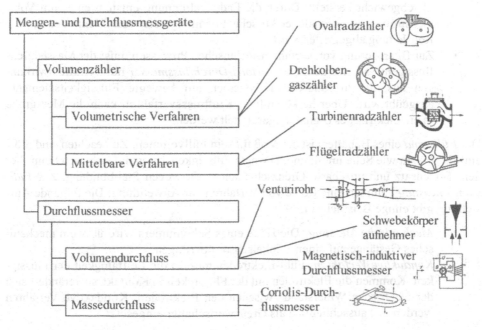

**Abb. 20:** Beispiele für Sensoren zur Mengen- und Durchflussmessung

- *Volumetrische Verfahren* quantisieren das zu messende Volumen *direkt* durch Bewegung von Kammerwänden oder Drehkolben. Zur Umsetzung der Messgröße in ein elektrisches Signal muss noch der Drehwinkel der Achse gemessen werden.
- Bei den *mittelbaren* volumetrischen Verfahren bewegt sich ein Turbinen- oder Flügelrad im Flüssigkeits- oder Gasstrom. Der Fluidstrom wird über die Rotationsgeschwindigkeit des Messelements gemessen.
- Das *Venturirohr* arbeitet nach folgendem Prinzip: Bei der Verengung einer Rohrleitung ändern sich die Druckverhältnisse der Strömung. Es kommt zur Ausbildung des sog. *Wirkdrucks*, aus dem sich der Durchfluss berechnen lässt. Die Durchflussmessung wird also auf eine Druckmessung an der Staustelle zurückgeführt.
- *Schwebekörperaufnehmer* können nur in vertikalen Rohrleitungen eingesetzt werden. Auf den vertikal verschieblich gelagerten Schwebekörper wirken die Schwerkraft, die Auftriebskraft im Medium und die nach oben gerichteten Kräfte des strömenden Fluids. Im Gleichgewichtszustand stellt sich eine dem Durchfluss proportionale Höhe des Schwebekörpers ein.
- *Magnetisch-induktive* Verfahren nützen folgenden physikalischen Effekt aus: Wird ein elektrischer Leiter mit der Geschwindigkeit $v$ durch ein Magnetfeld der Induktion $B$ bewegt, so tritt an seinen Enden eine Spannung $U$ auf. Im Falle einer elektrisch leitfähigen Flüssigkeit sind es die frei beweglichen hydratisierten Kationen und Anionen mit der Ladung $q$, die beim Durchqueren des Magnetfelds unter der Wirkung der Lorentz-Kraft $\mathbf{F} = q(\mathbf{v} \times \mathbf{B})$ getrennt werden, bis die entstehende Coulomb-Kraft $\mathbf{F} = q \cdot \mathbf{E}$ das Kräftegleichgewicht herstellt. Durch die Ladungstrennung entsteht eine zum Volumenstrom proportionale elektrische Spannung, die von Elektroden in der Rohrleitung abgegriffen wird.
- Zur Bilanzierung von verfahrenstechnischen Prozessen muss der Massedurchfluss gemessen werden. Der *Coriolis-Durchflussmesser* nützt Krafteinwirkungen aus, die in rotierenden Systemen auf bewegte Flüssigkeitselemente ausgeübt wird. Über herkömmliche Kraftmessverfahren kann die Messgröße in ein elektrisches Signal umgewandelt werden.

Der *Füllstand* eines Behälters ist ein Maß für sein Füllvolumen. Zu beachten sind Störeinflussgrößen wie Schaumbildung, bewegte Flüssigkeitsspiegel, Gasblasen beim Sieden, Bodensatz und unscharfe Grenzschichten, z. B. wegen Staubbildung. Zur *Füllstandsmessung* kommen eine Reihe von Verfahren zur Anwendung. Die folgende Aufstellung gibt einige Beispiele an.

- *Mechanische Messung:* Die Höhe eines Schwimmers wird über ein mechanisches Gestänge auf einen Winkelsensor übertragen.
- *Konduktive Verfahren:* Fühl-Elektroden messen die Leitfähigkeit der Flüssigkeit. Kommen die Elektroden mit der Flüssigkeit in Kontakt, so verändert sich der elektrische Widerstand zwischen den Elektroden. Konduktive Verfahren werden fast ausschließlich als Grenzwertschalter eingesetzt.

- *Kapazitive Verfahren:* Eine isolierte Elektrode ragt in die im Behälter gelagerte Flüssigkeit. Sie bildet mit der leitfähigen Behälterwandung eine variable Kapazität. Die Flüssigkeit wirkt als Dielektrikum. Je nach Füllstand ändert sich die Kapazität zwischen Elektrode und Behälterwand.
- *Ultraschallverfahren:* Über die Laufzeitmessung einer Schallwelle wird die Distanz von Ultraschallwandler und Flüssigkeitsoberfläche ermittelt. Das Laufzeitverfahren kann auch auf der Basis von Radarwellen genutzt werden.

*Anwesenheit von Objekten*

Vor allem in der Fertigungsautomatisierung kommen häufig Anwendungen vor, bei denen die Anwesenheit eines Objekts an einem bestimmten Ort geprüft werden muss. Dazu eignen sich folgende Sensorprinzipien:

- *Mechanische Verfahren:* Ein Messfühler tastet das Objekt ab.
- *Optische Verfahren:* Lichtschranken, bildverarbeitende Verfahren.
- *Induktive Verfahren:* Ein induktiver Sensor misst die Anwesenheit eines ferromagnetischen Körpers.
- *Hallsonden und Feldplatten:* Bringt man einen vom Strom $I$ durchflossenen Festkörper der Dicke $s$ in ein magnetisches Feld $B$ ein, so werden die strombildenden Ladungsträger senkrecht zur Strom- und Magnetfeldrichtung abgelenkt. Durch diese Ladungsverschiebung entsteht im Festkörper ein elektrisches Querfeld und damit eine Hallspannung $U_H$ (siehe Abb. 21),

$$U_H = \frac{R_H I B}{s},$$ (23)

wobei $R_H$ die materialabhängige Hall-Konstante ist. Sie hat bei gebräuchlichen Halbleitermaterialien etwa einen Wert von 200 cm³/As.

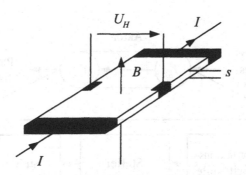

**Abb. 21:** Prinzip der Hall-Sonde

- *Feldplatten* sind magnetisch steuerbare Ohm'sche Widerstände, die bei Induktionsänderung von 1 Vs/m² ihren Widerstand etwa um den Faktor 20 ändern (Profos und Pfeifer 1992).

In Zusammenhang mit der Detektion der Anwesenheit von Objekten kommen Magnet-
feldsensoren insbesondere in Kombination mit Permanentmagneten zum Einsatz.

*pH-Wert, Redoxspannung- und Leitfähigkeitsmessung*
Als Parameter für Führungskenngrößen in der chemischen Industrie und als Qualitäts-
parameter kommt der Messung dieser Größen in der Verfahrens- und Umwelttechnik
eine wichtige Rolle zu.

Der *ph-Wert* ist der negativ gemessene dekadische Logarithmus des Zahlenwerts
der molaren Wasserstoffionenaktivität. Er gibt den chemischen Zustand einer Flüssigkeit zwischen *sauer* und *basisch* an. Der pH-Wert kann über potentiometrische Messverfahren mit Glaselektroden oder mit ionenselektiven Feldeffekttransistoren gemessen werden.

Das *Redoxpotential* ist das Potential einer chemisch indifferenten Metallelektrode
in einem Reduktions/Oxidations-Gleichgewichtssystem bezogen auf die Standard-
Wasserstoffelektrode.

Die spezielle *elektrolytische Leitfähigkeit* ist gleich dem Kehrwert des elektrischen
Widerstands einer Flüssigkeitssäule von 1 m Länge und 1 m² Querschnitt. Sie kann
mit konduktiven und induktiven Verfahren bestimmt werden (Gevatter 1999).

## 2.3  Aktoren

In der Prozessautomatisierung treten offene und geschlossene Wirkungsketten auf,
abhängig davon, ob die Reaktion des Prozesses auf eine Stellgröße direkt zur Veränderung dieser Stellgröße herangezogen wird (geschlossene Regelschleife) oder nicht
(offene Prozesssteuerung).

In beiden Fällen generieren Automationsagenten Handlungsinstruktionen, die
durch sog. *Aktoren* in physikalische Systemgrößen umgewandelt werden (Abb. 7).

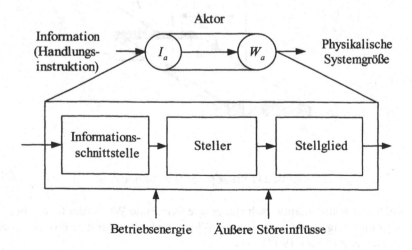

**Abb. 22:** Komponenten eines Aktors

Aktoren sind Verbindungsglieder zwischen dem informationsverarbeitenden Komponenten eines Automatisierungssystems und dem physikalischen Prozess (Fertigungsprozess, verfahrenstechnischer Prozess). Die Definition des Begriffs Aktor ist nicht einheitlich. Die DIN 19226 verwendet im Zusammenhang mit der „Regelungs- und Steuerungstechnik" den Begriff des *Stellers*, in dem das aus dem Reglerausgangssignal zur Ansteuerung des *Stellglieds* erforderliche Stellsignal gebildet wird. Das Stellglied selbst greift in den Materie- und Energiestrom des Prozesses ein. Sofern das Stellglied mechanisch betätigt wird, enthält es noch einen *Stellantrieb*. Das Stellglied heißt in diesem Fall *Stellgerät*. In Erweiterung zu dieser Sichtweise werden wir gemäß Abb. 22 in den Aktor-Begriff noch eine *informationstechnische Schnittstelle* integrieren. Sie dient zur informationstechnischen Aufbereitung der vom Automatisierungsagent ausgegebenen Handlungsinstruktionen.

In heutigen Automatisierungslösungen werden in zunehmendem Maße „intelligente" Funktionen in den Aktor integriert. Dazu wird in Form eines Mikroprozessorsystems zusätzliche Rechenleistung in das Aktorsystem eingebracht (Abb. 23). Diese Rechenleistung kann beispielsweise benutzt werden, um

- lokale Sensordaten aufzubereiten,
- lokale regelungstechnische Aufgaben zu erfüllen,
- die Kommunikation mit einem Feldbussystem zu koordinieren,
- Sicherheits- und/oder Diagnosefunktionen zu realisieren oder
- den Aktor als Komponente eines verteilten Steuerungssystems mit eigener Steuerungsfunktionalität auszustatten (vgl. Abschn. 2.5).

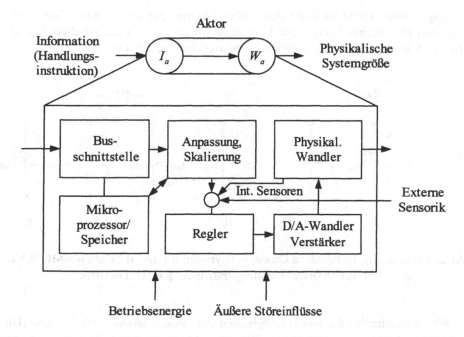

**Abb. 23:** Komponenten eines „intelligenten Aktorsystems"

Industrieroboter sind komplexe und spezialisierte „intelligente" Aktorsysteme, die eine hohe Zahl von Aktionsfreiheitsgraden aufweisen. Als Spezialfall eines Aktorsystems werden sie im Abschn. 2.8 nach der Behandlung der wichtigsten Automationskomponenten getrennt besprochen.

### 2.3.1 Aktorisches Wirkprinzip

Eine generelle Kategorisierung der Aktoren kann nach ihrem Wirkprinzip erfolgen. Wir unterscheiden dabei folgende Kategorien (Janocha 1992):

- elektronische Aktoren (Leistungselektronik)
- elektromagnetische Aktoren (Motoren, Elektromagnete)
- fluidtechnische Aktoren (pneumatische und hydraulische Antriebe, Ventile)
- weitere Aktorprinzipien (Thermobimetalle, Memory-Legierungen, elektrochemische, piezoelektrische und magnetostriktive Aktoren, mikromechanische Aktoren)

Bei der Auswahl der geeigneten Aktorik für eine Automatisierungsaufgabe müssen die Kenngrößen Stellgeschwindigkeit, Stellkraft, Genauigkeit, Wirkungsgrad und die Integration von Zusatzfunktionen beachtet werden (eingebaute Ansteuerungselektronik, „intelligente" Steuerungs- und Regelungsfunktionen etc.).

### 2.3.2 Leistungselektronik

Leistungshalbleiter sind wichtige elektronische Steller. Sie dienen neben der Umformung von elektrischer Energie zur Leistungsansteuerung von elektrischen Stellgliedern wie Antrieben, Heizungen, elektrisch betriebenen Ventilen etc.

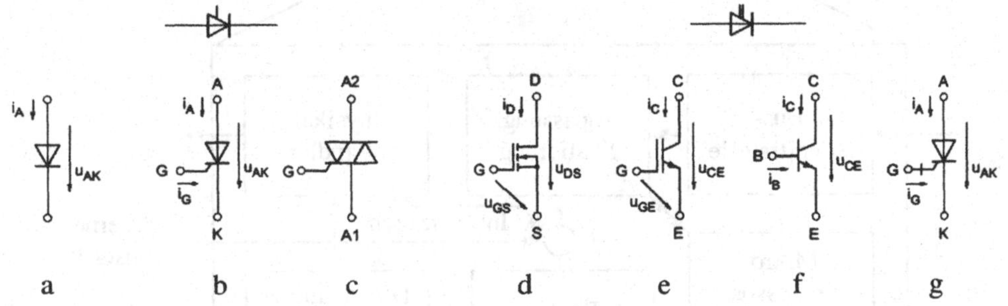

**Abb. 24:** Leistungshalbleiter: **a** Diode, **b** Thyristor, **c** Triac, **d** Leistungs-MOSFET, **e** IGBT, **f** bipolarer Leistungstransistor, **g** GTO-Thyristor

Wir unterscheiden die drei Hauptgruppen der *ungesteuerten Einwegventile* (Dioden), der *elektronisch einschaltbaren Einwegventile* sowie der *elektronisch ein- und ausschaltbaren Einwegventile.* In diesen Kategorien gibt es zahlreiche Vertreter und Untervarianten sowie Sonderbauformen. An dieser Stelle kann nur ein kleiner Überblick geboten werden. Zur weiterführenden Lektüre sei beispielsweise auf Janocha (1992) verwiesen.

Die *Leistungsdiode* als ungesteuertes Ventil geht in den leitfähigen Zustand über, wenn $i_A > 0$ ist, dann wird $u_{AK} \approx 0$ (Abb. 24a). Für negative Ströme sperrt die Diode. Ein kritischer Punkt bei Leistungsdioden ist das Schaltverhalten bei höheren Frequenzen. Typische Kenndaten sind Sperrspannungen bis 5000 V, Nennströme bis 3000 A und maximale Schaltfrequenzen bis etwa bis 50 kHz.

Der *Thyristor* (Abb. 24b) besitzt eine zusätzliche Steuerelektrode (Gate). Durch Einprägen eines positiven Gate-Stroms geht das Bauteil bei $u_{AK} > 0$ in den leitfähigen Zustand über und bleibt so lange leitend, wie $i_A > 0$ ist. Erst wenn $i_G$ und $i_A$ verschwinden, sperrt der Thyristor wieder. Das Ventil kann bei $i_A > 0$ *nicht abgeschaltet* werden. Heute wird der Thyristor in zunehmendem Maße von den abschaltbaren Ventilen verdrängt. Spannungsfestigkeiten bis zu 6000 V und Nennströme bis zu 3000 A sind erreichbar.

Der *Triac* (Abb. 24c) entsteht durch die Antiparallelschaltung zweier (n-Gate und p-Gate) Thyristoren, unter Zusammenfassung der Gate-Elektrode. Er ermöglicht den Stromfluss in beide Richtungen. Für das Abschaltverhalten gilt das beim Thyristor Gesagte. Der Triac spielt in der Automatisierungstechnik eine untergeordnete Rolle. Sein typischer Einsatz ist die Anwendung als „Dimmer" im Einphasennetz, wo keine höheren Ströme als etwa 10 A auftreten.

Der *Leistungs-MOSFET* (Abb. 24d) zählt zu den elektronisch ein- und ausschaltbaren Einwegventilen. Das Einschalten erfolgt beim n-Kanal MOSFET durch eine *positive* Spannung $u_{GS}$, das Ausschalten durch eine negative. Die Spannungsfestigkeit beträgt bis zu 1000 V bei Nennströmen von 10–30 A. Vorteilhaft sind die hohen Schaltfrequenzen (bis 100 kHz), nachteilig wirken sich die relativ hohen Durchlasswiderstände aus.

Der *Insulated Gate Bipolar Transistor* (IGBT, Abb. 24e) ist im Grunde ein Bipolartransistor mit kapazitiver MOS-Gate-Ansteuerung. Er wird für Sperrfähigkeiten bis etwa 1600 V bei Nennströmen bis etwa 400 A angeboten. Die Weiterentwicklung von IGBTs schreitet rasant voran.

Der *Bipolar-Leistungstransistor* (Abb. 24f) wird heute als Standardsteller in der Leistungselektronik eingesetzt, und zwar überall dort, wo keine extrem hohen Anforderungen an die Schaltleistung bestehen. Vor allem in Kombination mit integrierter Ansteuerungselektronik kommen heute immer neue Module auf den Markt. Der Transistor wird durch positive Basisströme eingeschaltet und sperrt beim Verschwinden des Basisstroms. Spannungsfestigkeiten bis zu 1500 V und Nennströme bis zu 1000 A sind möglich.

Der *Gate-Turn-Off-Thyristor* (Abb. 24g) hat sich als Schaltelement für sehr hohe Leistungen durchgesetzt. Der GTO-Thyristor ist bei hohen Sperrfähigkeiten (> 1200 V) das abschaltbare Bauelement mit der höchsten zulässigen Stromdichte und dem günstigsten Durchlassverhalten. Nachteilig ist seine relativ aufwändige Ansteuerung. Seine Haupteinsatzgebiete sind Elektrolokomotiven und Großantriebe.

Der Trend bei der Entwicklung und beim Einsatz von Leistungshalbleitern geht in Richtung ein- und ausschaltbarer elektronischer Ventile sowie hin zur Integration von Zusatzschaltungen in das Bauelement zur Realisation von intelligenten Funktionen.

### 2.3.3  Elektromagnetische Aktoren, elektrische Antriebe

Eine gängige Klassifizierung elektromagnetischer Aktoren erfolgt über die Art der Beweglichkeit. Demzufolge unterscheiden wir

- Antriebe mit unbegrenzter Bewegung (selbst- und fremdgeführte elektrische AC- bzw. DC-Motoren) und
- Antriebe mit begrenzter Bewegung (Gleich- und Wechselstrommagnete, Schwinganker und Tauchspulenmotoren, Linearmotoren).

Unter den elektrischen Stellantrieben mit unbegrenzter Bewegung kommen in der Fertigungs- und Prozessautomatisierung diverse Gleich-, Wechsel- und Drehstrommotoren zur Anwendung. Die Abb. 25 stellt einen groben Überblick über den Weltmarkt der *geregelten* Elektroantriebe dar, die Hälfte des Marktvolumens entfällt auf Drehstrommotoren.

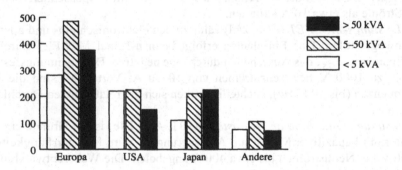

**Abb. 25:** Weltmarkt für geregelte Antriebe, Einheiten: Millionen US$.
(Quelle: Polke 1994)

Interessant ist die zahlenmäßige Verteilung der Motortypen im weltweiten Vergleich: Von den verkauften Elektromotoren entfallen heute etwa 95 % auf Drehstromantriebe, davon 95 % auf ungeregelte Drehstrommotoren. Geregelte Antriebe haben heute ein zweistelliges Wachstum. Man erwartet auch in der Zukunft einen starken Anstieg, wobei der größte Anteil weiterhin auf Drehstrommotoren entfallen dürfte (Björkmann in Polke 1994).

*Selbstgeführte Motoren mit mechanischem Kommutator*
Das Charakteristikum dieser Antriebe liegt im Kommutator, der dem Läufer den dreh-momentbildenden Strom über Bürsten zuführt und die Aufgabe eines mechanischen Wechselrichters für den Ankerstrom übernimmt. Das drehmomentbildende Magnet-feld wird von Permanentmagneten oder von stromdurchflossenen Ständerwicklungen erzeugt.

Permanentmagneterregte *Gleichstrommotoren* werden überwiegend für Klein-spannungsanwendungen gebaut und eignen sich auch für den Batteriebetrieb. Als Alternative zur Permanenterregung gibt es Nebenschluss-, Reihenschluss und Doppel-schlussmaschinen mit Wicklungen im Rotor und Stator.

Als Wechselstrom-Kommutatormotor hat der *Universalmotor* antriebstechnisch eine große Bedeutung (Haushaltsgeräte, Werkzeugmaschinen, handgeführte Elektro-werkzeuge). Er hat ein sehr günstiges Leistungsgewicht und kann für hohe Drehzahlen ausgelegt werden (bis zu 30000 U/min).

*Selbstgeführte Motoren mit mechanischem Kommutator*
*Elektronikmotoren* haben im Ständer eine mehrsträngige Wicklung und besitzen einen Permanentmagnetläufer. Ihre Kommutierung erfolgt elektronisch. Sie sind robust und geräuscharm wie Asynchronmotoren. Typische Anwendung: Festplattenlaufwerke, Plotter, Drucker, Barcode-Leser und kleinere Handhabungsgeräte.

*Servomotoren* gehören dem unteren Leistungsbereich an. Sie werden häufig für Stellzwecke eingesetzt, und zwar dort, wo eine präzise dynamische Positionierung sicherzustellen ist (Vorschubantrieb bei Werkzeugmaschinen, Ventilstellantriebe etc.).

*Geschaltete Reluktanzmotoren* („Switched Reluctance"-, SR-Motoren) haben einen geblechten Rotor ohne Wicklungen, der durch seinen geometrischen (z. B. stern-förmigen) Querschnitt entlang seines Umfang einen zyklisch wechselnden Verlauf des magnetischen Widerstands aufweist. Die Statorspulen erzeugen ein Drehfeld, das den Rotor „mitnimmt", da er sich im Feld stets in Richtung des geringsten magnetischen Widerstands einstellt.

*Fremdgeführte Motoren: Asynchronmotoren*
Asynchronmotoren sind für den Wechselspannungs- und Drehspannungsbetrieb geeig-net. Der Stator ist ein aus Blechen geschichteter Hohlzylinder mit Nuten, die eine Drehstromwicklung tragen. Der Rotor besteht aus Blechen mit Nuten, in die bei Kurz-schlussläufermaschinen (Käfigläufermaschinen) Stäbe eingelegt oder eingegossen sind, die an beiden Enden durch massive Kurzschlussringe miteinander verbunden sind. Bei Schleifringläufermaschinen ist eine Drehstromwicklung eingelegt, wobei die Anfänge der drei Wicklungsstränge mit je einem Schleifring verbunden sind und die Enden meist intern zu einem Sternpunkt zusammengeschlossen werden. Die Ströme in den Wicklungssträngen des Ständers erzeugen ein Magnetfeld, das sich mit der syn-chronen Drehzahl dreht. Rotiert der Läufer gegenüber dem Drehfeld mit einer anderen Geschwindigkeit (*asynchron*), so induziert er in seinen Stäben (oder in der Läufer-wicklung) Ströme, die mit dem Drehfeld des Stators ein Drehmoment bilden. Dieses (schlupfabhängige) Drehmoment bildet das Antriebsmoment (Abb. 26).

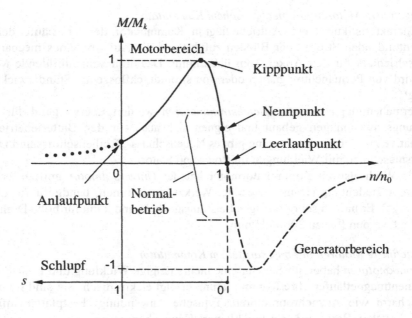

**Abb. 26:** Normierte Kennlinie der Asynchronmaschine

*Fremdgeführte Motoren: Synchronmotoren*

Im Gegensatz zum Asynchronmotor rotiert der Läufer des Synchronmotors immer mit der gleichen Drehzahl wie das Drehfeld. Die Rotordrehzahl ist daher immer synchron zur Netzfrequenz. Der Stator ist prinzipiell gleich aufgebaut wie bei einer Asynchronmaschine. Der Rotor ist entweder als Vollpolläufer mit Nuten ausgebildet, in die eine Gleichstromwicklung eingelegt ist, oder als Schenkelpolläufer mit ausgeprägten Polen und Gleichstromwicklung. Für die Speisung der Gleichstromwicklung auf dem Läufer sind zwei Schleifringe erforderlich. Beim Permanentmagnetläufer kann auf die Schleifringe verzichtet werden.

Die Drehzahl lässt sich durch Verwendung eines elektronisch gesteuerten Wechselrichters verändern. Das Prinzip der Drehfelderzeugung über steuerbare Halbleiterventile ist in Abb. 27 verdeutlicht.

*Schrittmotoren*

Für Positionieraufgaben mit kleinen oder mittleren Haltemomentanforderungen werden Schrittmotoren eingesetzt. Sie sind prinzipiell wie die elektronisch kommutierten Motoren aufgebaut. Im Unterschied zu ihnen werden die Wicklungen des Schrittmotors nicht in Abhängigkeit von der Läuferstellung durch Signale von Rotorlagesensoren nachgeregelt, sondern von einer Elektronik geschaltet. Es erfolgt keine Rückmeldung, ob der Läufer die Sollposition erreicht hat. Schrittmotoren können unipolar oder bipolar geschaltet werden. Damit der Schrittmotor dem Feld bei der Ausführung mehrerer Schritte folgen kann, muss die Steuerfrequenz der Dynamik des Systems angepasst werden.

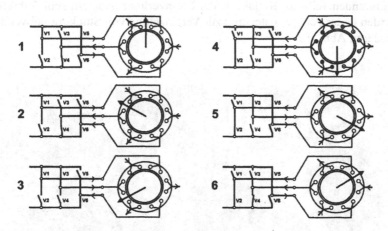

**Abb. 27:** Drehfelderzeugung durch Wechselrichter (Quelle ABB)

*Elektromagnet-Prinzip*

Das physikalische Prinzip des Elektromagnets beruht auf der Kraftwirkung auf Grenzflächen von Stoffen mit unterschiedlicher magnetischer Leitfähigkeit. Elektromagneten bestehen aus einem Joch mit Spule und einem beweglichen Anker (Abb. 28). Joch und Anker sind aus ferromagnetischen Materialien gefertigt.

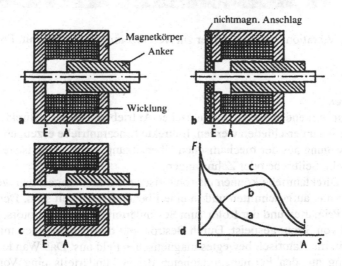

**Abb. 28:** Gleichstrom-Elektromagnete. **a, b, c** verschiedene Ausführungsformen, **d** Kraft-Weg-Kennlinien für die verschiedenen Ausführungsformen

Entsprechend der Bewegungsarten und in Hinblick auf die Anwendung unterscheidet man Hubmagnete, Schlagmagnete, Drehmagnete und Schwingmagnete. Es sind Gleich- und Wechselstromausführungen möglich. Bei Wechselstrommagneten müssen die flussführenden Teile zur Reduktion der Eisenverluste geblecht sein. Vibrationsmagnete werden in der Fertigungstechnik zur Vereinzelung von Stückgut verwendet (Vibrationsförderer, Abb. 29).

**Abb. 29:** Vibrationswendelförderer zur Vereinzelung von Stückgut. Foto: Festo

*Linearmotoren*
Bei den linear wirkenden elektromagnetischen Antrieben müssen indirekte und direkte Motorprinzipien unterschieden werden. Indirekte Linearantriebe erzeugen eine translatorische Bewegung aus der mechanischen Übersetzung einer rotatorischen Bewegung durch Spindeln, Seiltriebe oder Zahnstangen.

Lineare Direktantriebe können als rotatorische Motoren angesehen werden, die in radialer Richtung aufgeschnitten und in eine Ebene abgewickelt sind. Der Stator wird hierbei zum Primärteil und der Rotor zum Sekundärteil des Linearmotors. Nur das Primärteil wird von Strom gespeist. Durch Bestromung der Primärspulen mit Drehstrom bildet sich ein translatorisch bewegtes magnetisches Feld aus. Das Wanderfeld erzeugt in Verbindung mit den Permanentmagneten des Sekundärteils eine Vorschubbewegung. Wir unterscheiden Kurz- und Langstatorbauformen (Abb. 30).

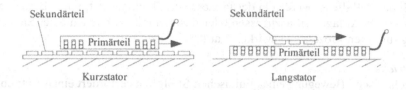

**Abb. 30:** Linearmotorbauformen

Beim *Kurzstatormotor* ist der Sekundärteil die ortsfeste Komponente, also z. B. die Reaktionsschiene beim Asynchronmotor oder das Felderregersystem beim Synchronmotor. Die bewegte Komponente trägt die Antriebswicklung.

Beim *Langstatormotor* besteht das ortsfeste Primärteil aus den Statorpaketen mit den Wanderfeldwicklungen, das bewegte Sekundärteil trägt die Erregermagnete.

### 2.3.4 Fluidtechnische Aktoren

Betrachten wir nochmals die Komponenten eine Aktors nach Abb. 22, so können wir die speziellen Ausprägungen für den Fall der fluidtechnischen Aktoren wie folgt interpretieren:

- *Informationsschnittstelle:* Bereitet das handlungsauslösende Signal (vom Regler oder von der Steuerung) als Eingangsgröße für den Steller auf.
- *Steller (Stellantrieb):* Erzeugt auf der Basis der Eingangsgröße eine mechanische Wirkung, die auf das Stellglied ausgeübt wird.
- *Stellglied:* beeinflusst einen fluidischen Stroffstrom.

*Stellglieder der Fluidtechnik*
Stoffströme können durch Stellglieder *gedrosselt* oder *beschleunigt* werden. Im ersten Fall wirkt das Stellglied als zusätzlicher Widerstand im Kreis (Stellventil, Klappe, Schieber), im zweiten Fall als Treiber (z. B. Pumpe). Die Abb. 31 stellt die Bauformen einiger drosselnder Stellglieder graphisch gegenüber.

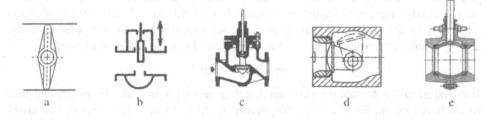

**Abb. 31:** Übersicht zu den Bauformen von drosselnden Fluidstellgliedern: **a** Klappe, **b** Schieber, **c** Stellventil, **d** Drehkegelventil, **e** Kugelventil

Drosselnde Stellglieder werden in der Prozesstechnik eingesetzt, um z. B. den Durchfluss in einem Anlagenteil anzupassen oder das schnelle Erreichen einer Sicherheitsstellung für einen Prozess zu bewirken („auf" oder „zu").

### Stellantriebe

Die mechanische Bewegung eines fluidischen Stellglieds erfordert einen Antrieb. Dieser Antrieb kann in der Praxis ein elektromagnetischer Aktor (Stellmotor, Elektromagnet etc.) oder selbst wieder ein fluidischer Aktor sein.

### Klassifizierung fluidtechnischer Aktoren

Ein Hauptunterscheidungsmerkmal fluidtechnischer Aktoren bildet das verwendete Medium. *Hydraulische Aktoren* verwenden inkompressible Flüssigkeiten (Hydrauliköl) zur Kraftübertragung. Sie werden in Anwendungen eingesetzt, wo ein hoher Kraftbedarf besteht. *Pneumatische Aktoren* mit einer Kraftübertragung durch gasförmige Medien (Druckluft) werden in der Automatisierungstechnik sehr häufig eingesetzt. Die Vorteile bestehen im einfachen Aufbau und in der Tatsache, dass Druckluft in industriellen Umgebungen in der Regel verfügbar ist. Verglichen mit hydraulischen Aktoren treten auch keine ernsten Probleme im Falle einer Leckage auf.

Fluidtechnische Aktoren können in folgende Klassen eingeteilt werden:

- *Unstetige Ventile (Wegeventile, Schaltventile):* Sie dienen ausschließlich zum Ein- oder Ausschalten von Fluidströmen.
- *Stetige Ventile (Servoventile, Proportionalventile):* Sie dienen der kontinuierlichen Verstellung des Massestroms (Durchfluss und Druck).
- *Fluidtechnische Motoren:* Sie werden zur Umwandlung hydraulischer oder pneumatischer Energie in mechanische Energie eingesetzt (servopneumatische Linearantriebe, pneumatische Greifer, servohydraulische Zylinder etc.). Fluidtechnische Motoren gibt es in Ausführungen für Translations- oder Rotationsbewegungen.

### Mehrstellungsventile

Mehrstellungsventile sind Wegeventile, die Durchflusswege des Arbeitsmediums ändern, öffnen oder schließen. Dadurch wird die Bewegung und das Positionieren der Arbeitsglieder gewährleistet. Die Betätigung der Ventile kann je nach Ausführungsform und Anwendungszweck manuell, elektrisch, pneumatisch oder hydraulisch erfolgen. Zum Entwurf und zur Dokumentation fluidisch gesteuerter Anlagen verwendet man standardisierte Schaltsymbole, die den übersichtlichen Aufbau von umfangreichen Ventilschaltbildern erleichtern. Zur Darstellung von Mehrstellungsventilen wird eine Symbolik angewendet, die in Abb. 32 dargestellt ist. In der Bezeichnung

$$m/n \text{ Wegeventil}$$

spezifiziert $m$ die Anzahl der externen Anschlüsse und $n$ die Zahl der möglichen Ventilschaltstellungen. So ist das 4/3 Wegeventil in Abb. 33 beispielsweise in Grundstellung gezeichnet, in der alle Anschlüsse gesperrt sind. Erst durch Überführen in Betriebsstellung a oder b kann das Fluid entlang der Pfeilsymbole strömen.

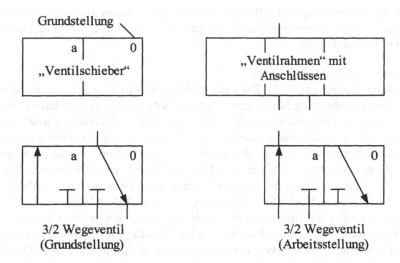

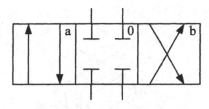

**Abb. 32:** Ein Mehrstellungsventil in Grund- und Arbeitsstellung. Die symbolische Darstellung kann als Ventilschieber angesehen werden, der sich in einem Ventilrahmen mit Anschlüssen in die linke oder rechte Postion bewegen lässt

4/3 Wegeventil (Grundstellung)

**Abb. 33:** Beispiel für ein Wegeventil mit 3 Stellungen, „0" kennzeichnet die Grundstellung

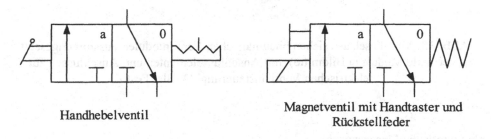

Handhebelventil

Magnetventil mit Handtaster und Rückstellfeder

**Abb. 34:** Händisch aktivierbares Ventil und Magnetventil mit Rückstellung bei Stromausfall

Die Art der Aktivierung und allfällige Rücksetzmechanismen können den links und rechts der Ventilkammern angebrachten Symbolen entnommen werden. Die Abb. 34 zeigt zwei Beispiele dafür.

*Elektropneumatische Schaltventile*
Sie verfügen über eine endliche Zahl von stabilen Ventilstellungen und werden in der Fertigungsautomatisierung häufig zum Start und Stopp sowie zur Änderung der Bewegungsrichtung von pneumatischen Antrieben eingesetzt. Mechanisch betätigte Wegeventile können auch als Sensoren eingesetzt werden, z. B. zur Erkennung einer Endposition von Antriebseinrichtungen. Als wichtigste Kenngrößen sind die Betätigungsart, die Anzahl der Anschlüsse und der zu schaltende Massenstrom zu nennen. Nach VDI 3290 ist der Nenndurchfluss der auf den Ansaugzustand bezogene Durchfluss, gemessen bei einem Absolutdruck von 7 bar vor und 6 bar nach dem Ventil.

Die pneumatischen Anschlüsse sind meist als Einschraubgewinde ausgeführt. Einzelne Ventilmodule können zu „Batterien" oder „Ventilinseln" kombiniert werden. Die Druckluftversorgung erfolgt von einer gemeinsamen Grundplatte aus. Die Abb. 35 zeigt einen Ausschnitt aus einer derartigen Konstruktion.

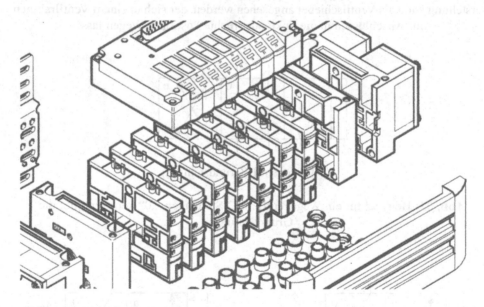

**Abb. 35:** Ventilinsel, aus sieben pneumatischen Ventilmodulen zusammengesetzt (vertikale Module in Bildmitte), mit Anschlusselementen und Anschlüssen zur elektrischen Ventilansteuerung. Quelle: Festo

*Pneumatische Linearantriebe*
In der Fertigungs- und Prozessautomatisierung müssen häufig lineare Translationsbewegungen realisiert werden. Pneumatische Zylinder sind wegen ihrer hohen Robust-

heit und einfachen Handhabung gut für industrielle Zwecke einzusetzen. Pneumatische Linearachsen unterscheiden sich in einigen charakteristischen Merkmalen:

- *Einfachwirkende Zylinder:* Die Druckluft kann den Läufer in eine Richtung bewegen. Die Rückstellung muss durch äußere Kräfte oder durch eine einge-baute Feder erfolgen.
- *Doppelwirkende Zylinder:* Der Läufer kann durch Druckluft hin- und herbe-wegt werden. Es sind zwei Druckluftanschlüsse vorhanden.
- *Membranzylinder:* Die Linearbewegung wird durch Umsetzung einer Mem-branbewegung auf ein Anschlusselement realisiert. Es lassen sich völlig abge-dichtete Systeme herstellen.
- *Zylinder mit Kolbenstange:* Die Kraft auf den Kolben ist unabhängig von der Bewegungsrichtung, die Aus- und Einfahrbewegung erfolgt durch Druckluft.
- *Kolbenstangenlose Zylinder:* Die Verbindung zwischen Kolben und Schlitten erfolgt über Seile, Bänder oder über Magnetkräfte.

*Ausführungsbeispiele pneumatischer Aktoren*
Die Abb. 36 zeigt exemplarisch eine Auswahl von pneumatischen Aktoren, wie sie von der Firma Festo AG angeboten werden.

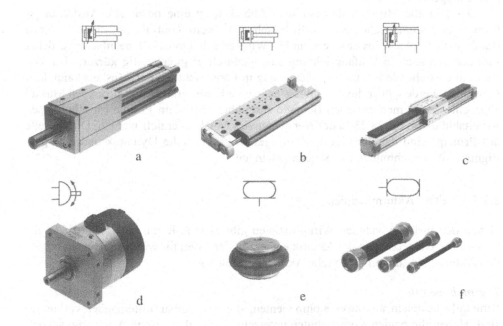

**Abb. 36:** Pneumatische Antriebe: **a** Pneumatikzylinder, **b** pneumatischer Schlitten, **c** kolbenstangenloser Linearzylinder, **d** Schwenkmodul mit integriertem Messsystem, **e** Balgzylinder als Antriebs- und Federelement, **f** Kontraktionsschlauch (fluidischer Muskel). Quelle: Festo

Im Teilbild a der Abb. 36 ist ein Pneumatikzylinder mit integrierter Führung dargestellt. Es sind Hublängen von 25 bis 500 mm möglich. Die Kolbenstange hat Längsnuten, die in Kugelumlaufbuchsen eingreifen. Diese werden anstelle von Gleitlagern im Lagerdeckel verwendet. Dadurch ist eine präzise Linearbewegung unter Aufnahme von hohen Drehmomenten möglich. Es ist eine einstellbare pneumatische Dämpfung eingebaut.

Abb. 36b zeigt einen besonders flach bauenden Minischlitten mit hoher Endlagendämpfung. Das System ist auf etwa 20 Millionen Schaltspiele ausgelegt.

In Abb. 36c ist ein kolbenstangenloser Antrieb dargestellt. Kolbenstangenlose Linearantriebe haben einen relativ geringen Raumbedarf, eine hohe Dynamik und eine hohe Momentaufnahme bei hoher Steifigkeit. Sie eignen sich für Applikationen im Handhabungsbereich und überall dort, wo eine hohe Belastbarkeit bei geringem Bauvolumen gefordert wird.

Die Abb. 36d zeigt ein pneumatisches Schwenkmodul. Es ist mit einem Potentiometer zur Messung der aktuellen Winkellage ausgestattet. Das maximale Drehmoment kann – abhängig von der Ausführungsform – zwischen 5 und 20 Nm betragen. Der Schwenkbereich beträgt maximal 270 Grad und wird durch zwei einstellbare Festanschläge begrenzt.

Balgzylinder, wie in Abb. 36e dargestellt, können als Antriebs- oder Luftfederelemente eingesetzt werden.

Der „Fluidic Muscle", dargestellt in Abb. 36f, ist eine besondere Ausführungsform eines pneumatischen Aktors. Er besteht aus einem Kontraktionsschlauch, der in standardisierte Anschlussstücke mündet. Wird er mit Druckluft beaufschlagt, dehnt sich der Schlauch in Umfangrichtung aus, wodurch er gleichzeitig kürzer wird. Die dadurch entstehende Kontraktionsbewegung in Längsrichtung des Muskels kann dazu verwendet werden, über die Anschlussstücke eine Kraftwirkung auf die an den Muskel angeschlossenen mechanischen Bauteile auszuüben. Mit dem Fluidic Muscle können Arbeitshübe von bis zu 25 % der Nennlänge des Muskels erzielt werden. Die Vorteile des Prinzips sind das günstige Leistungsgewicht, eine hohe Dynamik und eine gute Eignung für verschmutzte Industrieumgebungen.

## 2.3.5  Weitere Aktorprinzipien

Neben den bisher erwähnten Wirkprinzipien gibt es eine Reihe weiterer Effekte, die sich für die Umsetzung in der Aktorik eignen. In der Literatur werden die entsprechenden Aktoren als „unkonventionelle Aktoren" bezeichnet.

*Thermobimetalle*
Bimetalle bestehen aus zwei Komponenten, die untrennbar miteinander verbunden sind. Haben die beiden Komponenten unterschiedliche thermische Ausdehnungskoeffizienten, so kommt es bei Temperaturänderungen zu einer Verbiegung des Schichtverbundbauteils. Bei Kontakt mit einem Schalthebel entstehen Kräfte, die bei der Überschreitung einer Schaltschwelle den Schaltvorgang auslösen.

Bimetallthermometer sind einfache Sensoren, die zur Zweipunktregelung in einfachen Anwendungen verwendet werden können. Heute beträgt die Jahresproduktion von Bimetallen weltweit einige tausend Tonnen. Das am häufigsten verwendete Thermobimetall besteht aus Invar (FeNi 36) und einer Eisen-Nickel-Mangan-Legierung (FeNi20Mn6) (Janocha 1992). Die Abb. 37 zeigt einige Ausführungsformen von Thermobimetallaktoren.

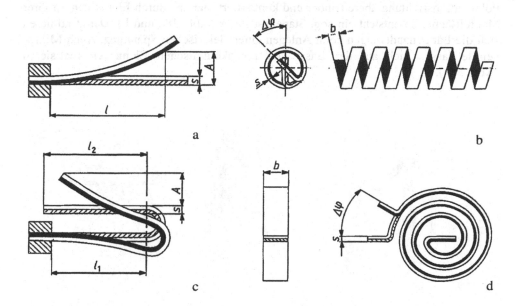

a

b

c

d

**Abb. 37:** Thermobimetallelemente in verschiedenen Ausführungsformen. **a** Einseitig eingespannter Streifen, **b** Wendel, **c** U-förmiger Aktuator zum Betreiben von Mikroschaltern, **d** Spirale (nach Schneider 1982)

*Memory-Legierungen*

Das ausgeprägte Formgedächtnis von Memory-Legierungen ermöglicht ihren Einsatz als Aktorelement in Sonderapplikationen. Wird ein Bauteil aus einer Memory-Legierung bei Raumtemperatur plastisch verformt, so behält es zunächst diese Form bei. Bei Temperaturerhöhung springt es in seine ursprüngliche Form zurück. Grundlage für dieses ungewöhnliche Verhalten ist die sog. reversible martensitische Gefügeumwandlung. Dabei nimmt das Material bei unterschiedlichen Temperaturen verschiedene Kristallstrukturen ein.

*Piezoelektrische Aktoren*

Bei gewissen elektrischen Isolatoren (z. B. Quarz) existiert ein Zusammenhang zwischen einer auf den Kristall ausgeübten mechanischen Kraft und der elektrischen Ladung. Umgekehrt kann der Kristall durch Anlegen einer hohen elektrischen Spannung eine Kraftwirkung ausüben. Dieser Effekt kann genützt werden, um den piezoelektrischen Wandler als Aktor einzusetzen. Durch die hohe Steifigkeit des Piezokristalls können hohe mechanische Schwingungsfrequenzen realisiert werden. Das macht den Piezowandler geeignet als Ultraschallgeber. Auch Ultraschallmotoren können realisiert werden. Für kurze Reaktionszeiten und kleine Hübe kann der Piezowandler als elektronischer Steller eingesetzt werden.

Stapelt man viele dünne Piezokeramikscheiben paarweise mit entgegengesetzter Polarisationsrichtung übereinander und kontaktiert man sie durch Elektroden an ihrer Mantelfläche, so entsteht ein sog. Stapeltranslator (Abb. 38a und b). Damit addieren sich die Längenänderungen beim Anlegen einer elektrischen Spannung. Auch Mikroventile lassen sich auf der Basis von piezokeramischen Elementen realisieren (Abb. 38c).

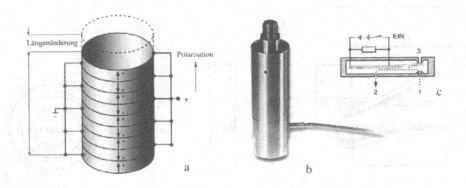

**Abb. 38: a** Prinzip des Piezostapeltranslators, **b** technische Ausführungsform eines Piezoaktors, **c** Piezomikroventil

## 2.4 Steuerungen und Regler

Bei der Automatisierung komplexer Systeme gilt es, den Zustandsverlauf der in ihnen ablaufenden Prozesse in einer bestimmten Weise zu beeinflussen, so dass sich ein Systemverhalten gemäß Anforderungsprofil ergibt. Dieses Anforderungsprofil entsteht aus der übergeordneten Zielsetzung, die an das Automatisierungssystem gebunden ist. So soll beispielsweise eine automatisierte Fertigungsanlage pro Zeiteinheit eine vorgegebene Stückzahl von fertig montierten Produkten mit entsprechenden Qualitätsmerkmalen erzeugen oder eine verfahrenstechnische Anlage eine gewisse Menge des Zielstoffes in einer gewissen Zeit produzieren. Die Beeinflussung der Systeme und Prozesse erfolgt dabei auf drei Ebenen:

- Auf der *strategischen Ebene* wird festgelegt, *was* zu produzieren ist und welche Eigenschaften die Produkte haben sollen (Prozessführungsfunktionen).
- Auf der *taktischen Ebene* wird bestimmt, *wie* die Vorgänge zu steuern sind, damit die strategischen Ziele erreicht werden (Steuerungen und Regelungen).

- Auf der *operativen Ebene* findet die Umsetzung der strategischen und taktischen Vorgaben statt (Sensorik und Aktorik).

Im diesem Abschnitt werden Verfahren und Einrichtungen zur Steuerung und Regelung von industriellen Prozessen besprochen. Dabei wird der inhaltliche Schwerpunkt
auf die Prozesssteuerung gelegt.

### 2.4.1 Steuern und Regeln aus informationstheoretischer Sicht

Beim Steuern und Regeln geht es um die gezielte Einflussnahme auf einen Prozess.
Die Einflussnahme hat in einer solchen Art und Weise zu erfolgen, dass das statische
und dynamische Verhalten des Prozesses der Aufgabenstellung entspricht.

Aus informationstheoretischer Sicht handelt es sich bei der Einflussnahme stets
um einen Informationsaustausch: Informationen über den aktuellen Zustand des Systems werden der Steuer- oder Regeleinrichtung zugeführt. Dort findet nach der Verarbeitung der Informationen eine Entscheidung über zu treffenden Aktionen statt. Die
Aktionen werden in weiterer Folge über entsprechende Kommunikationskanäle an den
Prozess weitergeleitet, der seinen Zustand verändert. Dieser Prozess wiederholt sich
entweder zyklisch oder bedarfsgesteuert.

Die in der Steuer- oder Regeleinrichtung erforderliche Informationsverarbeitung
kann auf verschiedene Art und Weise erfolgen:

- daten- oder signalbasiert: Verknüpfung über Schaltungslogik oder ein algo-
rithmisches Computerprogramm. Die Aktionssequenz wird auf der Basis der
Verknüpfung von Eingangsdaten oder Eingangssignalen bestimmt. Die Steu-
ereinrichtung berücksichtigt nicht die „Geschichte" des Verlaufs der Systemzustände, sondern „reagiert" nur auf momentane Eingangsdaten.
- regelbasiert: Die Aktionssequenzen werden auf Basis von voreingestellten
Regeln bestimmt. Ein Beispiel dafür ist der Fuzzy-Regler.
- wissensbasiert: In der Einrichtung liegt eine Wissensbasis vor, die unter
Berücksichtigung des bisherigen Zustandsverlaufs die aktuelle Aktionssequenz bestimmt.
- lernfähig oder adaptiv: Durch den Vergleich verschiedener Aktionsfolgen
kann die Einrichtung auf der Basis von Gütemaßstäben ihre Performance verbessern oder bei veränderlichen Systemen eine Anpassung an den aktuellen
Systemzustand erreichen. Die Einrichtung benötigt eine Wissensbasis, mit
deren Hilfe die Verhaltensmodelle gespeichert und verwaltet werden.

*Prozesssteuerung*
Das Charakteristikum der Prozesssteuerung liegt in der Tatsache, dass die Steuerein-
richtung Aktionssequenzen zum Prozess sendet, ohne eine zeitlich gebundene (bzw.
zyklische) „Antwort" auf das Systemverhalten zu erhalten. Es handelt sich also
zunächst um einen Feedforward-Prozess. Wie jedoch schon bei der Besprechung der
Speicherprogrammierbaren Steuerung rasch einleuchten wird, existiert auch in diesem
Fall eine Rückkopplung des Systemzustands zur Steuerung, da diese ja in jedem Pro-
grammzyklus ein sensorisches Prozessabbild in ihren Eingangsspeichern ablegt.

*Prozessregelung*
Im Gegensatz zur Steuerung findet bei der Prozessregelung stets ein zyklisches Feedback des Systemzustands zum Regler statt. Das dynamische Verhalten des Reglers hängt unter anderem von der Häufigkeit und Regelmäßigkeit dieser Rückmeldungen ab.

## 2.4.2  SPS

Zur Lösung von Steuerungsaufgaben wurden vor der allgemeinen Verfügbarkeit der Mikroprozessortechnik festverdrahtete, „verbindungsprogrammierte" Steuerungen (VPS) eingesetzt, deren Komponenten aus elektromechanischen Relais oder Halbleiterbauelementen bestanden. Das „Programm" selbst wurde durch die Verdrahtung der Schaltelemente definiert und konnte nur durch aufwändige Umbauarbeiten verändert werden.

Heute kommen fast ausschließlich „speicherprogrammierbare" Steuerungen (SPS) zum Einsatz. Die Funktionsweise der Steuerung wird durch Programme bestimmt, die im Speicher der Steuerung abgelegt sind und bei Bedarf leicht modifiziert werden können. Der etwas irreführende Begriff der „Speicherprogrammierbaren Steuerung" ist historisch gewachsen und hat sich heute im allgemeinen Sprachgebrauch durchgesetzt. Eher zutreffend wäre die Bezeichnung „Automatisierungsrechner", da es sich bei einer SPS im Kern um ein Mikroprozessorsystem mit speziellen Ein- und Ausgabefunktionen handelt.

*Arbeitsweise einer SPS*
Eine SPS unterscheidet sich von einem Mikrocontroller oder einem PC durch ihre zyklische Arbeitsweise (Abb. 39).

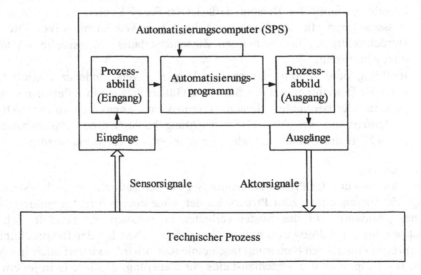

**Abb. 39:** Prinzip der zyklischen Arbeitsweise eines Automatisierungscomputers (SPS)

Im technischen Prozess der zu automatisierenden Anlage befinden sich eine Reihe von Sensoren, Aktoren und anderen Computersystemen, die mit der SPS interagieren sollen. Da sich die Zustandsgrößen des technischen Prozesses ständig ändern, ist es erforderlich, vor dem Ausüben einer Steuerungsfunktion eine „Momentaufnahme" der Sensorsignale durchzuführen. Aus diesem Grund besteht der erste Teil der zyklischen Arbeitsabfolge einer SPS aus dem Laden des Prozessabbilds. Mit diesen Daten führt der Steuerungsalgorithmus die vorgesehenen Berechnungen durch und schreibt die Ergebnisse in ein Ausgangsregister. Zum Ende des Funktionszyklus werden die Daten aus dem Ausgangsregister in die Ausgabeeinheit der Steuerung übertragen und zu einem definierten Zeitpunkt (Zyklusende) dem technischen Prozess zur Verfügung gestellt. Durch die zyklische Arbeitsweise wird sichergestellt, dass Prozesszustände, die sich während der Ausführung des Steuerprogramms ändern, nicht zu logischen Fehlern in der Programmabarbeitung führen können. Außerdem erleichtert die zyklische Arbeitsweise die Strukturierung des Anwenderprogramms. Die Zykluszeiten sind allerdings in der Regel nicht konstant, da unterschiedliche Prozesszustände verschieden lange Arbeitszeiten der Programmausführung bewirken können. Nachteilig wirkt sich eine bis zu zwei Zykluszeiten verzögerte Reaktion auf Prozessereignisse aus. Die Abb. 40 zeigt diese Verzögerungszeit zwischen „Ereignis" und „Reaktion" innerhalb der Funktionssequenz einer SPS.

Da die Zykluszeit prozessabhängig ist, stehen in der Regel Funktionen zur Verfügung, die bei Überschreitung einer gewissen Zeitdauer einen Alarm oder eine Notroutine auslösen.

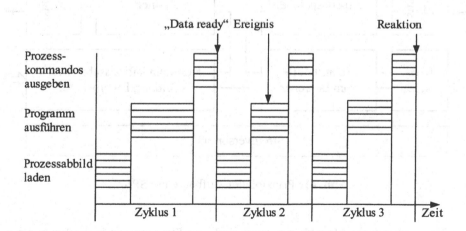

**Abb. 40:** Zyklische Arbeitsweise einer SPS

Als Automatisierungsrechner in einer Industrieumgebung muss eine SPS gewissen funktionalen Sicherheitsanforderungen entsprechen. Dazu gehört der definierte Zustand des Systems nach der Erst- und Wiedereinschaltung. Eine Wiedereinschaltung tritt z. B. nach einem Not-Aus auf.

*Aufbau einer SPS*

Da der tatsächliche Aufbau einer Speicherprogrammierbaren Steuerung stark herstellerabhängig ist, beschränkt sich die Darstellung in Abb. 41 auf den prinzipiellen Aufbau. Ein- und Ausgabeeinheiten dienen zum Transfer von analogen und digitalen Sensor- und Aktorsignalen. Sie enthalten Signalverstärker, Filter und Wandler zur Konversion zwischen analogen und digitalen Signalformaten. Der Kern einer SPS besteht aus Komponenten, wie sie auch in Mikrocomputern eingesetzt werden. Dazu gehören neben der Stromversorgung ein Programm- und Arbeitsspeicher, ein Steuer- und Rechenwerk, eine oder mehrere Timer und Echtzeituhren sowie Schnittstellen zur Anwenderkonsole und zu Kommunikationssystemen der Automatisierungsanlage (Feldbus- oder Ethernetschnittstelle). Ein systeminterner Bus stellt den Datenaustausch sicher.

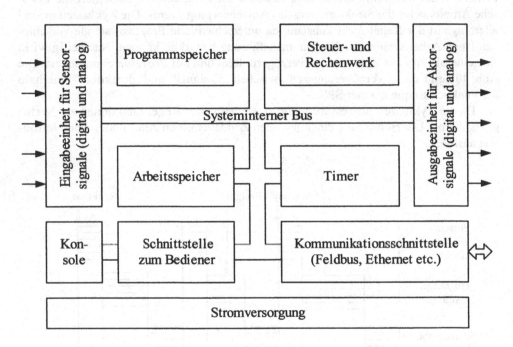

**Abb. 41:** Prinzipieller Aufbau einer SPS

Die Hardware einer Speicherprogrammierbaren Steuerung ist in der Regel modular aufgebaut. In einem Gehäuse sind zu diesem Zweck Steckplätze vorgesehen, die Prozessorkarten, Netzteile, E/A-Karten und Busanschlusskarten aufnehmen können (Abb. 42). In einigen Fällen stehen auch Bedieninterfaces (Flat-Screen-Bildschirm, evtl. mit Touch-Screen oder mit Folientastatur) als modulare Komponenten zur Verfügung.

**Abb. 42:** Typische Frontansicht einer SPS (CompactLogix, Quelle Rockwell Automation)

*Automatisierungsfunktionen einer SPS*
Mit einer SPS können folgende prozessnahe Funktionen realisiert werden:

- Messwertaufnahme und -verarbeitung
- Steuern
- Regeln
- Rechnen
- Durchführen systemnaher Dienste (Diagnose, Konfiguration, Notfallsprozeduren)

In einigen Fällen werden SPS als Einzelrechner zur Steuerung von Maschinen und Anlagen verwendet. In zunehmendem Maße jedoch werden heute Speicherprogrammierbare Steuerungen im komplexen Netzwerkverbund eingesetzt, wo sie zum Teil verteilte Steuerungsintelligenz übernehmen können.

## 2.4.3 Programmierung von SPS nach IEC 61131

Ähnlich wie der Hardwareaufbau einer Speicherprogrammierbaren Steuerung haben auch die Programmierverfahren und Programmiersprachen eine Evolution durchgemacht. Die ersten SPS waren spezielle Programmiergeräte mit eigenen programmiersprachlichen Konstrukten. Heute liegt der international verbindliche Standard IEC 61131 in den Teilen 1 bis 5 vor, der von den SPS-Herstellern weitestgehend berücksichtigt wird. Der Standard fasst die Anforderungen an die Programmiersprache und an die Hardwarestruktur zusammen. Teil 1 gibt eine generelle Übersicht und stellt Definitionen zur Verfügung, Teil 2 befasst sich mit Standardisierungskriterien der Hardware, Teil 3 schließlich definiert ein Softwaremodell mit Syntax und Semantik der Programmiersprachen. Im Teil 4 werden Richtlinien für den Anwender gegeben, Teil 5 setzt sich mit Kommunikationsdiensten auseinander. Um eine möglichst weitreichende Kompatibilität zu bestehenden Systemen zu schaffen, enthält der Standard auch Teile der historisch gewachsenen Programmierparadigmen. Die Hauptvorteile einer standardisierten SPS-Programmierung sind

- die einheitliche Planung und Programmierung verschiedener Systeme,
- die einfachere Einschulung für das Bedienpersonal,

- der Einsatz normgerechter Komponenten und das daraus resultierende höhere und kalkulierbare Maß an Sicherheit der Anlagen,
- die Integration von Modulen verschiedener Hersteller,
- die Entwicklungsmöglichkeit von komplexeren Programmen sowie
- die Austauschbarkeit und Wiederverwendbarkeit von Programmen innerhalb verschiedener Systemkomponenten.

*Die PLCopen*

1992 wurde eine herstellerunabhängige internationale Organisation mit dem Namen PLCopen ins Leben gerufen. Das Hauptziel war und ist die Entwicklung, Förderung und Pflege eines international gültigen Standards für SPS-Programmiersprachen. Diese Standardisierung liegt im Interesse der Automatisierungstechnik-Hersteller, ihrer Kunden und der Software-Häuser. Durch die heute gültige IEC 61131-3 finden sich die Ziele dieser Anstrengungen in hohem Maße verwirklicht. Neue SPS-Programmiersysteme können durch Zertifikation auf Konformität mit dem Standard überprüft und bestätigt werden.

*Strukturparadigma der IEC 61131-3*

Die IEC 61131-3 verwendet Strukturierungsmethoden, wie sie vom Prinzip her bereits aus die Informatik bekannt sind:

- Konfigurationselemente
- Programmorganisationseinheiten
- Vorschriften zur Definition von Datentypen und Variablen
- Programmiersprachen

*Konfigurationselemente*

In einem IEC 61131-3-konformen SPS-System wird die Hardwarestruktur und die darauf laufende Software durch Konfigurationselemente abgebildet. Dazu gehören im Wesentlichen die folgenden Komponenten:

- *Konfigurationen:* Sie beschreiben die Kombination und Gruppierung aller Ressourcen eines SPS-Systems, z. B. Controller in einem Einschubgehäuse, Prozessoren (CPUs), E/A-Einheiten etc.
- *Ressourcen:* vergleichbar mit einzelnen CPUs (evtl. mit Fähigkeit zum Multitasking). In einer Ressource können globale Variablen deklariert werden, die nur für diese Ressource gültig sind. Es können eine oder mehrere Tasks ausgeführt werden.
- *Tasks:* Sie bestimmen den Zeitplan der ihnen vom Anwender zugewiesenen Programme oder Funktionsblöcke.
- *Laufzeitprogramme:* Einheiten, die aus Programmen und/oder Funktionsblöcken bestehen, einschließlich der ihnen zugeordneten Tasks.

Die Beziehung der Konfigurationselemente untereinander ist in Abb. 43 graphisch dargestellt.

Die Strukturierung der Programme innerhalb der Ressourcen erfolgt nach sog. Programmorganisationseinheiten (POE, engl. Program Organisation Units, POU).

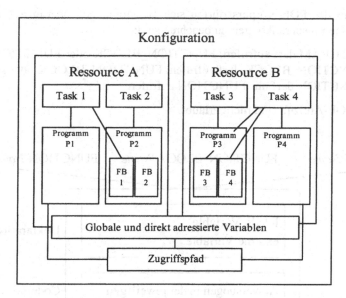

**Abb. 43:** Konfigurationselemente eines SPS-Systems nach IEC 61131

*Programmorganisationseinheiten*
Eine POE besteht je nach Anwendung aus

- einem Programm (Schlüsselwort „PROGRAM", gefolgt vom Namen des Programms),
- einem Funktionsbaustein (Schlüsselwort „FUNCTION_BLOCK") oder aus einer
- Funktion (Schlüsselwort „FUNCTION").

Programme haben im Vergleich zu den anderen beiden Konstrukten die höchste Funktionalität. Sie können E/A-Bausteine ansprechen und deren Daten für andere POE verfügbar machen. Programme können Funktionen und Funktionsbausteine aufrufen. Funktionen produzieren für ein bestimmtes Set an Eingangsparametern immer dasselbe Ergebnis (den Rückgabewert der Funktion), haben also kein „Gedächtnis". Funktionsbausteine besitzen dagegen einen eigenen Datenspeicher, was ihr Verhalten von ihrem inneren Zustand abhängig macht. Sie ermöglichen die Realisierung komplexerer Steuerfunktionen.

Die innere Struktur der Programmorganisationseinheit besteht aus einem Deklarationsteil (zur Deklaration von internen und externen Variablen) und einem Code-Teil (Abb. 44). Für den Deklarationsteil ist die Syntax durch IEC 61131-3 festgelegt, der Bausteinrumpf (POE-Körper) könnte in jeder beliebigen Programmiersprache implementiert werden. Die Norm spricht jedoch Empfehlungen für die Verwendung einer der vordefinierten Sprachen aus (siehe Seite 67). Jede POE wird mit einer END-Anweisung abgeschlossen.

Innerhalb des POE-Körpers dürfen sich Bausteine gegenseitig aufrufen, wobei jedoch gewisse Einschränkungen zu beachten sind:

- PROGRAM darf aufrufen: FUNCTION_BLOCK oder FUNCTION
- FUNCTION_BLOCK darf aufrufen: FUNCTION_BLOCK oder FUNCTION
- FUNCTION darf nur FUNCTION aufrufen

Rekursive POE-Aufrufe sind nicht erlaubt.

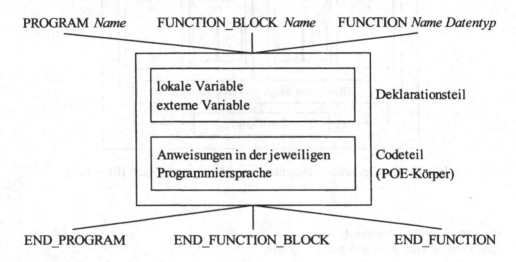

**Abb. 44:** Struktur der drei POE-Typen „Programm", „Function-Block" und „Function"

*Datentypen und Variablen*

IEC 61131-3 unterscheidet symbolische, direkt dargestellte und adressierte Variable. Sie werden unter Verwendung von Schlüsselwörtern im Deklarationsteil jener POE bekannt gegeben, in der sie verwendet werden. Variablen müssen nicht initialisiert werden. Man spricht von einer *lokalen* Variablen, wenn sie nur innerhalb einer einzigen POE verwendet wird. *Globale* Variable haben Sichtbarkeit und Wirkungsbereich über das gesamte Projekt hinweg. Symbolische Variablen werden mit einem symbolischen Namen und einem Datentyp deklariert. Das folgende Beispiel deklariert die symbolischen Variablen v1 und v2 vom Typ Bool bzw. Integer:

VAR

    v1: BOOL;

    v2: INT;

END_VAR

*SPS-Programmiersprachen*

Innerhalb der IEC 61131-3 wird die Syntax von sechs Programmiersprachen für SPS definiert (John und Tiegelkamp 2001). Ihre Verwendung ist zwar nicht zwingend vorgeschrieben, wird jedoch empfohlen. Drei dieser Programmiersprachen sind *textbasiert*:

- *Anweisungsliste* (AWL, engl.: Instruction List, IL), eine assemblerähnliche Sprache
- *Strukturierter Text* (ST, engl.: Structured Text)
- *Ablaufsprache, textbasiert* (AS, engl.: Sequential Function Chart, SFC)

Die anderen drei Sprachen sind auf graphischen Elementen aufgebaut:

- *Funktionsbaustein-Sprache* (FBS, engl.: Function Block Diagram, FBD)
- *Kontaktplan* (KOP, engl.: Ladder Diagram, LD)
- *Ablaufsprache, graphisch* (siehe oben)

*Anweisungsliste*

Die Sprache AWL ist zeilenorientiert. Jede Zeile enthält eine Anweisung, einen Operator sowie (optional) einen oder mehrere Operanden. Von seiner Struktur erinnert diese Sprache an Assembler, der ebenfalls das Maschinenmodell Prozessor/Register symbolisch abbildet. Eine Anweisungszeile besteht aus den folgenden Elementen:

*Label*:   *Operator/Funktion*   *Operand* (Liste)   *Kommentare*

Das Element „Label" ist optional und markiert die Zeile symbolisch als Sprungstelle. Die Anweisung (Operator oder Funktion) wird von einer Operandenliste (Konstante, Variable oder Funktionsparameter) gefolgt. Am Schluss der Zeile kann zwischen die Zeichenpaare (* und *) Kommentar eingefügt werden.

Jede Anweisung hinterlässt ihr Ergebnis in einem universellen Register („Akkumulator"). Eine nachfolgende Anweisung verknüpft den Registerinhalt mit ihrem Operanden und schreibt das Ergebnis wieder zurück in das Register.

Die Abb. 45 zeigt ein einfaches Steuerungsbeispiel, das zur Veranschaulichung der Merkmale der IEC 61131-Programmiersprachen dienen soll. Es handelt sich im Beispiel um die Schrankensteuerung in der Einfahrt eines Parkhauses. Zwei optische Sensoren detektieren die Anwesenheit eines Fahrzeugs vor und in der Schrankenebene (S1, S2). Ein Schlüsselschalter SP dient zur Sperre des Schrankens durch den Parkhausaufseher. Ist die Sperre SP deaktiviert, so soll der Motor (Mot) durch ein Steuersignal „TRUE" den Schranken öffnen, wenn entweder der Sensor S1 oder S2 (oder beide) durch Ausgabe des Signals „TRUE" ein Fahrzeug detektieren. Nach Passage des Fahrzeugs wird durch das Abfallen des Mot-Signals auf „FALSE" der Schranken wieder gesenkt.

Ein Programm für diese Schrankensteuerung in AWL könnte folgendermaßen aussehen:

```
VAR
    S1: BOOL;
    S2: BOOL;
    SP: BOOL;
    Mot: BOOL := 0;
END_VAR
                (* Hier beginnt das Programm in AWL *)
LD S1           (* Lade den BOOL-Wert des Sensors S1 in das Register *)
OR S2           (* ODER-Verknüpfe den Registerinhalt mit dem Wert S2 *)
ANDN SP         (* UND-Verknüpfung mit dem negierten Wert von SP *)
ST Mot          (* Speichere das Ergebnis in der Variablen Mot *)
```

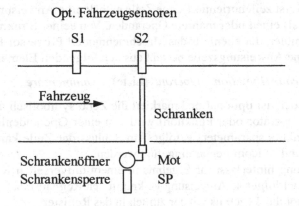

**Abb. 45:** Anordnung der Sensoren und Aktoren für eine einfache Schrankensteuerung

Neben den im obenstehenden Beispiel verwendeten Operatoren LD, OR, ANDN, ST stehen noch eine Reihe anderer Ausdrücke für logische Operationen, mathematische Verknüpfungen, numerische Vergleiche, für das Setzen und Rücksetzen von Bool'schen Operanden sowie Funktionsaufrufe und Sprungbefehle zur Verfügung.

*Strukturierter Text*
Im Gegensatz zu AWL stellt der *Strukturierte Text* (ST) umfassendere syntaktische Sprachelemente zur Verfügung, die analog zu den höheren Programmiersprachen wie etwa Pascal den Aufbau von komplexen Ausdrücken erlauben. Die Vorteile sind:

*   Der Anwender kann gut strukturierte Programmblöcke aufbauen.
*   Die Programmieraufgaben können in einer kompakten Form formuliert werden.

Als Nachteil ist zu werten, dass die Hochsprachenausdrücke erst durch einen Compiler verarbeitet werden müssen. Die Effizienz des entstehenden Maschinencodes hängt von der Qualität des Compilers ab.

Ein ST-Programm besteht aus einer Folge von Ausdrücken, die durch Semikolon voneinander getrennt werden. Das Zeichen der Zeilenschaltung wird als Leerzeichen interpretiert. Kommentare stehen zwischen den Zeichenpaaren (* und *). Sie können auch in den Körper eines Statements eingebaut werden. Die folgende Aufstellung zeigt einige Beispiele für ST-Anweisungen nach IEC 61131-3.

```
a := 5;                     (* Wertzuweisung zur Variablen a *)
IF a < b THEN c := 1;       (* Konditionale Wertzuweisung *)
FOR x := 2 TO 10 BY 2 DO
    f[x/2] := x;
END_FOR;                    (* FOR-Schleife *)
FBName(P1 := 5, P2 := 2);   (* Aufruf eines Funktionsblocks *)
RETURN                      (* Rückkehr zur aufrufenden POE *)
```

Das Beispiel der Schrankensteuerung in Abb. 45 lässt sich in ST etwa folgendermaßen formulieren:

```
VAR
    S1: BOOL;
    S2: BOOL;
    SP: BOOL;
    Mot: BOOL := 0;
END_VAR
            (* Hier beginnt das Programm in ST *)
Mot := (S1 OR S2) AND (NOT (SP));
```

*Ablaufsprache*
Speziell für den Einsatz in Ablaufsteuerungen wurde ein sprachliches Konstrukt entworfen, das auf theoretisch gut fundierten Konzepten wie Petri-Netzen aufbaut (vgl. Abschn. 4.4.2). Die Ablaufsprache (AS, engl. Sequential Function Chart, SFC) ist primär eine graphische Programmiersprache, für die aus Gründen des Datenaustauschs mit anderen POE ebenfalls eine textuelle Beschreibung definiert wurde. Wir werden uns im Folgenden auf die Erläuterung der graphischen Variante an Hand eines Anwendungsbeispiels beschränken.

Die Abb. 46 zeigt schematisch den Aufbau einer Schüttguttransportanlage. Aus einem Behälter fällt Schüttgut auf ein Förderband und wird von diesem zu einem tiefer liegenden Behälter transportiert. Der Vorratbehälter lässt sich mit Hilfe einer pneumatisch gesteuerten Klappe öffnen und schließen. Das Funktionsprinzip der Anlage beruht auf der Vorgabe, dass die Klappe erst geöffnet werden darf, wenn das Förderband läuft. Die Zustandssequenz der Ablaufsteuerung ist demnach wie folgt:

- die Klappe ist geschlossen, das Förderband wird gestartet
- die Klappe wird geöffnet, während das Förderband läuft
- die Klappe ist geöffnet, das Förderband läuft
- die Klappe wird geschlossen, das Förderband läuft
- die Klappe ist geschlossen, das Förderband wird abgestellt

Das System besteht aus einer Reihe von Sensoren und Aktoren, die an die SPS angeschlossen werden.

- Sensor B1: detektiert die Endstellung des Pneumatikzylinders bei geschlossener Klappe
- Sensor Z1: wie B1, jedoch für offene Klappenstellung
- Schalter S0: Manueller Taster mit Ruhekontakt zum Stoppen der Anlage
- Schalter S1: Manueller Taster zum Starten der Anlage
- Fliehkraftschalter S2: schließt Stromkreis, wenn sich der Motor des Förderbands auf Nenndrehzahl befindet

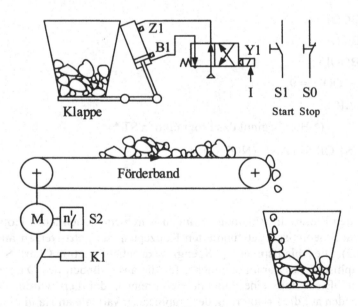

**Abb. 46:** Beispiel zur Ablaufsteuerung: Schüttguttransport über ein Förderband

- Pneumatikzylinder: Wird durch Druckluft, gesteuert von einem 4/2-Wegeventil, in seine Endstellungen B1 oder Z1 bewegt und schließt oder öffnet die Klappe.
- Elektromagnetischer Aktor Y1: Bewegt das Steuerventil gegen eine Rückstellfeder. Wird die Spule vom Strom I durchflossen, so wird der Kolben des Pneumatikzylinders von Stellung B1 in Stellung Z1 geführt. Im Ruhezustand (stromlose Spule) bewegt die Druckluft den Kolben in die Stellung B1, so dass die Klappe geschlossen wird. Die Zeichnung in Abb. 46 zeigt den Ruhezustand bei stromloser Spule.
- Motorschütz K1: Aktiviert den Motor.

Das Programm der Ablaufsteuerung in IEC 61131-*Ablaufsprache* ist in Abb. 47 dargestellt. Die rechteckigen Blöcke in der Bildmitte verkörpern jeweils einen Systemzustand. Der aktuelle Zustand ist der Steuerung über das aus den aktuellen Eingangskanälen gewonnene Prozessabbild bekannt. Die Steuerung kann das System durch Aktorbefehle in einen Folgezustand überführen. Dazu müssen jedoch jeweils gewisse Kriterien erfüllt sein, die als Voraussetzung für den Zustandsübergang gelten. Im Ablaufdiagramm der Abb. 47 sind die Voraussetzungen durch horizontale Linien zwischen zwei Zuständen dargestellt.

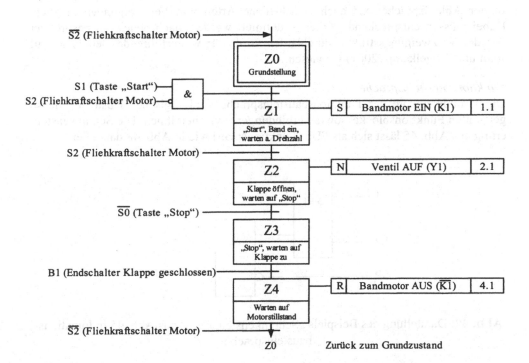

**Abb. 47:** Ablaufprogramm zum Beispiel Schüttguttransport über ein Förderband

So darf beispielsweise der Zustand Z1 erst eingenommen werden, wenn die Taste S1 gedrückt wird und der Fliehkraftschalter nicht aktiv ist (Motordrehzahl unter Nenndrehzahl bzw. Stillstand des Förderbands).

Die in Abb. 47 rechts neben den Zustandsblöcken eingezeichneten Rechtecke stellen jeweils eine bestimmte Aktion dar, die von der Steuerung im betreffenden Zustand ausgeübt wird. Sie werden *Aktionsblöcke* genannt. Die Rechtecke sind dreigeteilt, wobei die Teile jeweils die folgende Bedeutung tragen:

- *Linker Teil („Action Qualifyer")*: Der Buchstabencode weist auf die Art des Schaltvorgangs hin. So bedeutet beispielsweise „S" das Setzen eines Ausgangssignals, „R" das Rücksetzen und „N" das nicht-speichernde Setzen. Im Zustand Z2 wird das Ventil durch das Signal Y1 im „N"-Modus aktiviert, d. h. nach Verlassen des Zustands Z2 „fällt" das Ventil (federgetrieben) wieder in den Grundzustand zurück. Es muss nicht aktiv rückgestellt werden. Der Motor des Förderbands hingegen wird im bistabilen Modus durch Setz- und Rücksetzsignale gestellt.
- *Zentraler Teil („Action Name")*: Hier wird die eigentliche Aktion beschrieben.
- *Rechter Teil („Boolean Indicator Variable")*: Die hier beschriebene Variable wird bei Einleitung der Aktion gesetzt, um dem System die erfolgte Aktion bekannt zu geben.

In der Ablaufsprache sind auch verschiedene Arten von Verzweigungen möglich. Dabei müssen entsprechende Kriterien definiert werden, nach denen ein bestimmter Ast der Verzweigungsstruktur durchlaufen wird. Für weiterführende Details sei auf John und Tiegelkamp (2001) verwiesen.

*Funktionsbausteinsprache*
Die Grundelemente der Funktionsbausteinsprache sind logische Bausteine, die so genannten Funktionsblöcke, sowie Verbindungen zwischen ihnen. Die Schrankensteuerung aus Abb. 45 lässt sich als FUP (Funktionsplan) wie in Abb. 48 darstellen.

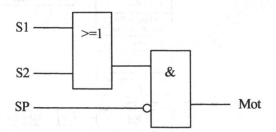

**Abb. 48:** Darstellung des Beispiels „Schrankensteuerung" aus Abb. 45 in Funktionsbausteinsprache

Der Funktionsplan hat vom Prinzip der funktionalen Kopplung einige Gemeinsamkeiten mit dem Kontaktplan. Eine weitergehende Diskussion des Funktionsblockprinzips erfolgt im Rahmen der Behandlung von verteilten Steuerungen nach IEC 61499 in Abschn. 2.5.

*Kontaktplan*

Nach dem Modell der elektromechanischen Relaissysteme wurde die graphische Darstellung des Kontaktplans entwickelt. Die Grundlage eines Plans bilden die „Stromschienen" links und rechts des Diagramms (vertikale Linien in Abb. 49). Die „Strompfade" der Kontaktpläne müssen immer von links nach rechts und von oben nach unten verfolgt werden. Zwei parallele Linien symbolisieren einen Arbeitskontakt, eine zusätzliche diagonale Linie zwischen den Linien deutet einen Ruhekontakt an. Der eigentliche „Verbraucher" liegt zumeist im rechten Teil des Diagramms. Er wird durch ein Paar klammerförmiger Elemente symbolisiert. Während die Schaltersymbole die „Eingänge" verkörpern, stehen die Verbraucher für die „Ausgänge" der Prozesssteuerung.

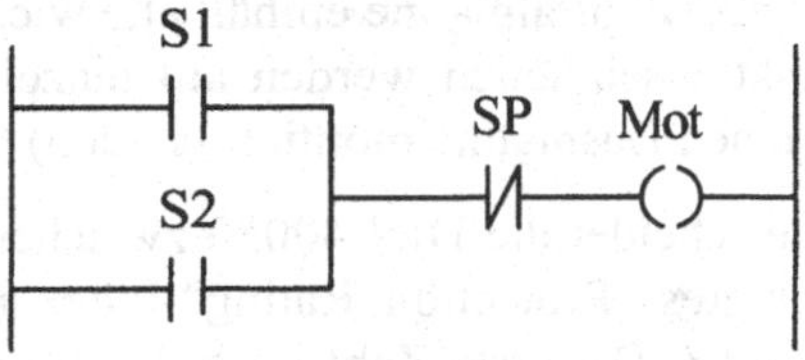

**Abb. 49:** Darstellung der Schrankensteuerung aus Abb. 45 in Kontaktplansprache

Über die wenigen Schaltelemente, die im einfachen Beispiel der Abb. 49 benötigt werden, hinaus gibt es eine Reihe von anderen Objekten, wie z. B. Kontakte, die auf positive oder negative Schaltflanken reagieren, Verbraucher mit bistabilem Verhalten oder Speicherfunktion, Sprungsymbole, die Sprünge zu anderen Programmteilen repräsentieren, sowie Funktionsblöcke, die in das „Ladder-Diagram" eingebaut werden können.

## 2.4.4 Industrie-PC

Die rasanten und anhaltenden Fortschritte in der Halbleiterelektronik und in diversen Chiptechnologien haben dem Personal Computer seit seiner Markteinführung in den 1980er Jahren zu einem rasanten Wachstum verholfen. Längst ist der Einsatz des PC nicht mehr auf die typische „Office-Anwendung" beschränkt.

Hohe Rechenleistungen, offene Systemstrukturen und ein sehr gutes Preis-Leistungs-Verhältnis haben den Einzug des PC in die Automatisierungstechnik ermöglicht. Im Gegensatz zur Büroanwendung muss ein Personal Computer in Industrieumgebungen zusätzliche Merkmale aufweisen. Das betrifft insbesondere die Robustheit gegenüber

- mechanischen Belastungen (Vibrationen, Stößen),
- Temperaturschwankungen und erhöhten Umgebungstemperaturen,
- Staub,
- Feuchtigkeit,
- elektromagnetischen Einwirkungen sowie die
- Eignung zum Dauerbetrieb.

Der Industrie-PC (IPC) wird vorwiegend als Ersatz zur „klassischen" SPS eingesetzt. Für den Einsatz in Automatisierungssystemen gelten daher weitere Anforderungen, die sich im Wesentlichen auf die Verwendung von Standards, auf eine ausbaufähige Schutzart, das Betriebssystem sowie auf die Möglichkeit der Kommunikation mit anderen Systemkomponenten beziehen.

Hinsichtlich Standardisierung bestehen einerseits Anforderungen, die für SPS relevanten Normen einzuhalten (z. B. IEC 61131), andererseits auch Bestrebungen, die Module und Funktionsgruppen des IPC zu vereinheitlichen. Derzeit hat sich der AT-Standard in zwei Ausführungsformen durchgesetzt:

- Motherboard-Technik (Zentralplatine enthält alle wichtigen Bauteile)
- Slot-Technik (Funktionseinheiten werden auf einzelne Platinen verteilt, die auf einer gemeinsamen Busplatine montiert werden)

Hinsichtlich Schutzart unterscheidet die DIN 40050 zwischen verschiedenen Schutzklassen, die mit einem „Ingress Protection Rating"-Index bezeichnet werden. Der Index reicht von IP00 bis IP68. Die erste Zahl im Index bezieht sich auf den Schutz gegen Einwirkung von Festkörpern und reicht von Klasse 0 (kein Schutz) bis Klasse 6 (komplett staubgeschützt). Die zweite Zahl im Index kennzeichnet die Schutzklasse gegenüber Wassereinwirkung (0 für „kein Schutz", 8 für „Schutz gegen lange Wassereinwirkungen > 1 m Tiefe).

Das Betriebssystem muss zumindest die Fähigkeit zum Multitasking haben, bei Anwendungen mit Echtzeitanforderungen übertragen sich diese Anforderungen auf das Betriebssystem (vgl. Abschn. 3.2.4).

Für die Kommunikation mit den übrigen Komponenten des Automatisierungssystems müssen entsprechende Busbausteine vorgesehen werden. Einerseits erfordern die Anwendungen meist feldtaugliche Interfaces (Feldbusschnittstellen), andererseits soll eine Anbindung an Ethernet-Netze möglich sein. Die letztere Anforderung ist gleichsam „per se" schon erfüllt, da PC-Systeme im Allgemeinen mit Ethernet-Netzwerkkarten ausgestattet sind.

Soll ein IPC die Funktionalität einer SPS haben, so muss die Signalanschaltung von Sensoren und Aktoren ermöglicht werden. Zwei mögliche Verfahren sind:

- Signalanschaltung über Interface-Karten (Steckkarten mit I/O-Funktionalität)
- Feldbusankoppelung

PC-Steckkarten mit der Möglichkeit zur digitalen oder analogen Signalein- und -ausgabe gibt es seit geraumer Zeit. Für IPC Anwendungen sind industrietaugliche Varianten dieser Steckkarten erhältlich.

Bei der Feldbusanbindung ist zu beachten, dass das Prozessabbild aus einer Vielzahl von Signalen und Daten besteht, die gleichzeitig mit ihren aktuellen Werten für den IPC zur Verfügung stehen müssen. Dies setzt voraus, dass die Zykluszeiten des Feldbusses gewisse kritische Maximalwerte nicht überschreiten.

Werden Speicherprogrammierbare Steuerungen auf der Basis eines Industrie-PC realisiert, so spricht man bei der resultierenden Hard- und Software-Architektur auch von „Soft-SPS". Ihre Aufgaben bestehen analog zu den konventionellen SPS in der Prozesssteuerung und -überwachung, in der Prozessvisualisierung und in der Durchführung von übergeordneten Steuerungsaufgaben (Leitstandfunktionen).

### 2.4.5 Numerical Control

Werkzeugmaschinen sind wichtige Komponenten von modernen Fertigungsanlagen. Ihre Aufgabe bei der Teilefertigung besteht in der Durchführung von Bearbeitungsvorgängen wie beispielsweise dem Drehen, Fräsen, Bohren oder Schleifen.

Vor der Einführung elektronischer Technologien wurden die Maschinen von Hand bedient. Um den manuellen Aufwand bei der Serienfertigung von Teilen zu verringern, wurden elektromechanische Automaten geschaffen, die es ermöglichten, zunächst mit Hilfe von Lochbandsteuerungen wiederkehrende Bewegungsabläufe zu automatisieren. Die auf den Lochstreifen eingestanzten Muster entsprachen dabei Steuersequenzen, z. B. zum Vorschub von Werkzeugen, zur Festlegung von Spindeldrehzahlen oder zur Aktivierung des Kühlmittelflusses. Jede Teilsequenz des Lochmusters kann als „Zahl" aufgefasst werden, woraus sich der Name „Numerical Control" ableitet.

Heute werden Werkzeugmaschinen auf der Basis digitaler Computerprogramme gesteuert, was zur Abkürzung „Computer Numerical Control" (CNC) führte. Ein CNC-System besteht aus einem Computer, der in der Regel in der Nähe der Werkzeugmaschine untergebracht ist, und aus einem Aktorsystem, das die Achsen der Werkzeugmaschine entsprechend der NC-Programmbefehle ansteuert. Beim „Direct Numerical Control" (DNC) sind mehrere Werkzeugmaschinen meist über eine größere räumliche Distanz mit einem Computer (Server) verbunden. Der Server kann eine große Anzahl von Bewegungsprogrammen speichern und bei Bedarf auf die lokalen Clients übertragen.

Der Arbeitsablauf bei der Programmierung und Koordination von numerisch gesteuerten Werkzeugmaschinen ist im Prinzip folgender:

- Das zu fertigende Werkstück wird auf einem CAD-System entworfen (vgl. Abschn. 3.4.1).
- Ein spezielles Übersetzungsprogramm erzeugt aus den CAD-Daten Steuerdaten für die Aktoren der Werkzeugmaschine (Vorschubsteuerung, Werkzeugwechsel, Spindeldrehzahlen etc.). Dabei sind die spezifischen Gegebenheiten der verwendeten Werkzeugmaschine zu berücksichtigen. In modernen integrierten Fertigungsleitsystemen sind diese Übersetzungsprogramme oft schon in das CAD-System integriert.
- Die Steuerdaten werden auf die CNC-Rechner der Werkzeugmaschinen übertragen, wo sie in Echtzeit die Bewegungssteuerung der Achsen ausführen.

Die Programmierung von NC-Maschinen ist nach DIN 66025 normiert. Ein CNC-Anwenderprogramm ist aus standardisierten Sätzen aufgebaut, die aus einzelnen Wörtern bestehen. Sie beginnen jeweils mit einer Adresse, die von numerischen Werten gefolgt werden. Die numerischen Werte liefern Informationen über die Satznummer, Wegbedingungen, Positionen, Vorschubgeschwindigkeiten, Drehzahlen, Werkzeug-auswahlen sowie Schaltbedingungen (z. B. zur Aktivierung des Kühlmittelflusses). Jeder „Satz" des NC-Programms entspricht einem Schritt der Aktionsabfolge auf der Werkzeugmaschine. Der Bewegungsablauf kann auf verschiedene Art und Weise koordiniert werden (Abb. 50):

- Punkt-zu-Punkt-Bewegung (PTP, „Point To Point"): Es werden alle Verfahr-achsen gleichzeitig bewegt. Das Werkzeug fährt vom Ausgangspunkt zum Zielpunkt. Die tatsächliche Bewegungsbahn ergibt sich aus den kinematischen Gegebenheiten der Werkzeugmaschine im betreffenden Arbeitspunkt und kann nicht durch das Anwenderprogramm definiert werden.
- Vielpunkt- oder Quasibahnbewegung (Streckensteuerung): Die Bewegungs-bahn wird aus einer Vielzahl von Stützpunkten zusammengesetzt.
- Interpolierte Bewegung (Bahnsteuerung): Die Verfahrachsen bewegen sich nach einem funktional definierten Zusammenhang. Dazu werden elementare geometrische Bahnelemente (Geradenstücke, Kreisbahnstücke, Bezier- oder Spline-Kurvenstücke) zu einer Gesamtbahn zusammengesetzt. Auf diese Art und Weise können kontinuierliche, wohldefinierte Bahnbewegungen des Werkzeugs realisiert werden.

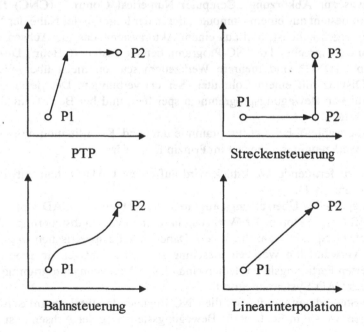

**Abb. 50:** Bewegungskoordinationsarten bei NC-Steuerungen

*Aufbau eines NC-Programms*

Die zur Bearbeitung eines Werkstücks erforderlichen Informationen sind im NC-Steuerprogramm enthalten. Das Programm gliedert sich in Sätze, die Wegbedingungen, Weginformationen und Hilfsfunktionen spezifizieren. Jeder Satz repräsentiert eine geschlossene Maschinenoperation und besteht aus einem oder mehreren Wörtern. Die Wörter werden durch eine Kombination eines Adressbuchstabens, der die Bedeutung der Information festlegt, und einer Ziffernfolge mit oder ohne Vorzeichen gebildet. Jedes Programm besteht aus einem Startzeichen und aus einer besonderen Funktion für das Programmende. Es folgt ein kurzer Auszug häufig vorkommender Adressbuchstaben.

- A, B, C Drehbewegung um die X-, Y- oder Z-Achse
- F Vorschubgeschwindigkeit
- G Wegbedingung
- H Werkzeuglängenkorrektur
- I, J, K Hilfsparameter für Kreis-Interpolation (Definition Kreismittelpunkt)
- M Hilfsfunktionen
- N Satznummer
- S Spindeldrehzahl
- T Werkzeugnummer
- X, Y, Z Bewegung in die entsprechenden Koordinatenachsrichtungen

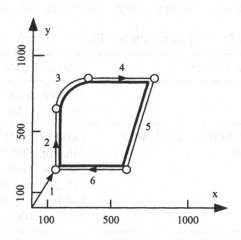

**Abb. 51:** Beispiel für die Bewegung eines Fräsers, gesteuert durch ein NC-Programm nach Tabelle 3

Die Wegbedingungen legen zusammen mit den Koordinaten den geometrischen Teil des Programms fest. Sie bestehen aus dem Adressbuchstaben G, gefolgt von einer zweistelligen Zahl. Beispiele für häufig vorkommende Wegbedingungen sind:

- G00 Punkt-zu-Punkt-Steuerung im Eilgang
- G01 Geradeninterpolation
- G02 Kreisinterpolation im Uhrzeigersinn
- G03 Kreisinterpolation gegen den Uhrzeigersinn
- G90 Absolutmaßeingabe
- G91 Relativmaßeingabe

Hilfsfunktionen dienen zur Koordination von technologisch basierten Schaltereignissen. Hier einige Beispiele:

- M00 programmierter Halt
- M03 Spindel „Ein im Rechtslauf"
- M05 Spindel „Stopp"
- M08 Kühlmittel „Ein"
- M09 Kühlmittel „Aus"
- M30 Programmende mit „Rückspulen zum Anfang"
- M60 Werkstückwechsel

Die Abb. 51 zeigt das Beispiel einer Fräsaufgabe: Ausgehend vom Koordinatenursprung soll der Fräser im Schnellgang an das Werkstück herangeführt werden (Bewegungssegment 1). Die Segmente 2–6 definieren die zu fräsende Kontur. Nach abgeschlossener Bearbeitung wird der Fräser wieder in den Koordinatenursprung zurückgeführt.

Für diese Aufgabe ist in Tabelle 3 ein NC-Programm nach DIN 66025 aufgelistet. Die Erläuterung der Sätze und Wörter erfolgt in der Spalte „Kommentar".

**Tabelle 3:** Beispiel für ein NC-Programm nach Abb. 51

| Schritt | NC-Programmcode | Erläuterung der Funktion |
|---|---|---|
| | %2 | Programmanfang gekennzeichnet durch %, Fräsbearbeitung |
| 1 | N010 G00 X150.0 Y250.0 M03 M08 S1000 | Zeile 10 (N010): Positionieren im Eilgang, PTP (G00) auf Koordinaten (150.0 mm, 250.0 mm), Spindel „Ein im Rechtslauf" (M03), Kühlmittel „Ein" (M08), Spindeldrehzahl 1000 (S1000) |
| 2 | N020 G91 G01 Y400 F500 M08 | Zeile 20 (N020): Relativmaßeingabe (G91), Linearinterpolation (G01), Relativvorschub in Y-Richtung um 400 mm, Fräsen mit 500 mm/min Vorschub (F500), Kühlmittel „Ein" (M08) |

**Tabelle 3:** Beispiel für ein NC-Programm nach Abb. 51

| Schritt | NC-Programmcode | Erläuterung der Funktion |
|---|---|---|
| 3 | N030 G02 G17 X200 Y200 I200 J0 | Zeile 30 (N030): Kreis fräsen im Uhrzeigersinn (G02), Interpolationsebene XY (G17), Inkremente für Zielkoordinaten (X200 Y200), inkrementaler Abstand von Startkoordinate und Kreismittelpunkt in X-Richtung (I200), in Y-Richtung (J0) |
| 4 | N040 G01 X425 | Zeile 40 (N040): Linearinterpolation (immer noch relativ) |
| 5 | N050 G01 X-175 Y-600 | Zeile 50 (N050): Linearinterpolation (immer noch relativ, G01 kann entfallen) |
| 6 | N060 G90 G01 X150 Y250 | Zeile 60 (N060): Absolutmaßeingabe (G90) Linearinterpolation, G01 kann entfallen |
| 7 | N070 G00 G90 X0 Y0 M05 M09 | Zeile 70 (N070): Eilgang (G00), Absolutmaßeingabe (G90), zu (0, 0), Spindel Stopp (M05), Kühlmittel aus (M09) |
| 8 | N080 M30 | Zeile 80 (N080): Programmende (M30), „zurückspulen" auf Anfang |

Selbst bei einwandfreier Programmierung können sich durch Werkzeugabnutzung Maßabweichungen am Werkstück ergeben. Diese Abweichungen können am fertigen Werkstück festgestellt werden. NC-Steuerungen bieten daher eine Reihe von Korrekturmaßnahmen, die sich auf den aktuellen Zustand der Werkzeuge beziehen. So kann beispielsweise über die Adresse H eine Werkzeuglängenkorrektur – abhängig von der Betriebszeit des Werkzeugs – eingegeben werden (beim Fräser entspricht das einer Durchmesserkorrektur). Es gibt auch Einrichtungen zur automatischen Korrektur der Werkzeugabnutzung.

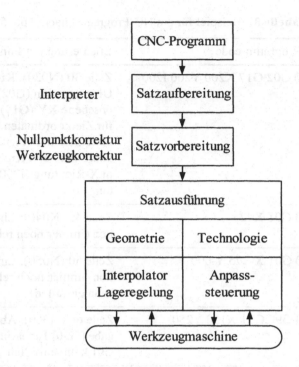

**Abb. 52:** Informationsfluss in der NC-Steuerung

*Informationsfluss in der Numerischen Steuerung*

Nach Vorliegen des CNC-Programms (erstellt durch manuelles Programmieren oder über einen automatischen Programmgenerator) erfolgt die Abarbeitung in der Steuerung satzweise (Abb. 52). Dazu wird das Programm aus dem Speicher ausgelesen und auf syntaktische und semantische Konsistenz überprüft. Gleichzeitig werden die Verfahrwege, Wegbedingungen und Schaltfunktionen aufbereitet. Nach Einberechnung der Nullpunkt- und Werkzeugkorrekturen gelangen die aufbereiteten Daten zur Satzausführung. Hier werden die geometrischen und technologischen Funktionen in Maschinenbefehle umgesetzt. Der Interpolator bestimmt dabei die Sollwerte für die Antriebe in der Taktrate. Die Anpasssteuerung ist funktional zu einer SPS äquivalent. Sie erzeugt Freigaben, Stellwerte und Verriegelungssignale. Nach Abarbeitung eines Satzes erfolgt die Interpretation des nächsten Satzes. Moderne Steuerungen können mehrere Sätze im Voraus analysieren, um im Bedarfsfall einen schnelleren Satzwechsel zu ermöglichen.

*Abgrenzung zwischen SPS und CNC*

Während Speicherprogrammierbare Steuerungen vornehmlich für Verknüpfungs-, Ablaufsteuerungen und Regelungen eingesetzt werden, liegt die Spezialität der CNC in der automatischen Ansteuerung von Werkzeugmaschinen, mit Schwerpunktfunktionen der Bahninterpolation, Werkzeugkorrektur und der Abwicklung technologischer Funktionen. Die Abb. 53 stellt den schematischen Aufbau beider Steuerungstypen einander gegenüber.

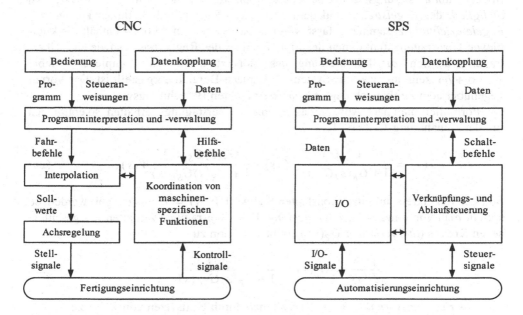

**Abb. 53:** Blockdiagramm von CNC und SPS

Moderne Numerische Steuerungen haben Funktionen zur Bearbeitungssimulation (vorwiegend zur Kollisionskontrolle), zur Systemdiagnose (Werkzeugbruch und -verschleiß), zum Messen und Ausüben von Korrekturfunktionen (Werkzeugkorrektur, Temperaturkompensation) und sind über Feldbusse oder Ethernet mit dem Automatisierungssystem vernetzt.

## 2.4.6 Regler

Die Aufgabe eines Reglers besteht im Allgemeinen darin, eine bestimmte physikalische Größe (die *Regelgröße*) auf einen vorgegebenen Sollwert (die *Führungsgröße*) zu bringen und dort stabil zu halten. Dabei muss der Regler den auftretenden Störgrößen entgegenwirken. Das übergeordnete Ziel besteht im Erreichen eines stabilen Systemzustands, der keine unerwünschten Schwingungen aufweist. Heute werden in der Automatisierungstechnik vorwiegend digitale elektronische Regler verwendet, die auf der Basis von Mikroprozessoren aufgebaut sind. Das statische und dynamische Verhalten des Reglers wird durch seinen Programmalgorithmus bestimmt. Im Rahmen dieses Buchs können nur einige wenige Grundzüge der Regelungstechnik angesprochen werden. Für eine ausführliche Behandlung des Themas sei auf die Literatur verwiesen (Föllinger 1994, Isermann 1977, Weinmann 1995, Weinmann 1999).

*Der Regelkreis*

In der Automatisierungstechnik besteht der typische Regelkreis aus dem *Regler*, dem *Stellglied*, der *Regelstrecke* und dem *Messglied*. Regler und Stellglied können zur *Regeleinrichtung* zusammengefasst werden. Das System in Abb. 54 enthält die komplexen Übertragungsfunktionen der Einrichtungen des Regelkreises sowie eine Übertragungsfunktion zur Beschreibung des Störverhaltens. Die komplexe Variable $s = \sigma + j\omega$ zeigt an, dass das System im Laplace-Bereich dargestellt ist. Der Vorteil gegenüber dem Zeitbereich liegt in den vereinfachten Berechnungswegen.

Formuliert man nach Abb. 54 das komplexe Übertragungsverhalten, so ergibt sich mit der Annäherung $G_M(s) \approx 1$

$$Y(s) = \frac{G_{SZ}(s)}{1 + G_R(s)G_{SU}(s)}Z'(s) + \frac{G_R(s)G_{SU}(s)}{1 + G_R(s)G_{SU}(s)}W(s). \tag{24}$$

Soll der Regelkreis auf einen konstanten Stellwert $W(s) = 0$ ausgeregelt werden, so spricht man von einer *Störgrößenregelung*. Das Übertragungsverhalten des geschlossenen Kreises (*Störverhalten* $G_Z(s)$) ergibt sich dann zu

$$\frac{Y(s)}{Z'(s)} = G_Z(s) = \frac{G_{SZ}(s)}{1 + G_R(s)G_{SU}(s)}. \tag{25}$$

Das *Führungsverhalten* $G_W(s)$ erhält man durch Nullsetzen von $Z'(s)$ zu

$$G_W(s) = \frac{Y(s)}{W(s)} = \frac{G_R(s)G_{SU}(s)}{1 + G_R(s)G_{SU}(s)}. \tag{26}$$

Man spricht in diesem Fall von einer *Nachlauf-* oder *Folgeregelung*.

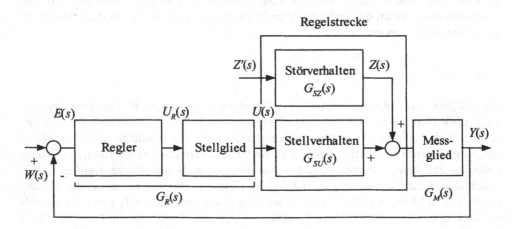

**Abb. 54:** Der „klassische" Regelkreis

*Reglertypen*
Die heute industriell eingesetzten Regler sind in vielen Fällen Standardregler, deren dynamisches Verhalten sich auf die Wirkung eines Proportional-, Integral- und Differentialglieds zurückführen lässt. Die Übertragungsfunktion des in Abb. 55 dargestellten PID-Reglers lautet

$$G_R(s) = \frac{U_R(s)}{E(s)} = K_P + \frac{K_I}{s} + K_D s \,. \tag{27}$$

Hierin bedeutet $K_P$ *Verstärkungsfaktor*, $T_N = K_P/K_I$ *Nachstellzeit* und $T_V = K_D/K_P$ *Vorhaltezeit*. Mit diesen Werten kann die Anpassung des Reglers an die Strecke vorgenommen werden. Durch Umformung von Gl. (27) ergibt sich

$$G_R(s) = K_R\!\left(1 + \frac{1}{T_N s} + T_V s\right), \tag{28}$$

woraus sich im Zeitbereich die Beschreibung für das Reglerausgangssignal

$$u_R(t) = K_R e(t) + \frac{K_R}{T_N}\int\limits_0^t e(\tau)d\tau + K_R T_V \frac{d}{dt} e(t) \tag{29}$$

ableiten lässt. In der praktischen Realisierung ist die Umsetzung des D-Verhaltens insofern problematisch, als die Sprungantwort des idealen PID-Reglers bei $t = 0^+$ einem unendlich hohen Dirac-Impuls entspricht. In der Praxis werden immer Verzögerungszeiten $T$ auftreten, wonach sich die reale PID-Übertragungsform zu

$$G_R(s) = K_R\!\left(1 + \frac{1}{T_N s} + \frac{T_V s}{1 + T s}\right) \tag{30}$$

ergibt.

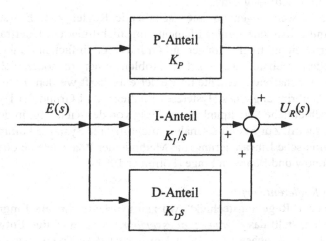

**Abb. 55:** Blockschaltbild des PID-Reglers

Mit Ausnahme des reinen D-Reglers werden in der Praxis Kombinationen aus P-, I- und D-Reglern eingesetzt. Die wichtigsten Eigenschaften sind in Tabelle 4 zusammengestellt. Durch Regler mit I-Anteil können bleibende Regelabweichungen vermieden werden, solange das Stellsignal innerhalb der physikalisch vorgegebenen Grenzen bleibt.

**Tabelle 4:** Eigenschaften von Standardreglern

| Reglertyp | max. Über-schwingen | Ausregelzeit | bleibende Regel-abweichung[a] |
|-----------|-------------|--------------|------------------|
| P-Regler | groß | groß | ja |
| I-Regler | sehr groß | groß | nein |
| PI-Regler | groß | groß | nein |
| PD-Regler | klein | klein | ja |
| PID-Regler | klein | groß | nein |

a. Bleibende Regelabweichungen können bei Reglern mit I-Anteil nur vermieden werden, wenn der maximale Stellsignalbereich nicht überschritten wird

*Schaltende Regler*
Bei einigen Anwendungen in der Prozesstechnik können Stellglieder nur eine begrenzte Anzahl von Schaltzuständen einnehmen. Ein Beispiel dafür ist eine Kesselheiz- und -kühlkombination, die nur in drei Zuständen betrieben werden kann: „Aus", „Heizung ein" und „Kühlung Ein".

Für solche Anwendungen kommen schaltende Regler zum Einsatz. Von ihrer Struktur her sind schaltende Regler Elemente mit nichtlinearem Übertragungsverhalten. Zwei- oder Dreipunktregler können auf Grund ihrer einfachen Funktion mit wenigen Schaltgliedern realisiert werden. Das Problem einer zu hohen Schalthäufigkeit kann durch totzeitbehaftete Elemente im Regler entschärft werden. Eine zweite Möglichkeit ist die Einbringung eines Hystereseverhaltens. Auf Grund der Hysterese ergeben sich unterschiedliche Schaltpunkte, abhängig von der Richtung, in der die Kennlinie durchfahren wird. Zur Stabilitätsanalyse nichtlinearer Systeme kommen beispielsweise die harmonische Linearisierung, die Methode der Phasenebene oder die Methoden nach Ljapunow und Popov in Frage (Föllinger 1991).

*Methoden zum Reglerentwurf*
In der „klassischen Regelungstechnik", wo zeitinvariante, lineare Eingrößensysteme betrachtet werden, stellt das *Frequenzgangsverfahren* eine wichtige Entwurfsmethode dar (Föllinger 1994, Takahashi et al. 1970, Horowitz 1963). Trennt man die Rückkopp-

lung des Regelkreises in Abb. 54 unter Vernachlässigung des Messglieds und bei Abwesenheit von Führungs- und Störgrößen auf, so ergibt sich die Übertragungsfunktion des „offenen Kreises" zu

$$F_0(s) = G_R(s)G_{SU}(s).$$
(31)

Beim *Frequenzgangsverfahren* betrachtet man die Anregung der Systeme mit harmonischen Schwingungen. Mit Hilfe der Frequenzgänge von $G_R(j\omega)$ und $G_{SU}(j\omega)$ lassen sich die Forderungen quantifizieren, die an den geschlossenen Regelkreis gestellt werden. Eine in der Praxis sehr wichtige Forderung ist die Stabilität des geschlossenen Regelkreises. Das *Nyquist-Kriterium* stellt eine notwendige und hinreichende Bedingung für die Stabilität des geschlossenen Kreises dar. Es verlangt, dass die Ortskurve des Frequenzgangs des offenen Kreises $F_0(j\omega)$ den „Nyquist-Punkt" in der komplexen Ebene (-1, 0) $n/2$-mal im Gegenuhrzeigersinn umschlingt, wenn die Frequenz $\omega$ von 0 auf $\infty$ gesteigert wird. Dabei ist $n$ die Anzahl der instabilen Pole des offenen Kreises. Zur Gestaltung der Systemdynamik wird beim Frequenzgangsverfahren der offene Regelkreis betrachtet. In Form von Frequenzgangskorrekturgliedern werden die Parameter des Reglers den Anforderungen für den geschlossenen Kreis angepasst.

Beim *Wurzelortverfahren* geht man von der Übertragungsfunktion der Regelstrecke aus. Betrachten wir das Führungsverhalten des Systems gemäß Gl. (26) und setzen $F_0(s)$ aus Gl. (31) ein, so ergibt sich die Charakteristische Gleichung durch Nullsetzen des Nennerpolynoms zu

$$F_0(s) + 1 = 0.$$
(32)

Die Wurzelortskurve ist ein Graph, der die Lage der Pole des geschlossenen Kreises, d. h. die Wurzeln der charakteristischen Gleichung bei Variation eines Reglerparameters (typischerweise der Verstärkung) von 0 bis $\infty$ in der $s$-Ebene darstellt. Damit ist es möglich, sich eine anschauliche Vorstellung von der Lage der Wurzeln der charakteristischen Gleichung des geschlossenen Kreises zu machen und ihre Lageänderung zu verfolgen, wenn man die Parameter des offenen Kreises ändert. Das Wurzelortverfahren lässt sich nicht auf Prozesse mit Totzeit anwenden.

Für verfahrenstechnische Prozesse mit starken Verzögerungen werden oft PID-Regler eingesetzt, deren Parameter nach bestimmten Regeln eingestellt werden. Dabei verwendet man häufig die Einstellregeln nach *Ziegler-Nichols* (Takahashi et al. 1970). Bei dieser Vorgangsweise kommt man ohne Modellierung der Strecke aus.

Der *Reglerentwurf im Zustandsraum* geht von einer Darstellung der Strecke und des Reglers im Zeitbereich aus. Das Verfahren eignet sich für lineare Prozessmodelle, die durch Modellmatrizen **A**, **B**, **C** und **D** beschrieben werden können. Das Zustandsraummodell eignet sich für Systeme mit mehreren Ein- und Ausgangsgrößen. Das Streckenmodell in Zustandsraumdarstellung mit dem Eingangssignalvektor **u**, mit dem Zustandsvektor **x** und mit dem Ausgangssignalvektor **y** ergibt sich dann zu

$$\begin{aligned}\dot{\mathbf{x}}(t) &= \mathbf{A}\mathbf{x}(t) + \mathbf{B}\mathbf{u}(t) \\ \mathbf{y}(t) &= \mathbf{C}\mathbf{x}(t) + \mathbf{D}\mathbf{u}(t)\end{aligned}$$
(33)

Der Vektor **x** enthält alle relevanten Zustandsgrößen des Systems, typischerweise mit ihren zeitlichen Ableitungen. Die Systemparameter sind dann durch die Systemmatrix **A**, die Eingangsmatrix **B**, die Beobachtungsmatrix **C** und die Durchgangsmatrix **D** bestimmt.

In seiner zeitdiskreten Form lautet die Zustandsraumdarstellung des Systems

$$\begin{aligned} \mathbf{x}(k+1) &= \mathbf{A}\mathbf{x}(k) + \mathbf{B}\mathbf{u}(k) \\ \mathbf{y}(k) &= \mathbf{C}\mathbf{x}(k) + \mathbf{D}\mathbf{u}(k) \end{aligned} \tag{34}$$

wobei an die Stelle der kontinuierlichen Signalwerte nun die Abtastwerte in einem bestimmten Abtastschritt $k$ getreten sind. Der komplexe Verschiebeoperator $z$ ist definiert durch

$$z = e^{T_0 s}, \tag{35}$$

wobei $T_0$ die Abtastzeit des zeitdiskreten Systems bezeichnet. Die Regelung eines Systems in Zustandsraumdarstellung erfolgt über eine Regelmatrix **K**, die vom Systemausgang über eine Summierstufe an den Eingang des Systems rückgekoppelt wird (Abb. 56). Die Matrix **I** ist die Einheitsmatrix, der Vektor **x**(0) gibt die Anfangsbedingungen im System an. Es gibt zahlreiche Kriterien zur Bemessung der Regelmatrix **K**, wobei für weiterführende Details auf die Literatur verwiesen sei (z. B. Weinmann 1995).

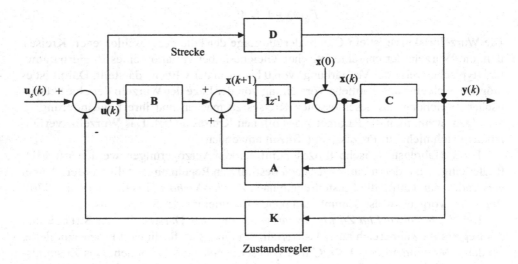

**Abb. 56:** Struktur von Strecke und Regler in Zustandsraumdarstellung für zeitdiskrete Abtastregelung

## 2.5 Verteilte Automatisierungssysteme

Eine der großen Herausforderungen der güterproduzierenden Industrie sind die rasch veränderlichen globalen Märkte, die einen schnellen Wechsel von Produkten und Produktvarianten fordern. Dieser Herausforderung kann auf Seiten der Produktion nur mit Maßnahmen der Flexibilitätserhöhung entgegnet werden.

Um konkurrenzfähige Produkte mit hohen Ansprüchen an Qualität und Produktinnovation bei kurzer Time-To-Market zu realisieren, müssen die Automatisierungssysteme für häufige und rasche Änderungen ausgelegt werden. Anwender von Prozessleittechnik benötigen einen höheren Grad an Modularität der technischen Komponenten bei gleicher oder besserer Wartbarkeit und Zuverlässigkeit. Oft sind Produktionssysteme komplex und mit einer großen Anzahl von Steuerungen, Sensoren und Aktoren ausgestattet, die im gegenseitigen Wechselspiel stark vernetzte Strukturen bilden. Die konventionellen Architekturen bestehen aus Anlagenkomponenten, die durch große Softwareblöcke angesteuert werden.

Die Praxis zeigt, dass zentrale Automatisierungsarchitekturen mit großen Software-Modulen „aus einem Guss" nicht mehr den wachsenden Anforderungen der Kunden an die Prozessleittechnik gerecht werden können. Die relativ hohen Kosten bei Änderungen und bei Adaption der Anlage für modifizierte Prozesse werden vom Kunden nicht mehr akzeptiert, greifen doch bei zentralen Automatisierungsarchitekturen die Änderungen bis in das „Herz" der Programmstrukturen ein. Der Trend geht daher weg von den großen „monolithischen" Software-Modulen hin in Richtung Architekturen mit verteilter Steuerungsintelligenz, bei denen die Software in Funktionsblöcken organisiert ist, die miteinander kooperieren.

Bei Steuerungssystemen können wir gemäß ihrer Systemarchitektur zwischen zentralen, dezentralen und verteilten Varianten unterscheiden. Die etwa in den 1960er und 1970er Jahren eingeführten zentralen Architekturen basieren auf einem zentralen Prozessrechner, der die gesamte Steuerungsintelligenz beinhaltet (zentrale Hardware und monolithische Software, siehe Abb. 57). In den folgenden beiden Jahrzehnten wurden „intelligente" Geräte entwickelt, die als aktive Steuerelemente nahe dem Prozessgeschehen angesiedelt wurden (vgl. Abb. 57 rechts unten und „Prozessnahe Komponenten" in Abb. 58). Die räumlich verteilten Komponenten werden noch von monolithischen Softwareblöcken gesteuert, die in ihrer Funktionsweise nicht über mehrere Geräte verteilt ablaufen können.

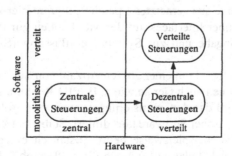

**Abb. 57:** Zentrale, dezentrale und verteilte Steuerungen

Erst durch die Einführung von verteilter Steuerungsintelligenz (etwa seit 2000) können durchgängig verteilte Systemarchitekturen realisiert werden (Abb. 57 rechts oben und Abb. 60).

*Klassische und zukunftsweisende Systemarchitekturen*
Die heutigen „klassischen" industriellen Automationsarchitekturen lassen sich in zwei Gruppen einteilen. In der verfahrenstechnischen Industrie liegen meist Steuerungssysteme vor, die auf verteilten „Prozessnahen Komponenten" aufbauen (vergleiche Abschn. 4.2.1). Dabei handelt es sich um robust ausgelegte Bausteine zur Messsignalaufnahme, Steuerung, Regelung und Ansteuerung von Aktoren im prozessnahen Bereich. Zentrale Leitrechner, Bedienwarten und Engineering-Workstations ermöglichen als „Prozessferne Komponenten" die Koordination der Feldebene und die Interaktion mit dem menschlichen Bediener. Prozessnahe Komponenten können auch zu „Stationen" gruppiert werden, die dann mehrere Geräte zur Steuerung und Regelung beinhalten. Die Anlagenkomponenten sind über lokale Busse miteinander verbunden (Abb. 58).

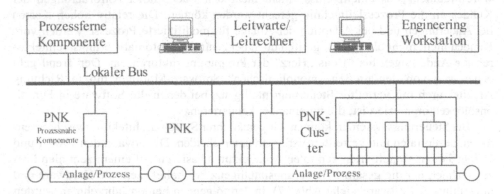

**Abb. 58:** Klassisches Steuerungssystem mit dezentralen „Prozessnahen Komponenten"

In der Fertigungsautomatisierung (z. B. im Bereich der Automobilproduktion) trifft man heute häufig Systeme aus vernetzten Speicherprogrammierbaren Steuerungen an. Die Bedienung erfolgt über Interfaces mit der Möglichkeit zur Prozessvisualisierung, zur manuellen Dateneingabe und zur Systembeeinflussung (Start, Stopp, Notstopp etc.).

Die SPS sind in der Regel mit einer großen Anzahl von Sensoren und Aktoren verbunden. An die SPS können auch Geräte wie z. B. PID-Regler angeschlossen werden.

In beiden Fällen wird das Automatisierungssystem von großen „monolithischen" Blöcken steuerungstechnischer Software koordiniert. Selbst bei kleinen Änderungen in der Systemkonfiguration (beispielsweise beim Austausch einer peripheren Komponente zufolge einer Produktänderung) müssen die Softwareblöcke komplett adaptiert werden. Dies verursacht in der Regel hohe Kosten für Änderungs- und Wartungsarbeiten.

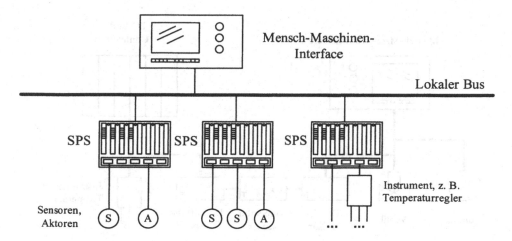

**Abb. 59:** Automatisierungssystem mit SPS (Speicherprogrammierbaren Steuerungen)

Durch die Entwicklung von standardisierten Busprotokollen (wie es z. B. bei Feldbussen der Fall ist) können viele Geräte miteinander kommunizieren. Außerdem werden heute immer mehr Anwendungen auf der Basis von robusten Industrie-PCs aufgebaut. Dadurch wird es möglich, sowohl „PNK-Funktionalität" als auch „SPS-Funktionalität auf PC-Plattformen zu implementieren. Es tritt die Unterscheidung zwischen den in Abb. 58 und Abb. 59 dargestellten „Prozessnahen Komponenten" und den SPS immer weiter in den Hintergrund.

Die Abb. 60 zeigt das Prinzip der erweiterten Verteilung der Steuerungsfunktionen in einem Automatisierungssystem. Wir sehen eine Reihe von aktorischen Geräten wie Pumpen und Ventile, sensorische Geräte zur Messung physikalischer Prozessgrößen sowie Geräte mit integrierten Funktionen, wie z. B. Temperaturregler. Alle Geräte sind über einen Bus miteinander verbunden. Bedienungs-Interfaces sowie Soft-Controller sind ebenfalls in das Netzwerk mit eingebunden.

Der Unterschied zu den konventionellen Technologien besteht nun darin, dass jedes Gerät eigene „Steuerintelligenz" besitzt und über standardisierte Software-Schnittstellen an das System angebunden wird. So kann der Drucksensor beispielsweise direkt mit dem Ventil und einem Reglermodul kooperieren, um die Aufgabe der Druckregelung zu erfüllen. Ein Steuerbalken im Bedienerinterface kann direkt mit der Pumpe verbunden werden, um so die Drehzahl des Pumpenmotors vorzugeben. Wir können also definieren:

*Verteilte Steuerungssysteme bestehen aus autonomen intelligenten Einheiten, die über ein gemeinsames Kommunikationssystem miteinander verbunden sind. Um eine globale Aufgabe im Gesamtsystem zu verrichten, koordinieren diese Einhei-*

*ten ihre Aktivitäten durch Informationsaustausch über das Kommunikationssystem.*

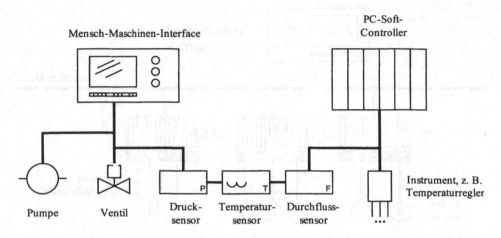

**Abb. 60:** Erweiterte verteilte Funktionalität mit intelligenten Geräten (Smart Devices)

Beim Austausch von Komponenten tritt ein neues Gerät an die Stelle des alten und wird automatisch mit den funktional zugehörigen anderen Geräten verbunden. Um diesen hohen Grad an Integrationsfähigkeit der „Smart Devices" zu ermöglichen, müssen neue Software-Architekturen verwendet werden, die den Umgang mit verteilten Objekten unterstützen. Es hat sich herausgestellt, dass die Kapselung von Softwarebausteinen in *funktionsrelevante Einheiten* einen effizienten und für den Anwender sehr übersichtlichen Ansatz darstellt. Schon für die Programmierung von SPS steht nach IEC 61131 das Konstrukt des Funktionsblocks zur Verfügung. Soll jedoch die erweiterte verteilte Steuerungsarchitektur gemäß Abb. 60 mittels Funktionsblock-Programmierung realisiert werden, so muss das bestehende Funktionsblock-Konzept erweitert werden. Der folgende Abschnitt befasst sich mit dem neuen Standard IEC 61499, der dieses erweiterte Konzept zur Verfügung stellt.

### 2.5.1    Die Norm IEC 61499

Mit Beiträgen von Ch. Sünder

In der Automatisierungstechnik müssen häufig Komponenten verschiedener Hersteller und Produkte unterschiedlichen Herstellungsdatums miteinander verbunden werden. Eine große Herausforderung besteht dabei darin, die Kompatibilität zwischen Geräten und Softwaremodulen herzustellen und bei Systemerweiterungen aufrecht zu erhalten. Einheitliche Standards sowie offene Hard- und Softwareschnittstellen erleichtern den Zusammenschluss von Komponenten in heterogenen Umgebungen. Unter „Offenheit" verstehen wir dabei die informative Darlegung der technischen Schnittstellendetails und der Kommunikationsprotokolle durch die Hersteller.

Für SPS-basierte Automatisierungslösungen hat sich die Norm IEC 61131 weitestgehend durchgesetzt. Als ihre „Nachfolge-Norm" kann die IEC 61499 angesehen werden. Sie befasst sich mit den immer mehr an Bedeutung gewinnenden verteilten Systemen. Ihr Programmierparadigma baut auf *Funktionsblöcken* auf.

*Funktionsblöcke*

In komplexen Systemen bewährt sich die *funktionsorientierte* Sicht von Hardware- und Softwaremodulen. Bereits in frühen Programmiersprachen hat sich das Konstrukt der *Funktion* als robustes und wartungsfreundliches Konzept herausgestellt, das die Wiederverwendung von Softwarecode unterstützt. Der Hauptvorteil des Funktionsblocks besteht in der Kapselung von Funktionalität (Daten und Algorithmen), womit die Analogie zu einem Stück Hardware hergestellt wird.

Betrachten wir z. B. eine „alte" Sicherheitsverriegelung für ein Verkehrssignal in der Bahntechnik, die aus elektromechanischen Relais aufgebaut ist. Das Zugsignal erhält erst elektrische Energie zur Umschaltung auf „Freie Fahrt" („*FF*"), wenn die Streckensensoren im folgenden Gleisabschnitt keinen Zug („*Z*") detektieren, die Weichensensoren die „richtige" Stellung der dem Signal folgenden Weiche („*W*") anzeigen, und von der Stellwarte das Freisignal „*F*" gegeben wird. Bei Anwesenheit eines Zugs im folgenden Gleisabschnitt oder bei einer „falschen" Weichenstellung steht das Zugsignal auf „Halt" und es wird ein Signal *S* an die Stellwarte gesendet. Die Funktion dieser Sicherheitsverriegelung lässt sich auf eine dreistellige logische UND-Verknüpfung mit einer logischen NEGATION sowie auf eine zweistellige ODER-Verknüpfung mit NEGATION zurückführen:

$$FF = \neg Z \wedge W \wedge F, \tag{36}$$

$$S = \neg W \vee Z. \tag{37}$$

Eine Realisation dieser Funktion mit elektromagnetischen Relais lässt sich durch einfache Verschaltung der Relaisspulen und Relaiskontakte (Arbeits- und Ruhekontakte) bewerkstelligen.

Als Funktionsblock betrachtet, stellt sich diese Sicherheitsverriegelung als „Blackbox" mit drei Dateneingängen (*Z, W, F*) und zwei Datenausgängen (*FF, S*) sowie einem Algorithmus (Gln. 36 und 37) dar. Interne Variable sind durch die im Algorithmus verwendeten Symbole repräsentiert. Der Funktionsblock erhält weiters einen eindeutigen Namen, der ihn im System identifiziert. Schon in der IEC 61131 wird eine Kapselung durch Funktionsblöcke beschrieben. Dementsprechend kann die oben genannte Sicherheitsverriegelung ganz einfach für eine Speicherprogrammierbare Steuerung adaptiert und mit Hilfe einer der genormten SPS-Sprachen (Ladder-Logic, Structured Text etc.) umgesetzt werden.

Wofür benötigt es dann Erweiterungen durch eine neue Norm? Es sind im Wesentlichen zwei Triebkräfte, die die Entwicklung von IEC 61499 vorantreiben:

- die Notwendigkeit von Architekturen zur Realisierung von verteilten Steuerungen

•   die Probleme bei der Synchronisierung von Daten und Ereignissen

Um verteilte Steuerungsintelligenz zu realisieren, bedarf es bestimmter Systemarchitekturen, die wir im folgenden Abschnitt näher besprechen werden.

Zum Verständnis des Synchronisationsproblems betrachten wir zunächst die Funktionsweise der oben beschriebenen Relaisschaltung aus der Perspektive des zeitlichen Signalablaufs. Vom Eintreffen des Spulenstroms bis zur Bewegung der Kontaktfedern in ihre neue Stellung vergeht ein gewisses Maß an Zeit. Durch die Kontaktfedern werden neue Stromkreise geschlossen, die die Spulen von anderen Relais (ebenfalls mit einer gewissen Verzögerung) bestromen. Je nach Komplexität der Schaltung kommt es daher an den Systemausgängen zu Signalmustern, die erst nach dem Erreichen der endgültigen Schaltposition aller Bauteile der spezifikationsgemäßen logischen Verknüpfung der Eingangssignale entsprechen. Im Falle der Sicherheitsverriegelung in der Bahntechnik sind die Zeitkonstanten der Schaltspiele vernachlässigbar kurz im Vergleich zu den Zeitkonstanten der Zugbewegungen. Für andere echtzeitrelevante Anwendungen in der Automatisierungstechnik darf dieser Effekt allerdings nicht vernachlässigt werden. Auch bei Logikschaltungen mit elektronischen Bauteilen und bei prozessorbasierten Steuerungen treten von Null verschiedene Schaltzeiten auf. Bei den herkömmlichen Programmierverfahren für Funktionsblöcke müssen daher weitere Maßnahmen getroffen werden, die sicherstellen, dass Daten erst weiterverwendet werden, wenn sie ihren „gültigen" stationären Zustand eingenommen haben.

Das Funktionsblock-Konzept nach IEC 61499 baut auf einem ereignisgesteuerten Architekturmodell auf. Die Abb. 61 zeigt die symbolische Repräsentation eines generischen Funktionsblocks. Neben den Datenein- und -ausgängen und einem Bereich, der die internen Algorithmen und Variablen enthält, besitzt jeder Funktionsblock eine ereignisbasierte Ausführungssteuerung („Execution Control"), die mit Ereignisein- und -ausgängen verbunden ist. Die Ausführungssteuerung sorgt durch ein Ereignisinterface u. a. für die zeitliche Synchronisation der Datenverarbeitung.

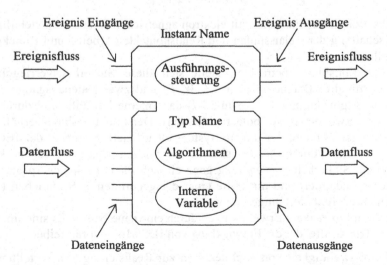

**Abb. 61:** Eigenschaften eines Funktionsblocks nach IEC 61499

Umfangreiche IEC 61499 Anwendungen können durch Kombination von Funktionsblöcken programmiert werden, indem Datenein- und -ausgänge sowie Ereignisein- und
-ausgänge miteinander verbunden werden. Da mit Hilfe von Funktionsblöcken auch
Timer-Funktionen realisiert werden können, eignet sich diese Technik sowohl für
ereignisbasierte als auch für zeitbasierte Steuerungen.

*Anwendungsfelder*
IEC 61499 wurde als generischer Standard entwickelt. Seine Anwendungsfelder rei-
chen von Speicherprogrammierbaren Steuerungen über Smart Devices (intelligente
Peripheriegeräte) bis hin zu Feldbusprotokollen. Um eine anwendungsneutrale Stan-
dardisierung zu erreichen, wurde bei der Definition auf applikationsgebundene
Speziallösungen verzichtet. Der Rahmen von IEC 61499 erstreckt sich auf

*   Spezifikation und Standardisierung von Funktionsblockmodulen
*   Funktionale Spezifikation und Standardisierung von Systemmodulen
*   Spezifikation, Analyse und Validierung von industriellen Prozessmess- und
    Steuerungssystemen
*   Konfiguration, Implementierung, Betrieb und Wartung von Prozessautomati-
    sierungssystemen
*   Informationsaustausch zwischen Softwaremodulen in den oben genannten
    Anwendungsbereichen

Der IEC 61499-Standard ist in folgende Abschnitte aufgeteilt:

*   Teil 1: Architektur
*   Teil 2: Anforderungen für Software-Tools
*   Teil 3: Anwendungsrichtlinien
*   Teil 4: Regeln für die Einhaltung der Norm

Parallel zum existierenden Standard werden neue Normen entwickelt, die zum Teil auf
IEC 61499 aufbauen. Ein Beispiel ist IEC 61804, *Function Blocks for Process Control*
(IEC 2001).

### 2.5.2 Grundlegende Konzepte nach IEC 61499

Das Funktionsblock-Modell baut auf Konzepten auf, die sich nach sieben Aspekten
gliedern lassen.

*Interface für Daten und Ereignisse*
Hinsichtlich Eingangs- und Ausgangsgrößen eines Funktionsblocks unterscheiden wir
zwischen Daten und Ereignissen (vgl. Abb. 61). Die graphische Darstellung des Funktionsblocks erfolgt immer so, dass der Daten- und Ereignisfluss *von links nach rechts*
verläuft. Im oberen Teil des Funktionsblocksymbols werden die Ereignisein- und -aus-
gänge dargestellt, im unteren Teil die Datenschnittstellen. Jeder Funktionsblock ist mit
einem eindeutigen Namen versehen. Die Ablaufsequenz der Programmabarbeitung ist
folgendermaßen:

- Die *Daten* werden an die Dateneingänge des Blocks angelegt.
- Ein *Ereignis* (Signal an einem oder mehreren Ereigniseingängen) löst die Programmbearbeitung gemäß Funktionsalgorithmus aus.
- Im Falle eines *elementaren Funktionsblocks* (er besteht aus keinen weiteren Funktionsblöcken) werden die Daten gemäß funktionaler Spezifikation des Blocks verarbeitet und nach Terminierung des Algorithmus an die Datenausgänge gelegt. Bei *zusammengesetzten Funktionsblöcken* wird die interne Verarbeitung durch die im Hauptblock vorhandenen Unterblöcke gestartet.
- Nach Bereitstellung der Ausgangsdaten meldet ein blockintern generiertes Signal die Existenz von gültigen Daten. Dieses Signal wird über die Ereignisausgänge anderer Funktionsblöcken zur Verfügung gestellt.

Durch die ereignisgesteuerte Verknüpfung von Daten kann sichergestellt werden, dass nur „gültige" Daten zur Verarbeitung gelangen.

Funktionsblöcke verwenden das Prinzip der Komplexitätskapselung. Code und interne Variablen sind im Block „verborgen". Der funktionale Ablauf der Informationsprozesse kann über Daten und Ereigniseingänge beeinflusst werden, ähnlich wie bei den „Funktionen" in einer höheren Programmiersprache. IEC 61499 verwendet unterschiedliche Typendefinitionen, mit denen die formale Beschreibung des Funktionsblocks vorgenommen werden kann. Dazu gehören beispielsweise I/Os und Strukturen für die Ausführungssteuerung für Daten- und Algorithmen. Die Instanzen dieser Typen können zum Aufbau von Anwendungen verwendet werden. Eine *Anwendung* definiert die Beziehung zwischen *Ereignisfluss* und *Datenfluss* zwischen den verschiedenen Funktionsblöcken. Die eigentliche Programmierarbeit besteht in der Herstellung von Verbindungen zwischen Funktionsblock-Instanzen.

*Ereignisgesteuerte Zustandsmaschinen*

Die Abarbeitung von Programmen (Algorithmen) wird von *Ereignissen* eingeleitet und beeinflusst. Die Funktionsweise eines *elementaren* Funktionsblocks (er besteht aus keinen weiteren Funktionsblöcken) kann mit Hilfe eines Zustandsgraphen („Execution Control Chart", siehe Abb. 62) beschrieben werden.

Ausgehend von einem *START*-Zustand werden neue Zustände durch Signale an den entsprechenden Ereigniseingängen des Funktionsblocks aktiviert. Im Beispiel der Abb. 62 bringt das *INIT*-Ereignis den Block in einen Initialisierungszustand, der seinerseits eine Routine *INIT_Alg* auslöst. Nach seiner Abarbeitung wird der Event-Ausgang *INITO* („Initialization Output") aktiviert und der Block springt wieder in den *START*-Zustand zurück. Analog dazu ist das Verhalten des Funktionsblocks bei den Ereignissen *newSP* oder *REQ*.

Es besteht ein wichtiger Zusammenhang zwischen Ereignissen und zugehörigen Daten. Dieser Zusammenhang wird in der graphischen Repräsentation des Funktionsblocks durch Verbindungslinien zwischen Ereignisinterfaces und Dateninterfaces zum Ausdruck gebracht (siehe z. B. die Verbindungen zwischen den Anschlüssen *newSP* und *Setpoint* sowie *INITO* und *Output* am Funktionsblocksymbol). Die Assoziation von Ereignissen und Daten wird in der textuellen Repräsentation des Blocks durch den Qualifikator „*WITH*" zum Ausdruck gebracht. Er bringt zum Ausdruck, dass die entsprechenden Daten beim Eintreffen eines Ereignisses bereits in „gültiger" Form vorlie-

gen müssen bzw. dass ein Ausgangsereignis erst beim Vorliegen von gültigen Ausgangsdaten generiert wird.

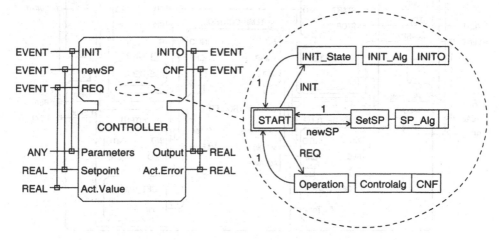

**Abb. 62:** Funktionsblock und Execution Control Chart (ECC)

*Wiederverwendbarkeit und Kapselung*
Ein Funktionsblock-Typ wird zunächst definiert und ausprogrammiert und dann in
Form einer „Instanz" im System implementiert. Aus einem Typ können beliebig viele
Instanzen abgeleitet und im System eingesetzt werden. Die Instanzen arbeiten prinzi-
piell unabhängig voneinander, es sei denn, sie werden durch Verbindungen miteinan-
der in Beziehung gesetzt.

Funktionsblöcke können auch eine Reihe von unterlagerten Funktionsblöcken enthalten, die ein beliebig komplexes Netzwerk bilden. Dieses Kapselungsprinzip entspricht einer hierarchischen Strukturierung und dient zum besseren Umgang mit der
Komplexität bei der Realisierung umfangreicher Funktionen.

Die Abb. 63 zeigt einen zusammengesetzten Funktionsblock zur Temperaturrege-
lung, der aus dem eigentlichen Regler, einer Messfunktion, einem Echtzeit-Timer und
einer Output-Steuerung besteht.

Eine weitere Strukturierungsmethode ermöglicht die Schaffung von generischen
Interfaces auf der Basis von sog. „Adaptern" (Abb. 64). Dieses Prinzip ersetzt das in
den objektorientierten Computersprachen vorhandene Konzept der Vererbung und des
Polymorphismus. Ein „Adapter-Provider" stellt generische Funktionen zur Ereignis-
und Datenbearbeitung in Form eines Interfaces zur Verfügung.

Auf dieses generische Interface setzt dann ein spezialisiertes Interface („Adapter
Acceptor" in Abb. 64) auf. Das Konzept kann an Hand von Funktionsblöcken für die
Sensorik erläutert werden: Sensoren unterscheiden sich hinsichtlich ihrer physikalischen Messaufgabe (Druck, Temperatur, Strom, Durchfluss etc.) und erfordern daher
spezielle Steuerfunktionen. Unabhängig davon existieren allgemeine Grundfunktionen, die für alle Sensoren gleich sind:

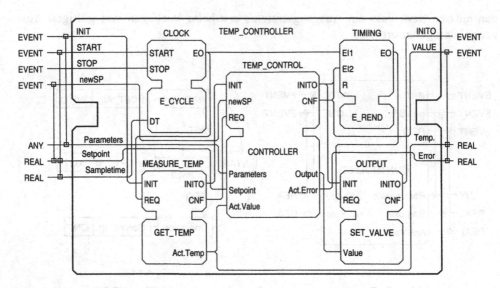

**Abb. 63:** Zusammengesetzter Funktionsblock

Drahtbruchalarm, Initialisierungsroutinen etc. Werden die generischen und speziellen Funktionen den entsprechenden Interfacetypen zugeordnet, so kann mit Hilfe der Adapterfunktion die mehrfache Programmierung von gleichwertigen Funktionen vermieden werden. Der generische „Adapter-Provider" muss nur einmal entwickelt werden. Die speziellen sensorrelevanten Funktionen werden in der „Socket Instance" realisiert.

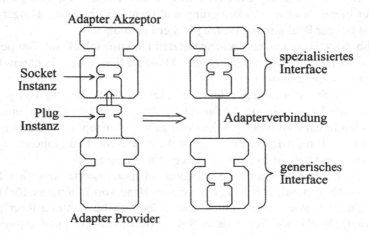

**Abb. 64:** Adapterkonzept nach IEC 61499

*Verteilte Applikationen*

Die Hauptmotivation bei der Entwicklung des Standards IEC 61499 ist die Realisierungs von verteilten Steuerungssystemen. Eine Grundvoraussetzung dafür ist die Schaffung von bestimmten Systemarchitekturen. Wir betrachten im Folgenden drei Modelle, die den verteilten Systemarchitekturen zu Grunde liegen.

*Das Systemmodell*

Auf physischer Ebene besteht ein verteiltes System aus einer Reihe von Geräten, die über Kommunikationsnetzwerke miteinander verbunden sind. Auf diesen Geräten laufen *Software-Anwendungen*, wobei eine Anwendung über mehrere Geräte verteilt sein kann (beispielsweise eine Mehrgrößenregelung, bestehend aus einem Drucksensor, einem Temperatursensor, einer Heizung, einer Pumpe und einem Regler). In Spezialfällen kann die Anwendung auch nur auf einem einzigen Gerät ablaufen. Das Systemmodell ist im oberen Teil der Abb. 65 gemeinsam mit dem Kommunikationsnetzwerk dargestellt. Eine „Anwendung" ist in dieser Betrachtungsweise immer ein Stück Software. In zentralen Architekturen läuft diese Software in einem zentralen Rechner ab. Durch die Einführung von immer besser ausgestatteten intelligenten Sensoren und Aktoren liegt immer mehr Rechenleistung am Ort der peripheren Geräte vor, so dass auch geräteübergreifende Anwendungen von der Software eben dieser Geräte kontrolliert werden können.

Im Funktionsblockmodell wird eine Anwendung als Netz von verbundenen Funktionsblöcken repräsentiert. Wird eine Anwendung in das System geladen, so erfolgt dies, indem verschiedene Netzwerk-Fragmente als Funktionsblöcke in die entsprechenden Hardware-Module („Geräte") geladen werden. Spezielle Kommunikations-Services müssen dann sicherstellen, dass die in den Programmen spezifizierten Verbindungen zwischen Ereignis- und Dateninterfaces wieder miteinander in Verbindung treten.

*Das Gerätemodell*

Betrachten wir nun das System aus dem Blickwinkel eines Geräts (engl. „Device"). Ein Gerät kann mehrere Ressourcen enthalten (vergleiche Abb. 65 rechts unten). Jede Ressource ermöglicht die unabhängige Ausführung und Steuerung von Funktionsblöcken. Das Gerätemodell hat neben einem Kommunikationsinterface auch ein Prozessinterface, durch das es mit den physischen Prozessen durch Eingänge und Ausgänge in Verbindung tritt. Der Hauptzweck des Geräts besteht darin, Ressourcen zu unterhalten. In den Ressourcen wiederum laufen Fragmente von Funktionsblöcken ab.

*Das Ressourcenmodell*

Die „Ressource" stellt Infrastruktur und Services zur Verfügung, die zum Ablauf eines oder mehrerer Funktionsblockfragmente erforderlich sind. Darüber hinaus stellt die Ressource Verbindungen zum Kommunikationsinterface und zu den gerätespezifischen I/O- und Scheduling-Funktionen her. Die Scheduling-Funktionen sorgen dafür, dass die Algorithmen in den Funktionsblöcken in der richtigen Reihenfolge ausgeführt werden. Über das Kommunikationsinterface können Funktionsblöcke beispielsweise mit Blöcken anderer Geräte in Verbindung treten.

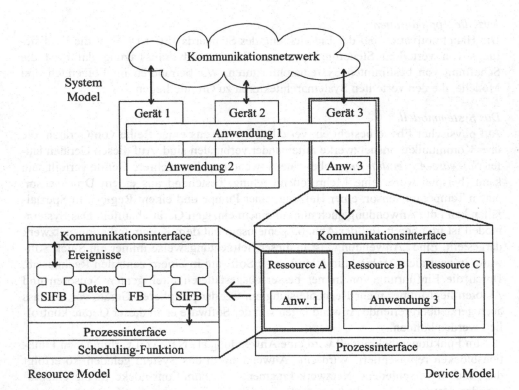

**Abb. 65:** System Model, Device Model, Resource Model nach IEC 61499

Die Abb. 65 links unten zeigt ein Funktionsnetzwerk, das aus Blöcken besteht, die über Daten- und Ereigniseingänge miteinander verbunden sind. Zum Datenaustausch mit dem Kommunikations- oder Prozessinterface dienen spezielle *Service-Interface-Blöcke*.

*Service-Interface-Blöcke*

Wie bereits oben beschrieben, dienen Service-Interface-Blöcke zum Austausch von Daten oder Ereignissen mit dem „Umfeld" über das Kommunikations- bzw. Prozessinterface. Wir unterscheiden zwei Fälle:

- Der Daten/Ereignisfluss wird durch die Anwendung ausgelöst (lesen oder schreiben von Binärwerten). Das korrespondierende Service Interface wird als REQUESTER bezeichnet.
- Die Ressource initiiert eine Aktion (z. B. Time-Out), das entsprechende Service Interface heißt RESPONDER.

Die Abb. 66 zeigt ein Service Interface am Beispiel eines applikationsgetriebenen REQUESTERS. Im rechten Teil der Abbildung befindet sich ein Zeitsequenzdiagramm, das die Abläufe bei der Durchführung eines Service Requests verdeutlicht.

- Durch das Ereignis *INIT* (bei gleichzeitigem Setzen des Qualifikators *QI* auf „wahr") wird das Service Interface initialisiert („*INIT*(+)" im Zeitsequenzdiagramm). Gleichzeitig können über den Eingang *PARAMS* weitere Initialisierungsparameter eingegeben werden.
- Die Reaktion des Service-Blocks („*INITO*(+)", *QO* geht auf logisch „wahr", STATUS liefert zusätzliche Statusinformationen) zeigt die erfolgreiche Initialisierung an.
- Die Übertragung wird durch „*REQ*(+)" bei gleichzeitiger Eingabe von zusätzlichen Parametern *SD*_1, *SD*_2 etc. eingeleitet.
- Die Übertragung ist mit der Bestätigung „*CNF*(+)" unter gleichzeitiger Ausgabe von zusätzlichen Statusdaten *RD*_1, *RD*_2 etc. abgeschlossen.
- Der Service-Block beendet mit „*INITO*(-)" analog zum oben beschriebenen Ablauf seinen Dienst.

Über die bisher beschriebenen Konzepte hinaus sieht IEC 61499 so genannte System-Management-Funktionen vor. Dazu zählen beispielsweise

- die Erzeugung von Funktionsblöcken innerhalb einer Ressource
- die Zuordnung von Funktionsblöcken zu Anwendungen
- die Herstellung von Daten- und Ereignis-Verbindungen
- das Auslösen der Ausführung eines Funktionsblocks
- die Abfrage von Statusinformationen im Funktionsnetz
- das Löschen von Funktionsblöcken und ihrer Verbindungen im Netz

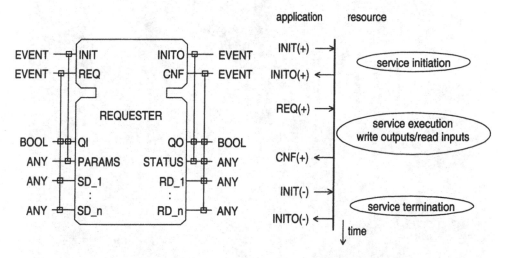

**Abb. 66:** Service-Routine und Zeitdiagramm

*Systementwurf*
Der Endanwender entwickelt Lösungen für eine bestimmte Steuerungsaufgabe, indem er fertig programmierte Funktionsblöcke aus Bibliotheken entnimmt und ihre Ein- und Ausgänge entsprechend den Anforderungen des Systems „verschaltet". Funktionsblöcke sind reine Software-Gebilde, die jedoch durch ihre strukturelle Ähnlichkeit mit Geräten oder Geräteteilen den Anwendern auf einer intuitiven Ebene Hilfestellung bei der Konfiguration von Systemlösungen leisten.

Der Standard IEC 61499 könnte sich in Zukunft weltweit für verteilte Steuerungen durchsetzen. Ob und wann dies geschieht, hängt unter anderem von den strategischen Entscheidungen der führenden Hersteller von Automatisierungskomponenten ab. Als offener Standard bietet er die Chance, Systeme verschiedener Hersteller kompatibel miteinander zu vernetzen.

*Forschung an der TU-Wien*
Das Institut für Automatisierungs- und Regelungstechnik an der TU-Wien betreibt im Rahmen des Forschungsschwerpunkts „Distributed Automation" gemeinsam mit dem Kompetenzzentrum Profactor ein Labor für verteile Steuerungstechnik, wo unter anderem zukunftsweisende Konzepte nach dem Standard IEC 61499 erforscht werden. Das Labor ist zu Ehren des Pioniers der Automatisierungstechnik Odo Struger benannt, der an der TU-Wien studierte und dann bei Allen Bradley (Rockwell Automation) als einer der Väter der Speicherprogrammierbaren Steuerung gilt.

**Abb. 67:** Das Odo Struger Labor am Institut für Automatisierungs- und Regelungstechnik an der TU Wien wird für Forschungsarbeiten auf dem Gebiet der verteilten Automatisierungstechnik eingesetzt

## 2.6 Kommunikationsnetzwerke

In komplex vernetzten Automatisierungssystemen spielt der Informationsaustausch eine zentrale Rolle. Auf technischer Ebene kommunizieren Komponenten einer Anlage nach dem Prinzip Sender-Empfänger, d. h., zu einem gewissen Zeitpunkt kommt einer bestimmten Einheit die „Sprecherrolle" und einer anderen Einheit die „Zuhörerrolle" zu. Diese beiden Rollen können im nächsten Moment vertauscht sein, wenn der „Empfänger" den Empfang der Nachricht bestätigt und seinerseits Nachrichten versendet. In automatisierungstechnischen Anlagen sind in der Regel eine Vielzahl von Geräten und Computern miteinander verbunden, die in rascher Abfolge oder sogar gleichzeitig Sender- und Empfängeraufgaben übernehmen. Die Art und Weise der Vernetzung der kommunikationsfähigen Elemente eines Systems und die Kommunikationsprotokolle spielen dabei eine wesentliche Rolle.

Wichtige Kriterien für die Kommunikation zwischen technischen Einrichtungen sind die Rechtzeitigkeit des Informationsaustauschs sowie die Störungsfreiheit und Zuverlässigkeit der Systeme. Auch die Erweiterbarkeit von Kommunikationssystemen sowie die Kompatibilität seiner Komponenten sind nicht zuletzt aus wirtschaftlichen Gründen von großer Bedeutung. Die folgenden Abschnitte beschäftigen sich mit Kommunikationsnetzwerken in der Automatisierungstechnik auf der feldnahen, technischen Ebene. Es wird ein Überblick über wichtige Netzwerkeigenschaften und Übertragungsverfahren gegeben.

### 2.6.1 Netzwerktopologien

Wenn wir im Folgenden von einem „Netzwerk" sprechen, so ist damit ein kommunikationsfähiger Verbund von Computern, Prozessoren oder Automatisierungsgeräten (Sensoren, Aktoren, Steuerungen) in verteilten Automatisierungssystemen gemeint. Die Anforderungen an ein Netzwerk sind

- möglichst geringe Vernetzungskosten,
- hohe Flexibilität bei Änderungen,
- möglichst offene, standardisierte Schnittstellen,
- hohe Übertragungssicherheit und
- kurze Reaktionszeiten auf Kommunikationsanfragen.

Der Begriff *Netzwerktopologie* beschreibt die Art und Logik der Verbindungen. Systementwickler müssen versuchen, die oben stehenden allgemeinen Anforderungen und spezielle Erfordernisse aus der jeweiligen Anwendung durch Wahl verschiedene Netzwerktopologien und Übertragungsmethoden zu erfüllen.

*Zweipunktverbindungen*
Die einfachste Kommunikationsverbindung entsteht beim direkten Zusammenschalten von zwei Geräten, wie dies beispielsweise zwischen einem PC und einem lokalen Drucker der Fall ist. Zweipunktverbindungen können auch zwischen mehreren Teilnehmern hergestellt werden. In diesem Fall benötigt jedes Gerätepaar eine separate Verbindungsleitung. Zweipunktverbindungen können auch über Multiplexer/Demultiple-

xerschaltungen hergestellt werden (Abb. 68). Die Aufgabe des Multiplexers besteht darin, den Kommunikationsausgang eines Geräts auf die Übertragungsleitung zu schalten. Der Demultiplexer verbindet die Übertragungsleitung mit dem Eingang des Empfängergeräts. Auf diese Weise wird eine einseitige Datenübertragung hergestellt (Simplexbetrieb). Im Halbduplexbetrieb wird jeweils eine Multiplexer/Demultiplexer-einrichtung für alle „ankommenden" und „abgehenden" Leitungen vorgesehen, womit ein beidseitiger (abwechselnder) Kommunikationsverkehr ermöglicht wird. Diese Methode wird „Zeitmultiplexverfahren" genannt. Beim „Frequenzmultiplexverfahren" wird der Übertragungskanal in voneinander unabhängige Frequenzbänder aufgeteilt. Mittels Frequenz-, Amplituden- oder Phasenmodulation werden die Nutzsignale auf Trägerschwingungen aufmoduliert. Es ist Vollduplexbetrieb möglich, wobei für jeden Kanal nur eine definierte Bandbreite zur Verfügung steht.

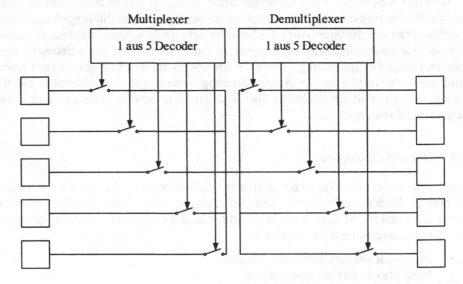

**Abb. 68:** Zweipunktverbindungen über Multiplexer und Demultiplexer

*Sternstruktur*
Jeder Teilnehmer ist über eine eigene Übertragungsleitung mit dem zentralen Gerät verbunden (Abb. 69a). Abhängig vom Übertragungsmodus und von der Ausstattung des zentralen Geräts können entweder alle peripheren Geräte gleichzeitig mit der Zentrale kommunizieren oder erhalten selektiv die Kommunikationsfreigabe. Im einfachsten Fall ist das zentrale Gerät ein so genannter Sternkoppler (Hub), dessen Aufgabe lediglich darin besteht, die Signale vom Sender zum richtigen Empfänger weiterzuleiten. Wird die Zentralstation mit „Intelligenz" ausgestattet, so kann sie die Steuerung des gesamten Kommunikationsprozesses übernehmen. Beim Ausfall der Zentralstation fällt das gesamte Netz aus.

*Ringstruktur*

Aus einer Sequenz ringförmig angeordneter Zweipunktverbindungen entsteht die Ringtopologie (Abb. 69b). Es können nur jeweils benachbarte Stationen miteinander kommunizieren. Sollen Nachrichten zu weiter entfernten Teilnehmern übermittelt werden, so müssen diese „weitergereicht" werden. Da jede Station auch als „Repeater" (Verstärker) wirkt, können mit der Ringtopologie relativ weite räumliche Distanzen abgedeckt werden. Der Ausfall einer Station hat den Ausfall des Netzes zur Folge, sofern keine Redundanzen vorgesehen werden (z. B. Doppelring).

*Netzstruktur*

Durch konsequente Vermaschung der Teilnehmer mit Zweipunktverbindungen entsteht die Netztopologie. Dabei können wahlweise einseitige oder wechselseitige Verbindungen realisiert werden (Abb. 69c).

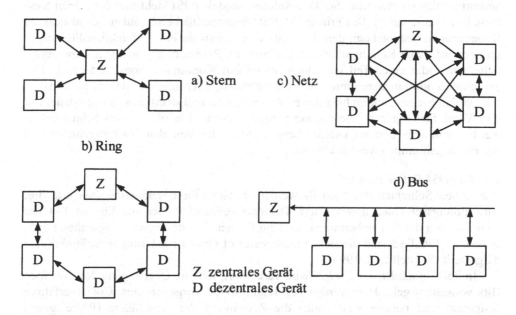

a) Stern    c) Netz

b) Ring

d) Bus

Z zentrales Gerät
D dezentrales Gerät

**Abb. 69:** Typische Netzwerktopologien. **a** Stern-, **b** Ring-, **c** Netz- und **d** Bustopologie

Der Verkabelungsaufwand ist sehr hoch und steigt überproportional mit der Anzahl der Teilnehmer. Eine Netzwerkerweiterung verursacht dementsprechend hohe Kosten.

*Busstruktur*

Die Abb. 69d zeigt eine typische Bus- oder Linienstruktur, so wie sie in der Automatisierungstechnik häufig eingesetzt wird. Die Teilnehmer sind über einen gemeinsamen Übertragungsweg (Bus) miteinander verbunden. Die Anbindung erfolgt über meist kurze Stichleitungen, wodurch der Verkabelungsaufwand im Vergleich zur Netztopologie wesentlich verringert wird. Pro Teilnehmer ist nur mehr eine Kommunikationsschnittstelle erforderlich. Um „Kollisionen" zu vermeiden, darf zu einem bestimmten

Zeitpunkt allerdings immer nur ein Teilnehmer im Busverbund senden. Die Koordination dieses „Senderechts" wird über so genannte Buszugriffsverfahren geregelt.

## 2.6.2 Kommunikationsmodelle

Das Hauptziel der Kommunikation zwischen Rechnern in der Automatisierungstechnik ist der Austausch von Daten (Messwerten, Stellgrößen, Statusinformationen) und Signalen (z. B. Ereignissen, Steuerimpulsen, Start- und Stoppbefehlen). Der erfolgreiche Datentransfer erfordert Vereinbarungen darüber, in welcher Art und Weise der Datenaustausch zu erfolgen hat.

Schon 1983 wurde von der *International Standards Organisation* (ISO) mit der ISO Norm 7498 ein Referenzmodell verabschiedet, das die Kommunikation von Rechnersystemen auf Basis eines öffentlich zugänglichen Standards regelt. Dieser Standard beschreibt das so genannte ISO OSI-Referenzmodell (OSI steht hier für „Open Systems Interconnection"). Das Prinzip des Referenzmodells beruht auf sieben abstrakten Kommunikationsschichten, denen jeweils eine genau definierte Funktionalität zugeordnet wird. Jeder Kommunikationsteilnehmer im Rechnerverbund bildet diese sieben Schichten (oder einen Teil von ihnen) in seinem Kommunikationsinterface ab. Die Schichten kommunizieren miteinander unabhängig über genau definierte Schnittstellen, wodurch eine Entkopplung der Funktionalitäten und damit eine Standardisierung und Vereinfachung des Übertragungsvorgangs erreicht wird. An den Schnittstellen werden von den Geräten Dienste bereitgestellt, die von den Nachbarschichten in Anspruch genommen werden können.

*Das ISO/OSI-Referenzmodell*
Die sieben Schichten des Modells werden in vier Übertragungsschichten und drei Anwendungsschichten untergliedert. Dementsprechend dienen die Ebenen 1–4 der Koordination der Datenübertragung und die Ebenen 5–7 den anwendungsnahen Funktionen. In Tabelle 5 sind die sieben Schichten mit einer Erläuterung ihrer Funktionen dargestellt (Schnell et al. 1996).

In der *Physikalischen Schicht* wird vereinbart, wie die Übertragung der einzelnen Bits vonstatten geht. Hier werden Pegeldefinitionen vorgenommen, Codierverfahren festgelegt und beispielsweise auch die Zuordnung der Anschlüsse (Pinbelegung) durchgeführt. Für die Physikalische Schicht existieren drei relevante IEEE-Normen: IEEE 802.2 (CSMA/CD, siehe später), IEEE 802.4 (Token-Bus) und IEEE 802.5 (Token-Ring).

Die *Datenverbindungsschicht* dient zur Sicherstellung des Transports der Daten von einem Teilnehmer zum anderen. Dazu werden die Daten in Rahmen eingeteilt, die ihrerseits eine maximale Anzahl von Bytes aufnehmen können. Neben den Rohdaten werden redundante Informationen übertragen (Prüfsummen, Parity-Informationen, vgl. Abschn. 3.1.5), die im Fehlerfall bis zu einem gewissen Umfang eine Fehlererkennung und -bereinigung ermöglichen. Die Schicht 2 koordiniert weiters die Datenübertragungsgeschwindigkeit und sorgt dafür, dass es im Falle von variablen Übertragungsgeschwindigkeiten zu keinen Überläufen beim Empfänger kommt. Die Datenverbindungsschicht wird gemäß IEEE 802.2 in zwei Teilen beschrieben: *Logical Link*

*Control* (LLC) stellt Dienste für die Schicht 3 zur Verfügung und *Medium Access Control* (MAC) dient zur Anbindung an die Schicht 1.

**Tabelle 5:** Das ISO/OSI-Referenzmodell

| Schichtnummer | Bezeichnung | Funktion |
|---|---|---|
| 7 | Anwendungsschicht (Application Layer) | Dienste für die Programme des Endanwenders |
| 6 | Darstellungsschicht (Presentation Layer) | Formatierung von Daten, Festlegung von Zeichensätzen, Verschlüsselung etc. |
| 5 | Sitzungsschicht (Session Layer) | Auf- und Abbau von Sitzungen, Koordination der Kanalnutzung |
| 4 | Transportschicht (Transport Layer) | Dient zur Festlegung von logisch konsistenten Kanälen für den Datentransport |
| 3 | Netzwerkschicht (Network Layer) | Legt die Wege der Daten im Netz fest |
| 2 | Datenverbindungsschicht (Data Link Layer) | Definiert die Datenformate für die Übertragung und legt die Zugriffsart zum Netzwerk fest |
| 1 | Physikalische Schicht (Physical Layer) | Definiert die elektrischen und mechanischen Eigenschaften der Übertragung (Pegel, Leitungseigenschaften etc.) |

Die *Netzwerkschicht* muss für den Transport der Daten von der Quelle bis zum Ziel sorgen, die Schnittstellen zwischen den Endsystemen bereitstellen und den Weg der Daten im Netz festlegen. Darüber hinaus werden von der Netzwerkschicht Pakete aus der Schicht 2 entpackt oder für die Schicht 2 erzeugt. In der Netzwerkschicht laufen zwei Arten von Diensten ab:

- *Verbindungsorientierte Dienste*: Die Netzwerkschicht stellt dem Benutzer einen virtuellen Kanal zur Verfügung. Der zugehörige Ablauf besteht aus dem Verbindungsaufbau, dem Datenaustausch und dem Verbindungsabbau.
- *Verbindungslose Dienste*: Hier werden Datenpakete mit der vollständigen Netzwerkadresse des Empfängers versehen und ins Netz gestellt. Die zugehörigen Netzwerkdienste sorgen für den Transport.

Die *Transportschicht* hat unter anderem folgende Aufgaben: Namensgebung für die Host-Rechner, Adressierung der Teilnehmer, Verbindungsauf- und -abbau sowie die Fehlerbehandlung. Weitere wichtige Aufgaben sind die Koordination verschiedener Datenströme auf einem Kanal durch Multiplexing, die Synchronisation der Hostrechner sowie die Wiederherstellung von unterbrochenen Verbindungen.

Die *Sitzungsschicht* koordiniert die Benutzung des Datentransportsystems. Ihre Aufgabe ist es, einen fehlerfreien logischen Kanal zur Verfügung zu stellen. Sie koordiniert asymmetrische Client-Server-Verbindungen sowie symmetrische Peer-to-Peer-Verbindungen und stellt Kontakte zu fernen Rechnern her (*Remote Procedure Calls*).

In der *Darstellungsschicht* erfolgt die Steuerung der anwendungsrelevanten Datenrepräsentationen. Dazu gehören beispielsweise die Definition des verwendeten Zeichensatzes, des Codeschemas und der Parameter der Bildschirm- und Druckerdarstellungen. Die Schicht 6 definiert und koordiniert weiters allfällige Datenverschlüsselungsverfahren und Komprimierungen. Sie stellt syntaktische und semantische Regeln zur Datendarstellung zur Verfügung.

Die *Anwendungsschicht* schließlich ist für die benutzernahen Funktionen zuständig. Als „Benutzer" wird hier nicht der Mensch, sondern das Anwendungsprogramm verstanden. In dieser obersten, siebten Schicht wird außerdem der Dateitransfer geregelt und das Zugriffsmanagement durchgeführt.

Der praktische Ablauf einer Kommunikation im Schichtenmodell erfolgt folgendermaßen: Beide Partner (Rechner) kommunizieren jeweils über die gleichen Schichten miteinander. Die physikalischen Schichten stehen direkt miteinander in Verbindung. Die darüberliegenden Ebenen verwenden die Dienste der jeweils unterlagerten Ebene, um letztendlich mit Hilfe der physikalischen Schicht den Low-level-Datentransfer zu bewerkstelligen. Dieses Prinzip ist in Abb. 70 dargestellt.

In Kommunikationsnetzen, die größere Entfernungen überbrücken müssen (WAN, Wide Area Networks), werden in gewissen Abständen Verstärker (Repeater) eingesetzt. Die Verstärker kompensieren die Leitungsverluste und regenerieren die Signale in der Bitübertragungsschicht. Wenn zwei unterschiedliche Netze miteinander zu verbinden sind, erfolgt dies über einen Koppler, der „Brücke" genannt wird. Er passt auch die Protokolle in der Sicherungsschicht an. Ein sog. „Router" wird eingesetzt, wenn die Vermittlungsprotokolle der beiden Netze unterschiedlich sind. Eine Verbindung zweier Netzwerke auf der Anwendungsschicht erfolgt durch „Gateways".

Je nach Kommunikationsmedium müssen nicht alle sieben Schichten mit Programmen versehen sein. Im Falle der Profibus-Definition beispielsweise beschränkt sich das OSI-Modell auf die Schichten 1, 2 und 7.

## 2.6.3  Buszugriffsverfahren

Im Abschn. 2.6.1 wurden die verschiedenen Netzwerktopologien gegenübergestellt und die besondere Bedeutung der Bus-Topologie für die Automatisierungstechnik unterstrichen. Der vorliegende Abschnitt behandelt die Verfahren beim Zugriff auf die Ressourcen des Übertragungsmediums.

Alle an einen Bus angeschlossenen Teilnehmer können Nachrichten empfangen, indem sie die auf dem Bus übertragenen Daten aufnehmen. Zu jedem Zeitpunkt kann jedoch nur *ein* Teilnehmer Daten *senden*. Dieser Umstand erfordert besondere Steue-rungsmaßnahmen zur Koordination des Datentransfers am Bus. Wir unterscheiden zunächst zwischen zwei Buszugriffskategorien:

- *Deterministischer Buszugriff*: Es existiert ein festgelegtes Verfahren, durch das die Teilnehmer zu bestimmten Zeitpunkten das Senderecht auf dem Bus erhalten.
- *Zufälliger Buszugriff*: Es existiert kein definiertes Schema für den Zugriff. Die Teilnehmer scannen den Bus und belegen ihn mit einer Nachricht, falls keine andere Stelle gerade sendet. Die Kommunikation ist ereignisgesteuert, die Busbelastung ist in der Regel kleiner. Das Antwortverhalten kann jedoch nicht vorhergesagt werden.

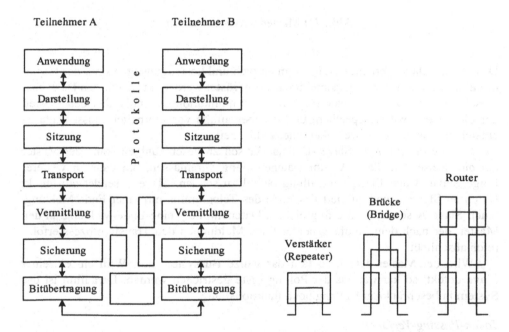

**Abb. 70:** Kommunikationsablauf im OSI-Modell, Funktion von Verstärker, Brücke und Router

Für Echtzeitanwendungen in der Automatisierungstechnik muss das zeitliche Verhal-ten der Kommunikation über den Bus vorhersehbar sein. In diesem Fall kommen nur deterministische Verfahren in Frage.

*Master-Slave-Verfahren*
Bei diesem Verfahren wird eine Kommunikationsverbindung immer durch den *Master* hergestellt. Der angesprochene *Slave* reagiert unmittelbar auf die Anforderung. Damit

der Master immer ein aktuelles Abbild der Slave-Zustände besitzt, muss er die Slaves zyklisch abfragen. Eventuell zu berücksichtigende Prioritäten bei den Slave-Stationen können durch die Häufigkeit des Abfragens durch den Master berücksichtigt werden. Dieses Verfahren wird *Polling* genannt.

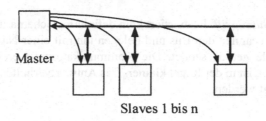

Slaves 1 bis n

**Abb. 71:** Master-Slave-Verfahren

Das Master-Slave-Verfahren ist insofern einfach und kostengünstig, als nur der Master mit einer gewissen Steuerungsintelligenz ausgerüstet werden muss. Für den Datenaustausch zwischen zwei Slaves erfolgt die Kommunikation ebenfalls über den Master, der die Daten zwischenspeichern und gegebenenfalls vorverarbeiten muss. Dadurch entstehen Transferzeiten weit über einer Zykluszeit.

Um diesen „Slave to Slave"-Datenaustausch zu beschleunigen, kann der Master beispielsweise den Slave A zum Datenempfang veranlassen, um dann in weiterer Folge Slave B den Datenübermittlungsbefehl zu senden. Slave B sendet nun direkt Daten an Slave A und quittiert das Ende des Telegramms mit einer Ende-Meldung. Auch Slave A sendet nach erfolgreichem Datenempfang eine Ende-Meldung an den Master, der nach dem Empfang beider Ende-Meldungen den Transferprozess erfolgreich abschließt.

Wird der Master defekt, so fällt das ganze Bussystem aus. Wird ein einzelner Slave defekt, so kann er aus der Polling-Liste gestrichen werden. Daraufhin ist das System in beschränktem Umfang noch funktionsfähig.

*Token-Passing-Verfahren*
Hier gibt es keine explizite Masterstation. Das Senderecht wird an die Busteilnehmer in Form eines „Tokens" weitergereicht. Im Englischen bedeutet „Token" soviel wie „Spielmarke". Es handelt sich dabei um ein logisches Zustands-Flag mit Unikat-Charakter (es kann im System stets nur ein einziger Token auftreten). Wer den Token hat, kontrolliert die Buszuteilung. Nach einer festgelegten Zeit muss die kontrollierende Station den Token an den nächsten Busteilnehmer weiterreichen. Dadurch wird eine endliche Tokenumlaufzeit gewährleistet. Wir unterscheiden zwischen zwei Topologien mit Token-Passing:

- *Token Bus*: Alle Teilnehmer sind an ein gemeinsames Buskabel angeschlossen (Bus- oder Linientopologie). Dieser Bus-Typus ist in IEEE 802.4 spezifiziert. Die Weitergabe des Tokens erfolgt in der Reihenfolge der Busadressen. Beispielsweise wird der Token so lange an den Teilnehmer mit der nächstniedrigen Adresse weitergereicht, bis die niedrigste Netzwerkadresse erreicht ist. Der Token wandert danach zur höchsten Netzwerkadresse.

- *Token Ring*: Die Teilnehmer sind in Ringtopologie aneinandergereiht. Diese Variante wird in IEEE 802.5 definiert. Die Reihenfolge des Senderechts entspricht der Reihenfolge der Teilnehmer im Ring.

Die Vorteile des Token-Passing-Verfahrens sind ein gutes, vorhersagbares Echtzeitverhalten und eine sehr gute Hochlasttauglichkeit. Zu den Nachteilen zählt die Gefahr von langen Verzögerungszeiten im Fehlerfall (Laube und Göhner 1999a).

*Hybrides Token-Passing-Verfahren*
In vielen Fällen müssen Stationen mit aktiver Buskoordinationsfähigkeit mit passiven Teilnehmern gemeinsam in einem Automatisierungssystem kombiniert werden. Hier eignet sich das hybride Token-Passing-Verfahren als Alternative zum einfachen Master-Slave-Verfahren. Die aktiven Teilnehmer mit Bussteuerungsintelligenz sind am selben Bus wie die passiven Teilnehmer angeschlossen, kommunizieren jedoch über einen logischen Token-Ring (Abb. 72)

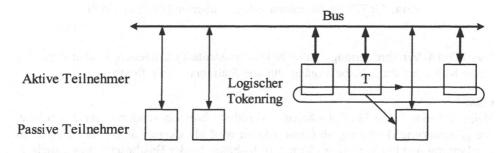

**Abb. 72:** Hybrides Token-Passing-Verfahren

Ist ein aktiver Teilnehmer im Besitz des Tokens, kann er mit den passiven Teilnehmern nach dem Master-Slave-Verfahren kommunizieren. Mit den anderen aktiven Teilnehmern verwendet er das Token-Prinzip.

*TDMA-Verfahren*
Nach dem „Time Division Multiple Access"-Verfahren erhält jeder Busteilnehmer innerhalb einer TDMA-Periode einen oder mehrere Time-Slots von bestimmter Länge zugeteilt. Beim INTERBUS-S wird eine besonders einfache Variante dieses Verfahrens angewendet (Lauber und Göhner 1999a):
In der Hardware eines jeden der $n$ Teilnehmer befindet sich ein Schieberegister mit $m$ Bit (Abb. 73). Der Master besitzt ein Schieberegister mit gleicher Gesamtlänge. Die Datenbits werden bei der Initialisierung im parallelen Schreibverfahren in die Register

übertragen. Es folgt dann ein Schiebevorgang mit $m \cdot n$ Takten. Danach sind die Daten der Teilnehmerstationen in das Master-Schieberegister gewandert und umgekehrt.

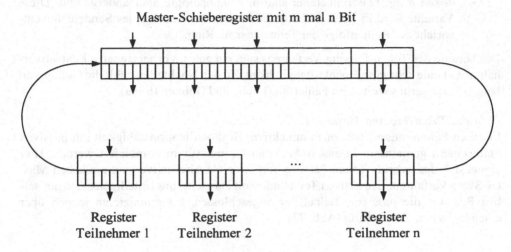

Master-Schieberegister mit m mal n Bit

| Register | Register | Register |
|----------|----------|----------|
| Teilnehmer 1 | Teilnehmer 2 | Teilnehmer n |

**Abb. 73:** TDMA-Verfahren (nach Lauber und Göhner 1999)

Das TDMA-Verfahren ermöglicht kurze und konstante Zykluszeiten, ist aber durch die starre Kopplung der Schiebevorgänge für alle Stationen wenig flexibel.

*CSMA*
Beim „Carrier Sense Multiple Access"-Verfahren hört ein sendewilliger Teilnehmer die gemeinsame Busleitung ab (diese Aktion wird als *Carrier Sense* bezeichnet). Ist die Leitung nicht belegt, so sendet der Teilnehmer. Ist der Bus besetzt, so versucht er es nach einer gewissen Verzögerungszeit erneut (*Multiple Access*).

Eine Komplikation entsteht, wenn zur gleichen Zeit zwei Teilnehmer feststellen, dass der Bus frei ist und zu senden beginnen. Die dabei auftretenden „Kollisionen" können die Daten verfälschen. Um solche Situationen zu vermeiden, müssen Kollisionen erkannt und eventuell sogar vermieden werden. Dazu sind die beiden Verfahren CSMA/CD (Collision Detection) und CSMA/CA (Collision Avoidance) geeignet.

*CSMA/CD*
Die Detektion einer Kollision erfolgt durch die Teilnehmer selbst. Sie hören den Bus nach erfolgter Sendung ab und vergleichen die gesendeten Daten mit den abgehörten Daten. Wurde eine Kollision erkannt, so erfolgt die Sendung nach *unterschiedlichen* Zeiten erneut. Das CSMA/CD-Verfahren wird bei dem weitverbreiteten Ethernet-Bus angewandt. Die Vor- und Nachteile dieses Verfahrens sind:

- Im *Niederlastbereich* ergeben sich sehr gute zeitliche Eigenschaften, die sich in einer niedrigen Latenzzeit ausdrücken.

- Im Hochlastbereich können lange Wartezeiten für den Buszugriff entstehen.

*CSMA/CA*
Ein sendewilliger Teilnehmer hört wie beim CSMA/CD-Verfahren den Bus ab und beginnt zu senden, sobald der Bus frei ist. Sollten zwei Teilnehmer gleichzeitig senden (die Überwachung erfolgt durch die Teilnehmer), so entscheiden Prioritätsregeln, wer die Sendung vornehmen kann. Beim Verfahren der *Adress-Arbitrierung* setzt sich immer der Teilnehmer mit der höchsten (oder niedrigsten) Netzwerkadresse durch. Beim Verfahren der *Zeitspanne-Zuordnung* erhält jeder Sender nach Beendigung einer Sendung eine Verzögerungszeit zugeordnet, nach der er wieder senden darf. Durch diese Methoden können Kollisionen vermieden werden.

### 2.6.4 Übertragungstechnik

Die Informationsübertragung in Kommunikationsnetzwerken setzt gewisse Maßnahmen zur Standardisierung der Übertragungsverfahren und den Einsatz industriell tauglicher übertragungstechnischer Methoden voraus. Wichtige Themen betreffen die Datensicherung, die Wahl von Datentelegrammformaten, standardisierte Übertragungsschnittstellen und entsprechende Leitungskonzepte. Der vorliegende Abschnitt wird dazu nur ausschnittsweise einen kurzen Überblick geben. Für weiterführende Literatur sei u. a. auf Schnell et al. (1996), Bender (1992) und Walke (1987) verwiesen.

*Vermeidung von Datenverfälschungen*
Am Weg der physikalischen Datenübertragung kann es zu Störungen etwa durch elektromagnetische und kapazitive Einstreuungen, Potentialdifferenzen und mechanisch/elektronische Schäden der Übertragungselemente kommen. Die Störungen bewirken im Allgemeinen die Verfälschung von Datenbits. Gegenmaßnahmen können auf zwei Ebenen getroffen werden:

- Verringerung der Störungswahrscheinlichkeit durch technische Vorkehrungen (Lichtleiterkabel statt Kupferleitungen, geschirmte Kabel, potentialfreie Übertragungen)
- Redundanzbildung in der übertragenen Information, mit Hilfe derer verfälschte Datenbits erkannt und gegebenenfalls korrigiert werden können

Maßnahmen zur Fehlererkennung und -vermeidung sind beispielsweise der Einsatz von *Paritätsbits* (Ergänzung eines Datenworts um ein oder mehrere Bits, die die Quersumme des erweiterten Datenworts gerade oder ungerade machen), *Blocksicherungsverfahren* (es werden beispielsweise hintereinander sieben ASCII-Zeichen einschließlich Paritätsbit gesendet. Ein achtes Datenwort enthält die Spaltenparitäten) oder „cyclic redundancy check"-Methoden (CRC), bei denen am Ort des Senders das als Zahl aufgefasste Datenwort durch eine andere feste Zahl, das so genannte Generatorpolynom, dividiert wird. Der Quotient der Division wird verworfen, den Divisionsrest hängt man an die zu übertragende Information an, die dadurch zu einem „Codevektor" wird. Beim Empfänger wird der Codevektor wieder durch das selbe Generatorpolynom dividiert und ergibt im Falle der fehlerfreien Übertragung den Rest 0.

*Übertragungsstandards*

In der deutschen Norm DIN 66020, in einer internationalen Norm CCITT V.24 und in der amerikanischen Norm RS 232 C wird eine serielle Schnittstelle beschrieben, die im deutschsprachigen Raum als RS 232- oder V.24-Schnittstelle bekannt ist. Sie eignet sich ausschließlich für Punkt-zu-Punkt-Verbindungen. Der Signalpegel wird zwischen der Datenleitung und Masse gemessen, es handelt sich also um eine unsymmetrische Datenübertragungseinrichtung. Der Pegel „logisch 0" muss zwischen 3 und 15 Volt liegen, „logisch 1" ist für Pegelwerte von −15 bis −3 Volt definiert. Der „nicht definierte Bereich" von −3 bis 3 Volt muss bei einem Signalwechsel so rasch wie möglich durchlaufen werden. Bei einer Leitungslänge von etwa 50 m ergibt sich eine maximale Übertragungsrate von 19200 Baud. Die Schnittstelle ist vollduplexfähig und sieht für beide Datentransferrichtungen unabhängige Leitungen vor. Melde- und Steuerleitungen ermöglichen Betriebsarten mit relativ hoher Datenübertragungssicherheit.

Die RS 422-Schnittstelle ist im Gegensatz zur RS 232-Variante erdsymmetrisch und benötigt (abgesehen von den Steuerleitungen) zur Vollduplexübertragung vieradrige Verbindungsleitungen. Die erdsymmetrische Ausführungsform verbessert die Eigenschaften in Hinblick auf Störungsanfälligkeit.

Für Mehrpunktverbindungen ist die RS 485-Schnittstelle geeignet. Bei ihr sind Maßnahmen implementiert, die den gleichzeitigen Betrieb mehrerer Sender und Empfänger auf der selben Busleitung ermöglichen. Die ISO 8482 gibt eine maximale Leitungslänge von 500 m an, wobei als Kabeltyp eine verdrillte Zweidrahtleitung empfohlen wird. In der Praxis kann beispielsweise der Profibus mit einer RS 485-Schnittstelle betrieben werden.

In der DIN 66258-1 ist die 20-mA-Stromschleife für Punkt-zu-Punkt-Verbindungen definiert. Der Strombereich für „logisch 0" liegt zwischen 0 und 3 mA, „logisch 1" ist im Bereich von 14 bis 20 mA definiert. Es darf nur einer von zwei Teilnehmern Strom in die Leitung schicken.

*Übertragungsmedien*

Zur Online-Übertragung von Daten eignen sich

- asymmetrische und symmetrische Leitungen
- Koaxialkabel
- Lichtwellenleiter und
- drahtlose Übertragungsmedien (Funk)

Die einfachste Art der Übertagungsleitung ist das *asymmetrische Kupferkabel*. Die Signale sind elektrische Spannungen, die relativ zu einer Masseleitung eingeprägt werden. Sender und Empfänger haben einen gemeinsamen Masseanschluss. In der Empfängerschaltung ist ein Fensterdiskriminator eingebaut, der auf Grund von Entscheidungsschwellen die Signalinformation rekonstruiert. Störeinflüsse kommen durch parallelgeführte bestromte Leitungen, durch Potentialunterschiede zwischen Sender und Empfänger und durch Ströme auf der Masseleitung zustande. Die asymmetrische

Leitung eignet sich nur für kurze Übertragungsstrecken, ihr Vorteil liegt in den geringen Leitungskosten.

*Symmetrische Leitungspaare* bestehen meist aus verdrillten, symmetrisch abgeschlossenen Kupferleitungen (Abb. 74). Durch die Verdrillung hebt sich die Wirkung von elektromagnetische Störfeldern weitgehend auf. Die Bandbreite hängt von den geometrischen Leitungsabmessungen ab. Die Signalübertragung erfolgt über Differenzsignale. Da keine gemeinsame Masseleitung als Bezugspotential erforderlich ist, fällt ein Teil der bei der asymmetrischen Leitung diskutierten Störeinflüsse weg.

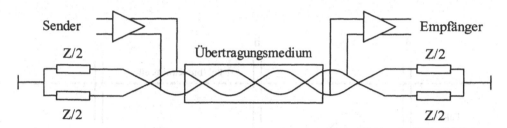

**Abb. 74:** Symmetrische, jeweils mit halbem Wellenwiderstand abgeschlossene Übertragungsleitungen

*Koaxialkabel* haben einen achssymmetrischen Aufbau. Der Kern besteht aus einem Innenleiter (Kupferdraht), der von einer Isolierschicht (Dielektrikum) umgeben ist. Ein Drahtgeflecht, das die Isolierschicht umschließt, bildet den Außenleiter, der seinerseits von einer Schutzmantelung umgeben ist. Der Durchmesser eines Koaxialkabels beträgt zwischen 5 und 10 mm. Eine wichtige elektrische Kenngröße ist der Wellenwiderstand des Kabels. Typische Werte sind 50 und 75 Ohm. Koaxialkabel erlauben die Übertragung von Signalen mit hohen Frequenzbandbreiten. Nachteile sind die hohen Kosten sowie das hohe Gewicht pro Längeneinheit und die Steifigkeit des Kabels.

*Lichtwellenleiter* bestehen zumeist aus dünnen zylindrischen Fasern aus Silikatglas ($SiO_2$). Jede Faser ist aus einem Kern und einem Mantelteil zusammengesetzt. Kern und Mantel haben eine unterschiedliche optische Brechzahl, wodurch der Lichtstrahl unter geeigneten Winkelbedingungen durch Totalreflexion an der Innenseite des Kerns entlang der Faser transportiert wird. Die Vorteile des Lichtwellenleiters sind die Störunempfindlichkeit gegenüber elektrischen und magnetischen Feldern, die günstigen mechanischen Eigenschaften und eine sehr hohe Übertragungsbandbreite bei geringer Dämpfung. Nachteilig ist die schwierige Einkopplung der Lichtquelle (z. B. Laserdiode) und die Verbindung zweier oder mehrerer Leitungsenden sowie die Erzeugung von Ankopplungsstellen in Form einer Stichleitung.

Drahtlose Übertragung von Daten spielt heute eine Rolle in Wireless LANs (drahtlose lokale Netze). Da sich die Leistungsfähigkeit der Übertragungstechnologien im Zuge der Entwicklungen für die Telekommunikation in großen Schritten verbessert, werden in Zukunft drahtlose Kommunikationsnetze in der Automatisierungstechnik vermutlich eine wichtige Rolle spielen.

### 2.6.5  Feldbussysteme

Im folgenden Abschnitt werden wir jene Bussysteme betrachten, die unmittelbare Kommunikationsfunktionen zwischen den Anlagen, Apparaten, Aktoren und Sensoren im „Feld" ausführen. Nach Lauber und Göhner (1999a) lassen sich drei grundlegende Konzepte unterscheiden (Abb. 75).

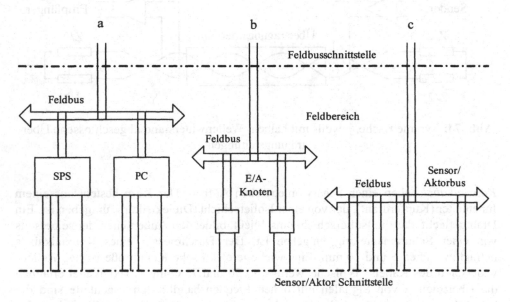

**Abb. 75:** Arten von Feldbusarchitekturen, **a** dezentrale Automatisierungscomputer, **b** E/A-Knoten, **c** Sensoren und Aktoren mit Busschnittstelle (nach Lauber und Göhner 1999a)

In der Architektur nach Abb. 75a sind Automatisierungscomputer (SPS, PC) im Feldbereich untergebracht. Mit relativ kurzen Leitungen werden die peripheren Sensoren und Aktoren angeschlossen. Der Feldbus verbindet die dezentralen Computer und muss dabei eine relativ hohe Datenübertragungsrate zur Verfügung stellen.

Bei der in Abb. 75b dargestellten Topologie werden einige wenige Prozesssignale zu „intelligenten" Feldbusanschlussmodulen, den sog. E/A-Knoten geführt. Die Anschlussknoten sind dann über den Feldbus mit einem Automatisierungscomputer verbunden.

Im dritten Fall (Abb. 75c) besitzen die Sensoren/Aktoren selbst Feldbusschnittstellen. Sie können direkt an den Bus angeschlossen werden.

## 2.7 Feldbusse

Zur Abwicklung der Kommunikation zwischen technischen Geräten in industriellen Anlagen werden heute Feldbusse verwendet. Der Begriff „Feld" erinnert dabei einerseits an die Vielfalt der zu vernetzenden Geräte und Prozesse, andererseits an die „rauen" Umgebungsbedingungen, die in industriellen Situationen der Produktions- und Verfahrenstechnik auftreten können.

### 2.7.1 Anforderungen und Eigenschaften

Die Technologie zur Kommunikation zwischen automatisierungstechnischen Komponenten in der Feldebene muss eine Reihe von generellen Anforderungen erfüllen:

- Zuverlässige Funktion unter Industriebedingungen (Robustheit bei Temperatureinflüssen, Feuchtigkeit, Schmutz, Vibrationen etc.)
- Einhaltung der Leistungsparameter (Kommunikationsgeschwindigkeit, Fehlertoleranz, Anzahl der Teilnehmer etc.)
- Flexible Adaptionsfähigkeit (Systemänderungen, -erweiterungen, Sensoren oder Aktoren tauschen, Ausweitung des Netzes etc.)
- Standardisierte Schnittstellen, um Produkte verschiedener Hersteller vernetzen zu können
- Evtl. Energieversorgung der angeschlossenen Stationen über die Feldbusleitungen
- Gegebenenfalls Einsetzbarkeit in explosionsgefährdeten Bereichen, „Eigensicherheit"

Je nach Anwendungsfall werden die oben angeführten Anforderungen von den Herstellern und Anlagenbetreibern mit unterschiedlicher Priorität gewichtet.

Eine wesentliche Eigenschaft der Feldbusse ist die *Echtzeitfähigkeit*. Die Grundlage zur Beurteilung der Echtzeitanforderungen eines Prozesses ist die maximal zulässige Zeit zwischen dem Auftreten eines Systemzustands und der erforderlichen Reaktion durch automatisierungstechnische Komponenten (vgl. auch Abschn. 3.2.2 und 3.2.4). Ob ein Feldbus die geforderte Echtzeitfähigkeit besitzt, hängt nicht von einem einzelnen Busparameter ab, sondern vom erreichbaren System-Timing. Das Zusammenspiel aller im System befindlichen Komponenten wird nicht nur von Zykluszeiten beeinflusst, sondern auch durch das Kommunikationsmodell, einschließlich der verwendeten Kommunikationsprotokolle.

Folgende wichtige Eigenschaften und Kennwerte eines Feldbusses charakterisieren sein mögliches Anwendungsspektrum:

- Die Übertragungsrate (einige kBit/s bis 12 MBit/s, abhängig von der Anzahl der Busteilnehmer)
- Die maximale Anzahl von Teilnehmern pro Bussegment (zwischen 32 und 127, u. a. abhängig von der Übertragungsrate)
- Die maximale räumliche Ausdehnung der Busstruktur (etwa zwischen 50 und 2000 m)

- Die Determiniertheit der Zykluszeit (für manche Anwendungen, z. B. in der Antriebstechnik muss die Einhaltung bestimmter maximaler Zykluszeiten garantiert werden)
- Die Anzahl der übertragbaren Nachrichtenpakete pro Sekunde (sie ist nicht unbedingt proportional zur Übertragungsrate, da die Nachrichtenlänge u. U. variieren kann
- Die Möglichkeit, variable Nachrichtenlängen zu verwenden. Dies ist in jenen Fällen zu beachten, wo neben den Prozessdaten auch weniger zeitkritische Statusdaten (Geräteparameter, Diagnosedaten, Systemkonfigurationsdaten) auf dem Bus übertragen werden müssen
- Die Unempfindlichkeit des Bussystems gegenüber Störungen und Umwelteinflüssen (EMV-Verträglichkeit, Temperatur, Feuchtigkeit etc.)
- Die Kosten pro Teilnehmeranschluss

Die besonderen Anforderungen an einen Feldbus und seine daraus resultierenden Eigenschaften werden deutlich, wenn man seine Merkmale mit denen eines lokalen Netzwerks (LAN) aus der Büro-Netzwerktechnik vergleicht (Tabelle 6).

## 2.7.2 Interoperabilität und Normung

International beteiligen sich viele Feldbushersteller an der Erschließung des automatisierungstechnischen Markts. Naturgemäß sind die im industriellen Bereich eingesetzten Lösungen eher historisch gewachsen, als a priori aufeinander abgestimmt. Der Anwender kann aus einem neuen Produkt nur dann Nutzen ziehen, wenn es zuverlässig in seine bestehende Anlage integrierbar ist. Eine wesentliche Anforderung eines Feldbussystems ist also seine Interoperabilität mit Produkten anderer Hersteller oder mit bestehenden Produkten früheren Herstellungsdatums. Da eine vollständige Interoperabilität nur auf der Basis von sehr umfangreichen Tests von unabhängiger Stelle einigermaßen sichergestellt werden kann, gibt es entsprechende Prüflabors, die Kompatibilitätstests auf Multivendoranlagen durchführen (ein Beispiel dafür ist das am Institut für Computertechnik der Technischen Universität Wien errichtete Kompetenzzentrum für Feldbusse unter o. Univ.-Prof. Dr. Dietmar Dietrich).

Des Weiteren gibt es praktisch zu jedem Feldbus eine einschlägige Nutzerorganisation, die zum Teil länderübergreifende, zum Teil nationale Festlegungen zur Verbesserung der Interoperabilität treffen.

Das Thema Feldbusnormierung war und ist ein Thema, das bis heute nicht vollständig befriedigende Ergebnisse hervorgebracht hat. Zunächst haben die Hersteller der Feldbusse das verständliche Interesse, ihr System als „Standard" mit einem Gütesiegel zu versehen. Die Internationalisierung der zunächst nationalen Normen stieß jedoch auf Grund von firmenpolitischen Interessenskonflikten auf Schwierigkeiten. Einzig für die unterste Protokollschicht, den „Physical Layer", konnte als Ersatz für die früher verwendete 4- bis 20-mA-Technik innerhalb der IEC 61158 Teil 3 bis 6 erfolgreich eine Standardisierung verabschiedet werden. Schließlich einigte man sich 1999 darauf, den Anwendungsbereich des IEC Feldbusses generell für die Automatisierungstechnik zu öffnen. Mit einer Harmonisierung der Kommunikationsdienste der obersten Anwendungsschicht wurde die IEC 61158 im Jahr 2000 veröffentlicht. In dieser Norm sind folgende Feldbusse enthalten: ControlNet, Fieldbus Foundation H1, Fieldbus Foundation H2, Profibus, P-Net, Swiftnet DLL, INTERBUS, World FIP.

**Tabelle 6:** Qualitative Gegenüberstellung einiger Eigenschaften zwischen Feldbus und LAN

| Eigenschaft | Feldbus | Local Area Network (LAN) |
| --- | --- | --- |
| Echtzeitfähigkeit für Prozessdaten | gegeben | nicht gegeben |
| Länge der Nachrichtenblöcke | kurz | lang |
| Anzahl von Busteilnehmern | niedrig | hoch |
| Buslänge | relativ niedrig | hoch |
| Auslegung für Umgebungsbedingungen | industrielles Umfeld | Umfeld Büro |
| Eigensicherheit | in speziellen Ausführungsformen | keine |

Einerseits gibt es die angestrebte umfassende Feldbusnorm derzeit noch nicht, andererseits erlaubt die Multi-System Norm eine gewisse Sicherheit bei den entsprechenden Investitionen. Es bleibt nun dem Anwender überlassen, den für sein Anwendungsspektrum geeignetsten Feldbus auszuwählen (Felser und Sauter 2002, sowie Sauter und Felser 1999).

Die Folgenden Abschnitte geben einige Beispiele für am Markt befindliche und industriell eingesetzte Feldbusse an. Im Rahmen dieses Buchs kann nur eine kleine Auswahl der verfügbaren Busse und diese nur im Überblick vorgestellt werden.

## 2.7.3 Bitbus

Der Bitbus ist ein serieller Bus für die feldnahen Ebenen der Fabrikautomation. Er wurde von der amerikanischen Firma Intel entwickelt und unter IEEE 1118 genormt. Als Teilnehmerstationen kommen Geräte wie SPS, Industrie-PCs, CNC-Maschinen sowie intelligente Sensoren und Aktoren in Frage. Über Gateways können nichtintelligente E/A-Einheiten angesprochen werden. Es handelt sich um einen „offenen" Bus, d. h., alle Informationen zu Struktur, Protokollen und Interfaceparameter stehen den Anwendern zur Verfügung. Der Kern des Bitbus ist der kostengünstige 8051 Controller-Chip. Von seiner Topologie her hat der Bitbus Linienstruktur, die Enden sind beidseitig elektrisch abgeschlossen.

Die maximale Leitungslänge liegt bei einer Übertragungsrate von 375 kBit/s bei 300 m, bzw. bei 1200 m für 62.5 kBit/s. Die Teilnehmer bestehen aus einem Master (z. B. Zellenrechner) und aus bis zu 84 Slaves bei 375 kBit/s (250 Slaves bei 62.5 kBit/ s). Das Übertragungsmedium ist flexibel: In Frage kommen verdrillte zweiadrige Kupferleitungen, Lichtwellenleiter, Infrarotstrecken und Funkstrecken. Der Buszugriff erfolgt über das Master-Slave Verfahren mit zyklischer Abtastung (Borst 1992).

### 2.7.4  Profibus

Bei der Entwicklung des Profibus (*Process Field Bus*) stand insbesondere die Anforderung im Vordergrund, eine herstellerübergreifende Kompatibilität durch den Einsatz von offenen, firmenneutralen Standards zu ermöglichen. Im Rahmen eines umfangreichen Standardisierungsprojekts entstand die DIN 19245, die in ihren Teilen 1 und 2 den „Standard Profibus" definiert. Für den Profibus ist heute ein breites Gerätespektrum verfügbar, wobei der Anwender zwischen drei Profibus-Varianten wählen kann:

- *Profibus FMS* (DIN 19245 T1 und T2, EN 50170, IEC 61158): Standardvariante mit universeller Anwendbarkeit und hoher Flexibilität bei mittlerer Geschwindigkeit
- *Profibus DP* („Dezentrale Peripherie", DIN 19245 T1 und T3, EN 50170, IEC 61158): Geeignet für schnellen Datenaustausch mit dezentralen Peripheriegeräten
- *Profibus PA* (verwendet die Definition der Physikalischen Schicht nach IEC 1138-2): Speziell für die Verfahrenstechnik mit eigensicherer Übertragungstechnik und Speisung der Teilnehmer über den Bus

Der Profibus wurde mit dem Ziel entwickelt, Automatisierungsgeräte der Feldebene (Sensoren, Aktoren, Steuerungen, Regler etc.) miteinander und mit darüberliegenden Leitebenen zu verbinden. Bei Sensoren und Aktoren fallen Daten in sehr kurzen Zeitintervallen an, so dass der Feldbus entsprechend kurze Reaktionszeiten aufweisen muss. Um Datenverlust durch Kollisionen (Überschreiben von Daten zwischen zwei Buszugriffen) zu vermeiden, muss die Buszykluszeit deutlich unter der Erneuerungsrate der Daten liegen. Bei Anwendungen im Echtzeitbereich muss die Reaktion des Bussystems deterministisch sein, was letztendlich auf die Garantie einer maximalen Reaktionszeit hinausläuft. Jeder Busteilnehmer muss innerhalb einer gegebenen Zeitspanne mindestens einmal angesprochen werden können. Der Profibus verwendet zur Erfüllung dieser Anforderung ein sog. *hybrides Buszugriffsverfahren* (wie bereits im Abschn. 2.6.3 erläutert und für den Profibus in Abb. 76 dargestellt).

Dieses Verfahren kombiniert das Token-Passing Prinzip mit dem Master-Slave Prinzip. Die aktiven Teilnehmer (Mastergeräte wie SPS, Industrie-PCs, Leitwarten etc.) reichen innerhalb eines genau festgelegten Zeitrahmens einen Token weiter. Ein Mastergerät, das gerade durch Tokenbesitz das Senderecht hat, kommuniziert mit den Slavegeräten.

Der Profibus orientiert sich an dem ISO/OSI Schichtenmodell, wobei nur die Schichten 1, 2 und 7 ausgeführt sind. Zur Erfüllung der Anforderungen hinsichtlich Robustheit in Industrieumgebungen wurde auf die Übertragungstechnik nach dem

RS 485-Standard zurückgegriffen (Abschn. 2.6.4). Dies erleichtert auch die Anbindung an bestehende Netze. Um auch eine möglichst weitreichende Kompatibilität hinsichtlich Übertragungsprotokoll zu gewährleisten, stützt sich der Profibus auf das in den 1980er Jahren von General Motors entwickelte Manufacturing Automation Protocol (MAP).

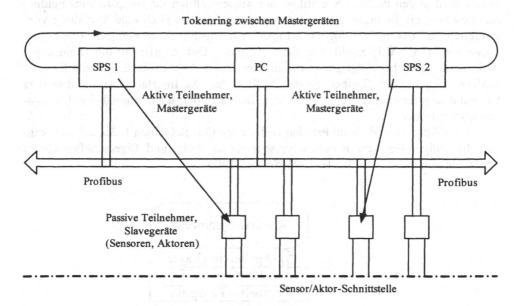

**Abb. 76:** Hybrides Buszugriffsverfahren des Profibus

Auf der Feld- und Prozessebene müssen Daten (Messwerte, Programme, Ereignisse, Statusinformationen etc.) ausgetauscht werden. Jedes Gerät im Netzwerk kann eine Reihe solcher Daten generieren. Die Daten sind Elemente des Anwendungsprozesses und werden beim Profibus als *Prozessobjekte* bezeichnet. Damit Prozesse verschiedener Geräte miteinander kommunizieren können, müssen die zwischen den Partnergeräten auszutauschenden Prozessobjekte dem Profibus-Kommunikationssystem bekannt gemacht werden. Das geschieht, indem die Prozessobjekte in ein Objektverzeichnis als *Kommunikationsobjekte* eingetragen werden. Dadurch macht der Anwendungsprozess dem Profibus seine Objekte bekannt und verfügbar, bevor sie mit den entsprechenden Kommunikationsdiensten bearbeitet werden. Zusätzlich zur Kenntnis über die „Anwesenheit" der Kommunikationsobjekte benötigt das System auch herstellerspezifische Daten und Parameter der Kommunikationsteilnehmer. Das Objektverzeichnis enthält deswegen Herstellername, Modellbezeichnung, Parameterlisten und eventuell sogar Wartungsinformationen. Diese Informationen sind busweit für alle Stationen jederzeit abrufbar.

Wie bereits oben erwähnt, verwendet der Profibus im ISO/OSI Schichtenmodell nur die Schichten 1, 2 und 7. Der Anwendungsprozess greift auch hier in die Schicht 7 des OSI-Modells ein. Der Profibus weist seinen Anforderungen hinsichtlich Kompatibilität, Erweiterbarkeit und Austauschbarkeit der Feldkomponenten sehr hohe Priorität zu. Aus diesem Grund wurde das Konzept des *virtuellen Feldgeräts* eingeführt. Die Wirkung von Profibus Diensten auf die Kommunikationsobjekte des Anwendungsprozesses wird in den Profibus-Spezifikationen ausschließlich für ein „virtuelles Feldgerät" beschrieben. Es muss für jeden Anwendungsfall also noch eine Abbildung vom virtuellen auf das reale Feldgerät erfolgen. Ein zusätzlich eingefügtes *Application Layer Interface* (ALI) erfüllt u. a. diese Aufgabe. Der Zugriff auf die Dienste der Anwendungsschicht erfolgt grundsätzlich über dieses Application Layer Interface. Es stellt sozusagen einen „Treiber" für den Profibus dar. Das Interface übernimmt weiters Umwandlungsfunktionen für Objektdarstellungen oder auch zusätzliche Überwachungsfunktionen.

In der Abb. 77 sind die im Profibus realisierten OSI Schichten 1, 2 und 7 zu erkennen. Im Folgenden werden einige typische Kenngrößen und Eigenschaften dieser Schichten angeführt (vgl. Bender 1992, Schnell 1996).

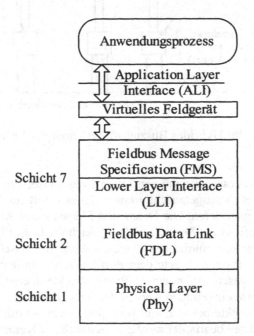

**Abb. 77:** Kommunikationsmodell des Profibus

*Schicht 1, Physikalische Übertragungsschicht.* Als Busleitung wird standardmäßig eine geschirmte, verdrillte Zweidrahtleitung eingesetzt. Für den Einsatz in extrem gestörten Umgebungen (wie sie z. B. in der Antriebs- und Stromrichtertechnik auftreten können) werden auch Lichtwellenleiter als Übertragungsmedium verwendet. Die

Übertragungsragen liegen beim Profibus FMS zwischen 9.6 und 500 kBit/s. Bei der Verwendung von Kupferleitungen ergibt sich, abhängig von der Übertragungsrate, eine maximale Buslänge von 200–1200 m. Es können pro Linie (Bussegment) 32 Teilnehmer an den Bus angeschlossen werden.

*Schicht 2, Datenübertragungsschicht.* Die als Fieldbus Data Link (FDL) bezeichnete Übertragungsschicht muss den Buszugriff steuern und die Datenübertragungsdienste mit den entsprechenden Protokollen für den Anwender der Schicht 7 bereitstellen. Profibus bietet vier Datenübertragungsdienste an (Tabelle 7).

*Schicht 7, Anwendungsschicht.* Das Profibus-Kommunikationsmodell ermöglicht neben dem Management von Feldgeräten eine Anbindung höherer Systemebenen (Leitebenen). Zu diesem Zweck wurde eine Teilmenge aus dem standardisierten MAP-Kommunikationsmodell übernommen, und zu einem Modell mit der Bezeichnung Fieldbus Message Specification (FMS) zusammengesetzt. Das Ziel besteht darin, verteile Anwendungsprozesse zu einem Gesamtprozess zu verbinden.

**Tabelle 7:** Die Profibus-Übertragungsdienste

| Acronym | Bezeichnung des Übertragungsdienstes | Erläuterung des Dienstes |
|---|---|---|
| SDN | Send Data with No Acknowledge | Für Broadcast- und Multicast-Nachrichten (Telegramme von einem Teilnehmer an mehrere Teilnehmer ohne Quittierung) |
| SDA | Send Data with Acknowledge | Daten werden azyklisch vom Sender (Requester) zum Empfänger (Responder) übertragen, die Anwort besteht aus einem Quittierungstelegramm |
| SRD | Send and Request Data | Zweiseitige azyklische Datenübertragung: Sowohl Aufruf wie Antwort enthalten einen Datenanteil |
| CSRD | Cyclic Send and Request Data | Für einen schnellen, zyklischen Datenaustausch, insbesondere zwischen Sensoren und Aktoren. Nach einmaliger Anforderung durch den Anwender erfolgen zyklische Aufrufe zu den selben Objekten. Dieser Vorgang wird als „Polling" bezeichnet |

Zur Schicht 7 gehört auch das sog. Lower Layer Interface (LLI), das Teilfunktionen der nicht vorhandenen Schichten 3 bis 6 übernimmt, wie beispielsweise den Verbindungsaufbau und die Verbindungsüberwachung. Die Fieldbus Message Specification ist objektorientiert aufgebaut. Reale Objekte werden, wie bereits erläutert, auf Kommunikationsobjekte abgebildet. So stellt beispielsweise der Druckwert eines Drucksensors oder der Schaltzustand eines Ventils ein solches Kommunikationsobjekt dar.

*Profibus DP*
Für den Einsatz in der unteren Feldebene mit vielen dezentralen Geräten und einer hohen Vielfalt an Diensten können die geforderten Zykluszeiten mit dem Profibus FMS unter Umständen nicht erreicht werden. Zu diesem Zweck wurde das Kommunikationsmodell des Profibus DP geschaffen, das die objektorientierte Datenschnittstelle des FMS umgeht, indem sie die Nutzdaten in Form eines zyklischen Datenabbilds zur Verfügung stellt. Mit dem veränderten Kommunikationsmodell und zusätzlichen geschwindigkeitssteigernden Maßnahmen können Übertragungsraten von 1,5 MBaud und mit spezieller Hardware sogar 12 MBaud erreicht werden (Schnell 1996).

*Profibus PA*
Speziell in der Verfahrenstechnik werden Anforderungen an die Eigensicherheit von Bussystemen gestellt. Darüber hinaus sollen die an den Bus angeschlossenen Geräte über die Busleitungen mit elektrischer Energie versorgt werden können. Der Profibus PA verwendet dazu die nach IEC 61138-2 genormte physikalische Übertragungsschicht. Um die Anforderungen der Eigensicherheit zu erfüllen, darf z. B. pro Bussegment nur eine aktive Quelle, das Speisegerät, vorhanden sein. Jeder Teilnehmer muss einen konstanten Grundstrom aufnehmen, der auch zu seiner eigenen Stromversorgung dient. Die Teilnehmer verhalten sich als passive Stromsenke, die wirksamen inneren Induktivitäten und Kapazitäten sind vernachlässigbar klein. Damit soll bewirkt werden, dass es im Falle eines Leitungsbruchs zu keinen Funkenbildungen kommt, deren Energie ein explosives Gasgemisch zum Zünden bringen könnte.

## 2.7.5  DIN-Messbus

Dieser Feldbus wurde speziell für die industrielle Mess- und Prüftechnik entwickelt. Er ist nach DIN 66348-2 genormt. Seine Anwendungsfelder sind die rechnergesteuerte Qualitätssicherung (CAQ, siehe Abschn. 3.4.5), die statistische Prozesskontrolle, die Überwachung von industriellen Prozessen sowie spezielle Funktionen der Betriebs- und Maschinendatenerfassung (BDE/MDE, siehe Abschn. 3.5.2). Der DIN-Messbus hat Linientopologie mit beidseitig elektrischem Abschluss, die maximale Buslänge beträgt 500 m mit 5 m Stichleitungen (Repeater können die Buslängen vervielfachen) Die Übertragungsrate liegt im Bereich zwischen 110 Bit/s und 1 MBit/s, im Kaskadenbetrieb sind bis zu 4096 Teilnehmer anschließbar. Als Übertragungsmedium muss wegen der notwendigen Hin- und Rückleitung eine Vierdrahtleitung vorgesehen werden. Der Buszugriff erfolgt nach dem Master-Slave-Verfahren.

## 2.7.6 CAN-Bus

Die Firma Bosch entwickelte dieses serielle Bussystem ursprünglich für die Anwendungen im Automobil. Auf Grund der für hohe Übertragungsraten bei kurzen Entfernungen optimierten Architektur und Maßnamen für eine erhöhte Zuverlässigkeit (Airbag, ABS) findet der Bus mehr und mehr Anwendung in industriellen Bereichen.

Der CAN-Bus (Control Area Network-Bus) eignet sich besonders für die Vernetzung intelligenter E/A-Geräte, wie sie im Automobilbau, bei stationären und mobilen Landwirtschaftsmaschinen, in schiffstechnischen Anlagen, bei medizinischen Geräten und eben auch in der Fertigungsautomatisierung und in der Verfahrenstechnik zur Anwendung kommen.

Eine Besonderheit beim CAN-Bus ist die objektorientierte Adressierung. Dabei erhalten die Nachrichtenpakete (Prozessdaten, Messwerte, Stellgrößen) einen eindeutigen Namen, unter dem sie im Bussystem abgerufen werden können. Der Name wird in Form eines 11 Bit Identifikators im Nachrichtentelegramm gleich nach dem Frame-Startbit gesendet. Für die Nutzdaten stehen in jedem Datentelegramm 8 Byte zur Verfügung. Das erscheint zwar relativ wenig, reicht jedoch für die Anwendungen im Automobilbau aus. Bei Alternativanwendungen ergibt sich aus der Kürze des Datentelegramms der Vorteil, dass der Bus nicht übermäßig lange durch ein Gerät belegt werden kann.

Eine zweite Besonderheit des CAN-Bus innerhalb der Feldbusfamilie liegt im Buszugriffsverfahren. Anstelle des Master-Slave- oder Token-Verfahrens verwendet der CAN-Bus ein modifiziertes CSMA/CD-Verfahren (vgl. Abschn. 2.6.3), wie es im LAN-Bereich beim Ethernet bekannt ist. Alle Stationen sind gleichberechtigt, und können einen Sprechakt einleiten, sobald der Bus frei ist. Kommt es zu Kollisionen, (wenn zwei oder mehrere Teilnehmer zur gleichen Zeit zu senden beginnen), so entscheidet ein festgelegtes Priorisierungsverfahren, welche Station das Senderecht erhält. Dies erfordert ein spezielles übertragungstechnisches Verfahren, in dem einem physikalischen Signalwert („0" oder „1") die absolute Priorität zugeordnet wird. In den CAN-internen Datenstrukturen ist „0" der dominante Bitzustand. Zu Beginn der Übertragung senden im Beispiel der Abb. 78 beide Sendestationen nach dem Startbit ihre Identifikation (für die Sendestation 1: „01011...", für die Sendestation 2 „01010...". Die „0" an der fünften Stelle dominiert, und bewirkt für die Sendestation 2 das Senderecht (ohne zeitliche Verzögerung). Station 1 zieht sich zurück. Nach diesem Prinzip wird die höhere Priorität Stationen mit niedriger Identifikationsnummer zugeordnet.

Es existieren eine Reihe von Buscontrollerbausteinen, die zufolge ihrer hohen Produktionsstückzahlen im Automobilbau sehr preiswert geworden sind. Beispiele dafür sind der 82526 der Firma Intel (kann wie ein Peripheriebaustein an einen Mikrocontroller angeschlossen werden) oder der 80C592 von Philips, der einen zum 8051 kompatiblen Mikrocontroller mit integriertem Buscontroller darstellt.

Zu den Eckdaten des CAN-Bus: Übertragungsmedium ist die verdrillte Zweidrahtleitung, max. Buslänge 40 m bis 1 km, Übertragungsrate 1 MBit/s bei 40 m Buslänge, 50 kBit/s bei 1000 m Buslänge, Busteilnehmerzahl: max. 200 Knoten, an die jeweils mehrere Sensoren und Aktoren anschließbar sind.

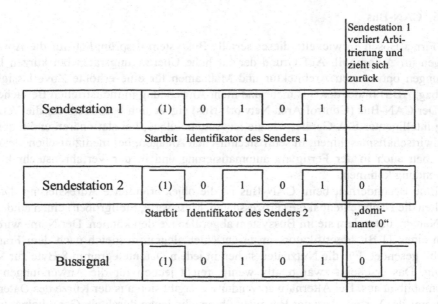

**Abb. 78:** Beispiel zur Arbitrierung im CAN-Bus: Sendestation 2 gewinnt das Senderecht

### 2.7.7 LON

Mit einem wichtigen Einsatzgebiet in der Gebäudetechnik und der industriellen Automation zur kostensparenden Kabelreduktion und Dezentralisierung von Steuerungskomponenten stellt LON (Local Operating Network) mit der LonWorks-Technologie eine Alternative zu den schon diskutierten Feldbussystemen dar. Grundlage dieses Bussystems sind VLSI-Schaltkreise (Very Large Scale Integrated Circuits) mit dem Namen „Neuron-Chip“, die die Kommunikation von bis zu 32385 Netzknoten steuern. Die Knoten sind in Teilnetzen mit bis zu 64 Teilnehmern organisiert und ermöglichen die Verarbeitung von Applikationen direkt vor Ort, so dass übergeordnete Steuereinheiten nicht mehr nötig sind. Die Verbindung zwischen den Teilnetzen übernehmen Router, die ebenfalls mit den Neuron-Chips ausgestattet sind.

Als Übertragungsmedium kommen für LON verschiedene Technologien in Frage:

- Verdrillte Zweidrahtleitung
- Stromleitungen des Versorgungsnetzes in Gebäuden
- Infrarotstrecken
- Lichtwellenleiterkabel
- Koaxialkabel
- Funk

Die Neuron-Chips werden in großen Stückzahlen preisgünstig hergestellt. Die Möglichkeit, viele tausend Stationen an das Netz anschließen zu können, macht die Lon-Works-Technologie ideal geeignet für die Haustechnik. Die Haupteigenschaften von LON sind wie folgt: Topologie Linienbus, Länge eines Busabschnitts bis 1300 m bei Zweidrahtleitung, 9,6 kBit/s am Versorgungsnetz, 78 kBit/s bei Zweidrahtleitung, max. 64 Teilnehmer an einem Teilbus, insgesamt bis zu 32385 Teilnehmer anschließbar (Dietrich et al. 1999).

### 2.7.8 Interbus-S

Speziell für den Einsatz in der feldnahen Sensor/Aktor-Ebene, wo Steuer- und Regelungsaufgaben mit kurzen, deterministischen Zykluszeiten erforderlich sind, wurde der Interbus-S entwickelt. Auf Grund dieser Spezialisierung wird er abgrenzend von den anderen erwähnten Feldbussystemen auch als Sensor/Aktor-System bezeichnet. Interbus ist nach DIN 19258 standardisiert. Die Topologie des Busses ist die eines geschlossenen Rings (Abb. 73). Das Zugriffsverfahren entspricht dem Master-Slave-Prinzip. An den vom Master ausgehenden Hauptring können Subringsysteme durch sog. Busklemmen angeschlossen werden. Das Besondere des Interbus-S gegenüber anderen Ringsystemen besteht darin, dass sowohl die Datenhin- wie -rückleitung innerhalb eines Kabels und durch alle Teilnehmer erfolgt (Abb. 79). Die Ringstruktur ermöglicht das zeitgleiche Senden und Empfangen von Daten (Vollduplex) und bietet verschiedene Möglichkeiten für eine zuverlässige Eigendiagnostik. Im Fehlerfall wird ein ausgefallener Strang vom System automatisch aus dem Ring elektrisch isoliert, wodurch der Restring funktional intakt bleibt und eine Wartung des defekten Segments durch das Bedienpersonal ermöglicht wird.

Die Möglichkeit zur (mastergesteuerten) Bildung von lokalen Unterringsystemen lässt ein rückwirkungsfreies An- und Abkoppeln von Teilnehmern zu. Zusammenfassend seien noch die Kennwerte des Interbus-S zusammengestellt: Topologie Ringstruktur, Übertragungsmedium verdrillte Zweidrahtleitung oder Lichtwellenleiter, maximale Buslänge 13 km oder 400 m je Bussegment. Übertragungsrate max. 300 kBit/s, maximale Teilnehmerzahl 256, wobei an jeden Teilnehmer viele Sensoren und Aktoren anschließbar sind, Buszugriff nach dem Single-Master-Slave-Verfahren.

### 2.7.9 Sercos

Das in der IEC 1491 genormte Serial Real Time Communication System „Sercos" ist speziell für die digitale Kommunikation zwischen Steuerungen und Antrieben bzw. numerisch gesteuerten Werkzeugmaschinen entwickelt worden. Die hohen Anforderungen an Übertragungsgeschwindigkeit bei hoher Störfestigkeit setzen den Einsatz von Lichtwellenleitern voraus. Als derzeit einziger Feldbus wurde Sercos ausschließlich für den LWL-Einsatz spezifiziert. Die Ringtopologie erleichtert die Sicherung eines deterministischen Buszugriffs. Da Sercos keine Multimasterfähigkeiten besitzt, kann es keine Steuerungen miteinander verbinden. Sercos hat folgende Kennwerte: Topologie Ringstruktur, Übertragungsmedium ausschließlich Lichtwellenleiter, Buslänge max. 250 m je Segment bei Einsatz von Glasfasermedien, Übertragungsrate max. 4 MBit/s, Buszugriff Single-Master-Slave, max. Teilnehmeranzahl 254.

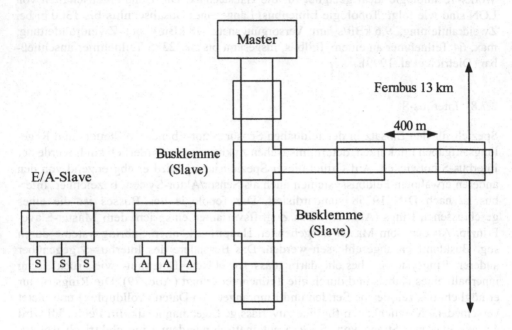

**Abb. 79:** Topologie des Interbus-S

## 2.7.10 Weitere Feldbussysteme

Die Aufstellung der heute gängigen Feldbussysteme kann in diesem Buch nicht vollständig erfolgen. So musste beispielsweise auf die Beschreibung einiger wichtiger Sensor/Aktor-Kommunikationssysteme (ASI, VariNet-2) verzichtet werden. Darüber hinaus blieben wichtige Feldbussysteme wie EIB, FIP und WorldFIP, der IEC-Feldbus und P-Net unerwähnt. Eine zusätzliche Diskussion der Feldbusse, wie z. B. des Foundation Fieldbus, erfolgt im Abschn. 4.2.4. Für eine tiefer gehende Studie sei auf die Literatur verwiesen (z. B. Dietrich 1997, Schnell 1996).

## 2.8 Industrieroboter

Umgangssprachlich umfasst der Begriff Roboter ein breites Bedeutungsspektrum und wird in der Regel mit Maschinen assoziiert, die selbstständig Arbeit verrichten. Der tschechische Schriftsteller Karel Capek verwendete das Wort erstmals in seinem 1920 uraufgeführten Bühnenstück R. U. R. („Rossums Universalroboter"), in dem die kulturelle und politische Konfrontation zwischen Mensch und Maschine spannungsreich inszeniert wird. „Robota" bedeutet auf Tschechisch „arbeiten".

Im Kontext des vorliegenden Buchs beschränken wir uns auf die Kategorie der Industrieroboter, die zur flexiblen Automation von Handhabungs- und Produktionsprozessen eingesetzt werden. Im typischen Anwendungsfall besteht der Industrieroboter aus einem mehrgelenkigen Arm, dessen Basis an einem stabilen Fundament befestigt ist (Abb. 80). Die Gelenke des Arms werden von Motoren bewegt, an der Spitze das Arms befindet sich eine Greifvorrichtung oder ein Interface für Werkzeuge, beispielsweise für einen Laserkopf.

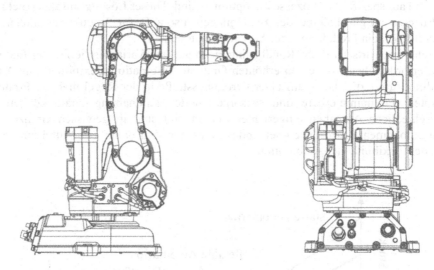

**Abb. 80:** Industrieroboter mit sechs Achsen, IRB 140 (Quelle ABB AG)

Neue Technologien erhöhen die Leistungsfähigkeit und Genauigkeit der Roboter und verbreitern ihr Einsatzspektrum. Dazu gehören beispielsweise sensomotorische Funktionen und Echtzeitsensorik am Roboter: Sie ermöglichen ein „gefühlvolles" Greifen und eine autonome sensorgeführte Bewegungskoordination. Moderne Steuerungs- und Regelungskonzepte erhöhen die Flexibilität. So können beispielsweise moderne Lackierroboter gekrümmten Oberflächen durch Sensorführung selbstständig folgen (Pichler, Vincze et al. 2002).

Dieser Abschnitt führt in die Grundlagen der Industrierobotertechnik ein. Es werden zunächst die anwendungstechnischen und wirtschaftlichen Aspekte der Automation mit Industrierobotern diskutiert. Anschließend führt eine Gegenüberstellung der unterschiedlichen Industrieroboter-Kinematiken auf die Besprechung ihrer spezifischen Eigenschaften. Weiters besprechen wir die Lösung der kinematischen Probleme und Grundlagen der Steuerung und Regelung des Roboters. Die Methoden der Bahnplanung und Achsregelung schließen das Thema ab.

### 2.8.1   Anforderungen und Einsatzgebiete für Industrieroboter

Schnell wechselnde Marktbedürfnisse, erhöhter Konkurrenzdruck und die Forderung nach kleinen Losgrößen verlangen nach Konzepten der flexiblen Automation. Die durch Henry Ford am Anfang des zwanzigsten Jahrhunderts eingeführte Massenproduktion des Automobils wurde durch das Fließbandprinzip ermöglicht (Ford 1923). Im Zuge der Entwicklung der Produktionsautomatisierung konnten durch die Einführung von spezialisierten Maschinen Teilvorgänge im Herstellungsprozess automatisiert, und durch Verkürzen der Taktzyklen die Wirtschaftlichkeit verbessert werden. Wir sprechen von starrer Automation, wenn die Automatisierungseinrichtungen fest konfiguriert, und auf spezifische Prozesse hin optimiert sind. Dieser Lösungsansatz eignet sich für Prozesse mit gleichbleibenden Bedingungen, also z. B. für Produktionsstraßen, die ausschließlich ein Produkt in einer Variante herstellen.

Schärfere wirtschaftliche Randbedingungen und die Variantenvielfalt der Endprodukte erfordern heute oft einen erhöhten Grad an Automationsflexibilität. Die Automobilindustrie fertigt heute auf einer Fertigungsstraße in der Regel mehrere Produktvarianten. Programmierbare und sensorgesteuerte Handhabungsgeräte können für unterschiedliche Aufgaben eingerichtet werden und sind in gewissen Grenzen für einen autonomen Betrieb geeignet. Industrieroboter sind daher ein Mittel zur Erhöhung der Flexibilität der Automation.

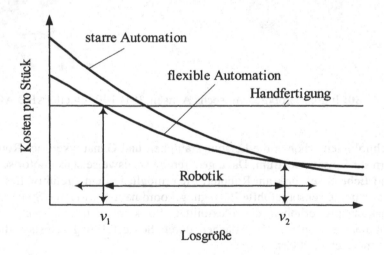

**Abb. 81:** Abhängigkeit der Wirtschaftlichkeit von der Losgröße nach Schilling (1990)

Die Wirtschaftlichkeitsparameter bei der Produktfertigung hängen von verschiedenen Faktoren ab, unter anderem von der Losgröße des zu fertigenden Produkts. Der Zusammenhang ist in Abb. 81 dargestellt. Bei der Einzelfertigung oder bei sehr kleinen Losgrößen kann die Handfertigung eine wirtschaftliche Alternative darstellen. Bei steigendem Produktionsvolumen wird ein Punkt $v_1$ erreicht, der den Einsatz des Industrieroboters rechtfertigt (Beispiel: Automobilindustrie). Bei sehr hohen Losgrößen $v_2$ überwiegen die Vorteile der starren Automation, die wegen der Spezialisierung der Einrichtungen eine höhere Kosteneffizienz ermöglicht (Beispiel: industrielle Fertigung von Nägeln).

Der Bereich zwischen $v_1$ und $v_2$ ist der Bereich der flexiblen Automation, in dem der Einsatz des Industrieroboters seine wirtschaftliche Berechtigung hat. Moderne Automationstechnologien ermöglichen es, die Grenze nach beiden Seiten auszudehnen. Dazu gehören beispielsweise alle Technologien, die durch eine Dezentralisierung von Steuerungsfunktionen die Anlagenflexibilität erhöhen, weil sie eine rasche Rekonfigurationsmöglichkeit schaffen.

### 2.8.2 Der Industrieroboter am Weltmarkt

Nach einer Prognose der IFR (International Federation of Robotics, Stand Juli 2003) werden im Jahr 2005 weltweit fast 1 Million Industrieroboter im Einsatz sein (Abb. 82).

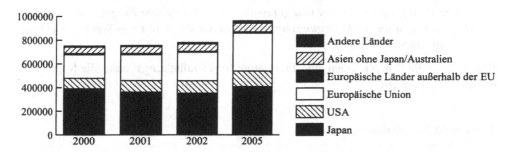

**Abb. 82:** Industrieroboter am Weltmarkt. Bestand der im Einsatz befindlichen Roboter und Prognose für 2005 (Stückzahlen). Quelle: IFR

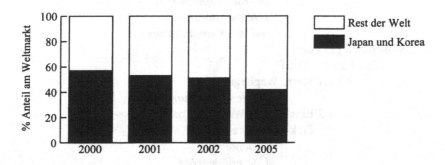

**Abb. 83:** Marktanteile von Industrierobotern in Japan und Korea und im Rest der Welt. Quelle: IFR

Anfang der 1990er Jahre hatte Japan gegenüber den USA und Europa einen Marktanteil von 70 %, was die Zahl der im Einsatz befindlichen Industrieroboter betrifft. Im Jahr 2002 betrug dieser Anteil nur mehr etwa 50 %. Dieser Trend wird sich in den nächsten Jahren voraussichtlich fortsetzen. Derzeit (2003) kann von einem Marktwachstum von weltweit etwa 7,5 % ausgegangen werden.

## 2.8.3   Definition und Klassifikation von Industrierobotern

Zur näheren Erklärung des Begriffs „Industrieroboter" soll die Definition des Vereins Deutscher Ingenieure (VDI) herangezogen werden.

*Ein Industrieroboter ist ein universell einsetzbarer Bewegungsautomat mit mehreren Achsen zur Handhabung von Objekten in einem definierten Arbeitsraum, der mit beweglichen Gliedern und einem oder mehreren End-Effektoren ausgestattet ist. Die Glieder und Teile der Endeffektoren werden von Antrieben bewegt, Sensoren messen elektrische und/oder nichtelektrische Größen. Das Bewegungsverhalten der Vorrichtung wird in Abhängigkeit von den Sensorsignalen durch eine spezielle Software gesteuert und geregelt. Frei definierbare Programme erlauben die Koordination des Bewegungsverhaltens in Abhängigkeit von System- und Prozessparametern.*

Spur et. al. (1982) beschreiben eine Taxonomie für Handhabungsgeräte, die folgendermaßen aufgebaut ist:

*Taxonomie Handhabungsgeräte*

---

1. Spezielle Geräte
2. Universelle Geräte
   2.1 Manuell gesteuert
           Master-Slave-Geräte
              *Mikromanipulatoren*
              *Teleoperatoren*
              *Industriemanipulatoren*
   2.2 Maschinell gesteuert
       2.2.1 Fester Ablauf
           2.2.1.1 Starre Wegbegrenzung
                *Sondereinrichtungen*
           2.2.1.2 Einstellbare Wegbegrenzung
              Pick-and-Place-Geräte
                *Ladeportale*
                *Übergabegeräte*
       2.2.2 Programmierbarer Ablauf
           2.2.2.1 Einstellbare Wegbegrenzung
              Nockengesteuerte Handhabungsgeräte
                *Handhabungsautomaten, Handlingsysteme*

2.2.2.2 Programmierbare Sollposition
        Punktgesteuerte Industrieroboter
           *Montageroboter*
           *Punktschweißroboter*
           *Laderoboter*
2.2.2.3 Bahngesteuerte Industrieroboter
           *Lichtbogenschweißroboter*
           *Lackierroboter*
           *Montageroboter*

---

Wie aus dieser Taxonomie ersichtlich ist, sind die der Unterklasse „Industrieroboter" angehörenden Handhabungsgeräte durch folgende Attribute zu charakterisieren: universelle, maschinengesteuerte Geräte, deren Bewegungsablauf frei programmierbar ist, und zwar hinsichtlich Zielpunkterreichung und Bahnfahrverhalten. Diese Charakterisierung ordnet sich der Definition nach VDI (s. o.) unter.

Die Klassifikation von Industrierobotern kann nach verschiedenen Gesichtspunkten erfolgen, wobei die Tabelle 8 nur einen Ausschnitt der möglichen Kriterien angibt. Für die Auswahl in der industriellen Praxis stehen die spezifischen Anforderungen der Anwendung als primäres Auswahlkriterium im Vordergrund.

**Tabelle 8:** Klassifizierung von Industrierobotern

| Merkmal | Ausprägungen (Beispiele) |
| --- | --- |
| Kinematische Konfiguration und Arbeitsraum | kartesisch, Portalroboter, zylindrisch, sphärisch, SCARA-Typus, Knickarm-Typus, vgl. Tabelle 9 |
| Antriebstechnologie | elektrisch (heute vorwiegend AC-Motoren), pneumatisch, hydraulisch |
| Bewegungskoordination, Steuerung und Programmierung | Point-to-point, Continuous path, frei programmierbar |
| Anzahl der kinematischen Freiheitsgrade | 4 (SCARA), 5, 6 (Knickarmroboter), Zusatzachsen, kinematisch redundante Konfigurationen |
| Lastbereich | Traglasten 1–500 kg, Sonderanfertigungen darüber |
| Genauigkeit in der Anwendung | von geringer Genauigkeit (Wiederholgenauigkeit und absolut), z. B. für Palettierungsaufgaben bis zum Präzisions-Messroboter |
| Sonderfunktionen | z. B. Anschlüsse für externe Sensoren |

*Charakteristische Eigenschaften und Auswahlkriterien*
Die charakteristischen Eigenschaften von Industrierobotern werden im Detail in der Deutschen Norm DIN EN 29946 (ISO 9946) behandelt. Demnach sind die charakteristischen Eigenschaften, deren Betrachtung auch die Auswahl eines Roboters für eine bestimmte Anwendung maßgeblich beeinflusst, wie folgt:

- Anwendungsbereich (Eignung für bestimmte Aufgaben)
- Energieversorgung (elektrisch, pneumatisch, hydraulisch)
- mechanische Struktur (Kinematik, Anzahl und Konfiguration der Gelenke und Glieder)
- Arbeitsraum (räumlicher Bereich um den Aufstellungsort, in dem ein spezifikationsgemäßer Betrieb möglich ist)
- Koordinatensysteme (verfügbare Koordinatensysteme und Koordinatensysteme, zu denen von der Steuerung Umrechnungsfunktionen bereitgestellt werden)
- äußere Maße und Masse, Basisaufstellfläche
- mechanische Schnittstelle (insbesondere Greiferschnittstelle)
- Steuerung: Programmierverfahren, mögliche Bewegungsverläufe
- Umgebung (z. B. Tauglichkeit für Reinraum, Unempfindlichkeit gegenüber Schmutz und Öl)
- Belastung (z. B. maximale handhabbare Massen, die Belastbarkeit ist abhängig vom räumlichen Arbeitspunkt)
- Geschwindigkeit (beim Positionieren und Bahnfahren)
- Auflösung (räumliche Auflösung der anfahrbaren Position)
- Pose-Genauigkeit in einer Richtung (s. u.)
- Pose-Wiederholgenauigkeit in einer Richtung (s. u.)
- Streuung der Pose-Genauigkeit in mehreren Richtungen (s. u.)
- Pose-Stabilisierungszeit, Pose-Überschwingen, Drift von Pose-Kenngrößen
- Abweichungen beim Fahren einer Ecke
- Kenngrößen der Bahngeschwindigkeit
- Mindestpositionierzeit
- statische Nachgiebigkeit
- Sicherheit (Details in EN 775)

Unter *Pose* versteht man in der Industrierobotertechnik den momentanen Ort und die Lage des Endeffektors oder der Greiferschnittstelle (TCP, Tool Center Point) im Raum, die durch drei Ortskoordinaten für die Position und drei Winkelkoordinaten für die Orientierung beschrieben ist („Position + Orientierung = Pose").

*Absolut- und Wiederholgenauigkeit*
Die *Absolutgenauigkeit G* ist ein Maß für die Abweichung zwischen einer erwarteten Soll-Pose $P_s$ und dem Mittelwert der Ist-Pose $\overline{P}_i$ (beide gemessen im Basiskoordinatensystem), die sich beim Anfahren der Soll-Pose aus *unterschiedlichen* Richtungen ergibt, unter Einbezug der Streuungsbreite $R$. Die Abweichungen ergeben sich aus systematischen und zufälligen Fehlern. Für $G$ gilt

$$G = \left| P_s - \overline{P_i} \right| \pm R.$$ (38)

Die *Wiederholgenauigkeit* gibt an, wie genau der Roboter beim Anfahren einer Pose aus der *selben* Richtung positioniert. Sie ist als die durchschnittliche Abweichung der erreichten Ist-Posen zu bewerten, ohne die dabei entstehende Differenz zur Soll-Position in die Bewertung einzubeziehen. Die Abweichungen werden durch zufällige Fehler und nicht durch systematische Fehler bestimmt. Neben dieser unidirektionalen Wiederholgenauigkeit wird in Sonderfällen auch die bidirektionale Wiederholgenauigkeit gemessen. Das Wesen der oben diskutierten Kenngrößen ist in Abb. 84 symbolisch veranschaulicht.

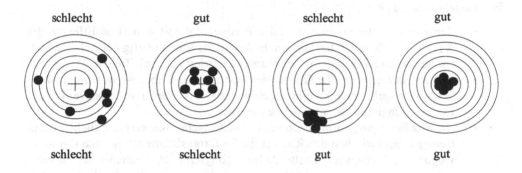

Abb. 84: Symbolische Gegenüberstellung von Absolut- und Wiederholgenauigkeit der Roboter-Pose: Das Kreuzsymbol kennzeichnet die Soll-Pose, die Kreise die jeweilige Ist-Pose, die sich bei unterschiedlichen Versuchen ergibt

*Bahngenauigkeit*
Die Bahngenauigkeit gibt an, wie genau ein Roboter eine vorgegebene Ablaufbewegung bei festgelegter Geschwindigkeit einhält. Nach VDI 2861 wird die Bahngenauigkeit durch folgende Kenngrößen beschrieben:

- mittlerer Bahnabstand
- mittlerer Bahnstreubereich
- mittlere Bahn-Orientierungsabweichung
- mittlerer Bahn-Orientierungsstreubereich
- mittlere Bahnradiusdifferenz
- mittlerer Eckenfehler
- mittlerer Überschwingfehler

## 2.8.4  Kinematik

In der Mechanik wird die Kinematik als die „Lehre von der geometrischen und analytischen Beschreibung der Bewegungszustände von Punkten und Körpern" definiert. Dabei werden nur die Bewegungszustände, nicht aber die verursachenden Kräfte betrachtet. In der Robotik verwenden wir den Ausdruck als Sammelbegriff für den mechanischen Aufbau des Roboters (also für seine Bauform) sowie für die räumlich-geometrischen Beziehungen zwischen Robotergliedern, Gelenken und angetriebenen Achsen einerseits und den geometrischen Beziehungen zwischen dem Roboter und den Objekten des umgebenden Raums andererseits. Die Umrechung der geometrischen Beziehungen zwischen Achsstellungen und der Pose des End-Effektors im Arbeitsraum wird als das *kinematische Problem* bezeichnet. Je nach Aufgabenstellung unterscheiden wir eine *direkte* und eine *inverse* Variante des Problems. Bei der Diskussion der Kinematik eines Roboters müssen verschiedene Begriffe und Kriterien berücksichtigt werden:

- *Arbeitsraum:* die Gesamtheit aller Punkte, die mit dem End-Effektor des Roboters erreicht werden können. In der Praxis treten häufig kubische, zylindrische und kugelförmige Arbeitsraumgeometrien auf (vgl. Tabelle 9).
- *Glieder und Achsen:* Die Glieder des Roboters sind über Achsen miteinander beweglich verbunden. Es gibt angetriebene (*artikulierte*) und passive Achsen. Letztere fungieren als antriebslose Gelenke.
- *Art und Bewegungsform der Achsen:* Rotatorische Achsen ermöglichen Drehbewegungen zwischen den Robotergliedern, translatorische Achsen Linearbewegungen. Zwangsgekoppelte Achsen fungieren als Gelenke. Sie können z. B. aus Anordnungen von Stäben, Seilen, Ketten oder Kugelgelenken gebildet werden.
- *Anordnung und Anzahl der Achsen:* In der Praxis können Industrieroboter aus verschiedenen Achstypen zusammengesetzt werden. Die Reihenfolge der Anordnung von rotatorischen, translatorischen und zwangsgeführten Achsen bestimmt die individuelle Charakteristik der betreffenden Roboterkinematik. Die Anzahl der Achsen entscheidet über die Bewegungsmöglichkeiten im Raum.
- *Greiferkinematik:* Aufbau und Bewegungsmöglichkeiten des End-Effektors.

Aus den oben angeführten Kriterien ergeben sich verschiedene Bauformen für Industrieroboter. In der Praxis häufig auftretende Bauformen sind einander in Tabelle 9 gegenübergestellt.

*Kartesische Roboter* bestehen aus translatorischen Achsen und eignen sich für Anwendungen, bei der Bewegungen vornehmlich parallel zu den Hauptkoordinatenachsen erfolgen müssen. Sie kommen mit einfacher Antriebstechnik und mit einfachen Steuerungskonzepten aus. Die Positioniergenauigkeit der Greiferschnittstelle ist naturgemäß über den Arbeitsraum hin konstant. Nachteilig wirkt sich die beschränkte Beweglichkeit bei Problemen der Hindernisvermeidung- und -umgehung aus. Außerdem müssen die prismatischen Führungsbahnen beim Einsatz in Industrieumgebungen vor Verschmutzung geschützt werden (z. B. durch Schutzbalgen).

*Portalroboter* sind von ihrer Kinematik her kartesische Manipulatoren und werden in einer Vielzahl von Konfigurationen angeboten. Die in Tabelle 9 dargestellte Form ermöglicht das Erfassen der Objekte von oben her. Typische Anwendungsfälle sind Handhabungsaufgaben und einfachere Montageprozesse.

**Tabelle 9:** Wichtige kinematische Roboterkonfigurationen (aus: Sciavicco und Siciliano 2000)

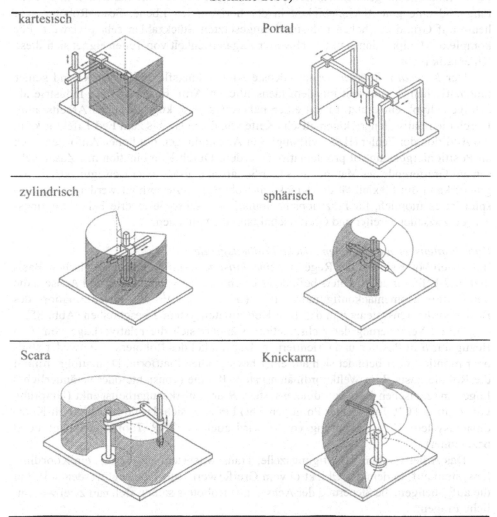

Bei *zylindrischen Roboterkinematiken* wird die erste translatorische Achse durch eine rotatorische ersetzt. Der dadurch entstehende Dreh-Schubarm-Typus zeichnet sich durch seine steife Bauart aus. Durch die zylindrische Kinematik besteht eine gute Zugänglichkeit zu horizontalen Öffnungen. Die charakteristische Achsanordnung verleiht dem Roboter eine nur beschränkte Beweglichkeit. Das Haupteinsatzgebiet wird von Transport- und Handhabungsaufgaben bestimmt.

*Sphärische Kinematiken* bilden einen kugelförmigen Arbeitsraum. Die Positioniergenauigkeit nimmt (ähnlich wie bei den zylindrischen Kinematiken) bei größeren Auslegerlängen ab. Die sog. Dreh-Schwenkarmroboter können für große Lasten ausgelegt werden und haben im Allgemeinen eine günstige Balancelage.

Der *Scara-Typus* („Selective Compliance Assembly Robot Arm") eignet sich gut für vertikale Montageaufgaben. Seine Besonderheit ist die hohe Steifigkeit in $z$-Richtung und eine gute Nachgiebigkeit in der horizontalen Ebene. Scara-Roboter sind heute auf Grund der hohen industriell eingesetzten Stückzahlen sehr preiswert. Für komplexe Manipulationen mit erschwerter Zugänglichkeit von Teilen eignet sich diese Kinematik nicht.

Der *Knickarm-Roboter* besitzt höchste Anwendungsflexibilität auf Grund seiner kinematischen Ähnlichkeit mit dem menschlichen Arm. Er wird in der Industrie als „Universaltyp" eingesetzt. Er hat einen näherungsweise kugelförmigen Arbeitsraum. Durch die relativ „lange" kinematische Kette von der Basis bis zum End-Effektor kann die Addition der Fehler (Hebelwirkung!) bei Anwendungen mit hohen Anforderungen an Positioniergenauigkeit problematisch werden. Durch Kombination mit Zusatzachsen am Greiferende des Manipulators (zur Schaffung zusätzlicher Bewegungsfreiheitsgrade) kann die Flexibilität des Knickarm-Roboters weiter erhöht werden. Zum Beispiel ist es möglich, für Präzisionsmanipulationen sensorgesteuerte Feinbewegungsachsen zwischen Greifer und Greiferschnittstelle einzubauen.

### Koordinatensysteme und kinematische Freiheitsgrade

Industrieroboter sind in der Regel als *kinematische Kette* aufgebaut: Zwischen Basis und End-Effektor des Roboters befinden sich eine Reihe von Gliedern und Achsen, die durch ihre Momentankonfiguration $\mathbf{q} = (q_1, q_2, ..., q_i)^T$ die Transformation des Basiskoordinatensystems $B$ in das Tool-Koordinatensystem $T$ beschreiben (Abb. 85).

Durch Veränderung der Achspositionen ändert sich die relative Lage von $T$ in Bezug auf $B$ in Position und Orientierung. Der Sockel des Roboters ist entweder stationär montiert oder befindet sich auf einer beweglichen Plattform. Demzufolge nimmt die Roboterbasis $B$ im Weltkoordinatensystem $W$ eine (konstante oder veränderliche) Lage ein. Zwischen Basiskoordinatensystem $B$ und Werkzeugarbeitspunkt (Ursprung von $T$, auch TCP, Tool Center Point genannt) befindet sich das Greifer-Flansch-Koordinatensystem $G$ (der Ursprung von $G$ wird auch als TAP, Tool Attachment Point bezeichnet).

Das Arbeitssystem $S$ (Fertigungszelle, Transportsystem etc.) spannt ein Koordinatensystem auf, in dem das Objekt $O$ vom Greiferwerkzeug $T$ bewegt werden soll. Für die aufgabengemäße Steuerung der Achsen des Roboters stellen sich nun zwei wesentliche Fragen:

- *Direktes kinematisches Problem*: Welche Pose nimmt das Werkzeug $T$ in Bezug auf das Basiskoordinatensystem $B$ ein, wenn die momentanen Achsstellungen durch $\mathbf{q}$ gegeben sind?

- *Inverses kinematisches Problem*: Welche Achsstellungen **q** müssen eingestellt werden, damit das Werkzeug $T$ in Relation zu $B$ eine bestimmte Soll-Pose einnimmt?

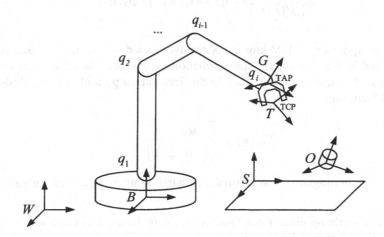

**Abb. 85:** Die wichtigsten Koordinatensysteme des Industrieroboters und seines Umfelds

Das Roboter-Basiskoordinatensystem $B$ muss dann in Relation zum Arbeitssystem $S$ gebracht werden. Sowohl $B$ als auch $S$ nehmen in Bezug auf $W$ eine bestimmte Position und Lage ein. Um den Roboter zu programmieren, dass er mit $T$ in $S$ ein Objekt $O$ erfasst ($T_B$ steht hier für Tool-Koordinatensystem, ausgedrückt im Basiskoordinatensystem $B$), muss die Kette folgender Koordinatentransformationen durchlaufen werden:

$$O \rightarrow S \rightarrow W \rightarrow B \rightarrow \text{direkte Kinematik} \rightarrow T_B. \tag{39}$$

Um die erforderlichen Achsstellungen **q** zu erhalten, muss das inverse kinematische Problem gelöst werden:

$$T_B \rightarrow \text{inverse Kinematik} \rightarrow \mathbf{q}. \tag{40}$$

Diese Transformationen müssen für jeden Bahnpunkt der Greiferbahn durchgeführt werden.

*Das direkte kinematische Problem*
Es sei durch $\mathbf{p}_T$ die Position des Tool Center Points (Ursprung des Koordinatensystems $T$) in Bezug auf das Roboter-Basiskoordinatensystem $B$ gegeben. Wir wählen unter Betrachtung des Robotergreifers einen Einheitsvektor $\mathbf{a}_T$, der in Richtung des „fortschreitenden Greifers" zeigt („approach-vector"), einen normal dazu stehenden Greifer-Orientierungseinheitsvektor $\mathbf{s}_T$ in der „Gleitebene" („slide-Vector") und einen

orthogonalen Einheitsvektor $\mathbf{n}_T$, so dass gilt $\mathbf{n}_T = \mathbf{s}_T \times \mathbf{a}_T$ (Abb. 86). Dann lässt sich die Vorwärtskinematik (direktes kinematisches Problem) mit Hilfe der homogenen $(4 \times 4)$-Transformationsmatrix

$$\mathbf{T}|_T^B(\mathbf{q}) = \begin{bmatrix} \mathbf{n}_T(\mathbf{q}) & \mathbf{s}_T(\mathbf{q}) & \mathbf{a}_T(\mathbf{q}) & \mathbf{p}_T(\mathbf{q}) \\ 0 & 0 & 0 & 1 \end{bmatrix} \tag{41}$$

lösen, wobei $\mathbf{q}$ der $(n \times 1)$-Vektor der Achspositionen des Roboters ist (Sciavicco und Siciliano 2000). Die homogene Transformationsmatrix setzt sich aus einer Untermatrix für die Rotation $\mathbf{R}_T$, einem Vektor für die Translation $\mathbf{p}_T$ und aus dem Zeilenvektor $(0, 0, 0, 1)$ zusammen:

$$\mathbf{T}|_T^B(\mathbf{q}) = \begin{bmatrix} \mathbf{R}_T & \mathbf{p}_T \\ 0 \ 0 \ 0 & 1 \end{bmatrix}. \tag{42}$$

Mit Hilfe der homogenen Transformationsmatrix können folgende Aufgaben gelöst werden:

- Beschreibung eines Koordinatensystems in Bezug auf ein anderes durch die Rotation $\mathbf{R}$ und die Verschiebung $\mathbf{p}$
- Transformation einer Pose $\mathbf{x}$ von einem Koordinatensystem in ein anderes $(\mathbf{x}|_A = \mathbf{T}|_B^A \cdot \mathbf{x}|_B)$
- Rotation und Translation eines Rahmens innerhalb eines Koordinatensystems, ausgedrückt durch die Transformation $\mathbf{T}$

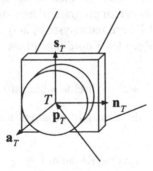

**Abb. 86:** Orthogonales Einheitsvektorsystem im Ursprung des Tool-Koordinatensystem $T$ am Greiferwerkzeug. Das Einheitsvektorsystem wird in Bezug auf das Roboter-Basiskoordinatensystem angegeben

$\mathbf{a}_T$, $\mathbf{s}_T$, $\mathbf{n}_T$ und $\mathbf{p}_T$ sind von den Achsstellungen $\mathbf{q}$ des Roboters abhängig. Das direkte kinematische Problem kann also im Prinzip auf folgende Weise gelöst werden:

- Bestimmung der Vektoren $\mathbf{a}_T$, $\mathbf{s}_T$, $\mathbf{n}_T$ und $\mathbf{p}_T$ durch Auflösen trigonometrischer Beziehungen aus der gegebenen Roboterkinematik und den aktuellen Achsstellungen $\mathbf{q}$
- Transformation des Basiskoordinatensystems $B$ in das Tool-Koordinatensystem $T$ durch die homogene Transformationsmatrix $\mathbf{T}\big|_T^B$

Für einfache Roboterkinematiken ist die Transformation nach Gl. (41) zweckmäßig. Bei komplizierteren Strukturen werden die zu lösenden trigonometrischen Gleichungssysteme mitunter sehr komplex. Es wäre also wünschenswert, eine alternative systematische Methode für die Vorwärtskinematik einzusetzen.

*Denavit-Hartenberg-Notation*
Bei der Lösung des direkten kinematischen Problems besteht also das Ziel darin, die Koordinatentransformation der offenen kinematischen Kette zwischen Basiskoordinatensystem $B$ und Greifersystem $T$ unter Einbezug der Achsstellungen des Roboters durchzuführen. Denavit und Hartenberg (1955) führten hierzu ein Schema ein, das auf der Notation nach Abb. 87 beruht.

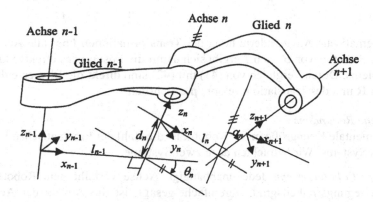

**Abb. 87:** Kinematische Parameter nach Denavit und Hartenberg am Beispiel von rotatorischen Achsen

Ohne auf die Details dieses Verfahrens einzugehen, wird hier nur der grundsätzliche Gedanke des Schemas erläutert. Für Einzelheiten sei auf die Literatur verwiesen, z. B. Craig (1989), Schilling (1990) sowie auf Sciavicco und Siciliano (2000).

Auf der Basis einfacher Regeln werden die Abstände, Längen und Lagen der Glieder relativ zueinander systematisch beschrieben. Jeder Achse mit dem Index $n$ wird eindeutig ein Koordinatensystem $(x_n, y_n, z_n)$ zugeordnet. Die auch in Abb. 87 ersichtlichen Kenngrößen sind dabei:

$l_n$, Abstand von $z_n$ nach $z_{n+1}$, gemessen entlang $x_n$

$\alpha_n$, Winkel zwischen $z_n$ und $z_{n+1}$

$d_n$, Abstand von $x_{n-1}$ nach $x_n$, gemessen entlang $z_n$

$\theta_n$, Winkel zwischen $x_{n-1}$ und $x_n$

Die räumliche Beziehung zwischen zwei aufeinanderfolgenden Achskoordinatensystemen kann dann durch folgende Sequenz von Rotationen und Translationen beschrieben werden:

1. Rotation um $x_{n-1}$ mit dem Winkel $\alpha_{n-1}$
2. Translation entlang $x_{n-1}$ mit der Länge $l_{n-1}$
3. Rotation um $z_n$ mit dem Winkel $\theta_n$
4. Translation entlang $z_n$ mit der Länge $d_n$

Zusammenfassend ergibt sich die homogene Transformationsmatrix $T|_n^{n-1}$ zwischen den Koordinatensystemen mit den Indizes $n-1$ und $n$ (hier ohne Beweis) zu

$$
T|_n^{n-1} = \begin{bmatrix} \cos\theta_n & -\sin\theta_n & 0 & l_{n-1} \\ \sin\theta_n\cos\alpha_{n-1} & \cos\theta_n\cos\alpha_{n-1} & -\sin\alpha_{n-1} & -\sin\alpha_{n-1}d_n \\ \sin\theta_n\sin\alpha_{n-1} & \cos\theta_n\sin\alpha_{n-1} & \cos\alpha_{n-1} & \cos\alpha_{n-1}d_n \\ 0 & 0 & 0 & 1 \end{bmatrix}. \tag{43}
$$

Durch systematische Aneinanderreihung der Transformationen über alle Achsen und Glieder des Roboters von $B$ nach $T$ ergibt sich damit die Lösung des direkten kinematischen Problems. Durch Vergleich von (43) mit (42) sind direkt die Elemente der Rotationsmatrix **R** und des Translationsvektors **p** ersichtlich.

*Kinematische Redundanz*
Eine fundamentale Kenngröße in der Robotik ist die Zahl der kinematischen Freiheitsgrade eines Systems. Wir betrachten dazu zwei Systeme:

- *Das Robotersystem.* Jede unabhängige Achse verleiht dem Roboter einen Bewegungsfreiheitsgrad. Vereinfacht gesagt, ist die Anzahl der Achs-Freiheitsgrade eines Industrieroboters gleich der Zahl seiner unabhängigen Achsen (eine unabhängige Achse ist in ihrer Bewegung nicht vom Bewegungszustand anderer Achsen abhängig).
- *Das Weltsystem.* Im dreidimensionalen Raum liegen maximal drei Translationsfreiheitsgrade und maximal drei Rotationsfreiheitsgrade vor (die Zahl der Freiheitsgrade kann durch kinematische Beschränkung reduziert werden, z. B. durch Zwangsführung in einer Ebene). Bei uneingeschränkter Beweglichkeit hat ein im dreidimensionalen Raum befindlicher Körper genau sechs kinematische Freiheitsgrade.

Ein Manipulator wird als *kinematisch redundant* bezeichnet, wenn die Zahl seiner Achsfreiheitsgrade $n$ größer ist als die Zahl der zur Manipulation erforderlichen räumlichen Freiheitsgrade $m$. Für kinematisch redundante Manipulatoren gibt es für das inverse kinematische Problem im Allgemeinen mehrere, ja sogar *unendlich viele Lösungen*, d. h. der Roboter kann seinen Tool Center Point in die Zielpose überführen und dabei unter unendlich vielen Konfigurationen der Achsen und Glieder „auswählen". Am Beispiel des menschlichen Arms (sieben „Achsfreiheitsgrade") kann dieses Verhalten veranschaulicht werden: Bei ruhigem Oberkörper kann ein (im Raum fixiertes) Objekt gegriffen werden. Während das Objekt fest im Griff bleibt, kann der Arm (z. B. am Ellenbogengelenk) noch in einem gewissen Bereich „freie" Bewegungen ausführen.

Für $n = m$ gibt es zu jeder Ziel-Pose im definierten Arbeitsraum genau eine Stellung der Achsantriebe. Aus diesem Grund werden in der Praxis für Universalmanipulatoren häufig Kinematiken mit sechs Achsen eingesetzt, um alle sechs räumlichen Freiheitsgrade abdecken zu können.

*Das inverse kinematische Problem*

Die Aufgabe bei der Lösung des inversen kinematischen Problems besteht darin, für eine gegebene Ziel-Pose eine bestimmte Stellung der Achsantriebe zu bestimmen. Sie ist im Allgemeinen wesentlich komplexer als die Lösung des direkten kinematischen Problems, und zwar aus folgenden Gründen:

- Die zu lösenden Gleichungen sind *nichtlinear*, deshalb kann in vielen Fällen keine geschlossene Lösung gefunden werden.
- Bei redundanten Kinematiken können mehrere, ja sogar unendlich viele Lösungen existieren.
- Es gibt Fälle, in denen *keine* Lösung existiert.

Im Falle von mehrfachen Lösungen des inversen kinematischen Problems müssen zusätzliche Bedingungen eingeführt werden, um aus der Lösungsvielfalt die Entscheidung für einen Achsvektor **q** zu erhalten. Solche Bedingungen können etwa die Zeitoptimalität sein (der Roboter soll seine neue Pose in möglichst geringer Zeit einnehmen) oder etwa die Energieoptimalität (unter geringstem Energieaufwand).

Redundante Kinematiken werden z. B. eingesetzt, wenn bei der Erreichung von Ziel-Posen Hindernisse zu umgehen sind. In diesem Fall ist die zusätzliche Bedingung zur Lösung des inversen kinematischen Problems eben die Umgehung des Hindernisses.

In der Praxis bedient man sich bei der Lösung des inversen kinematischen Problems der *Differentialkinematik*. Das Ziel besteht darin, eine Beziehung zwischen den Achsgeschwindigkeiten $\dot{\mathbf{q}}$ und den Translations- und Rotationsgeschwindigkeiten ($\dot{\mathbf{p}}$ bzw. $\omega$) des Tool-Center-Koordinatensystems zu entwickeln. Diese Beziehung kann folgendermaßen formuliert werden:

$$\mathbf{v} = \begin{bmatrix} \mathbf{p} \\ \omega \end{bmatrix} = \mathbf{J}(\mathbf{q})\dot{\mathbf{q}}. \qquad (44)$$

$\mathbf{J}(\mathbf{q})$ wird *geometrische Jakobi-Matrix* genannt. Für die Entwicklung der achsstellungsabhängigen Jakobi-Matrix gibt es systematische Algorithmen, die leicht in Computerprogramme für kinematische Steuerungen integriert werden können (Craig 1989). Die gewünschten Achsstellungen **q** ergeben sich bei *digitalen* Steuerungen in *inkrementaler Form* aus den Achsgeschwindigkeiten $\dot{\mathbf{q}}$. Zur Auflösung von Gl. (44) nach

$\dot{q}$ muss die Inverse der Jakobi-Matrix gebildet werden. Dabei können *singuläre Lösungen* auftreten, die bei der Steuerung des Roboters beachtet werden müssen. In singulären Achsstellungskombinationen käme es zu unendlich hohen Achsgeschwindigkeiten. Das Erreichen solcher Stellungen muss in jedem Fall vermieden werden. Dazu sind in der Roboter-Bahnplanungseinheit entsprechende Überprüfungen vorzunehmen.

## 2.8.5  Komponenten des Industrieroboters

Obwohl der Markt eine Vielzahl von Industrierobotertypen für jeden erdenklichen Anwendungsfall anbietet, gibt es charakteristische Komponenten, die fast jeder Robotertyp enthält. Dazu zählen:

- die *mechanische Struktur*, bestehend aus mehr oder weniger starren Gliedern, die über rotatorische oder translatorische Achsen miteinander verbunden sind;
- *Antriebe* (elektrische, pneumatische, hydraulische), die die Glieder relativ zueinander bewegen;
- *Getriebe*, die die Motorbewegungen in Achsbewegungen umsetzen. An Robotergetriebe werden hohe Anforderungen hinsichtlich Spielfreiheit, Wirkungsgrad, Steifigkeit und Positioniertreue gestellt;
- *Greifer oder End-Effektoren*, die eine Wechselwirkung mit den Werkstücken herstellen. Dazu zählen z. B. auch Laserköpfe zum Bahnschweißen;
- *Interne Sensoren* zur Feststellung der inneren Zustandsgrößen, z. B. Achswinkel und Motorströme;
- gegebenenfalls *externe Sensoren* zur Messung von Prozessgrößen (Abstand des Bearbeitungswerkzeugs von der Objektoberfläche oder Klemmkraft des Greifers);
- eine *Steuerung* (zur Bewegungskoordination nach der Vorgabe des Programms) sowie Regler und Stellglieder für die Achsantriebe;
- *Steuerungs- und Regelungssoftware* und entsprechende Bediener-Programme, die das aufgabenspezifische Verhalten definieren;
- *Mensch-Maschinen-Schnittstellen*, z. B. zum Teach-In-Programmieren von Aufgaben;
- *Daten/Informationsschnittstellen* zur Kommunikation mit der Systemumgebung. Damit kann der Industrieroboter in das Automatisierungssystem (gegebenenfalls im Echtzeitbetrieb) eingebunden werden;
- *Elemente der Sicherheitstechnik*, die eine potentielle Gefährdung des Bedienpersonals abwenden. Dazu gehören z. B. Not-AUS-Taster und Lichtvorhänge zur Unterbrechung von Roboterbewegungen, wenn sich der Mensch in den Arbeitsbereich begibt.

*Antriebe*
Antriebssysteme für Industrieroboter sind heute vorwiegend *elektrische Antriebe*, wobei ein deutlicher Trend in Richtung Drehstrommotoren geht, die den Gleichstrom-Servoantrieb zunehmend aus der Roboterantriebstechnik verdrängen. Die Gründe

dafür sind: geringere Kosten für Anschaffung und Wartung, ein günstigeres Gewichts-Leistungs-Verhältnis und eine kompaktere Bauform.

Drehzahl- und lageregelte Servoachsen wurden in den 1980er Jahren in der Regel mit *Gleichstrommotoren* realisiert. Aufgrund der einfacheren Struktur der Regelkreise und der einfachen Bauart der (insbesondere permanenterregten) Gleichstrommmotoren hatten diese Antriebssysteme zunächst Kostenvorteile gegenüber den AC-Servoantrieben.

Der permanenterregte *Wechselstrom-Servomotor* ist vom Aufbau her im Prinzip identisch mit dem Synchronmotor, die Permanentmagnete sind im Läufer eingebettet. Vom Ständer, der auch die Wicklung trägt, kann die Wärme durch Kühlrippen sehr gut abgeleitet werden.

Für die Bewegung von translatorischen Roboterachsen setzt sich mehr und mehr der *elektrische Linearantrieb* durch. Vom Prinzip her handelt es sich um einen Wechselstrommotor, dessen Ständerwicklungen linear angeordnet sind. Bei der Ausführungsform mit *kurzem Stator* bewegt sich der Teil mit den Permanentmagneten, beim *langen Stator* der wicklungstragende Primärteil.

Auch *pneumatische Antriebe* werden heute noch in der Industrie-Robotik eingesetzt, wobei ihr Anwendungsschwerpunkt bei den Handhabungsautomaten mit festen oder einstellbaren Wegbegrenzungen liegt (pneumatische Linear- und Rotationseinheiten). Pneumatische Antriebe sind schnell und kostengünstig und haben einen einfachen Aufbau.

In seltenen Fällen werden in der Robotik auch *Hydraulikantriebe* verwendet. Diese robuste Antriebstechnologie kann sehr hohe Kräfte aufbringen. Als Nachteile stehen die mögliche Leckage und die Temperaturabhängigkeit des Regel- und Positionierverhaltens im Vordergrund.

*Antriebssensorik*

Servoantriebe sind geregelte Antriebe, die von der Industrierobotersteuerung Positions- und evtl. Geschwindigkeitskommandos erhalten. Diese Kommandos werden mit den Istwerten (aktuelle Position und Geschwindigkeit der Achse) verglichen. Die Differenz von Soll- und Istwerten setzt der Achsregler in Stellgrößen für den Antrieb um.

Zur Erfassung der Bewegungsgrößen werden Achssensoren eingesetzt. In den 1980er und 1990er Jahren wurden vorwiegend Inkrementalsensoren auf magnetischer oder optischer Basis verwendet. Die jeweilige Achsposition ergibt sich aus einem Zählvorgang, dem ein Initialisierungsvorgang zur Feststellung der Nullposition vorausgeht.

Heute werden vermehrt induktive Resolver eingesetzt (Abb. 88). Auf dem Rotor des Resolvers befindet sich eine Wicklung, in die ein Wechselstromsignal eingespeist wird. Der Ständer trägt zwei um 90 Grad versetzte Wicklungen. Der Wechselstrom der Rotorspule induziert (auch bei stillstehender Achse) in den Statorspulen eine Wechselspannung gleicher Frequenz, jedoch mit drehwinkelabhängiger Amplitude. Aus den Amplitudenverhältnissen der Statorspulen kann auf die momentane Lage des Rotors rückgerechnet werden. Der Resolver ist ein absolutes Messsystem. Er zeichnet sich durch eine hohe Robustheit und Störunanfälligkeit aus.

In Zukunft werden sensorlose AC-Servoantriebe eine wichtige Rolle spielen. Das an der TU-Wien entwickelte INFORM-Verfahren (Schrödl 1996) beruht auf der Auswertung von Sättigungs- und Reluktanzeffekten durch Stromanstiegsmessungen und kann die Position des Rotors bzw. des Flusses ohne zusätzliche Achssensorik erfassen.

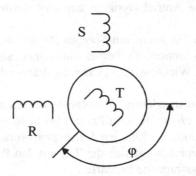

**Abb. 88:** Prinzip des Resolvers als Drehwinkelsensor

*Externe Sensoren*

In bestimmten Anwendungsfällen werden externe Sensoren eingesetzt, um das Bewegungsverhalten des Industrieroboters in Echtzeit zu steuern. Kraftsensoren können beispielsweise verwendet werden, um die Greifkraft des End-Effektors auf bestimmte Werte zu begrenzen. Für komplexere Montagevorgänge ermöglicht eine Kombination aus Kraft- und Momentensensoren ein „gefühlvolles" Fügen. Positions- und Abstandssensoren werden häufig bei Aufgaben der Oberflächenbehandlung eingesetzt, wo ein konstanter Abstand zwischen Werkzeug und Werkstückoberfläche notwendig ist. Im Echtzeitbetrieb greift die externe Sensorik in die Bahnsteuerung des Roboters ein.

### 2.8.6  Programmierung und Steuerung des Industrieroboters

Die bisher besprochenen Teilsysteme des Industrieroboters sind strukturelle Komponenten, die zur operativen Ausführung der Aufgaben benötigt werden. Von entscheidender Bedeutung für die Leistungsfähigkeit des Roboters ist die Steuerung. Gemäß Definition erlauben frei definierbare Programme die Koordination des Bewegungsverhaltens in Abhängigkeit von System- und Prozessparametern. Diese Programme laufen in der Industrierobotersteuerung ab.

*Programmierung*

Wir unterscheiden grundsätzlich zwischen zwei Programmierverfahren:

- *Online-Programmierung*: Die Handhabungsaufgabe wird im Teach-In-Modus vom Bediener programmiert. Dabei befinden sich Programmierer und Roboter vor Ort an der Anlage. Im Langsamfahrbetrieb fügt der Programmierer das

Bewegungsprogramm aus einzelnen Stützpunkten zusammen, indem er den Roboter durch eine Handsteuerung „physisch" bewegt. Zu jedem Punkt des Bewegungsprogramms werden Bewegungsparameter wie Geschwindigkeit, Interpolationsverfahren und Positioniermodus eingegeben. Außerdem werden Befehle für den Greifer oder andere End-Effektoren in das Programm aufgenommen. Nach Eingabe des vollständigen Programms kann der Programmierer das Bewegungsverhalten des Industrieroboters „in Natura" verfolgen und somit allfällige Änderungen vor Ort editieren. Die Online-Programmierung erfordert viel Zeit und bedingt den Stillstand des betreffenden Teils der Fertigungsanlage für die Dauer der Teach-In-Programmierung.

- *Offline-Programmierung*: Bei dieser Programmiervariante wird der eigentliche Industrieroboter während der Programmierung nicht benötigt. Im Rahmen einer Simulation wird der entsprechende Anlagenteil mit Roboter nachgebildet. Das Bewegungsprogramm kann aus CAD-Daten automatisch abgeleitet werden. Die Kontrolle der richtigen Programmierung erfolgt zunächst im Simulator. Erst nach Korrektur von Fehlern und vollständiger Editierung wird das Programm in die reale Robotersteuerung „hochgeladen". Derartige Simulationen sind sehr komplex, da sie beispielsweise auch einen Kollisionswarnmechanismus beinhalten müssen, der einen unerwünschten Kontakt irgendeines Roboterteils mit den Gegenständen der Umgebung sofort anzeigt. Die Offline-Programmierung ist wesentlich wirtschaftlicher als die Online-Programmierung und wird in Zukunft in verstärktem Maße eingesetzt werden.

Die Erstellung eines Roboterprogramms erfolgt heute meist in Hochsprachen, die eine strukturelle Ähnlichkeit mit gängigen Programmiersprachen wie C, BASIC oder PASCAL aufweisen. Die Sprachsysteme enthalten entsprechende Schlüsselwörter für typische Roboterbefehle (MOVE, HOME, GRIPPER ON/OFF, SPEED etc.). Für die Online-Programmierung sind die erforderlichen Mensch-Maschinen-Schnittstellen meist in Form eines Programmiergeräts mit Eingabe und Anzeige ausgeführt. Jedenfalls enthält das Programmiergerät eine Vorrichtung zum Not-Stopp, die in der Regel als „Totmannschaltung" ausgeführt ist: Lässt der Bediener einen am Programmiergerät befindlichen Tastbügel los oder drückt er ihn mit verstärkter Kraft, so wird im Robotersystem ein Not-Halt ausgelöst.

Eine typische Industrierobotersteuerung ist nach einer hierarchischen Architektur aufgebaut, die durch drei Ebenen charakterisiert ist:

- *Strategische Steuerungsebene*: Hier wird die Aufgabe des Industrieroboters definiert, d. h. das Bewegungsprogramm mit allen externen Effektorbefehlen festgelegt. Beim Teach-In wird das Programm manuell eingegeben, im Offline-Programmierverfahren wird ein fertig erstelltes Programm aus dem Simulator in die Robotersteuerung hochgeladen. Aus der strategischen Ebene werden Bahnanfangs- und -endpunkte an den Trajektorienplaner (s. taktische Ebene) weitergegeben.
- *Taktische Steuerungsebene*: Hier erfolgt die Umsetzung der Bewegungsbefehle in Bahnkurven und Geschwindigkeitsverläufe. Auf der taktischen Steuerungsebene befindet sich der *Trajektorienplaner* des Systems. Die Bahnver-

läufe entstehen durch *Interpolation* von Bahnpunkten nach vorgegebenen Bahngeometrien. Die Bahnsteuerung wird durch externe Sensorsignale (Kraft-, Momenten- und Distanzsensoren) beeinflusst. Auf der taktischen Steuerungsebene finden auch die Koordinatentransformationen und die Lösung des direkten und inversen kinematischen Problems statt. Das Ergebnis des Trajektorienplaners sind zyklisch erneuerte Achssollwerte.

- *Operative Steuerungsebene*: Hier erfolgt die Umsetzung der erforderlichen Achspositionen in tatsächliche Achsbewegungen. Auf der operativen Steuerungsebene erfolgt die Achsregelung, die Kompensation von Störungen (Reibung, Getriebespiel etc.) sowie der möglichst effektive Ausgleich von Lasteinflussgrößen. Nach Festlegen der aktuellen Achsstellgrößen werden die entsprechenden Signale dem Leistungssteller und den Achsantrieben zugeführt.

## Bahnplanung

Die wichtigsten Bewegungsformen für Industrieroboter sind

- *Punkt-zu-Punkt-Bewegungen:* Alle Achsen des Roboters werden gleichzeitig angesteuert und in eine Lage gebracht, die dem Zielpunkt im Weltkoordinatensystem entspricht. Die Folge ist eine – von außen betrachtet – scheinbar geometrisch unkoordinierte und unvorhersehbare Bahnbewegung des End-Effektors. Bei der PTP-Bewegung ergibt sich das Bahnfahrverhalten aus der Erzeugung einer Trajektorie im Achsraum, die zwischen den Anfangs- und Endpunkten der Achsstellungen gebildet wird.
- *Interpolierte Bewegungen:* Die Bewegung des End-Effektors erfolgt auf definierten geometrischen Bahnen im Weltkoordinatensystem. Sie ist meist durch geometrische Elemente wie Gerade, Kreis oder Splinekurve vorgegeben. Eine Geradenfahrt wird durch Anfangs- und Endpunkt sowie durch eine begleitende Geschwindigkeits- und Beschleunigungsangabe ergänzt. Für die Kreisbahndefinition sind drei Punkte im Raum erforderlich.
- *Verschleifbewegungen:* Oft ist es erforderlich, dass der End-Effektor auf einer Bahnfahrt *näherungsweise* einen bestimmten Zwischenpunkt „passiert". Dieser „Pass-Point" muss nicht tatsächlich durchfahren werden. Meist wird die Bahnfahrt mit Pass-Points zum Zweck der Vermeidung von Hindernissen eingesetzt.

Die Art der Bewegungsform wird bei der Programmierung angegeben. Der Trajektorienplaner nimmt die entsprechenden Bahnspezifikationspunkte und -parameter von der strategischen Ebene auf und erzeugt daraus eine Sequenz von Bahnpunkten im Weltkoordinatensystem. Dabei muss er die geforderten Geschwindigkeits- und Beschleunigungsprofile berücksichtigen (Abb. 89). Bei der Interpolation von End-Effektor-Bahnen kommt der Bestimmung des sog. „Breakpoints" eine wichtige Rolle zu: Zum betreffenden Zeitpunkt muss der Bremsvorgang einsetzen, damit die Endposition $s_1$ auf der Bahn exakt erreicht wird. Nachdem die Bahn und ihre Zwischenpunkte im Weltkoordinatensystem festgelegt wurden, erfolgt durch eine Reihe von Transformationen und durch die Lösung des inversen kinematischen Problems die Errechnung von Sollwerten für die Achsantriebe, die dann der operativen Steuerung übergeben werden.

*Achsregelung*
Je nach Art und Wirkungsweise des Roboterantriebs erfolgt die Umsetzung der Achskommandos in tatsächliche Achsstellungen über entsprechende Regelkreise. Für elektrische Antriebe sind kaskadierte Lageregler mit unterlagertem Geschwindigkeits- und Stromregelkreis zweckmäßig. Zur Kompensation von Lasteinflussgrößen kann beispielsweise ein Luenberg-Beobachter vorgesehen werden.

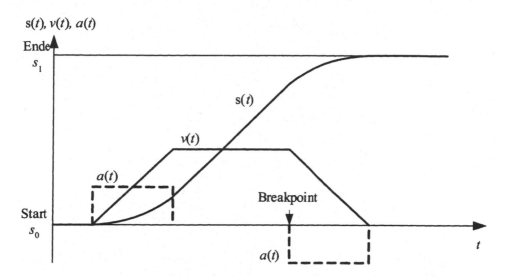

**Abb. 89:** Beschleunigungs-, Geschwindigkeits- und Wegverlauf $a(t)$, $v(t)$, $s(t)$ einer Bewegung des End-Effektors auf einer interpolierten Bahn über die Zeit $t$

Moderne Industrierobotersteuerungen müssen in den Verband des Automatisierungssystems durch entsprechende Datenkommunikationsschnittstellen eingebunden werden. Zu diesem Zweck werden von den Roboterherstellern entsprechende Feldbusschnittstellen bereitgestellt.

# 3 Informationssysteme und -technologien

Die Automatisierung komplexer Industrieprozesse ist eng mit der Erzeugung, Weiterleitung und Verarbeitung von Informationsflüssen verbunden. Im vorliegenden Kapitel soll zunächst der Informationsbegriff erklärt und die damit verbundenen Informationsmodelle besprochen werden. In weiterer Folge werden dann informationstheoretische und systemische Aspekte der Informationsverarbeitung in der Automatisierungstechnik behandelt. Eine wichtige Rolle spielt dabei die Informationsintegration, und zwar in ihrer fortgeschrittenen Form mit dezentraler Informationsverarbeitung, sowie die so genannten CA-X-Supporttechnologien. Es handelt sich dabei um computerbasierte Technologien, die Unternehmensprozesse unterstützen. Kapitel 5 widmet sich dann einem Aspekt für zukünftige Entwicklungen, der Informationsverarbeitung in kognitiven Systemen.

## 3.1 Informationsflüsse in Sender-Empfänger-Systemen

Der Begriff „Information" ist bislang nicht umfassend und allgemein definiert. Das erstaunt um so mehr, als er von zentraler Bedeutung für viele Zweige der Wissenschaft (z. B. Technik, Informatik, Kognitionswissenschaften) ist.

### 3.1.1 Der Informationsbegriff

Der Begriff „Information" kommt ursprünglich aus dem Lateinischen, wo er „Bildung" oder „Belehrung" bedeutet. In der Informationstheorie – begründet durch C. E. Shannon in den 1940er-Jahren – wird die Information von ihrem Bedeutungsaspekt getrennt und damit zu einer rein quantitativen Größe. Der Informationsgehalt einer Nachricht wird im Shannon'schen Informationsmodell über die Verringerung von „Unsicherheit" des Empfängers definiert, die beim Eintreffen eines Symbols über eine Kommunikationsleitung auftritt. Als grundlegende, kleinste Informationseinheit wird das Bit (engl. aus: *binary digit*) eingeführt.

Im Gegensatz zur Informationstheorie wird der Begriff Information im Alltag oft mit *Bedeutung* gleichgesetzt. So spricht man z. B. von nützlichen, richtigen, falschen und wertlosen Informationen. Informationsflüsse sind Gegenstand des täglichen Lebens. Treten sie im Zusammenhang mit Wahrnehmungsprozessen auf, so entsteht Erfahrung, Wissen und Informiertheit. Kommunikationsprozesse bauen auf Informationsflüssen auf, die erzeugt, gesendet, übertragen, empfangen und interpretiert werden. Die zu übertragenden Informationspakete werden *Nachrichten* genannt. Sie werden durch physikalische Medien (Schallwellen, Licht etc.) transportiert und über technische Einrichtungen (Leitungen, Bussysteme) übermittelt. Am Ende jeder Kommunikationskette steht ein System, das die Nachrichten empfängt. Im Falle von kognitiven Systemen – sei es der Mensch oder ein Computersystem – erfolgt nach dem Empfang der Information ein Vorgang der *Interpretation* der enthaltenen Nachricht.

Nach heutiger Auffassung ist die *Information* der eigentliche Gegenstand der Nachrichtenübertragung und -verarbeitung. Gleichzeitig verwendet man den Begriff Information auch zur Bezeichnung für ein in passende Form gebrachtes Wissen. Doch allein damit ist Information keineswegs ausreichend definiert.

## 3.1.2 Informationsmodelle

Information ist stets von einem Dualismus begleitet, der sich mit einer Analogie zu den Begriffen *Behälter* und *Inhalt* beschreiben lässt. Jeder Satz in einem Buch besteht aus Wörtern, Buchstaben und letztendlich aus Stellen geschwärzten Papiers. Er wurde mit dem Ziel geschrieben, dem Leser Information zu vermitteln. Tatsächlich ist der Satz aber nicht mit dieser Information gleichzusetzen, er löst lediglich Informationsflüsse aus, die im Gehirn des Lesers *Erkenntnisse* hervorrufen.

Der Satz selbst entspricht dem *Behälter*, der Sinn des Satzes dem *Inhalt* der Information. Darüber hinaus ist die *Wirkung* von Interesse, die Information auf ein System ausübt. Der oben erwähnte Dualismus führt zu drei wichtigen Modellvorstellungen, die sich – gegliedert nach ihrer praktischen Bedeutung – in den folgenden Paradigmen niederschlagen:

- nachrichtentechnisches Informationsparadigma (Syntax einer Nachricht)
- semantisches Informationsparadigma (Bedeutung einer Nachricht)
- pragmatisches Informationsparadigma (Wirkung einer Nachricht)

*Syntaktisches Paradigma*
Claude Elwood Shannon (1948) legte mit seiner mathematischen Theorie der Information den Grundstein zum nachrichtentechnischen Informationsmodell. Das Ziel seiner Arbeiten bestand darin, einerseits die maximal mögliche Informationsübertragungsrate über reale Kommunikationskanäle zu bestimmen, andererseits die Codierschemata der Nachrichtenverschlüsselung so zu optimieren, dass dieses Maximum erreichbar wird. Shannons Theorie ist grundlegend für das Design von technischen Sende-, Empfangs- und Übertragungseinrichtungen und dient auch heute als fundamentales Instrument zur Auslegung von Kommunikationseinrichtungen in der Automatisierungstechnik. Die Shannon'sche Informationstheorie baut auf der Übertragung von Symbolen auf. Sie beschäftigt sich also hauptsächlich mit syntaktischen Strukturen.

*Semantisches Paradigma*
Während das nachrichtentechnische Informationsparadigma den Inhalt einer Nachricht bewusst außer Acht lässt, beschäftigt sich das semantische Paradigma mit der Beziehung zwischen „Behälter" und „Inhalt" von Information. Die Semantik ist ein Teilgebiet der Semiotik (allgemeine Zeichen- und Bedeutungslehre). Der in Informationsprozessen vermittelte Inhalt von Information ist heute Gegenstand interdisziplinärer Forschungsarbeiten.

*Pragmatisches Paradigma*
Der eigentliche *Nutzwert* der Informationsverarbeitung und -übertragung besteht darin, bestimmte Prozesse auszulösen. So bewirkt beispielsweise ein Steuerbefehl einer SPS

die Aktivierung eines Motors. Die aktionsauslösende Wirkung von Information wird im pragmatischen Informationsmodell studiert.

### 3.1.3  Wahrscheinlichkeitstheoretische Grundbegriffe

Die Informationstheorie von C. E. Shannon baut auf einem wahrscheinlichkeitstheoretischen Modell auf. Die Informationsmenge wird aus der Auftrittswahrscheinlichkeit eines bestimmten Symbols in einem Symbolensemble bestimmt. Der Bedeutungsinhalt der Symbolfolgen spielt in diesem Modell keine Rolle, es handelt sich also (im Gegensatz zum semantischen Paradigma) um eine rein syntaktische Betrachtungsweise. Bevor wir auf das „klassische" Informationsmodell von Shannon eingehen, sollen einige grundlegende Begriffe der Wahrscheinlichkeitstheorie zusammengefasst werden.

*Ereignisse*
Ereignisse stellen die fundamentalen Elemente der Wahrscheinlichkeitstheorie und der mathematischen Statistik dar. Das Ereignis kann als Beschreibung des Resultats eines Experiments oder als ein bestimmtes Verhalten eines Systems angesehen werden. Sei $x$ ein Versuchsausgang in einem Experiment: Dann kann die Aussage „$x$ fällt in eine bestimmte Menge $A$" als Ereignis interpretiert werden. Beispiel: Beim Würfeln mit einem sechsseitigen Würfel ist der Wurf „5" aus der Menge $A = \{1, 2, 3, 4, 5, 6\}$ ein bestimmtes Ereignis. $A$ ist die Menge aller möglichen Versuchsausgänge, ihre $m$ einelementigen Teilmengen bezeichnet man als Elementarereignisse.

*Relative Häufigkeit*
Wenn bei $N$ Versuchen das Ereignis $x$ genau $k$-fach auftritt, dann ist die relative Häufigkeit des Auftretens definiert durch

$$h(x) = \frac{k}{N}. \tag{45}$$

Die relative Häufigkeit kann immer erst nach Abschluss eines Experiments bestimmt werden.

*Wahrscheinlichkeit*
Lässt sich ein Ereignis $x$ in $m$ Elementarereignisse zerlegen, die alle zu einem vollständigen System von $n$ paarweise unvereinbaren und gleichwahrscheinlichen elementaren Ereignissen gehören, so ist die Wahrscheinlichkeit $P(x)$ für das Eintreten des Ereignisses $x$ gleich

$$P(x) = \frac{m}{n}, \tag{46}$$

d. h. die Wahrscheinlichkeit $P(x)$ für das Eintreten eines Ereignisses $x$ ist gleich dem Verhältnis der Anzahl der für das Ereignis $x$ günstigen ($m$) zur Gesamtzahl aller möglichen elementaren Ereignisse ($n$). Voraussetzung für diese Definition ist ein endliches System von Elementarereignissen.

*Wahrscheinlichkeiten und Ensembles*
Ein Ensemble $X$ ist ein Tripel $(x, A_X, P_X)$, wobei die Zufallsvariable $x$ einen Wert aus der Menge $A_X = \{a_1, a_2, ..., a_I\}$ annimmt, und zwar mit einer Wahrscheinlichkeit $p_i$ aus $P_X = \{p_1, p_2, ..., p_I\}$, mit $P(x = a_i) = p_i, p_i \geq 0$ und

$$\sum_{a_i \in A_X} P(x = a_i) = 1. \qquad (47)$$

Die Menge $A$ kann auch als „Alphabet" angesehen werden: Das Ensemble $X_1$ charakterisiert dann beispielsweise die zufällige Auswahl eines Buchstaben $x_1$ aus diesem Alphabet.

*Wahrscheinlichkeit einer Teilmenge*
Sei $T$ eine Teilmenge von $A_X$, dann gilt:

$$P(T) = P(x \in T) = \sum_{a_i \in T} P(x = a_i). \qquad (48)$$

Wenn wir z. B. $V$ als die Menge der Vokale $\{a, e, i, o, u\}$ definieren, dann ergibt sich $P(V)$ als die Summe der Auftrittswahrscheinlichkeiten der einzelnen Vokale.

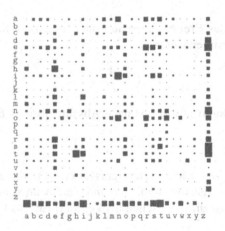

**Abb. 90:** Verbundwahrscheinlichkeit beim Auftreten von zwei hintereinanderfolgenden Buchstaben in englischsprachigen Schriftstücken (Zeilen: erster Buchstabe, Spalten: zweiter Buchstabe, letzte Spalte bzw. Zeile: Leerzeichen). Quelle: MacKay (2003)

*Verbundwahrscheinlichkeit*
Ein Verbundensemble $XY$ ist ein Ensemble, in dem jedes Ereignis ein geordnetes Paar $(x, y)$ darstellt, mit $x \in A_X = \{a_1, a_2, ..., a_I\}$ und $y \in A_Y = \{b_1, b_2, ..., b_J\}$. Wir nennen $P(x, y)$ die Verbundwahrscheinlichkeit von $x$ und $y$. In einer anschaulichen Interpretation bezeichnet die Verbundwahrscheinlichkeit die Wahrscheinlichkeit des gleichzeitigen Auftretens der Ereignisse $x$ und $y$ (oder alternativ das unmittelbare hintereinander stattfindende Auftreten dieser Ereignisse, wie im Beispiel der Abb. 90 verdeutlicht). In einem Verbundensemble $XY$ sind die zwei Variablen nicht notwendigerweise unabhängig.

*Grenzwahrscheinlichkeit*
Wir erhalten die „Grenzwahrscheinlichkeit" $P(x)$ aus der Verbundwahrscheinlichkeit $P(x, y)$ durch Aufsummieren über alle $y$:

$$P(x = a_i) \equiv \sum_{y \in A_Y} P(x = a_i, y), \tag{49}$$

oder für $P(y)$

$$P(y) = \sum_{x \in A_X} P(x, y). \tag{50}$$

*Bedingte Wahrscheinlichkeit*
Die bedingte Wahrscheinlichkeit bezeichnet die Auftrittswahrscheinlichkeit eines Ereignisses $x$ unter der Bedingung, dass ein anderes Ereignis $y$ ebenfalls eintritt (Voraussetzung $P(y) \neq 0$). Nehmen wir an, in einem Zufallsexperiment mit $n$ gleichmöglichen Fällen tritt

- in $i$ Fällen das Ereignis $x$ ein,
- in $j$ Fällen das Ereignis $y$ ein,
- in $k$ Fällen das Ereignis $(x, y)$ ein.

Unter Anwendung der Definition (46) erhalten wir

$$P(x) = \frac{i}{n} \qquad P(y) = \frac{j}{n} \qquad P(x, y) = \frac{k}{n}. \tag{51}$$

Wir wollen nun die Wahrscheinlichkeit für das Ereignis $x$ berechnen, unter alleiniger Betrachtung jener Fälle, in denen auch $y$ eintritt (es sei $P(y) \neq 0$). Diese Wahrscheinlichkeit bezeichnen wir mit dem Symbol $P(x|y)$. Unter der genannten Bedingung bleiben insgesamt nur noch $j$ mögliche Fälle übrig, nämlich alle jenen, in denen $y$ eintritt. Unter diesen sind $k$ („günstige") Fälle, in denen außer $y$ obendrein noch $x$ eintritt. Somit ergibt sich

$$P(x|y) = \frac{k}{j}. \tag{52}$$

Mit Gl. (51) folgt dann

$$\frac{k}{j} = \frac{k/n}{j/n} = \frac{P(x,y)}{P(y)},$$
(53)

oder ausführlicher

$$P(x = a_i \,|\, y = b_j) \equiv \frac{P(x = a_i \,, y = b_j)}{P(y = b_j)}.$$
(54)

*Produktregel*
Aus der Definition der bedingten Wahrscheinlichkeit lässt sich die Produkt- oder Kettenregel der Wahrscheinlichkeitsrechnung ableiten,

$$P(x,y\,|\,\wp) = P(x|y,\,\wp)P(y\,|\,\wp) = P(y|x,\,\wp)P(x\,|\,\wp).$$
(55)

Das Symbol $\wp$ in Gl. (55) stellt eine Randbedingung dar, innerhalb der die betreffenden Wahrscheinlichkeiten auftreten, es entspricht im vorliegenden Fall der Bedingung $x = a_i, y = b_j$.

*Summenregel*
Mit Gl. (49) und Gl. (54) erhalten wir die Summenregel

$$P(x\,|\,\wp) = \sum_y P(x,y\,|\,\wp) = \sum_y P(x|y,\,\wp)P(y\,|\,\wp),$$
(56)

und

$$P(y\,|\,\wp) = \sum_x P(x,y\,|\,\wp) = \sum_x P(y|x,\,\wp)P(x\,|\,\wp).$$
(57)

*Die Bayes-Formel*
Mit Hilfe der Produktregel (55) und der Summenregel (57) lässt sich das so genannte Bayes-Theorem entwickeln:

$$P(x|y,\,\wp) = \frac{P(y|x,\,\wp)P(x\,|\,\wp)}{P(y\,|\,\wp)} = \frac{P(y|x,\,\wp)P(x\,|\,\wp)}{\sum_x P(x,\,\wp)P(y|x,\,\wp)}.$$
(58)

Der Summenterm im Nenner der Gl. (58) läuft über alle möglichen Werte der Zufallsvariablen $x$.

Mit Hilfe des Bayes-Theorems können die Wahrscheinlichkeiten des Auftretens einer Wirkung $P(y = a)$ auf die Wahrscheinlichkeiten der möglichen Ursachen $P(x = b_1), P(x = b_2), \ldots$ zurückgeführt werden (Abb. 91). Voraussetzung ist, dass alle möglichen Ursachen berücksichtigt werden und dass die Ursachen nicht gleichzeitig zwei oder mehrere Ereigniswerte annehmen können (z. B. Störung tritt gleichzeitig auf und nicht auf).

Das Bayes-Theorem ist ein normatives Modell, das die Wahrscheinlichkeit des Zutreffens einer Hypothese nach Eintreten von Ereignissen wiedergibt, wenn die A-priori-Wahrscheinlichkeiten gegeben sind. Somit spielt Gl. (58) eine wichtige Rolle bei der Ermittlung von bedingten Wahrscheinlichkeiten $P(x|y)$ unter Kenntnis von A-priori-Wahrscheinlichkeit $P(x)$ und der bedingten Wahrscheinlichkeit $P(y|x)$.

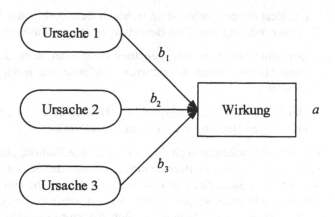

**Abb. 91:** Ursache-Wirkungs-Prinzip

Besteht das Ereignis $x$ lediglich aus zwei möglichen Zuständen („tritt ein", „tritt nicht ein"), so kann Gl. (58) unter Verwendung der Gegenwahrscheinlichkeiten $P(\bar{x})$ und $P(y|\bar{x})$ vereinfacht werden,

$$P(x|y) = \frac{P(y|x)P(x)}{P(y|x)P(x) + P(y|\bar{x})P(\bar{x})}. \tag{59}$$

Die Bayes-Formel kommt zur Anwendung, wenn *unsicheres* Wissen vorliegt und daraus gewisse Schlussfolgerung getroffen werden müssen. Dies soll an einem Beispiel aus der Automatisierungstechnik erläutert werden.

*Beispiel.* In einer prozessleittechnischen Anlage misst ein Sensor die Temperatur in einem Reaktorkessel. Ein sicherer Reaktorbetrieb sei im spezifizierten Temperaturbereich $[T_{min}, T_{max}]$ möglich. Der Sensor liefere nun ein Messsignal $T \notin [T_{min}, T_{max}]$. Dies kann folgende Ursachen haben:

- Der Reaktor ist tatsächlich außerhalb des sicheren Betriebsbereichs und der Sensor arbeitet einwandfrei.
- Der Reaktor arbeitet im sicheren Bereich, der Sensor ist defekt.
- Der Reaktor ist außerhalb des sicheren Bereichs *und* der Sensor ist defekt.

Bei Kenntnis einiger A-priori- und Verbundwahrscheinlichkeiten kann mit Hilfe der Bayes-Formel eine Aussage über die Wahrscheinlichkeit der „Richtigkeit" des Messsignals getroffen werden. Es seien folgende Wahrscheinlichkeiten definiert:

$P(x)$ ... Die Reaktortemperatur ist im sicheren Betriebsbereich $[T_{min}, T_{max}]$ (A-priori-Wahrscheinlichkeit), ungeachtet der Höhe des angezeigten Sensorsignals.

$P(\bar{x})$ ... Die Gegenwahrscheinlichkeit zu $P(x)$, d. h. die Reaktortemperatur ist *außerhalb* des sicheren Betriebsbereichs.

$P(x|y)$ ... Die Reaktortemperatur ist im sicheren Betriebsbereich, wenn der Sensor ordnungsgemäßen Betrieb anzeigt (gewünschter Fall).

$P(y|\bar{x})$ ... Der Sensor zeigt ordnungsgemäßen Betrieb an, wenn die Reaktortemperatur außerhalb des sicheren Betriebsbereichs liegt (z. B. Sensorstörung).

$P(y|x)$ ... Der Sensor zeigt ordnungsgemäßen Betrieb an und der Reaktor ist im sicheren Betriebsbereich (kein Fehlalarm).

Uns interessiert hier die Wahrscheinlichkeit $P(x|y)$, also jene Wahrscheinlichkeit, mit der der Reaktor tatsächlich im sicheren Bereich arbeitet, wenn der Sensor dies anzeigt. Das „unsichere Wissen" in diesem Beispiel lässt sich durch Angabe einiger der oben angeführten Wahrscheinlichkeiten verdeutlichen. So sei beispielsweise die Wahrscheinlichkeit des Auftretens einer ordnungsgemäßen Reaktortemperatur (prozessabhängig) gegeben durch $P(x) = 0,95 = 95\%$ und die Zuverlässigkeit des Sensors gegenüber Fehlalarm (herstellerabhängig) $P(y|x) = 0,99$. Die Wahrscheinlichkeit einer Sensorstörung (ausbleibender Alarm) sei $P(y|\bar{x}) = 0,02$. Dann ergibt sich $P(\bar{x})$ unmittelbar zu 0,05, und wir erhalten mit Gl. (59)

$$P(x|y) = \frac{0,99 \cdot 0,95}{0,99 \cdot 0,95 + 0,02 \cdot 0,05} = 0,9989 = 99,89\% \tag{60}$$

Zu beachten ist hier, dass in dieser Betrachtungsweise alle quantifizierten Systemeinflüsse enthalten sind – die Auftrittswahrscheinlichkeit einer prozessabhängigen Übertemperatur $P(\bar{x})$ sowie die sensorrelevanten Fehlalarm- und Ausfallswahrscheinlichkeiten $P(y|x)$ und $P(y|\bar{x})$.

### 3.1.4 Das Shannon'sche Informationsmodell

Die moderne Informatik baut auf der Informationstheorie von Claude Elwood Shannon auf (Shannon 1948). In seinem Informationsmodell werden Symbole von einem Sender zu einem Empfänger übertragen. Der beim Empfänger entstehende Informationsgewinn besteht in der Aufhebung von „Unsicherheit" durch das Erscheinen eines bestimmten Symbols und wird über die Auftrittswahrscheinlichkeit des Symbols gemessen. Der Sender verfügt über einen begrenzten Symbolvorrat, dessen Elemente nach und nach über den Kanal zum Empfänger gesendet werden. Die Symbole können aus Buchstaben, Zahlen oder binären Datengruppen bestehen. Zur Übertragung und Verarbeitung von kontinuierlich veränderlichen Signalen (Sprache, Musik, Bilder) kann man sich die Signale digitalisiert und in kleine Pakete zerlegt denken, die jeweils durch Codeworte beschrieben sind.

Die in der Automatisierungstechnik auftretenden Informationsflüsse können mit Hilfe der Shannon'sche Informationstheorie analysiert werden. Im Folgenden werden die Grundgedanken des zugehörigen Informationsmodells erläutert.

*Information als Aufhebung von Unsicherheit*

Die folgende Modellvorstellung geht von einer Informationsquelle (Sender), einem Transportmedium (Kanal) und einer Informationssenke (Empfänger) aus. In der Automatisierungstechnik sind das beispielsweise eine Steuerung (Sender), ein Bussystem (Kanal) und ein Aktor (Empfänger). Vor dem Eintreffen einer Nachricht (eines Symbols oder einer Symbolfolge) besteht beim Empfänger eine gewisse „Unsicherheit".

Stück für Stück treffen Symbole beim Empfänger ein. In Erwartung jedes neuen Symbols besteht beim Empfänger ein gewisses Maß an Unsicherheit, da die Symbolfolge nicht bekannt ist. Die Aufhebung dieser Unsicherheit führt im Shannon'schen Informationsmodell zum eigentlichen Begriff der Information. Dabei sind zwei wichtige Punkte zu beachten:

- Nicht das Resultat von kognitiven Interpretationen wird als Information bezeichnet – *Inhalt und Bedeutung von Symbolen spielen keine Rolle* –, sondern nur das Maß an aufgehobener Unsicherheit.
- „Unsicherheit" ist eine *mathematische Kenngröße*, die über Gl. (61) definiert ist.

Die Unsicherheit des Empfängers ist daher kein Resultat einer kognitiven Interpretation („Ist es *a* oder ist es *b*?"), sondern eine quantifizierbare Größe, die die Menge des Informationsgehalts einer Nachricht bestimmt.

Betrachten wir als Beispiel eine Maschine mit der Bezeichnung $M_0$, die durch ihre interne Informationsquelle eines von $m = 8$ verschiedenen Symbolen $\{A, B, C, D, E, F, G, H\}$ hervorbringen kann (Abb. 92). Die Übertragungsverhältnisse seien „ideal", d. h. die von der Informationsquelle stammende Informationsmenge $I(s)$ sei gleich der am Empfänger ankommenden Informationsmenge $I(e)$. Der Ausdruck $I_s(e)$ bezeichnet den am Empfänger ankommenden Teil der Information $I$, die auch tatsächlich vom Sender stammt. Da keine weiteren Störquellen vorhanden sind, gilt $I(s) = I_s(e) = I(e)$. Wir nehmen weiters an, die Ausgabe der Maschine wäre vom Zufall bestimmt. In diesem Fall entsteht ein fortlaufender stochastischer Strom von Symbolen, die über einen Kanal $k$ zum Empfänger $e$ gesendet werden.

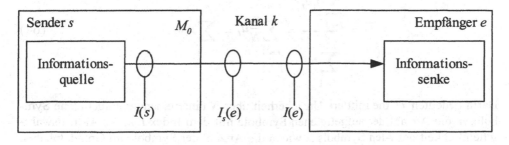

**Abb. 92:** Vereinfachtes Sender-Empfänger-Modell

Während der Empfänger $e$ auf ein neues Symbol wartet, besteht eine gewisse „Unsicherheit" (im Beispiel von 1 aus 8), da seitens des Empfängers die Symbolfolge nicht vorhersehbar ist. Bei einem Alphabet von $m$ Symbolen ergibt sich nach Shannon definitionsgemäß die Unsicherheit $U$ vor dem Auftreten eines Symbols zu

$$U = \log_2 m, \tag{61}$$

bei acht Symbolen also $U_8 = \log_2 8 = 3$ Bit (die Wahl der Basis 2 des Logarithmus führt zur Verwendung der Einheit „Bit"). Die Unsicherheit vor dem Auftreten eines Symbols kehrt sich in die so genannte „Überraschung" um, nachdem das Symbol erscheint. Die „Überraschung" wird umso größer sein, je seltener ein Symbol auftritt. Zur Definition der Überraschung müssen wir also auf die Auftrittswahrscheinlichkeiten der Symbole eingehen.

Die nachfolgenden Überlegungen gelten für *abgeschlossene* Automaten, die durch folgende Einschränkung gekennzeichnet sind: Es können nur die im Grundalphabet vorhandenen Symbole am Ausgang erscheinen. Mit der Auftrittswahrscheinlichkeit $p_i$ für das $i$-te Symbol muss also für Abgeschlossenheit gelten

$$\sum_{i=1}^{m} p_i = 1. \tag{62}$$

Die Summe aller Teil-Auftrittswahrscheinlichkeiten der Symbole ist also für abgeschlossene Automaten gleich 1. Die Überraschung $u_i$ beim Auftreten des $i$-ten Symbols an der Maschine ist nach Tribus (1961)

$$u_i = -\log_2 p_i. \tag{63}$$

Die Bedeutung von Gl. (63) lässt sich auch intuitiv erfassen: Je kleiner die Auftrittswahrscheinlichkeit eines Symbols ist, desto größer ist die Überraschung bei seinem Auftreten. Für den Fall $p_i = 1$ ergibt sich die Überraschung 0, da stets das gleiche Symbol auftritt. Shannon versucht nun, den Informationsgehalt einer Nachricht (eines Symbolstroms) über die mittlere Unsicherheit zu definieren, die durch das Auftreten von insgesamt $N$ Symbolen aufgehoben wurde und erhält

$$\bar{U} = \frac{\sum_{i=1}^{m} n_i u_i}{\sum_{i=1}^{m} n_i} = \sum_{i=1}^{m} \frac{n_i}{N} u_i = \sum_{i=1}^{m} p_i u_i. \tag{64}$$

Darin bedeuten $\bar{U}$ die mittlere Unsicherheit über $N$ hintereinander aufgetretene Symbole, $n_i$ die Anzahl der aufgetretenen Symbole mit dem Index $i$, $p_i$ die Auftrittswahrscheinlichkeit des $i$-ten Symbols sowie $m$ die Anzahl der Symbole im Grundalphabet. Setzen wir (63) in (64) ein, so erhalten wir

$$\overline{U} = H = -\sum_{i=1}^{m} p_i \log_2 p_i, \tag{65}$$

und damit die *Informationsentropie H*, die im Shannon'schen Informationsmodell ein Maß für die Informationsmenge eines Symbolstroms ist. Wie wir sehen, hängt dieses quantitative Maß nur von den Auftrittswahrscheinlichkeiten der Symbole und von deren Anzahl im Grundalphabet ab, nicht jedoch von der Art oder vom „Inhalt" der Symbole.

Treten alle *m* Symbole mit gleicher Wahrscheinlichkeit auf, so vereinfacht sich (65) zu

$$\overline{U} = H = -\sum_{i=1}^{m} \frac{1}{m} \log_2 \frac{1}{m} = -\log_2 \frac{1}{m} = \log_2 m. \tag{66}$$

Der Informationsgehalt eines Symbolstroms (d. h. seine Informationsentropie *H*) erreicht ein Maximum, wenn alle Symbole mit der gleichen Wahrscheinlichkeit auftreten (hier ohne Beweis).

Der Begriff Entropie stammt ursprünglich aus der Physik, und zwar aus den Bereichen Wärmelehre und Thermodynamik. Entropie ist dort ein Maß für die Möglichkeit eines natürlichen Prozesses. Im zweiten Hauptsatzes der Wärmelehre wird die Entropie als Zustandsgröße eines thermodynamischen Systems definiert. Man bestimmt sie, indem man das System reversibel von einem Zustand A in einen Zustand B überführt und dabei die schrittweise zugeführten Wärmemengen $Q_i$ und Temperaturen $T_i$ misst. Die Summe der Quotienten $Q_i/T_i$ liefert die auf einen bestimmten Grundwert bezogene Entropie. Bei reversiblen (umkehrbaren) thermodynamischen Prozessen ist die Entropieänderung somit gleich dem Quotienten $Q_i/T_i$, bei irreversiblen Prozessen größer. Vorgänge, bei denen sie kleiner als $Q_i/T_i$ ist, kann es in der Natur nicht geben.

Die statistische Thermodynamik (Ludwig Boltzmann um 1877) liefert einen sehr anschaulichen Ausdruck für die Entropie, der vermutlich für die informationstheoretische Namensgebung Pate stand. Dort ist die Entropie proportional zum Logarithmus der Wahrscheinlichkeit des thermodynamischen Zustands. Die in einem abgeschlossenen natürlichen System ablaufenden irreversiblen Zustandsänderungen verlaufen demnach in Richtung wachsender Wahrscheinlichkeiten, bis der Prozess schließlich im Gleichgewicht, also im Zustand maximaler Wahrscheinlichkeit endet. Obwohl es in Thermodynamik und Informationstheorie gewisse Analogien in der Vorstellung von Entropie gibt, müssen ihre Bedeutungen sorgfältig auseinander gehalten werden.

*Erweiterte Entropiemaße*
Im Informationsmodell nach Shannon stellt die Entropie *H* nach (65) ein Maß für die Informationsmenge dar. Die Entropie von mehreren statistisch unabhängigen Zufallsvariablen lässt sich additiv bestimmen:

$$H(X, Y) = H(X) + H(Y) \text{ dann und nur dann, wenn } P(x, y) = P(x)P(y). \tag{67}$$

Für die *Verbundentropie* gilt

$$H(X, Y) = \sum_{xy \in A_X A_Y} P(x, y) \log \frac{1}{P(x, y)} . \tag{68}$$

Die bedingte Entropie für $X$ unter der Voraussetzung $y = b_k$ ist die Entropie der Wahrscheinlichkeitsverteilung $P(x|y = b_k)$,

$$H(X|y = b_k) \equiv \sum_{x \in A_X} P(x|y = b_k) \log \frac{1}{P(x|y = b_k)} . \tag{69}$$

Die *bedingte Entropie* $H(X|Y)$ ist definiert als

$$H(X|Y) \equiv \sum_{y \in A_Y} P(y) \left[ \sum_{x \in A_X} P(x|y) \log \frac{1}{P(x|y)} \right]$$
$$= \sum_{xy \in A_X A_Y} P(x, y) \log \frac{1}{P(x|y)} \tag{70}$$

Mit Gl. (70) wird die mittlere Unsicherheit gemessen, die über die Zufallsvariable $x$ verbleibt, vorausgesetzt, $y$ ist bekannt.

Die Entropie, Verbundentropie und die bedingte Entropie sind folgendermaßen verknüpft:

$$H(X, Y) = H(X) + H(Y|X) = H(Y) + H(X|Y) . \tag{71}$$

Die *wechselseitige Information*, definiert durch

$$I(X;Y) \equiv H(X) - H(X|Y) , \tag{72}$$

gibt jene Informationsmenge (Entropie) an, die $x$ bereits über $y$ enthält. Anders formuliert, misst die wechselseitige Information $I(X;Y)$ die durchschnittliche *Reduktion* der Unsicherheit über $x$, die durch Kenntnis von $y$ entsteht.

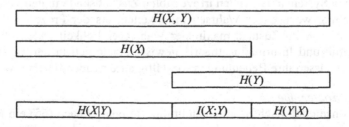

**Abb. 93:** Quantitativer Zusammenhang zwischen den erweiterten Entropiemaßen

Die in den Gln. (71) und (72) definierten erweiterten Entropiemaße lassen sich in einem Mengendiagramm veranschaulichen, das die entsprechenden Informationsmengen als Balken darstellt (Abb. 93). Diese Zusammenhänge dienen zur Plausibilisierung der folgenden Betrachtung der störungsbehafteten Informationsübertragung.

### 3.1.5 Informationsübertragung in störungsbehafteten Systemen

In der technischen Realität treten bei der Übertragung von Information Störungen auf. An dieser Stelle sollen zwei Arten von Störungen diskutiert werden, und zwar die „Verdeckung $V$" von Symbolen innerhalb des Senders und ein „Rauschen $R$", das sich als (unerwünschte, stochastische) Zusatzinformation der Nutzinformation überlagert (Abb. 94).

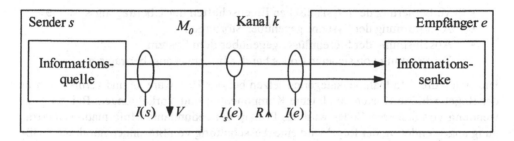

**Abb. 94:** Gestörte Informationsübertragung

Unter *Verdeckung* wollen wir jenen Effekt verstehen, bei dem bestimmte Symbole des Grundalphabets den Sender gar nicht verlassen können. Ein Beispiel aus der Automatisierungstechnik ist die Übertragung auf einem parallelen Bus, bei dem ein Leitungstreiber im Sender defekt ist. Die entsprechende Leitung wird stets auf logisch „0" liegen bleiben, mit der Konsequenz, dass gewisse Bitmuster nicht übertragen werden können.

Ein Beispiel für die Störung durch *Rauschen* sind Übersprech-Effekte auf ungenügend geschirmten Leitungen oder einfach eine „kalte Lötstelle", die stochastische Veränderungen der Signalübertragung bewirken. Vergleichen wir nun die erweiterten Entropiemaße aus Abb. 93 mit den Informationsentropien aus Abb. 94, so können wir folgende Übereinstimmungen finden:

$$H(X|Y) = V \tag{73}$$

$$H(Y|X) = R \tag{74}$$

$$I(s) = H(X) \tag{75}$$

$$I(e) = H(Y) \tag{76}$$

$$I_s(e) = I(X;Y) \tag{77}$$

Diese Identitäten kann der Leser durch Aufstellung der Bilanzen

$$I(s) - V = I_s(e)$$

und

$$I_s(e) + R = I(e)$$

durch den Vergleich mit den Gln. (71) und (72) leicht nachvollziehen.

*Redundanz und Übertragungssicherheit*

Technische Abhilfemaßnahmen gegen Übertragungsstörungen können an verschiedenen Stellen im System ansetzen:

- Verbesserung der physikalischen Eigenschaften der Übertragungssysteme
- Abschirmung der Systeme gegenüber Störungen
- Abschirmung der Störeinflüsse gegenüber dem System
- Verwendung von sicheren Codes bei der Informationsübertragung

Die ersten drei Maßnahmenkategorien setzen bei der Hardware an und verursachen in der Regel erhöhte Kosten durch teure Komponenten und Vorkehrungen. Bei der Verwendung von sicheren Codes wird das Prinzip der redundanten Informationsübertragung angewendet. In der Regel wird eine Ausschaltung von Störungen nur durch Maßnahmen in allen vier Bereichen zu bewerkstelligen sein. Im Folgenden soll kurz das Prinzip der Informationsredundanz diskutiert werden.

*Quellen-Codierung*

Zur digitalen Übertragung von Symbolen („Quelle") über technische Leitungen werden die Symbole in Binärcodes umgesetzt. Wir wählen folgende Terminologie: $A^N$ sei eine Menge von geordneten $N$-Tupeln der Elemente der Menge $A$, also die Menge der Zeichenketten mit der Länge $N$. $A^+$ bezeichnet die Menge aller Zeichenketten mit endlicher Länge die aus den Elementen der Menge $A$ bestehen. Beispiel:

$$\{0, 1\}^3 = \{000, 001, 010, 011, 100, 101, 110, 111\}$$

$$\{0, 1\}^+ = \{0, 1, 00, 01, 000, 001, \dots\}$$

Ein binärer Symbolcode $C$ für ein Ensemble $X$ ist dann eine Abbildung des Bereichs für $x$, $A_X = \{a_1, a_2, \dots, a_I\}$ auf $\{0, 1\}^+$. Das Codewort $c(x)$ ist Repräsentant des Symbols $x$. $l(x)$ ist dann die Länge des Codeworts für $x$, und es gilt $l_i = l(a_i)$. Ein Beispiel zeigt die Tabelle 10.

Die Wahl der Quellencodierung hat großen Einfluss auf die Art, Effizienz und Sicherheit der Informationsübertragung. Die Tabelle 11 zeigt ein Beispiel einer gestörten Informationsübertragung, Störungen sind durch fette Schriftart gekennzeichnet.

Bei einfachen Störungen (im Falle des Symbols „B" wird eine „0" zu „1") kann in diesem Beispiel zumindest der Sachverhalt der Störung aufgedeckt werden, da ein

Codewort „0011" im System nicht definiert ist. Bei Störungen an zwei Stellen im Codewort kommt es zu falschen Daten im Empfänger („D" wird zu „C").

**Tabelle 10:** Beispiel einer Code-Tabelle

| Element des Alphabets $a_i$ | Zugehöriges Codewort $c(a_i)$ | Länge des Codeworts $l_i$ |
|---|---|---|
| A | 0001 | 4 |
| B | 0010 | 4 |
| C | 0100 | 4 |
| D | 1000 | 4 |

**Tabelle 11:** Gestörte Informationsübertragung

| | Symbol $x$ | A | B | D | C |
|---|---|---|---|---|---|
| Sender-seitig | $c(x)$ | 0001 | 0010 | 1000 | 0100 |
| Empfänger-seitig | $\tilde{c}(x)$ | 0001 | **0011** | **0100** | 0100 |
| | Symbol $\tilde{x}$ | A | ? | C | C |

*Repititionscodes*
Die einfachste Methode besteht in der systematischen (mehrfachen) Wiederholung der einzelnen Datenbits (Repetitionscode). Anstelle von

$$1\ 0\ 1\ 0\ 0\ 0\ 1\ 0\ 1$$

wird dann beispielsweise

$$111\ 000\ 111\ 000\ 000\ 000\ 111\ 000\ 111$$

übertragen. Der dargestellte Code mit dreifacher Wiederholung der Datenbits wird als $R3$-Code bezeichnet. Die Nachricht wird dadurch dreimal so lang, die Kanalkapazität sinkt auf ein Drittel. Die erhöhte Sicherheit muss durch eine schlechtere Ausnützung des Übertragungskanals erkauft werden. Tritt maximal ein Fehler pro Dreiergruppe auf, kann die ursprüngliche Information wiederhergestellt werden. Zwei Fehler pro Gruppe ermöglichen noch immer die Feststellung eines Fehlers ohne Korrekturmöglichkeit, bei höherer Fehlerzahl versagt die Methode.

*Alternative redundante Codierungsmethoden*

Heute sind eine Vielzahl von Codierungsmethoden bekannt, die ein ausgewogenes Verhältnis von Störsicherheit zu Kanalbelastung bieten. Ein Beispiel dafür sind die so genannten Hamming-Codes (z. B. Hamming 1986), deren einzelne Worte sich in möglichst vielen binären Stellen voneinander unterscheiden. Der (7,4)-Hamming-Code transformiert die vierstellige Binärzahl 1100 in die siebenstellige Binärzahl 1100011. Alle Codewörter unterscheiden sich in mindestens drei Bits, wodurch „ungültige" Wörter mit höherem Sicherheitsabstand erkannt werden können. Auch hier verursacht die Erhöhung der Übertragungssicherheit eine Verringerung der nutzbaren Kanalkapazität. Wenn auch die Fehlerwahrscheinlichkeit mit dem fünffachen Wiederholungscode R5 auf 1 % gesenkt werden kann, so sind doch die „Kosten" für die Übertragung wegen Verringerung der Übertragungsrate auf das Fünffache gestiegen. Der (7,4)-Hamming-Code stellt einen möglichen Kompromiss zwischen Schnelligkeit und Sicherheit dar.

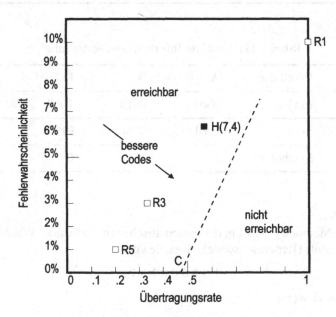

**Abb. 95:** Fehlerwahrscheinlichkeit und Übertragungsrate für redundante Symbolcodes nach dem Shannon-Theorem nach MacKay (2003)

Nach dem Shannon-Theorem existiert eine (mathematisch beweisbare) Obergrenze der Effizienz, die in Abb. 95 durch eine strichlierte Linie angedeutet ist. Es sind nur Codes mit Leistungsmerkmalen linksseitig der Grenzlinie realisierbar. Der „optimale Code" liegt demnach beim Punkt C, wo die Fehlerwahrscheinlichkeit gegen null geht, ohne dass die Übertragungsrate gleichfalls zu null verschwindet. Diese Aussage liefert das Shannon-Theorem. Es vermag jedoch nicht anzugeben, wie ein solcher Code beschaffen sein muss.

### 3.1.6  Informationstheoretische Deutung von Informationsverarbeitung

In den bisherigen Betrachtungen wurde Information als aufgehobene Unsicherheit definiert. Die dabei auftretenden Informationsflüsse von Sender zu Empfänger bestehen aus Symbolen, die an sich noch keinen Bedeutungsinhalt tragen. Die Entropie als Maß für den Informationsgehalt hängt nur von den statistischen Eigenschaften der Ereignisse ab, die den Symbolstrom produzieren.

Umgangssprachlich verwenden wir den Begriff *Information* jedoch für etwas, das mit *geistiger Erkenntnis* zu tun hat. Information hat Wert und Nutzen, kann interpretiert werden. Um diesen Aspekt von Information näher zu beleuchten, müssen wir uns mit den Prozessen im *Empfänger* näher auseinander setzen. Offensichtlich entsteht Sinn und Bedeutung einer Information erst durch Interpretation beim Empfänger.

Das Kap. 5 befasst sich eingehend mit den Methoden der kognitiven Informationsverarbeitung in der Automation. Schwerpunkte dieses Fachgebiets mit industriellen Anwendungen sind die Bildverarbeitung (Objekterkennung, Bewegungserkennung etc.), Methoden des Soft-Computing (neuronale Netze, wissensbasierte Systeme, Fuzzy-Logic) und autonome verteilte intelligente Systeme.

## 3.2  Elemente der Informationsverarbeitung

In Kap. 1 und 2 wurden die grundlegenden Architekturen von Automatisierungssystemen und ihre Komponenten besprochen. Information, wie sie in Form von physikalischen Prozesssignalen vorliegt, wird über Sensoren in elektrische Signale umgewandelt. Diese Signale gelangen über Leitungen (bzw. über Bussysteme) zu den Empfängern (Informationsverarbeitungseinheiten wie Industrie-PCs, Speicherprogrammierbare Steuerungen etc.). Dabei gelten die in Abschn. 3.1 erläuterten Zusammenhänge in Bezug auf die Informationsflüsse zwischen Sender- und Empfängersystemen. In den folgenden Abschnitten werden einige grundlegende Überlegungen zu Hard- und Software von Automatisierungssystemen angestellt.

### 3.2.1  Strukturierung komplexer Informationsverarbeitungssysteme

Ein Automations- oder Prozessleitsystem ist ein komplexes Gebilde. Es besteht aus Objekten, die verschiedenen Klassen angehören. Zu den Klassen zählen beispielsweise *Hardware, Software, Betriebssystem, Anwendung, Datenbank* etc. Die Komplexität führt dazu, dass ein System oft nur aus verschiedenen Blickwinkeln heraus einfach zu beschreiben ist. Dennoch müssen bei einer Analyse alle Aspekte eines Systems zugänglich sein. Eine sehr anschauliche Systembeschreibung kann auf der Basis des Bausteinmodells durchgeführt werden (Polke 1994). Demnach besteht eine Systemeinheit (großer Rahmen um die Elemente in Abb. 96) aus disjunkten Elementen und Verbindungen sowie Systemein- und -ausgängen. Dieses Bausteinmodell ist allgemein anwendbar, sei es für mechanische, elektrische, verfahrenstechnische Einheiten sowie für Softwaresysteme. Die zwischen den Elementen etablierten Verbindungen verknüpfen die Elemente nach dem Kausalprinzip (einem Prinzip, nach dem auf eine Ursache eine Wirkung folgt). Das Modell hat also ablauftechnische Qualitäten.

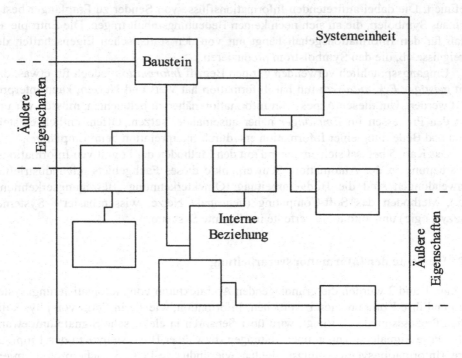

**Abb. 96:** Das Bausteinmodell

Nach dem Schachtelprinzip steht jedes Element, das in einer Systemeinheit verwendet wird, dieser Systemeinheit vollständig und exklusiv zur Verfügung. Es ist sozusagen „eingebaut" und daher außen nicht mehr sichtbar. Auf diese Art kann Komplexität „verborgen" werden.

*Funktionen und Rollen*
Die Funktion eines Objekts gibt Auskunft über dessen Verhalten in Hinblick auf äußere oder inneren Zustandsänderungen in Abhängigkeit von (statischen oder dynamischen) Systemgrößen. Die Rolle (Funktion) eines PID-Reglers beispielsweise ist es, Stellgrößen zu erzeugen, die eine Regelstrecke in einen bestimmten Zustand versetzen. Typischerweise ist dieser Zielzustand die Übereinstimmung des Ausgangssignals der Strecke mit dem vorgegebenen Sollwert. Die Rolle (Funktion) eines Elements ist eine abstrakte Größe. Sie kann auf verschiedene Arten beschrieben werden. Das im Abschn. 2.5.2 erläuterte Funktionsblockmodell kann als anschauliches Beispiel angesehen werden.

Funktionen und Rollen können ihrerseits wieder geschachtelt werden und entsprechen so in ihrem Aufbau dem Bausteinsystem.

*Akteure und Abwicklungseinheiten*

Im Gegensatz zur Rolle (Funktion) eines Bausteins ist die Abwicklungseinheit sein konkretes Gegenstück, z. B. der physische Regler (mit Gehäuse, Signalanschlüssen, Stromversorgung etc.), oder ein bestimmtes Softwaremodul, das in einem Prozessor abläuft. Die Ein- und Ausgänge des Systemelements „Softwaremodul" sind beispielsweise die *Methoden* (Nachrichten) in der Welt der objektorientierten Softwareentwicklung bzw. die Parameter und Rückgabewerte im Rahmen von Funktionsaufrufen.

Abwicklungssysteme haben meist einen hierarchischen Aufbau. Polke (1994) stellt ein typisches leittechnisches System in vier Ebenen dar:

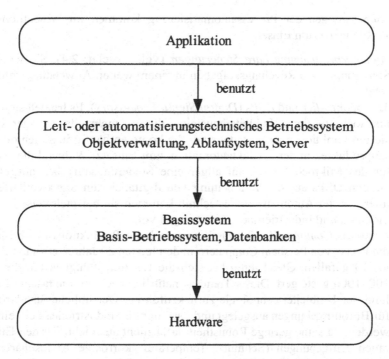

**Abb. 97:** Hierarchie von Akteuren (Abwicklungssystemen) nach Polke (1994)

## 3.2.2 Computer für die Automatisierungs- und Prozessleittechnik

Moderne Computer für die Prozessautomatisierung sind frei programmierbare Digitalrechner, die im Allgemeinen drei wesentliche Eigenschaften aufweisen müssen (vgl. Lauber und Göhner 1999a):

- *Echtzeitfähigkeit*, d. h. Prozessdaten zeitgerecht zu erfassen, zu verarbeiten und das Verarbeitungsergebnis weiterzuleiten. Die Echtzeitfähigkeit einer Komponente garantiert die Bearbeitung einer Aufgabe innerhalb eines definierten zeitlichen Rahmens. Dies kann im Fall einer Steuerung die garantierte Übermittlung einer Information oder im Falle eines Betriebssystems die Antwort eines Tasks auf bestimmte aktionsauslösende Ereignisse innerhalb der definierten maximalen Latenzzeit sein.

- *Vorhandensein von geeigneten Interfaces zu Prozesssignalen*, d. h. Signalein- und -ausgänge, Anschlussmöglichkeiten für Bussysteme etc.
- *Verarbeitungsmöglichkeit auf der Bitebene.* Diese Eigenschaft ist vor allem bei prozessnahen Komponenten (PNKs) in Steuerungsanwendungen erforderlich, wo einzelne Schalterstellungen abgefragt und Aktoren ein- und ausgeschaltet werden müssen.

In modernen Anlagen der Prozessautomatisierung kommen im Wesentlichen vier Typen von Rechnern zum Einsatz.

- *Speicherprogrammierbare Steuerungen* (vgl. Abschn. 2.4). Sie werden für Steuerungs- und Regelungsaufgaben in einem weiten Anwendungsfeld eingesetzt.
- *Mikrocontroller* und *DSPs* (*Digital Signal Processors*). Es handelt sich hierbei um hochintegrierte Halbleiterbausteine, die mit mehr oder weniger spezialisierten Funktionen ausgestattet sind. Sie kommen häufig in Serien oder Massenprodukten in der Produktautomation zum Einsatz. Während die Architektur des Mikrocontrollers auf allgemeine Steuerungsaufgaben ausgelegt ist, werden DSPs auf die Verarbeitung von digitalisierten Signalverläufen optimiert. In der Automatisierungstechnik kommen sie beispielsweise in Reglermodulen und Industrierobotersteuerungen vor.
- *Personal Computer* (*PC*). Durch extrem hohe Produktionsstückzahlen sind die Preise von Personal Computern in den letzten 20 Jahren etwa um den Faktor 10 gefallen. Gleichzeitig hat sich die Leistungsfähigkeit um den Faktor 100–1000 gesteigert. Dieser Trend ist natürlich auch auf die rasante Entwicklung der Halbleitertechnologie zurückzuführen. Der übliche Standard-PC ist für Büroumgebungen ausgelegt und darf nicht im industriellen Feld eingesetzt werden, da seine geringe Robustheit dafür nicht ausreicht. Für den Einsatz in rauen Umgebungen (Schmutz, Temperatur, korrosive Atmosphären, hohe Luftfeuchtigkeit, Erschütterungen) sind speziell entwickelte *Industrie-PCs* vorgesehen. Sie haben einen mechanisch besonders robusten Aufbau, verzichten auf Komponenten mit sensiblen Eigenschaften (z. B. mechanische Lüfter) und werden in staub- und feuchtigkeitsfesten Kapselungen angeboten. Auch bei der Wahl des Betriebssystems muss auf industrielle Gegebenheiten eingegangen werden. Oft kommen Spezialbetriebssysteme zum Einsatz, die aufgrund ihres einfacheren Aufbaus weniger Systemressourcen benötigen und stabiler laufen als kommerzielle Betriebssysteme für Office-PCs. Letztlich ist die Versorgung von Ersatzbauteilen über einen längeren Zeitraum hinweg zu beachten. Dies ist wichtig, da der Industrie-PC in einem Automatisierungssystem in der Regel 3- bis 5-mal so lange eingesetzt wird wie ein Büro-PC. Die rasche Entwicklung auf dem Sektor der Halbleitertechnik bringt es mit sich,

dass Prozessorgenerationen bereits jährlich wechseln. Für den Industrie-PC wäre ein derartiges Lifecycle-Management nicht tragbar.

- *Prozessleitsysteme* (*PLS*). Hierbei handelt es sich um große verteilte technische Rechnersysteme für große Anlagen der Verfahrens- und Energietechnik. Die Hersteller der Systeme (z. B. Siemens, Honeywell, ABB) statten die Leitrechner bereits mit universellen Programmbausteinen aus, die fast alle nötigen Grundfunktionen enthalten (Regelung, Steuerung, Überwachung, Anzeige, Bedienung, Protokollierung, Visualisierung von Anlagenzuständen etc.). Der Anwender verbindet dann die Programmbausteine und konfiguriert damit sein Leitsystem. Eine freie Programmierung von PLS ist in der Regel nicht nötig. Oft werden Prozessleitsysteme mit den wesentlich preisgünstigeren SPS-Systemen kombiniert, um im feldnahen Bereich Kosten zu sparen.

## 3.2.3 Programmiersprachen

Sprache dient der Kommunikation. Im Falle der natürlichen Sprachen ist das die Verständigung zwischen Menschen. Programmiersprachen nehmen hier insofern eine Ausnahmestellung ein, als der Informationstransfer einseitig zwischen Mensch und Maschine erfolgt. Die Klassifikation von Programmiersprachen kann etwa nach folgenden Gesichtspunkten vorgenommen werden:

- Programmierparadigma
- Notation
- Sprachhöhe

*Programmierparadigma*
Der Grund für den generellen Einsatz von Programmiersprachen liegt beim Menschen selbst: Computerprogramme haben (mit Ausnahme von Spezialfällen) eine zu hohe Komplexität, als dass sie der Mensch direkt auf Maschinenebene entwickelt könnte. Programmiersprachen sollen dem Menschen helfen, das funktionale Konzept eines Software-Elements so zu strukturieren, dass einerseits die Komplexität überschaubar bleibt, andererseits eine automatische Übersetzung in möglichst effizienten Maschinencode erfolgen kann. Die Übersetzung erfolgt durch Compiler/Linker oder Interpreter, das sind spezielle, für diesen Zweck entwickelte Softwarewerkzeuge.

Das Konzept einer Programmiersprache entscheidet über die Darstellungsmöglichkeiten der Problemformulierung bei der Softwareentwicklung. Wir können folgende grundlegende Sprachparadigmen unterscheiden:

- *Imperative Sprachen*. Die Problemformulierung erfolgt durch Angabe einer Sequenz von Befehlen, die zur Lösung des Problems nötig sind. Bekannte Vertreter sind beispielsweise C, C++, Basic, Java.
- *Deklarative Sprachen*. Hier erfolgt die Problembeschreibung durch Formulierung des Problems ohne Angabe des Lösungswegs. Die Struktur der Programmiersprache und die Funktionalität des Compilers/Interpreters ist darauf hin ausgelegt, dass die Problemlösung durch Abarbeitung des Programms selbst entsteht. Beispielsweise Vertreter sind LISP und PROLOG.

- *Konkurrente Sprachen.* Zur Programmierung von Computern mit massiver Parallelverarbeitung (Parallelrechner mit einer hohen Anzahl von gleichzeitig arbeitenden Prozessoren) werden eigene Sprachstrukturen eingesetzt, die eine möglichst effiziente Steuerung der Aufteilung der Rechenleistung auf die Prozessoren durch den Programmierer ermöglichen. Als Beispiel sei die Sprache Ada genannt.

Unabhängig vom Grundparadigma einer Programmiersprache lassen sich weitere Klassen in Hinblick auf die verwendeten Programmstrukturen bilden. So unterscheiden wir beispielsweise

- *prozedurale* Sprachen (C, C++, Basic, FORTRAN, Delphi, Java etc.), die schachtelbare Prozeduren unterstützen,
- *funktionale* Sprachen (LISP), deren Grundstrukturen Funktionen sind,
- *logische* Sprachen (PROLOG), die ein logisches Kalkül wie die Prädikatenlogik als Basis verwenden und
- *objektorientierte* Sprachen (C++, Java, Smalltalk, Eiffel etc.).

Das heute weitverbreiteste Programmierparadigma bedient sich der *objektorientierten imperativen* Sprachen.

## Notation

Textuelle Sprachen können als Anreihung von Symbolen (Buchstaben, Ziffern und Sonderzeichen) angesehen werden. In der Automatisierungstechnik treffen wir hier als Beispiel häufig die SPS-Anweisungsliste an. Natürlich gehören C, C++, Java etc. ebenfalls zu den textuellen Sprachen.

Im Gegensatz dazu bauen graphische Sprachen auf Bildelementen auf, die in der Regel durch Verbindungselemente zu Ablaufnetzen verbunden werden. Der SPS-Kontaktplan ist ein Beispiel dafür.

## Sprachhöhe

Maschinennahe Sprachen sind strukturell so beschaffen, dass der Code entweder direkt am Prozessor ablaufen kann oder zumindest eine möglichst direkte Übersetzung in ablauffähigen Maschinencode möglich ist (Mikroprogrammsprachen, Maschinensprachen, Assemblersprachen). Als Gegenpol sind höhere anwendungsspezifische Programmiersprachen oder Programmgeneratoren anzuführen, die den Menschen durch ihre sprachlichen Elemente bei der Problemformulierung unterstützen.

*Mikroprogramme*, die den Ablauf von Maschinenbefehlen steuern, werden auch als *Firmware* bezeichnet. Sie sind zumeist in Festwertspeichern (ROM) abgelegt und damit der freien Programmierbarkeit durch den Anwender nicht zugänglich.

Bei *Maschinensprachen* sind die Daten und Operatoren in Bit- und Bytecodes abgelegt. Automatisierungscomputer können diesen Code direkt interpretieren und ausführen. Zur übersichtlicheren Darstellung für den Menschen wird häufig das *oktale* oder *hexadezimale* Zahlensystem verwendet. Maschinencode kann direkt für den verwendeten Prozessor optimiert werden, was eine hohe Ausführungsgeschwindigkeit zur Folge hat.

*Assembler-* und *Makroassemblersprachen* gehören zu den maschinennahen Sprachen. Bit- oder Bytesequenzen der Maschinensprachen werden durch einen für den Menschen besser lesbaren Mnemocode ersetzt. Außerdem ist die Angabe von symbolischen Adressen und Labels möglich. Die Struktur des Maschinensprachenprogramms wird dadurch nicht verändert. Makros sind Abkürzungen für bestimmte Befehlsfolgen. Sie müssen vor ihrer Verwendung im Programm durch den Programmierer definiert werden.

*Universelle Programmiersprachen* sollen die Lücke zwischen den maschinennahen und den höheren Programmiersprachen schließen helfen. C als (niedere) universelle Sprache erlaubt einerseits die Programmierung auf Adressebene (Pointer!) und ermöglicht andererseits Programmcode hierarchisch zu strukturieren und zu verkapseln. Dadurch wird die Programmierung von komplexen Softwaremodulen vereinfacht.

Bei den *höheren universellen Sprachen* (PASCAL, Ada) liegt der Fokus nicht so sehr auf der Erzeugung eines hocheffizienten, schnellen Maschinencodes, sondern auf der Unterstützung des Programmierers bei der Problem- und Lösungsformulierung. Auch die heute sehr weit verbreitete objektorientiert Sprache C++ wird zu den *höheren Programmiersprachen* gezählt. Sehr komfortable Entwicklungsumgebungen und umfangreiche Klassenbibliotheken unterstützen die rasche Entwicklung von kommerziellen und technischen Anwendungen. Java ist speziell für die Anwendungen im Web und für die plattformübergreifende Softwareerstellung entwickelt worden. Es enthält einige wesentliche Konzepte von C++ und kann auch als höhere Programmiersprache angesehen werden.

*Anwendungsspezifische Programmiersprachen* sind auf ein bestimmtes Anwendungsfeld zugeschnitten. Als Beispiel aus der Automatisierungstechnik sei hier wieder auf die Anweisungsliste (AWL), den Koppelplan (KOP) und den Funktionsplan (FUP) verwiesen. Auch Sprachen für CNC-Maschinen fallen in diese Kategorie.

Sprachen für *Programmgeneratoren* können als Meta-Programmiersprachen bezeichnet werden. Die Aufgabe der Generatoren ist es, Source-Code auf der Basis einer Problemspezifikation zu erzeugen. Beispiele aus der Unix-Welt sind die Programmgeneratoren LEX und YACC. Sie erzeugen Source-Code für Compiler auf der Basis einer Sprachspezifikation. Mit ihrer Hilfe kann die Entwicklung von neuen Sprachcompilern und Sprachinterpretern wesentlich beschleunigt werden.

Auch Programmgeneratoren für SPS-Programme werden von verschiedenen Herstellern angeboten. So können Standard-Steuerungsprobleme (meist mit Hilfe einer ausgeklügelten graphischen Benutzeroberfläche) innerhalb kurzer Zeit in SPS-Programme übersetzt werden.

*Die Erzeugung von ablauffähigem Code*
Da universelle oder höhere Programmiersprachen problemstrukturierte Formulierungen unterstützen, haben sie einen grundsätzlich anderen Aufbau als der schlussendlich ablauffähige Maschinencode. Beispielsweise muss sich der Programmierer bei höheren Programmiersprachen nicht mehr um den Speicherort seiner Daten selbst kümmern. Im Maschinencode muss der konkrete Speicherort einer Variablen jedoch genau spezifiziert sein.

Der in Hochsprache geschriebene Quellcode muss daher *übersetzt* werden. Dies erfolgt durch einen Compiler (Abb. 98) oder Interpreter (der Interpreter übersetzt – im Gegensatz zum Compiler – den Quellcode während der Laufzeit des Programms). Da der Quellcode in der Regel aus verschiedenen Programmteilen besteht, erzeugt der Compiler zunächst eine Anzahl von Zielprogrammen. Diese Zielprogramme enthalten nun zumeist nur *relative* Adressen. Durch den Linker werden diese Zielprogramme zu einem einzigen *gebundenen* Zielprogramm verknüpft. Das gebundene Zielprogramm kann auf Datenträgern gespeichert werden. Am Zielrechner wird das Zielprogramm geladen und ausgeführt.

Die Darstellung in Abb. 98 zeigt den beschriebenen Prozess an Hand eines einfachen Beispiels. In der Praxis können außer dem Zielprogramm noch Daten-Files und Programmbibliotheken erzeugt werden, die vom zentralen Steuerprogramm bei Bedarf in den Speicher des Zielrechners geladen werden (Beispiel: Dynamic Link Libraries, dll-Files).

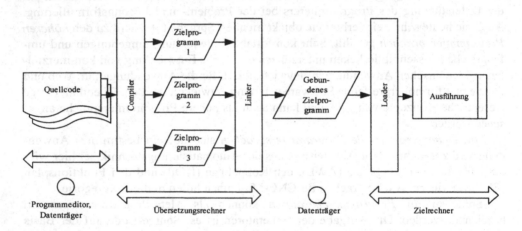

**Abb. 98:** Vom Quellcode zum ausführbaren Programm

### 3.2.4 Echtzeitsysteme

Zur Differenzierung der Anforderungen zwischen konventionellen Aufgaben der Datenverarbeitung und Echtzeitanforderungen der Automatisierungstechnik sollen zwei Beispiele dienen.

Bei kommerziellen oder technisch-wissenschaftlichen Anwendungen werden durch den Rechner Eingangsdaten miteinander verknüpft, verarbeitet und zu Ausgangsdaten umgewandelt. Ein einfaches Beispiel stellt der Taschenrechner dar: Zwei Zahlen werden durch eine arithmetische Operation miteinander verknüpft und als Ergebnis in der Anzeige dargestellt. Es kommt nur darauf an, dass das Ergebnis „richtig" ist, d. h. den Regeln der Arithmetik entspricht. Der *Zeitpunkt*, zu dem das Ergebnis bereit steht, spielt keine (oder zumindest eine sehr untergeordnete) Rolle. Allenfalls kann eine zu lange Rechenzeit als komfortmindernd angesehen werden.

Im Gegensatz dazu muss die Sicherheitseinrichtung bei einer Schlagschere (Laser-Vorhang, bei dessen Unterbrechung die Bewegung der Klinge gestoppt wird, bevor der Bediener mit einer Hand in den Gefahrenbereich gerät) spätestens zu einem ganz bestimmten Zeitpunkt auslösen, soll die Verletzungsgefahr ausgeschlossen werden. Die „richtige" Aktion (Schere stoppen) reicht nicht aus, sie muss auch zu einem bestimmten *Zeitpunkt* stattfinden.

*Bei der Datenverarbeitung in Echtzeitsystemen muss die Erfassung, Verarbeitung und Ausgabe von (gültigen, fehlerfreien) Daten zu bestimmten, durch das System und seinen Zustand vorgegebenen Zeitpunkten (oder innerhalb bestimmter Zeitintervalle) erfolgen. Das Ergebnis einer Verarbeitung ist nur dann fehlerfrei, wenn es inhaltlich und zeitlich den gestellten Anforderungen entspricht.*

Kennzeichen eines Echtzeitsystems sind daher die *Pünktlichkeit* (*Rechtzeitigkeit oder Gleichzeitigkeit mit anderen Ereignissen*) und die damit verbundene Eigenschaft der *zeitlichen Determiniertheit* (also berechenbar oder zumindest vorhersehbar und vorhersagbar zu sein) sowie die *Verfügbarkeit* des Systems. Die zeitlichen Anforderungen ergeben sich aus den zeitlichen Abläufen im technischen Prozess. In der Automatisierungstechnik sind die Steuerungs- und Regelungssysteme im „Eingriff" mit dem technischen Prozess.

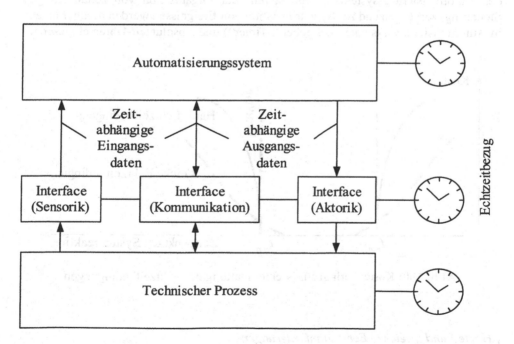

**Abb. 99:** Automatisierung mit Echtzeitanforderungen

„Echtzeitsteuerung" (engl. „Real-Time Control") bedeutet hier also Koordination im Rahmen der zeitlichen Anforderungen des Prozesses. Oft sind Echtzeitsteuerungen von ihrer Reaktionszeit her „schnell". Diese Eigenschaft allein hat jedoch nichts mit Echtzeitfähigkeit zu tun.

Die speziellen Eigenschaften eines Echtzeitsystems werden klarer ersichtlich, wenn man sie mit den Merkmalen eines nicht-echtzeitbasierten Informationssystems vergleicht:

- Echtzeitsysteme sind ereignis- oder zeitgesteuert, Informationssysteme daten-gesteuert.
- Echtzeitsysteme operieren mit kleinen Mengen von einfach strukturierten Daten, Informationssysteme mit großen Datenmengen in komplexen Struktu-ren.
- Echtzeitsysteme arbeiten hardwarenah, Informationssysteme möglichst hard-wareunabhängig.

In Abb. 99 sind zwischen dem technischen Prozess und dem steuernden Automatisie-rungssystem zusätzlich Sensor-, Aktor- und Kommunikationsinterfaces eingezeichnet. An diese Interfaces sind ebenfalls bestimmte Anforderungen hinsichtlich Funktionsge-schwindigkeit zu stellen, um die Echtzeitvorgaben für das Automatisierungssystem einhalten zu können. Die dargestellten Uhren sollen die Zeitabhängigkeit der techni-schen Prozesse, die Reaktionszeiten der Interfaces und den Zeitbezug der Aktionen des Automatisierungssystems symbolisieren. Zur Organisation von zeitabhängigen Steuerungsvorgängen und zur Synchronisation von Ereignissen werden darüber hinaus in Automatisierungssystemen Zeitgeber („Timer") und Absolutzeit-Uhren eingesetzt.

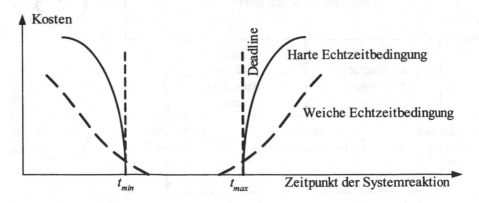

**Abb. 100:** Kostenverlauf für Nichteinhaltung der Echtzeitbedingungen

*„Harte" und „weiche" Echtzeitanforderungen*
Die Einhaltung der Anforderungen hinsichtlich Echtzeitverhalten ist unterschiedlich kritisch. Können Überschreitungen von Zeitlimits ausnahmsweise toleriert werden,

ohne dass der technische Prozess in fatale Systemzustände übergeht, so spricht man von *weichen* Echtzeitanforderungen. Man betrachte beispielsweise Produktionsprozesse, bei denen die verspätete Reaktion einer Steuerungskomponente „lediglich" zur Verzögerung der Bearbeitung eines Bauteils führt.

*Harte* Echtzeitanforderungen sind gegeben, wenn die verspätete Reaktion einer Komponente zum Systemausfall, zu Schadensfällen oder zu Katastrophen führt. Beispielsweise bei Regel- und Steuerungssystemen der Luftfahrt, der Zugtechnik (automatische Stellwerke, Zugsteuerungen etc.) und in kritischen Fertigungs- und Montageprozessen treten solche Anforderungen häufig auf. Die Nichteinhaltung eines vorgegebenen Reaktionszeitfensters führt zu sprungartig ansteigenden Folgekosten (Abb. 100). Müssen schärfere Echtzeitanforderungen eingehalten werden, so steigt der erforderliche Aufwand für Hard- und Software beträchtlich, was sich in höheren Systemkosten bemerkbar macht.

*Komponenten eines Echtzeit-Steuerungssystems*
Die Architektur eines Echtzeit-Steuerungssystems ist vereinfacht in Abb. 101 dargestellt. Das Anwendungsprogramm – typischerweise unterteilbar in Regel- bzw. Steuerungsprogramm sowie Mensch-Maschinen-Interface (Bedienung, Visualisierung) – läuft in einem Echtzeit-Betriebssystem ab. Alternativ verwendet man auch so genannte Laufzeitsysteme (engl. Run-time Systems, Run-time Environment), das sind vereinfachte Betriebssysteme, die mit sehr wenig Hardware-Ressourcen auskommen. Das Betriebssystem stellt Funktionen für die Kontrolle des Programmablaufs und für die Verwaltung der Systemressourcen zur Verfügung (Speicherverwaltung, Interface-Steuerung etc.). Die Hardware wird dabei über Gerätetreiber abgebildet.

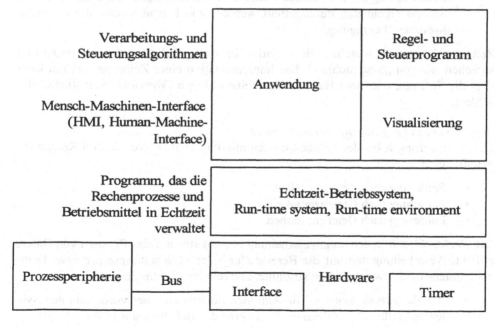

**Abb. 101:** Komponenten einer Echtzeitsteuerung

Die Software läuft in spezialisierten Hardwarebausteinen ab. Die wichtigsten Hardwarekomponenten sind ein oder mehrere Prozessoren, Speicher, Interfaces (Wandler, Bus-Treiber) und Koordinationsbausteine (sog. „Glue Logic"), die systeminterne Steuerungs- und Überwachungsfunktionen übernehmen. Dafür werden häufig spezielle Hardwarebausteine eingesetzt, die eine „festverdrahtete" Funktionalität besitzen (alternativ dazu würden die entsprechenden Funktionen durch Software realisiert). Zur Familie dieser Spezialbausteine gehören „ASICs" (Application Specific Integrated Circuits) und FPGAs (Field Programmable Gate Arrays). Letztere ermöglichen die rasche Herstellung von Prototypen (Rapid Prototyping) zur Realisierung von logischen Funktionen in digitalen Systemen. Daneben gehören auch Sekundärspeicher (z. B. Festplatten, Flashkarten) zur Rechnerhardware.

Die Kommunikation mit der feldnahen Peripherie erfolgt in aller Regel über Feldbussysteme. Die Hardware des Echtzeit-Steuerungssystems enthält dafür Treiberbausteine, die den Datentransfer über den Bus koordinieren.

Im Echtzeitsystem spielt das Zeitmanagement eine wesentliche Rolle. Für Zeitbestimmungen und zur Synchronisation werden Uhren bzw. Timer verwendet. Typische Aufgaben für einen Timer sind

- zyklische Interruptgenerierung: In der zugehörigen Interrupt-Service-Routine wird ein Scheduler aufgerufen. Damit können zeitabhängige Systemdienste („Weckrufe") realisiert werden. Die Genauigkeit der zeitabhängigen Systemdienste hängt von dieser Zeitbasis ab;
- Zeitmessung (z. B. zur Ermittlung von Geschwindigkeiten);
- Watchdog-Funktionen (z. B. zur Zeitüberwachung in kritischen Prozessen);
- Zeitsteuerung für periodische Dienste. Gewisse Aufgaben müssen in einem System regelmäßig durchgeführt werden, wie beispielsweise die zyklische Messwertübertragung.

Zeitgeber können als Absolut- oder Relativ-Timer ausgeführt werden. Im ersten Fall sprechen wir von „Systemuhren". Die Implementation einer Zeitgeberfunktion kann über die Software oder über Hardwarebausteine erfolgen (Vorwärts- oder Rückwärtszähler).

*Anforderungen bei Echtzeitprogrammierung*
Die Anforderungen bei der Echtzeitprogrammierung können grob in drei Kategorien geteilt werden:

- Forderung nach Rechtzeitigkeit
- Forderung nach Gleichzeitigkeit
- Forderung nach Determiniertheit

Die *Rechtzeitigkeit* in der Datenverarbeitung bezieht sich auf das Einlesen von Daten, auf ihre Verarbeitung und auf die Bereitstellung der Verarbeitungsergebnisse. Demnach unterscheiden wir zwischen absoluten und relativen Bedingungen:

- *Absolutzeitbedingungen*: Die Aktionen müssen zu einer vorbestimmten Systemzeit (Uhrzeit) erfolgen (z. B. „Leeren des Behälters um 18.05").

- *Relativzeitbedingungen*: Die Aktionen müssen in einem bestimmten Zeitraum nach Auftreten von (zum Teil stochastischen) Ereignissen erfolgen (z. B. vier Sekunden nach Überschreitung der maximalen Betriebstemperatur muss die Heizung deaktiviert werden).

Für absolute und relative Zeitbedingungen können weiters vier Fälle unterschieden werden:

- *Genauer Zeitpunkt*: Die Aktion muss zu genau festgelegten Zeitpunkten erfolgen (z. B. Messwerterfassung durch Sensorabfrage).
- *Zeitintervall*: Die Aktion muss innerhalb eines Zeitfensters erfolgen. Das Zeitfenster kann durch Angabe des Zeitpunkts und eines oberen bzw. unteren Toleranzbereichs erfolgen.
- *Spätestens*: Die Aktion hat eine „Deadline" (z. B. Erfassung von Datentelegrammen).
- *Frühestens*: Die Aktion darf nicht früher als zu einem bestimmten Zeitpunkt erfolgen (z. B. Folgesteuerung: Erst fünf Sekunden nach Erreichen einer bestimmten Kesseltemperatur darf der Rührer eingeschaltet werden).

*Gleichzeitigkeit* wird gefordert, wenn Teilprozesse miteinander zeitlich synchron ablaufen müssen (Beispiele: „Fliegende Säge", die mit dem zu bearbeitenden Werkstück bewegt wird, oder zwei Ventile, die zur gleichen Zeit geöffnet werden müssen). *Echte* Gleichzeitigkeit kann nur gewährleistet werden, wenn die entsprechenden Tasks (sequenzielle Rechenprozesse, die auf der untersten Systemebene laufen) auf getrennten Prozessoren ablaufen (Parallelprozessoren). In seriell arbeitenden Computern gibt es allenfalls eine *scheinbare* Gleichzeitigkeit. Hier ist sicherzustellen, dass die durch die serielle Arbeitsweise bedingte Zeitverzögerung innerhalb der durch den Prozess tolerierbaren Werte bleibt.

*Determiniertheit* bedeutet, dass sich für jede mögliche Menge {Systemzustand, Systemeingänge} eine eindeutige Menge {Systemausgänge, Systemfolgezustand} ergibt, dass sich also ein Systemzustand aus dem vorherigen Zustand und den Systemeingangsgrößen eindeutig ermitteln lässt. Besonders bei sicherheitsrelevanten Echtzeitprozessen spielt die Vorhersagbarkeit des Systemverhaltens eine wichtige Rolle.

## 3.2.5 Echtzeitprogrammierung

Hinsichtlich Systemkonfiguration und Programmierung von Echtzeitsteuerungen gibt es grundsätzlich zwei Möglichkeiten:

- Zeitsteuerung (synchrone Programmierung)
- Ereignissteuerung (asynchrone Programmierung)

Die beiden Methoden führen zu unterschiedlichen Systemarchitekturen und Programmstrukturen. Ihre wesentlichen Merkmale werden im Folgenden erläutert.

*Zeitgesteuerte Systeme*

Bei diesem Verfahren erfolgt vor der Ausführung der Teilprogramme eine *Planung* der Aktionsfolgen, die die Einhaltung der vom Prozess vorgegebenen Zeitbedingungen gewährleisten soll. Voraussetzung dafür sind *zyklisch* auftretende Prozesselemente mit möglichst konstanten Aufgabenpaketen und gleichbleibender Abfolge.

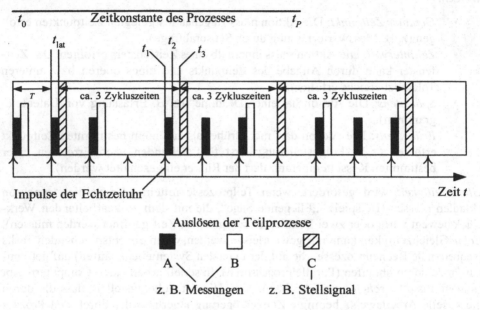

**Abb. 102:** Zeitgesteuertes System, synchrone Programmierung (drei Teilprozesse)

Den auszuführenden Teilprogrammen wird zunächst mit Hilfe einer Echtzeituhr ein gleichförmiges Zeitraster hinterlegt (Synchronisation). Dieses Zeitraster besteht aus einem regelmäßigen Impulsmuster. Jeder Uhrenimpuls kann einen bestimmten Prozess auslösen. Die Planung legt danach die Reihenfolge der auszuführenden Aktionen fest. In der Ausführungsphase laufen die Teilprogramme gemäß Planung ab (Analogie: Zugfahrplan). Immer erfolgt die Synchronisation durch die Impulse der Echtzeituhr. Zeitgesteuerte Systeme haben folgende Merkmale:

- Die Forderung nach *Rechtzeitigkeit* kann näherungsweise erfüllt werden. Betrachten wir dazu das Beispiel aus Abb. 102: Die Teilprozesse A, B und C werden in Planungsreihenfolge aufgerufen. Der Aufruf eines Prozesses in unmittelbarer Folge eines anderen kann nach dem Ablauf einer technisch bedingten Latenzzeit $t_{lat}$ erfolgen. Der Teilprozess C muss plangemäß nach jeweils drei Uhrenimpulsen aufgerufen werden, und zwar idealerweise im Zeitabstand $3T$. Dieses Timing ist jedoch nur angenähert möglich, da technisch bedingte Latenzzeiten (z. B. $t_2 - t_1$, $t_3 - t_2$) auftreten. Die Rechtzeitigkeit kann auch nur so lange angenähert erfüllt werden, wie das Programm

keine Änderungen erfährt. Bei „konstruktiven" Änderungen (gewollte Verbesserungen, Umschaltung zwischen vorhersehbaren Szenarien) kann eine Neuplanung den Normbetrieb wieder herstellen. Im Falle von Störungen müssen
Ausnahmeprozeduren für die Einhaltung des sicheren Betriebs sorgen.

- Die Forderung nach *Gleichzeitigkeit* kann ebenfalls nur näherungsweise
  erfüllt werden, und zwar unter der Voraussetzung, dass die minimale Zeitauf-
  lösung des Steuerungssystems (Systemtakt der Echtzeituhr) *klein* ist gegenüber den Zeitkonstanten des zu steuernden Prozesses. So werden beispielsweise im fünften Systemtakt in Abb. 102 alle drei Teilprozesse („gleichzeitig") ausgelöst. Die genaue Auslösezeiten sind jedoch – bedingt durch die
  Latenzzeiten – durch die unterschiedlichen Zeitpunkte $t_1$, $t_2$ und $t_3$ gegeben.
  Für den Prozess sind die Ereignisse dann (angenähert) gleichzeitig, wenn
  seine Zeitkonstante $[t_0, t_P]$ sehr viel größer ist als die Summe der Latenzzeiten.

- Die Forderung nach *Determiniertheit* kann erfüllt werden, solange keine Aus-
  nahmesituationen eintreten. Da die Systemprozesse zu vorherbestimmten
  Zeitpunkten „angestoßen" werden, kann in der Planung Rücksicht auf die Pro-
  zesszeitkonstanten genommen werden. Zeitgesteuerte Systeme werden bei
  sicherheitsrelevanten Anwendungen eingesetzt.

Die synchrone Programmierung eignet sich gut für Echtzeitsysteme mit zyklischen
Teilprozessen, die in festgelegter Reihenfolge ablaufen. Unvorhersehbare, stochastische Ereignisse können durch die synchrone Programmierung nicht ohne Ausnahme-
behandlungsmechanismen abgedeckt werden.

*Ereignisgesteuerte Systeme*

Im Gegensatz zu den zeitgesteuerten Systemen gibt es hier keine vorausblickende Planung. Die zeitliche Sequenz der Teilprogramme wird während des Programmablaufs
bestimmt. Dazu ist ein Organisationsprogramm erforderlich, das auf der Basis vorgegebener Regeln bei Kenntnis des jeweiligen Zeitbedarfs der Teilprogramme die Freigabe eines Teilprozesses entscheidet. Es kann vorkommen, dass die Zeitbedingungen
für mehr als ein Teilprogramm gleichzeitig erfüllt sind. In diesem Fall muss das Organisationsprogramm über weitere Kriterien verfügen, um eine eindeutige Entscheidung
zu treffen. Solche Kriterien sind beispielsweise die *Prozessprioritäten*.

Das Organisationsprogramm wird auch als *Echtzeitbetriebssystem* bezeichnet, das
zugehörige Regelwerk als „Scheduling Strategie". Ereignisgesteuerte Systeme haben
folgende Merkmale:

- Die Forderung nach *Rechtzeitigkeit* kann näherungsweise nur für vorrangige
  Prozesse erfüllt werden. Arbeitet das Betriebssystem nach dem Prinzip der
  Prozessprioritäten, so hat ein Teilprozess umso höhere Chancen auf Rechtzeitigkeit, je höher seine Prioritätsnummer ist. Durch Verschiebung der Startzei-
  ten von Prozessen mit niedrigen Prioritäten kann sich der Zeitablauf so weit
  verschieben, dass sich unter Umständen Teilprogramme gegenseitig überho-
  len können. Selbst Unterbrechungen von Teilprogrammen sind möglich und
  vorgesehen.

- Für die *Gleichzeitigkeit* gilt das Obengenannte sinngemäß.
- Ereignisgesteuerte Systeme sind *nicht-deterministisch*. Selbst die Reihenfolge der Teilprogrammaufrufe kann sich verschieben.

Die asynchrone Programmierung von ereignisgesteuerten Systemen ergibt eine höhere Systemflexibilität beim Eintreten von zeitlich unplanbaren Ereignissen. Der Nachteil der zeitlichen Undeterminiertheit schließt solche Systeme in sicherheitsrelevanten Anwendungen jedoch aus.

*Echtzeitbetriebssysteme*
Die grundlegende Funktion eines Echtzeitbetriebssystems (RTOS, Real Time Operating System) ist die Steuerung und Überwachung von quasi-parallelen Teilprogrammen unter vorgegebenen Zeitbedingungen unter Berücksichtigung von Nebenbedingungen wie beispielsweise der Prozesspriorität. Darüber hinaus müssen allgemeine Organisationsaufgaben übernommen werden. Dazu gehören

- Laden und Starten eines Anwendungsprogramms,
- Organisation von Interface-Operationen (Ein- und Ausgabe),
- Speicherorganisation und
- Handhabung von Ausnahmezuständen (Neuanlauf nach Stromausfall, Alarmfunktionen etc.).

Das Echtzeitbetriebssystem muss die zeitliche Koordination der Teilprogramme übernehmen. Die wichtigsten Koordinationsaufgaben im Rahmen dieser Echtzeitsteuerung sind

- Entscheidung der Reihenfolge der Abarbeitung von Teilprogrammen (Entscheidung, welches Teilprogramm aktuell gestartet wird),
- gegenseitiger Ausschluss zweier oder mehrerer Tasks, um zu verhindern, dass mehrere Prozesse auf die gleiche Systemressource zugreifen,
- bei Multiprozessorsystemen: Zuordnung der Tasks zu den Prozessoren,
- Verwaltung der Systemprozesse,
- Verwalten von Interrupts.

Derzeit aktuelle Echtzeitbetriebssysteme sind beispielsweise

- QNX, ein kommerzielles Unix-ähnliches Betriebssystem speziell für „Embedded Systems". Es folgt dem POSIX-Standard (Portable Operating System Interface for UniX) und hat einen „Microkernel".
- OS9, relativ stark verbreitet in Steuerungssystemen, ursprünglich für den 8-Bit-Prozessor 6809 von Motorola entwickelt;
- VxWorks, es wurde bei der Pathfinder Mission zum Mars eingesetzt;
- RTLinux, eine Erweiterung von Linux für Echtzeitanforderungen;
- Windows CE, ein sehr kleines Echtzeitbetriebssystem, das auch auf vielen Pocket-PCs läuft.

Echtzeitbetriebssysteme müssen zeitkritische Prozesse verwalten und hardwarenahe Funktionen ausüben. Aus Kostengründen stehen in automatisierungstechnischen Anwendungen darüber hinaus meist nur begrenzte Hardwareressourcen (Speicher,

Rechenleistung) zur Verfügung. Aus diesen Gründen gelten hohe Anforderungen an die Effizienz eines solchen Betriebssystems.

*Programmiersprachen für Echtzeitsysteme*
In der Prozessautomatisierung werden seit einigen Jahrzehnten Speicherprogrammierbare Steuerungen (SPS, engl. PLC, Programmable Logic Controller) eingesetzt (vgl. Abschn. 2.4.2). Die SPS arbeitet im Gegensatz zum sequenziellen Computerprogramm zyklisch (Abb. 103): Sie liest die Werte aller Eingänge, erstellt ein Speicherabbild des Prozesses, führt dann die internen Programme durch und gibt die Resultate an die Ausgänge weiter. Danach startet der Zyklus von neuem.

Die Programmiersprachen für SPS sind nach dem Standard IEC 61131-3 spezifiziert. Obwohl die Norm keine Programmiersprache explizit vorschreibt, werden fünf Sprachen empfohlen:

- IL: Instruction List, im deutschen Sprachgebrauch AWL (Anweisungsliste)
- ST: Structured Text, angelehnt an Hochsprachen (Strukturierter Text)
- LD: Ladder Diagram, im deutschen Sprachgebrauch KOP (Kontaktplan)
- FBD: Function Block Diagram, im deutschen Sprachgebrauch FUP (Funktionsplan)
- SFC: Sequential Function Chart, im deutschen Sprachgebrauch AS (Ablaufsprache), eine Art Zustands-Übergangs-Diagramm

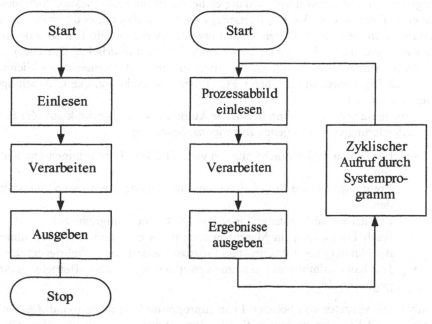

Sequenzielle Datenverarbeitung      Zyklische Datenverarbeitung

**Abb. 103:** Ablaufschema bei sequenzieller und zyklischer Datenverarbeitung

Der Nachteil der zyklischen Abarbeitung ist, dass die Reaktionszeit bis zu zwei Zykluszeiten betragen kann. Deshalb sind nach IEC 61131 auch Interrupts zugelassen, die aus einer externen Quelle stammen oder von Timern ausgelöst werden. Sie bewirken den Start von azyklischen Tasks, die vom Systemprogramm verwaltet werden.

Speziell für verteilte Steuerungssysteme wurde die IEC 61499 geschaffen. Sie kann auch als Nachfolgestandard für IEC 61131 angesehen werden und wurde näher bereits in Abschn. 2.5.1 behandelt.

*Hochsprachen für Echtzeitprogrammierung*
Neben den bereits angesprochenen Programmiersprachen eignet sich natürlich Assembler in Verbindung mit einem Echtzeitbetriebssystem zur Programmierung von Automatisierungsaufgaben mit Echtzeitanforderungen. Der Vorteil ist die maschinennahe Programmierung und die Möglichkeit des hardwarenahen Eingriffs in die Systemfunktionen. Der große Nachteil besteht in der Unübersichtlichkeit des Codes und in der relativ schweren Wartbarkeit und Wiederverwendbarkeit von Modulen.

Weshalb also nicht Hochsprachen für die Echtzeitprogrammierung einsetzen? Im Folgenden sollen nochmals kurz die Unterschiede in den programmtechnischen Anforderungen zwischen kommerziellen Informationssystemen und Echtzeitanwendungen der Automatisierungstechnik zusammengefasst werden.

Zur Entwicklung von kommerziellen Computerprogrammen kommen heute fast ausschließlich höhere Programmiersprachen zum Einsatz. Sie bieten den Vorteil der systematischen Programmentwicklung durch transparente Strukturen, komfortable Programmier-Tools und durch umfangreiche Funktionsbibliotheken. Außerdem können einmal entwickelte Module (Klassen) wiederverwendet oder durch das Prinzip der Vererbung im objektorientierten Modell erweitert werden. Die Effizienz des resultierenden Maschinencodes (Ablaufgeschwindigkeit, erforderlicher Speicher) ist hier nicht von primärer Bedeutung, da Systemressourcen im Allgemeinen reichlich vorhanden sind (Systemressourcen beim PC: Prozessorgeschwindigkeit, Arbeitsspeicher, Massenspeicher).

Eine ganz andere Situation tritt in der Automatisierungstechnik auf. Zur Erfüllung der Anforderungen sind folgende Kriterien zu beachten:

- Die Programmiersprache muss in vielen Fällen „Echtzeiteigenschaften" besitzen.
- Ereignisgesteuerte Programmierung und Scheduling müssen unterstützt werden.
- Es müssen hardwarenahe Einzelbit-Operationen möglich sein.
- Nach Übersetzung in Maschinencode muss eine hohe Effizienz hinsichtlich der Nutzung von Speicher- und Prozessorressourcen gewährleistet sein.
- Die Kompatibilität mit dem zu verwendenden Echtzeit-Betriebssystem muss gegeben sein.

Historische Vertreter von höheren Echtzeitprogrammiersprachen sind *Ada* und *Pearl* (Process and Experiment Automation Realtime Language, nicht zu verwechseln mit PERL, Practical Extraction and Report Language).

*Ada*, benannt nach der ersten Programmiererin Augusta Ada Byron (1815–1851), wurde im Auftrag des U.S. Departments of Defence zwischen 1979 und 1983 entwickelt und schließlich als ANSI/MIL-Standard verabschiedet. Ada ist zur Entwicklung schwerkalibriger Softwareprojekte entworfen worden und enthält Sprachkonzepte, die es für die Echtzeitprogrammierung geeignet machen (Laufzeitüberprüfungen und Ausnahmebehandlungen, Ereignisgesteuerte sowie nebenläufige Programmierung und Taskverwaltung).

*Pearl* wurde speziell für die Echtzeitprogrammierung entworfen. Ausgehend von den ersten Pearl-Sprachkonzepten 1973 folgte ein mehrstufiger Entwicklungsprozess. 1998 wurde der jüngste Sprachreport als Normdokument in DIN 66253-2 veröffentlicht. Als höhere Programmiersprache unterstützt Pearl explizit die Echtzeitprogrammierung und bietet beispielsweise Spracheigenschaften wie Anweisungen zur Definition von Rechenprozessen (Tasks), Steuerungsmechanismen für Übergänge zwischen Taskzuständen, Multitasking-Befehle, Taskplanung in Abhängigkeit von Zeitbedingungen und Mechanismen zur Synchronisation von Tasks.

Heute existieren eine große Zahl von Programmiersprachen, die entweder generische Echtzeiteignung besitzen oder in Form von Erweiterungen erworben haben. Ein Beispiel dafür ist Java. Es wurde ursprünglich nicht als Echtzeitprogrammiersprache konzipiert, nimmt aber dank verschiedener Spracherweiterungen (Real-Time Java) einen wichtigen Platz in der Automatisierungstechnik ein.

### 3.3 Integration von Informationsverarbeitungstechnologien

Auf den internationalen Märkten für Produktionsgüter hat sich in den letzten beiden Jahrzehnten ein grundsätzlicher Wandel vollzogen. Aus einem Anbietermarkt ist ein Käufermarkt geworden, der Kunde bestimmt das Produkt, fordert individuelle Produktvarianten und setzt die Leistungsmaßstäbe der Produktperformance. Seit Mitte der 1980er Jahre wird die Integration des Computers in unternehmerischen Prozesse vorangetrieben, wobei die Produktionsbereiche der Unternehmen eine gewisse Vorreiterrolle übernommen haben. Aus dieser Zeit stammt auch die Bezeichnung Computer Integrated Manufacturing (CIM). Mit dem CIM-Gedanken wird die Integration der Informationsverarbeitung für betriebswirtschaftliche und technische Aufgaben eines Industriebetriebs verfolgt.

### 3.3.1 Geschichtliche Entwicklung der Produktionseffizienz

Von Beginn der industriellen Revolution in England um 1750 bis zur Einführung der Fließband- und Massenproduktion in Amerika (Henry Ford) war es vor allem die Innovation der *Produktionstechnologien*, welche die treibende Kraft im Wettbewerb darstellte.

Frederick Taylor entwickelte um 1890 sein Konzept der wissenschaftlichen Betriebsführung. Durch Arbeitsanalysen und ein genaues Studium von Abläufen in der Produktion gelangte er zu Einsichten, die erstmals zu *organisatorischen Maßnahmen* im Produktionsumfeld führten. Sie waren auf das Ziel einer erhöhten Wettbewerbsfähigkeit ausgerichtet. Das nach ihm benannte Taylor-Prinzip geht von der Zerlegung einer komplexen Aufgabe in Einzelschritte aus („Arbeitsteilung"). Diese nun einfachen Einzelschritte konnten von kurzfristig angelerntem Personal durchgeführt werden. Ein berühmtes Beispiel hierfür ist das Fließfertigungsprinzip des Ford T-Modells, mit dem Henry Ford 1913 erstmalig ein Automobil wirtschaftlich in Serie herstellen konnte. Aus heutiger Sicht weist das Taylor'sche Prinzip beachtliche Schwächen auf, wenn Änderungen der Produkte oder Prozesse notwendig werden. Außerdem führt die eingeengte Spezialisierung der Arbeitskräfte auf gewisse Handhabungen und die Taktbindung zu einer monotonen Arbeit, die den Arbeitskräften aus heutigen arbeitswissenschaftlichen Erkenntnissen heraus nicht zumutbar ist. Es wurde schon in den 1920er Jahren erkannt, dass die Fließ(band)fertigung bei zahlreichen Varianten und kleinen Losen schnell an ihre Grenzen stößt.

Der folgende Innovationsschub kam wieder von Seiten der Technologie. Durch zunächst numerisch gesteuerte Bearbeitungsgeräte (NC, „Numerical Control", Abschn. 2.4.5) und später computergesteuerte Werkzeugmaschinen und Fertigungsinseln (CNC, „Computerized NC") konnte man Fortschritte in Richtung Flexibilität verzeichnen, ohne einen Eingriff in die organisatorischen Strukturen der Produktion vornehmen zu müssen. Der Industrieroboter und die gesteigerte Leistungsfähigkeit der Mikroprozessoren ermöglichten eine rasche Umstellung zwischen Produktvarianten, die „Flexible Automation" gewann an Bedeutung.

Der rasche Anstieg der Leistungsfähigkeit der Halbleiterchips und ihre fallenden Preise führten zur verstärkten Integration des Computers in die Unternehmensprozesse. Zur selben Zeit führte der wachsende Wettbewerb und neue Kundenbedürfnisse zur Entwicklung von Käufermärkten. Die wachsenden Markanforderungen zwangen die Unternehmen zu Maßnahmen (Abb. 104), die durch folgende Hauptstoßrichtungen geprägt sind:

- Erfüllung hoher Qualitätsansprüche
- kurze Innovationszeiten durch kurze Produktlebenszyklen
- hohe Variantenvielfalt (Individualprodukte)
- Preisdruck durch den Wettbewerb und verschärfte Konkurrenzverhältnisse durch Firmen aus Billiglohnländern

*Der Grundgedanke der Computerintegration*
Hohe Flexibilitätsanforderungen, ein hoher Preisdruck und die Forderung nach kurzen Reaktionszeiten auf veränderte Marktsituationen führten zur Integration des Computers in die Produktionsprozesse (*Computer Integrated Manufacturing*). Das Bewusstsein der Bedeutung des Faktors *Information* führte zum Begriff der *Informationslogistik*, mit den Prämissen

- die richtige Information
- in richtiger Menge
- zum richtigen Zeitpunkt
- am richtigen Ort

Trotz anfänglicher Erfolge blieben die erhofften Rationalisierungssprünge aus. Offensichtlich war die Abbildung des komplexen Systems „Produktionsunternehmen" in

Informationsverarbeitungssysteme allein nicht ausreichend zur Produktivitätssteigerung und zur Reduktion von Durchlaufzeiten und Kosten. Hatten die Verantwortlichen vergessen, vorher die Organisations- und Prozessstrukturen zu vereinfachen?

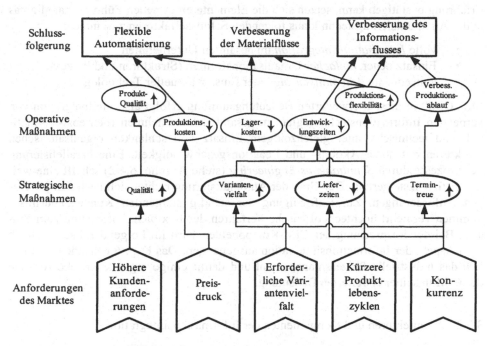

**Abb. 104:** Neue Anforderungen des internationalen Marktes um die 1980er Jahre führten zur Entstehung des CIM-Gedankens

*Lean Production*
Anfang der 1990er Jahre kam das Prinzip des *Lean Production* aus Japan nach Europa und Amerika. Es wurde eine Fülle von Konzepten wie Business Process Re-engineering, Total Quality Management (Abschn. 6.4.2), Vereinfachung der Geschäftsprozesse, lernendes Unternehmen usw. entworfen. Viele Unternehmen setzten (allein) auf diese Managementphilosophien und wurden nicht „fündig", was die erstrebten Rationalisierungen betrifft. Darüber hinaus führte die übermäßige Reduktion von Personal der Fertigung und anderer Unternehmensbereiche im Sinne von *Lean Management* im Extremfall zu einer Reduktion der Produktivität und Demotivation der Mitarbeiter und damit zu Lieferengpässen und Qualitätsproblemen bei den Endprodukten.

*Erkenntnisse aus der jüngeren Vergangenheit*
Schraft und Kaun (1998) haben im Rahmen einer umfangreichen Studie durch das Institut für Produktionstechnik und Automatisierung (IPA) in Stuttgart mit Hilfe von Umfragen die Erfolgsfaktoren der Automatisierungstechnik in Deutschland unter-

sucht. Die Umfrageergebnisse liefern die Basis für eine „Best Practise"-Betrachtung. Aus ihr geht die nach wie vor hohe Bedeutung der Informationsintegration hervor, nun allerdings flankiert durch organisatorische Begleitmaßnahmen.

Wie der Autor des vorliegenden Buchs auch aus seiner langjährigen industriellen Erfahrung bestätigen kann, setzen sich die Elemente eines neuen Führungsparadigmas in der Automatisierungstechnik aus folgenden Schlüsselfaktoren zusammen:

- volle *Informationsintegration* im gesamten Unternehmen
- Einsatz neuer, *einfacher* Organisationsformen (Strukturen und Prozesse)
- konsequente *Automatisierung* unter Einsatz aktueller Technologien

Mit „CIM" in diesem erweiterten Bedeutungsumfang erfolgt also die Integration von vernetzten Informationstechnologien im gesamten Unternehmen (betriebswirtschaftlich und technisch) unter gleichzeitigem Einsatz von schlanken organisatorischen Strukturen mit hoher Aktions- und Reaktionsgeschwindigkeit. Eine Parallelisierung der Prozesse durch *Simultaneous Engineering* (siehe Abschn. 6.4.2) schafft eine weitere Effizienzsteigerung. Der Grad der Automatisierung richtet sich nach den jeweiligen Anforderungen. Zur Befriedigung der ständig steigenden Kundenbedürfnisse kommen vermehrt hochtechnologische Verfahren der flexiblen Automation zum Einsatz. Bei der Besprechung der CIM-Komponenten wird im Folgenden hauptsächlich vom Aspekt der Informationsintegration ausgegangen. Das Kap. 6 behandelt ausführlich das industrielle Prozessmanagement und damit einige organisatorische Aspekte des CIM in seiner erweiterten Bedeutung.

## 3.3.2   Architekturen und Komponenten der Informationsintegration

Das erweitertete CIM ist also ein Konzept, das unter anderem die Integration der Informationsverarbeitung eines Industriebetriebs für betriebswirtschaftliche und technische Aufgaben vorantreibt. Den betriebswirtschaftlichen Zweig repräsentiert dabei die Produktionsplanung und -steuerung (PPS) (siehe Abschn. 3.5.1), die technische Seite wird durch die so genannten CA-X-Technologien gebildet (Abschn. 3.4). Die Buchstaben „CA" („Computer Aided ...") weisen auf die informationstechnische Integration hin, die „Variable X" wird mit dem Anfangsbuchstaben der jeweiligen Funktion belegt:

- CAD, Computer Aided Design
- CAM, Computer Aided Manufacturing
- CAE, Computer Aided Engineering
- CAP, Computer Aided Planning
- CAQ, Computer Aided Quality Management

Das von August-Wilhelm Scheer (1990) vorgestellte Y-Diagramm der CIM-Komponenten ist mittlerweile zum „Klassiker" geworden. Abbildung 106 verdeutlicht auch folgende Definition von CIM:

*CIM ist das informationstechnische Zusammenwirken von CAD/CAM und PPS. Quelle: Ausschuss für wirtschaftliche Fertigung (AWF), Hannover Industriemesse 1985.*

Während die linke Hälfte des Y-Diagramms in Abb. 106 die betriebswirtschaftlichen und planerischen Funktionen enthält, sind auf der rechten Seite die technischen Funktionen dargestellt.

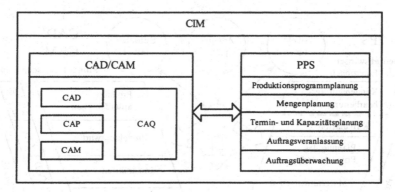

**Abb. 105:** CIM-Darstellung aus AWF (1985)

Eine alternative graphische Veranschaulichung des CIM-Gedankens geht aus einer Empfehlung des AWF (1985) hervor (Abb. 105). Sie wird eher im ingenieurwissenschaftlichen Bereich verwendet und bringt ebenfalls die gleichwertige Stellung der CA-X-Komponenten und des Produktionsplanungs- und -steuerungssystems zum Ausdruck.

*Daten- und Funktionsintegration*
Eine wichtige Rolle kommt der Integration von Daten und Funktionen im CIM-System zu. Um eine redundante Speicherung von betriebsrelevanten Informationen zu vermeiden, müssen alle Unternehmensbereiche durch einen zentralen Datenpool versorgt werden. Das betrifft sowohl strategische Bereiche (Unternehmensleitung, Bereichsleitungen) als auch die operativen Ebenen (Feldebene in der Produktion, Vertrieb etc.).
Funktionsintegration ist gegeben, wenn der Bearbeiter eines komplexen Prozesses alle relevanten Funktionen von seinem Arbeitsplatz aus zur Verfügung hat (z. B. Konstruktion mit CAD, Generierung von Steuerprogrammen für Werkzeugmaschinen, NC-Programme und Funktionen der Produktionsplanung). Die Integration der Funktion muss auch über die Grenzen verschiedener Softwaresysteme des Unternehmens hinweg gewährleistet sein. Die Funktionsintegration in den unternehmerischen Geschäftsprozessen lässt die in der Taylor'schen Arbeitsteilung getrennten Prozesse wieder verschmelzen, eine Produktivitätssteigerung kann erwirkt werden. Mit Hilfe der Informationsintegration verringert sich auch der Kommunikationsaufwand zwischen den Arbeitsplätzen.

*Zentrale und dezentrale Architekturen*
Die ursprüngliche Implementation des CIM-Gedankens erfolgte über zentrale Computerarchitekturen (zentrale EDV für betriebswirtschaftliche Bereiche, zentrale Prozess-

rechner für die Feldebene). Dadurch entstanden Strukturen, die auf Grund der „monolithischen" Softwareblöcke schwer wartbar waren und bei Ausfall des zentralen Rechners einen Totalausfall der Systeme mit sich führten.

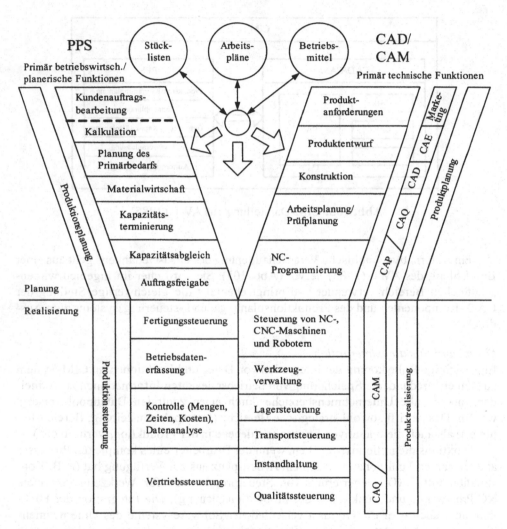

**Abb. 106:** CIM-Komponenten nach Scheer (1990)

Heute setzen sich in den Unternehmen in steigendem Ausmaß dezentrale Computerarchitekturen durch. Wie heute am Beispiel des Internets leicht veranschaulicht werden kann, ist ein dezentrales Netzwerk von Informationsprozessoren weitaus robuster, was den Ausfall von einzelnen Komponenten betrifft. In der Feldebene kommt weiters der Flexibilitätsgewinn bei Änderungen der Systemkonfiguration hinzu sowie ein wesentlich reduzierter Verkabelungsaufwand, wenn an Stelle von Verbindungen zu einem zentralen Prozessrechner Feldbussysteme eingesetzt werden.

## 3.4 Industrielle Informationstechnologien

In diesem Abschnitt werden die einzelnen CA-X-Technologien erläutert. Neben einer kurzen Erklärung der Funktionen werden auch die Querverbindungen zu anderen Informationssystemen des Unternehmens diskutiert.

### 3.4.1 CAD

CAD (Computer Aided Design) wird durch den Ausschuss für Wirtschaftliche Fertigung (AWF) wie folgt definiert:

> *CAD ist ein Sammelbegriff für alle Aktivitäten, bei denen die elektronische Daten-verarbeitung direkt oder indirekt im Rahmen von Entwicklungs- und Konstrukti-onstätigkeiten eingesetzt wird. Dies bezieht sich im engeren Sinne auf die graphisch-interaktive Erzeugung und Manipulation einer digitalen Objektdarstel-lung, z. B. durch die zweidimensionale Zeichnungserstellung oder durch die drei-dimensionale Modellbildung.*

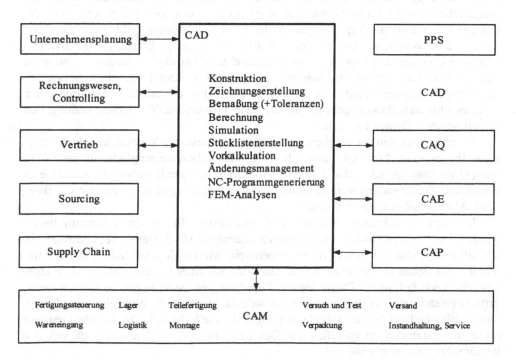

**Abb. 107:** CAD-Funktionen und Integration im CIM-Verband

Computer Aided Design wird in seiner ursprünglichen Bedeutung als *rechnerunterstütztes Konstruieren* verstanden. CAD-Systeme dienen zur Unterstützung des Konstrukteurs bei der Produktentwicklung. Darüber hinaus gibt es Datenbank- und Bibliotheksfunktionen zum Management der Produktdaten (PDM-Funktionalität, vgl. Abschn. 3.5.4). Komplexe Bauteile können aus einfacheren zusammengesetzt werden, die ihrerseits wiederum aus geometrischen Grundkörpern bestehen.

Die erste Generation der CAD-Systeme war leistungsmäßig auf die zweidimensionale Darstellung von Objekten beschränkt. 3D-Bauteile konnten in ihren Hauptrissen oder im Schnitt dargestellt werden. 2D-CAD-Programme waren das elektronische Gegenstück zum konventionellen Zeichentisch.

In der zweiten Generation wurden bereits Raumdaten der darzustellenden Objekte berücksichtigt (3D-Modell). Durch Rotation oder Extrusion von zweidimensionalen Flächen entstehen Rotationskörper oder prismatische Objekte. Die Modelle, die diesen Körpern zu Grunde liegen, werden mit dem Attribut 2½D versehen, da sie in der dritten Dimension durch einen skalaren Parameter beschreibbar sind (Drehwinkel des Rotationssegments, Höhe des prismatischen Körpers). Eine freie 3D-Modellierung wird möglich, indem der darzustellende Körper durch ein Drahtnetz („Wireframe-Modell") oder durch polygonale Flächen approximiert wird. Volumenmodelle sind aus geometrischen Grundelementen wie Quadern, Kugeln, ebenen oder krummen Flächen aufgebaut. Sie ermöglichen die genaueste Modellierung von dreidimensionalen Körpern.

CAD-Programme der dritten Generation werden mit fortgeschrittenen Funktionen ausgestattet, um die Produktivität und Möglichkeiten des Systems zu erweitern. So können beispielsweise Anpassungen im Konstruktionsprozess teilweise oder völlig automatisch vorgenommen werden. Häufig verwendete Elemente (Bohrungen, Schrauben, Fügeteile, Federn etc.) werden aus einer Bibliothek entnommen und unter Rückgriff auf gespeicherte Informationen automatisch in ihren Parametern für den entsprechenden Verwendungszweck angepasst. Diese Funktionalität wird durch einen objektorientierten Ansatz ermöglicht, der eine universelle Wiederverwendung von grundlegenden Elementen erlaubt.

Unter Einsatz von entsprechenden CAD-Postprozessoren können produktionsrelevante Informationen erzeugt werden. So ist es beispielsweise möglich, aus der Zeichnung eines Bauteils automatisch das NC-Programm für eine Bearbeitungsmaschine zu berechnen. Die Maschine wird dann durch ein Programm gesteuert, das auf der Basis des CAD-Modells generiert wurde.

Um bereits vorhandene Bauteil- und Produktmodelle in neuen Konstruktionen wiederverwenden zu können, unterstützen modernde CAD-Systeme die *parametrische Modellierung*. Dabei werden einige geometrische Merkmale der Modelle durch Parameter beschrieben (Länge einer Kante, Durchmesser einer Bohrung etc.). Durch algebraische Verknüpfung der Parameter und Zuordnung zu weiteren geometrischen Kenngrößen entsteht ein *Feature-basiertes parametrisches Modell*. Wird eine neue Zeichnung aufbauend auf einem existierenden Modell erstellt, braucht der Konstrukteur nur mehr die Parameter zu spezifizieren. Das neue Bauteil wird automatisch mit den gewünschten Features generiert.

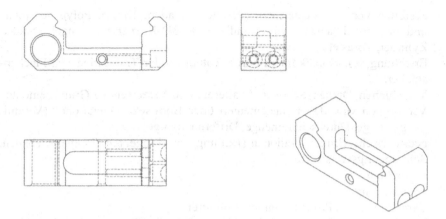

**Abb. 108:** 2D- (flächenhafte Darstellungen) und 3D- (räumliche) CAD-Modelle

**Abb. 109:** Feature-basiertes parametrisches 3D-Modell, links und rechts mit unterschiedlichen Maßparametern, aber gleicher geometrischer Struktur

*Grundlegende und erweiterte Funktionen von CAD-Systemen*
Der Kern eines CAD-Systems ist der *geometrische Modellierer*. Er hat die Aufgabe, die geometrischen Eigenschaften des Bauteils zu verwalten. Gegebenenfalls muss er Berechnungen durchführen, die bei der Erstellung von neuen Komponenten und Features anfallen. Eine *Bedieneroberfläche* ermöglicht die Wechselwirkung des Konstrukteurs mit dem System. Wesentliche Komponenten sind die Eingabefunktionen und die Darstellungsfunktionen. Zum Aufbau und zur Veränderung von 3D-Modellen sind weitere grundlegende Editor- und Bearbeitungsfunktionen erforderlich, für die in der folgenden Auflistung einige Beispiele angegeben sind.

- Erstellen von Grundelementen (Punkte, Geraden, Kreise, Polygone, ebene und krumme Flächen sowie grundlegende 3D-Körper wie Kugel, Quader, Zylinder, Torus etc.)
- Erstellung von Grundkörpern durch Rotation oder Translation von Flächenstücken
- Verschieben, Drehen, Spiegeln, Skalieren, und Verzerren der Grundelemente
- Verknüpfen von 3D-Grundelementen über Bool'sche Operationen (Vereinigungsmenge, Durchschnittmenge, Differenzmenge)
- geometrische Grundoperationen (Bildung von Tangenten, Tangentialebenen, Schmiegungskreisen etc.)
- Bemaßung
- Beschriftung
- Berechnung von Projektionen und Schnitten
- Veränderung der Darstellungsform: Drahtmodell, Volumenmodell, 3D-Modell mit verdeckten Linien, Schraffur, Shading (Darstellung von Flächen unter Berücksichtigung der Oberflächenfarbe und der Beleuchtungsverhältnisse), Rendering (fotorealistische Darstellung mit Oberflächeneigenschaften, Schatten, Texturoptionen, Reflexionen etc.)

Die oben genannten gundlegenden Funktionen des geometrischen Modellierers werden je nach CAD-Produkt durch fortgeschrittene Funktionen ergänzt:

- Simulation von materiellen Eigenschaften (Material, spezifisches Gewicht, Oberflächengüte)
- Simulation von mechanischen Wechselwirkungen zwischen Körpern (Starrkörpermodell: Kräfte, Relativgeschwindigkeiten, Beschleunigungen, Impuls, potentielle und kinetische Energie)
- Simulation von elastischen oder plastischen Verformungseigenschaften von Körpern aus bestimmten Materialien unter Krafteinwirkung: FEM (Finite Elemente Modellierung, Finite Element Method), bei der ein Körper in endliche Volumszonen zerlegt wird, die miteinander über Kräfte wechselwirken
- automatische Stücklistenerstellung
- automatische Kostenvorkalkulation: Das CAD-System greift auf eine Datenbank zu und ermittelt die voraussichtlichen Herstellkosten des Bauteils
- Produktionsdatengenerierung aus geometrischen Basisdaten und aus Materialdaten

Im Unternehmen mit bereichsübergreifendem Informationsmanagement sind die CAD-Systeme mit anderen CA-X-Komponenten verbunden (Abb. 107). Von besonderer Bedeutung ist die Kopplung an die Planungs- und Fertigungsprozesse durch CAP- und CAM-Systeme.

## 3.4.2  CAP

CAP bedeutet Computer Aided Planning. Unternehmerische Prozesse bedürfen der Planung über definierte Zeiträume hinweg von der Gegenwart bis in die Zukunft. Ausgangspunkt sind die jeweils aktuellen Zustände des unternehmerischen Systems. Sie sollen in bestimmte Zielzustände übergeführt werden (MBO, Management by Objectives, d. h. Management durch Zielsetzung). Da ein Systemverhalten in der Zukunft nur über vorhandene Erfahrungen in der Vergangenheit abgeschätzt werden kann, benötigt jeder Planungsvorgang ein gewisses *A-priori-Wissen* über den zu planenden Gegenstand. Das Ergebnis einer Planung sind Schrittfolgen, Meilensteine, Zeitintervalle, einzusetzende Ressourcen und Entscheidungen sowie voraussichtlich anfallende Kosten. Grundsätzlich sind die Ebenen der

- strategischen Planung und der
- operativen Planung

zu unterscheiden. Die strategische Planung beschäftigt sich mit der Frage, *was* für die Zielerreichung getan werden muss, die operative Planung mit der Frage, *wie* das Ziel erreicht werden soll. Ein Beispiel für die erste Kategorie ist die strategische Geschäftsplanung (Planung neuer Geschäftsfelder, Entwicklung neuer Märkte, Planung von neuen Produktionsstätten etc.). Die Erstellung von Arbeitsplänen in der Produktion ist ein Beispiel für die operative Planung.

Die Technologie des Computer Aided Planning (CAP) stammt aus dem Ingenieurbereich. Unter CAP verstehen wir die computerunterstützte Erstellung von Arbeitsplänen für die Produktion, die Betriebsmittelplanung, die automatische Generierung von Prüfplänen und die automatisierte Kostenplanung. In Verbindung mit CAM-Systemen besteht außerdem in der Regel ein Datenaustausch mit der Fertigungssteuerung und den Systemen für die Instandhaltung der Produktionsanlagen. Weitere CAP-Funktionalitäten sind in der Abb. 110 ersichtlich. Die Grundlage für die Arbeitspläne bilden Kundenaufträge und Standarderzeugnisstrukturen. Konstruktionszeichnungen (CAD-Daten), Materialeigenschaften, Stücklisten und Toleranzangaben sind weitere Eingangsdaten für die computerunterstützte Planung. Das Ergebnis des Planungsvorgangs sind zeitlich parametrierte Arbeitsablauffolgen (Material- und Informationsflüsse) und die jeweils anfallenden Kosten. Die automatisierte Planung erfolgt unter Berücksichtigung von vorgegebenen Randbedingungen und folgt in der Regel gewissen Optimierungskriterien. Das typische Planungsziel in automatisierten Fertigungsprozessen ist die Festlegung von Arbeitsabläufen, die eine Herstellung des Produkts mit der spezifizierten Qualität in der gewünschten Stückzahl zum geforderten Termin und mit den minimalen Kosten ermöglichen.

CAP-Systeme unterstützen verschiedene Formen der Arbeitsplanung (Wiendahl 1997):

- *Wiederholplanung:* Standardarbeitspläne liegen bei der Erzeugung eines auftragsspezifischen Arbeitsplans zu Grunde.
- *Anpassungsplanung:* Gespeicherte Arbeitspläne werden manuell verändert oder ergänzt.
- *Variantenplanung:* Es existieren Plandaten für Teilefamilien (Teile gleicher oder ähnlicher Funktion), die für die Erstellung eines neuen Arbeitsplans herangezogen werden. Gegebenenfalls liegen Produkteigenschaften parametriert vor (geometrische Abmessungen, Materialkenndaten, Farbe etc.). Durch die Variation der Parameter entstehen Varianten des Endprodukts.

- *Neuplanung:* Die neuen Arbeitspläne werden ohne Rückgriff auf vorhandene Arbeitspläne erstellt. Ein derartiger Fall liegt beispielsweise vor, wenn die Produktmerkmale weitgehend durch den Kunden festgelegt werden.

Um die automatisch erstellten Pläne möglichst direkt in Maschinenaktionen überzuführen, werden die generierten Daten in NC-Programme übersetzt (siehe Abschn. 2.4.5).

Zu den Modulen eines CAP-Systems gehören

- eine Stammdatenverwaltung (Produktdatenmodelle, Arbeitsabläufe etc.),
- ein Grafikeditor für Arbeitspläne und Werkstücke,
- ein Simulator zum Quervergleich von Szenarien und zur Optimierung,
- ein Programmgenerator für NC-Programme und ein
- Datenverwaltungsmodul.

CAP-Systeme sind funktional eng mit Produktionsplanungs- und -steuerungssystemen verbunden (vgl. Abschn 3.5.1). Während PPS-Systeme vor allem die betriebswirtschaftliche Seite der Planung abdecken, bringen die CAP-Systeme die technischen Produktmerkmale (z. B. über ihre Kopplung mit CAD) in den automatisierten Planungsprozess ein.

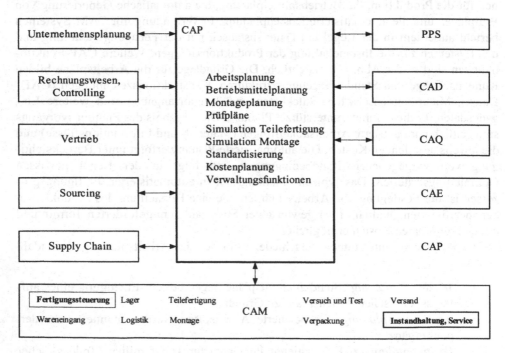

**Abb. 110:** CAP-Funktionen und Integration im CIM-Verband

### 3.4.3  CAE

Unter dem Sammelbegriff „CAE, Computer Aided Engineering" versteht man Werkzeuge, die zur Konzipierung, Projektierung und Errichtung von technischen Anlagen dienen, zur Simulation von technischen Prozessen eingesetzt werden und beim Entwurf und der Konfiguration von Automatisierungssystemen helfen.

Der Begriff „Engineering" ist hier nicht mit „Ingenieurtätigkeit" zu übersetzen. Er bezeichnet vielmehr nicht-konstruktive Tätigkeiten beim Systementwurf und bei der Systemoptimierung.

Bei der Entwicklung von Softwaremodulen, Programmen, Datenbanken und Logik-Schaltungen kommen so genannte CASE(Computer Aided Software Engineering)-Systeme zum Einsatz. Sie helfen dem Softwareentwickler, die Komplexität der Programmstrukturen zu überschauen, und führen Verwaltungsfunktionen aus.

Beim Entwurf von Leiterplatten für elektronische Schaltungen (PCBs, Printed Circuit Boards) werden spezialisierte CAE-Systeme zur effizienten Positionierung und Verschaltung der elektronischen Bauteile und Anschlusselemente verwendet. Wichtige Funktionen in diesem Zusammenhang sind die Entflechtung der Leiterbahnen und die Erzeugung von Mehrlagenschaltungen (siehe Abb. 111).

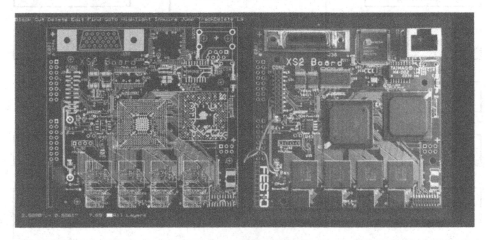

**Abb. 111:** Erstellung von Leiterplatten mittels CAE, links Plan, rechts Realisierung

CAE-Systeme im weiteren Sinn sind auch Simulations-Tools, die beim Entwurf und bei der Optimierung von Steuerungs- und Regelungssystemen zum Einsatz kommen. Sehr leistungsfähige Programmpakete, die im industriellen und akademischen Bereich Anwendung finden, sind Matlab® & Simulink® von The MathWorks. Matlab® ist eine Simulationsumgebung und Programmiersprache, die auf dem Paradigma der Matrizennotation aufsetzt und auf diese Weise mit wenigen Befehlen sehr mächtige Funktionen hervorzubringen vermag. Zahlreiche Toolboxen für fast jeden Anwendungsfall ergänzen das Grundsystem. Simulink® hat eine grafische Bedieneroberfläche, die es erlaubt,

Funktionsblöcke mit ihren Ein- und Ausgängen gegenseitig zu verschalten. Es existieren Bibliotheken für lineare und nichtlineare Systembausteine sowie virtuelle Signalquellen und Messgeräte, die einen realitätsnahen Simulationsbetrieb ermöglichen.

Ebenfalls in die Kategorie von CAE-Tools fallen Software-Systeme für die Simulation von elektronischen Schaltungen. Sie enthalten oft Module für die Zuverlässigkeitsanalyse. Mit mathematischen Modellen wird versucht, die physikalischen Eigenschaften der elektronischen Komponenten möglichst realitätsgerecht nachzubilden. Über die Modellparameter kann somit nicht nur das elektrische Verhalten der Bauelemente, sondern auch ihre thermischen Eigenschaften erfasst werden. Auch eine Simulation von Alterungseffekten und Versagensmodelle können in das System integriert werden, wodurch beispielsweise die Abschätzung des MTBF (mean time between failure) einer elektronischen Schaltung möglich wird.

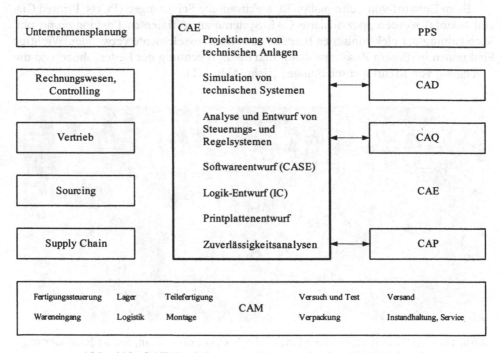

**Abb. 112:** CAE-Funktionen und Integration im CIM-Verband

### 3.4.4 CAM

Die bisher besprochenen Technologien CAD, CAP und CAE werden bei der Entwicklung von Produkten und Produktionstechnologien eingesetzt und sind dem eigentlichen Produktionsprozess vorgelagert.

Der Begriff CAM (Computer Aided Manufacturing) bezeichnet im weiteren Sinn alle Vorgänge, die im Diagramm nach Scheer (Abb. 106) im vertikalen Stamm des „Y" angeführt sind. Hier vereinigen sich betriebswirtschaftliche Funktionen (links) und technische Funktionen (rechts). CAM im engeren Sinne betrifft die technische Abwicklung der Produktion. Wichtige Aufgaben des CAM sind nach Mertens (1997)

- Produktionssteuerung
- Prozesssteuerung
- Montagesteuerung
- Lagersteuerung
- Transportsteuerung

CAM vereinigt die Produktionsleitebene, die Prozessführungsebene, die Prozesssteuerungsebene und die Feldebene. Somit umspannt diese Technologie sowohl operative wie auch produktionslogistische Funktionen (Abb. 113).

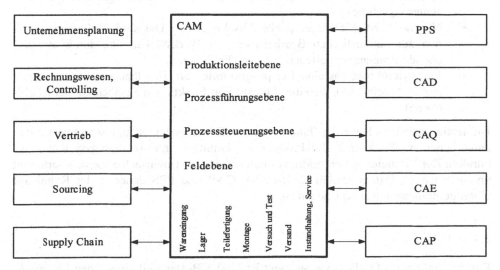

**Abb. 113:** CAM-Funktionen und Integration im CIM-Verband

In der Produktionsleitebene werden logistische Funktionen koordiniert. Dazu gehören die Planung und Kontrolle der Verfügbarkeit von Maschinen, Werkzeugen, Automationsressourcen, Material, Personal und Transportmitteln. Hier findet auch die Betriebsdatenverarbeitung statt.

Auf der Prozessführungsebene kommen operative Funktionen zum Einsatz, die die Verteilung der Aufträge auf Maschinen und Arbeitsplätze (starre und flexible Automation, Fertigungszellen, Montagelinien, Roboter etc.) betreffen. Neben der Versorgungssteuerung mit Materialabrufen finden hier auch die Fortschrittsüberwachung und die Systemdiagnose statt.

Die Prozesssteuerungsebene verwaltet alle prozessnahen Funktionen wie die Steuerung der PNK-Automatisierungskomponenten (prozessnahe Komponenten) und der Transportsysteme sowie die Maschinendatenerfassung mit Diagnosefunktionen.

Auf der Feldebene finden die Interaktionen des Produktionssystems mit den Produktionsgütern statt. Hiervon sind vor allem die sensorischen und aktorischen Funktionen des Produktionssystems betroffen.

### Technische Komponenten im CAM-Bereich

Entsprechend der Gliederung in die Ebenen gemäß Abb. 113 können die technischen CAM-Basissysteme wie folgt zusammengefasst werden:

- Leitstände, Kontroll- und Visualisierungskonsolen (Produktionsleitebene)
- Planungs-, Lagerhaltungs- und Logistiksysteme (Produktionsleitebene, Prozessführungsebene)
- Transportsysteme (Förderbänder, Hängebahnsysteme, Fahrerlose Transportsysteme), automatische Lagerhaltungssysteme wie Hochregallager (Prozesssteuerungsebene)
- NC- und CNC-Maschinen (siehe Abschn. 2.4.5). Das sind Werkzeugmaschinen zur automatischen Bearbeitung von Werkstücken, die durch entsprechende Programme gesteuert werden (Feldebene).
- Industrieroboter, das sind frei programmierbare Handhabungseinrichtungen, (siehe Abschn. 2.8), die eine Vielzahl von Funktionen ausüben können (Feldebene).

Die fertigungsnahen Steuerungsfunktionen von CAM-Systemen sind sehr eng mit den entsprechenden Funktionen des Produktionsplanungs- und -steuerungssystems verbunden. Zur Vermeidung von Informationsredundanzen (mehrfach abgespeicherte und unabgeglichene Daten) greifen CAD/CAM, CAP und PPS daher in der Regel auf einen gemeinesamen Datenbestand zu.

### 3.4.5  CAQ

Ein durchgängiges Qualitätsmanagement ist vitaler Bestandteil eines jeden Unternehmens. Wie noch ausführlicher in Abschn. 6.4 dargelegt wird, dürfen sich moderne Qualitätssysteme nicht auf die Ergebniskontrolle beschränken (z. B. Qualitäts*kontrolle* des Endprodukts), sondern müssen phasenübergreifend während des gesamten Produktentstehungsprozesses von den Kundenanforderungen bis zu deren Erfüllung wirksam sein.

Das computerintegrierte Qualitätsmanagement (CAQ steht ursprünglich für Computer Aided Quality Assurance) muss sich also von der *Qualitätsplanung* über die *Qualitätsregelung* bis hin zur *Qualitätskontrolle* erstrecken. Die Funktionen von CAQ können in folgende Ebenen gegliedert werden:

- Werkzeuge für die strategische Qualitätsplanung (Prozessplanungstools, FMEA-Tools, QFD-Tools, vgl. Abschn. 6.4)

- Qualitätsdatenmanagement-Systeme (siehe Abschn. 3.5.2, BDE, Visualisierungssysteme)
- Operatives CAQ in der Produktion

Die Grunddaten des operativen CAQ sind Prüfpläne und Prüfprogramme. Sie beschreiben die Schritte zur Verifikation der Qualitätsvorgaben. Die zu Grunde liegende Qualitätsdatenbank wird einerseits zum Soll-Ist-Vergleich herangezogen, andererseits wird sie vom CAQ-System mit neuen Daten gespeist. Sie ist eng mit der Betriebsdatenerfassung (BDE) verbunden oder sogar ein integraler Bestandteil von ihr. Qualitätsabweichungen werden gemeinsam mit ihren Ursachen abgespeichert. Die strategischen CAQ-Tools können auf diese Daten zugreifen. Somit wächst der Datenbestand fortlaufend und kann als „Wissensbasis" für neue Projekte genutzt werden. Die Abb. 114 zeigt die wichtigsten Querverbindungen des CAQ mit anderen Informationssystemen des Unternehmens.

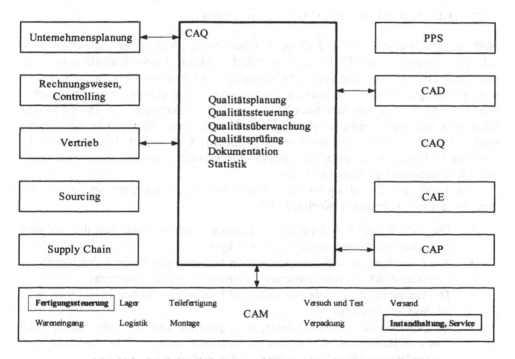

**Abb. 114:** CAQ-Funktionen und Integration im CIM-Verband

### 3.4.6 CAT

Das *Computer Aided Testing* kann als Teilfunktion von CAQ angesehen werden. Bei Produkten mit komplexer Systemstruktur (z. B. elektronische Leiterplatten, Funktionsmodule im Automobil, Kameras etc.) kann eine gesamtheitliche Funktionskontrolle nur durch eine große Anzahl von automatisierten Tests bewerkstelligt werden. Auf automatisierten Prüfständen werden die Teile auf ihre speziellen funktionalen Anforderungen hin überprüft (z. B. Funktionskontrolle einer elektronischen Leiterplatte).

Eine andere Kategorie von CAT-Programmen unterstützt den Versuchsingenieur bei der Entwicklung von Neuprodukten. Im Prototyp-Stadium eines Produkts müssen oft zahlreiche Test durchgeführt werden (z. B. Belastungstests eines Maschinengehäuses). Auf Grund der Vielzahl von möglichen Lastparametern führt eine unsystematische Versuchsplanung oft zu unüberschaubar vielen Variationsmöglichkeiten. Das Prinzip der *statistischen Versuchsplanung* (DoE, Design of Experiments, siehe Abschn. 6.4.4) ermöglicht eine gezielte Reduktion der Versuchsparameter durch Einschränkung auf die Variablen mit dem stärkstem Systemeinfluss. Hierzu gibt es eine Reihe von Softwarepaketen (z. B. Minitab der Firma Minitab Inc.)

### 3.4.7  Datenfluss zwischen den CA-X-Komponenten

Helberg (1987) und Kurbel (1999) beschreiben einen idealisierten Datenfluss zwischen den Komponenten PPS, CAD, CAP, CAM und CAQ. Dieser Datenfluss ist schematisch in Abb. 115 wiedergegeben. Er ist deshalb als idealisiert zu betrachten, weil er eine Vollintegration der Informationstechnologien in das Unternehmen voraussetzt, mit einer durchgängig abgestimmten Kompatibilität der Datenformate. Da die Datenformate in der Regel herstellerabhängig sind, konnte dieses Idealbild in der Vergangenheit oft nur in Teilen angenähert werden. Moderne Web-basierte Informationstechnologien und Standards (z. B. XML, vgl. Abschn. 3.6) versetzen uns heute in die Lage, diese Kompatibilitätsprobleme zu lösen.

Der idealisierte Datenfluss im voll informationsintegrierten Unternehmensmodell funktioniert folgendermaßen (Kurbel 1999):

- Das PPS-System liefert vorläufige Teilestammdaten, Varianteninformationen und Kundenauftragsdaten an das CAD-System.
- Am CAD-System wird das spezifizierte Teil entwickelt (durch den Konstrukteur oder durch ein automatisches Variantenkonstruktionssystem).
- Die Geometriedaten, Toleranzmaße und Konstruktionsstücklisten gehen dann an das CAP-System.
- Das CAP-System erstellt Arbeitspläne, generiert Daten für die Steuerungen sowie Roboter- und NC-Programme und greift dabei auf die Betriebsmittelstammdaten und Standardarbeitspläne des PPS-Systems zurück.
- Die Arbeitspläne werden dem PPS-System zur Verfügung gestellt.
- Die Steuerdaten, Roboter- und NC-Programme werden an das CAM-System übergeben und dort ausgeführt.
- Rückmeldungen über den Systemzustand (fertig gestellte Teile, Fehlermeldungen, Qualitätsdaten etc.) werden über die Betriebsdatenerfassung an das PPS-System rückgemeldet.
- Das Qualitätsmanagement begleitet und überwacht den gesamten Prozess. CAQ übernimmt die Qualitätsvorgaben der Primärbedarfsplanung und leitet

sie an das CAD-System weiter. Es sorgt für die Erzeugung von Prüfplänen im CAP und überwacht die operativen Funktionen im Rahmen von CAM. Es verarbeitet die Prüfdaten (CAT) und veranlasst gegebenenfalls Korrekturmaßnahmen.

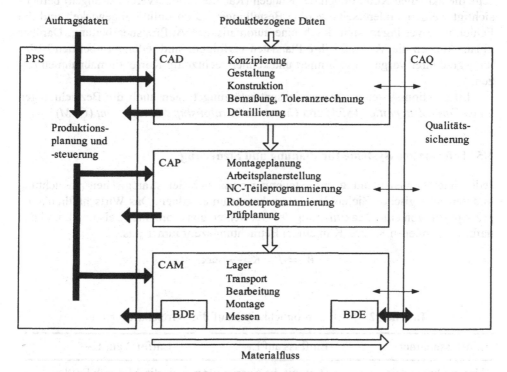

**Abb. 115:** Datenfluss zwischen CIM-Komponenten nach Helberg (1987)

## 3.4.8  Informationssysteme zur Vertriebsunterstützung

Die Integration der Informationstechnologien macht nicht an den räumlichen Grenzen des Unternehmens halt. Um den Kundenbedürfnissen in Zeiten erhöhten Konkurrenzdrucks und steigender Anforderungen gerecht werden zu können, müssen Marketing- und Vertriebsprozesse in den unternehmerischen Informationsverbund integriert werden.

*Database Marketing* bezeichnet ein Marketing, das die spezifischen Informationen des Marktes und der Kunden gezielt zur Steigerung des Geschäftserfolgs heranzieht. Zum „richtigen" Zeitpunkt soll der „richtige" Kunde mit den „richtigen" Argumenten angesprochen werden. Das Leistungsangebot wird individuell an die Kundenbedürfnisse angepasst und optimiert. Dazu sind umfassende Daten- und Wissensbanken erforderlich, die von den Erfolgsdaten der aktuellen Verkaufsprozesse gespeist werden.

*Computer Aided Selling* (*CAS*) bezeichnet die Integration der Informationstechnologien in den Verkaufsprozess. Die Verkäufer haben über stationäre oder mobile EDV-Systeme jederzeit auf die Kunden- und Vertriebsdatenbank Zugriff. So können einerseits die aktuellen Konditionen der Kunden (Rabatte, Sondervereinbarungen) berücksichtigt werden, andererseits werden Bestellungen rasch online abgewickelt und die Fehlerquote verringert sich durch eine automatisierte Auftragsbearbeitung. Darüber hinaus können die Verkäufer ihre Plandaten verfolgen, sind jederzeit über den Erfüllungsgrad ihrer Vorgaben informiert und können rechtzeitig Korrekturmaßnahmen setzen.

Informationssysteme zur Vertriebsunterstützung tragen auch die Bezeichnungen *Sales Force Automation* (*SFA*) und *Customer Relationship Management* (*CRM*).

## 3.5  Informationssysteme für Planung und Steuerung

Jede Unternehmensplanung und -steuerung muss sich der strategischen Ausrichtung und den strategischen Zielen des Unternehmens unterordnen. Das Wirtschaftlichkeitsprinzip geht von einer Maximierung des Quotienten aus erbrachter Leistung L und den dafür entstandenen Kosten K in einem Betrachtungszeitraum T aus:

$$W = L_T/K_T \rightarrow \text{max.}$$

**Tabelle 12:**  Einflussmöglichkeiten auf die Wirtschaftlichkeit

| Einflussnehmer | Einfluss auf $L_T$ | Einfluss auf $K_T$ |
|---|---|---|
| Unternehmensleitung | strategische Ausrichtung, Festlegen der Unternehmenziele | indirekt durch Festlegung von Gewinnzielen |
| Marketing und Vertrieb | erzielbarer Marktpreis des Produkts | indirekt durch Spezifikation der erforderlichen Produkt-Leistungsmerkmale, Absatzplanung |
| Produktentwicklung | Realisierung von Produkteigenschaften gemäß Kundenanforderungen | Design for Cost, Design for Automation |
| Produktion | Einhaltung der Qualitätsanforderungen | Senkung der Herstellkosten durch Automation, Rationalisierung, Steuerung und Planung |

Das Ziel der unternehmerischen Planungs- und Steuerungsinstrumente muss es daher sein, diesen Quotienten zu maximieren. Werden die erbrachte Leistung mit der Erfüllung der Kundenbedürfnisse (Mehrwert des Produktes) in Zusammenhang gebracht und die anfallenden Kosten vereinfachend auf die Herstellkosten des Produkts reduziert, so ergeben sich Einflussmöglichkeiten der Unternehmensbereiche auf die Wirtschaftlichkeit eines Produkts, wie in Tabelle 12 dargestellt.

Im Rahmen der produktionswirtschaftlichen Planung und Steuerung lassen sich in erster Linie die Kosten beeinflussen. Die zu erbringende Leistung wird über die Einhaltung der Qualität definiert. Somit muss die Produktionsplanung und -steuerung sicherstellen, dass die vorgegebene Leistung $L$ zu den geringstmöglichen Kosten erbracht wird.

Von der Gesamtmenge der im Produktionsprozess anfallenden Kosten sind eine Reihe von Kostenarten schwer beeinflussbar (Löhne und Gehälter durch rechtliche Verpflichtungen, Stückbearbeitungskosten auf einer Maschine etc.). Die sog. *entscheidungsrelevanten* Kosten hingegen können durch Planungs- und Steuerungsmaßnahmen beeinflusst werden (vgl. Kurbel 1999). Dazu zählen beispielsweise

- Rüstkosten (für die Vorbereitung von Produktionsanlagen)
- Leer- und Stillstandskosten (bei Stillstand einer Anlage)
- Lagerhaltungskosten (Lagerung von Rohmaterial und fremdbezogenen Teilen und Zwischenprodukten)
- Konventionalstrafen (bei Nichteinhaltung von Lieferterminen)
- Kosten für Überstunden (z. B. zur Vermeidung von Terminüberschreitungen)

Bei der Planung und Steuerung von Vorgängen zur Minimierung dieser Kosten tritt das Problem auf, dass sie zum Zeitpunkt der Planung nicht oder noch nicht mit ausreichender Genauigkeit bekannt sind. Deshalb bedient man sich in der Produktionsplanung und -steuerung häufig so genannter Ersatzzielkosten, die in einem Zusammenhang mit den tatsächlichen Kostenzielen stehen. Als Ersatzzielgrößen kommen Zeit- und Mengenziele in Frage:

- Minimierung von Durchlaufzeiten und Liegezeiten (Wartezeiten)
- Minimierung der Anlagen-Stillstandzeiten
- Minimierung der Bestände (Werkstattbestände, Zwischenbestände, Lagerbestände)
- Minimierung von Fehlmengen

Oft sind die Ziele voneinander abhängig und tragen damit zu Zielkonflikten bei, die durch Gewichtung und Priorisierung aufgelöst werden müssen. Die folgenden Abschnitte befassen sich mit Informationssystemen, die zur Planung und Steuerung von Produktionsvorgängen und zum Management von unternehmensrelevanten Daten eingesetzt werden.

### 3.5.1 Produktionsplanungs- und -steuerungssysteme

Ein PPS-System dient zur rechnergestützten Planung, Veranlassung und Überwachung von Produktionsabläufen. Es werden das Produktionsprogramm, Mengen, Termine und Kapazitäten koordiniert. Die Aufgaben der Produktionsplanung und -steuerung können wie in Abb. 116 nach Hackstein (1989) dargestellt werden.

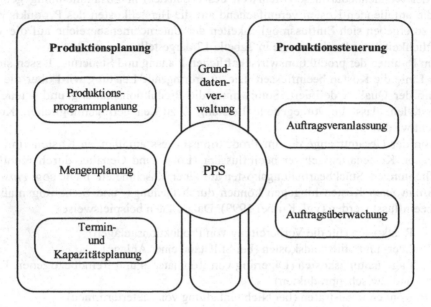

**Abb. 116:** Hauptfunktionen der Produktionsplanung und -steuerung nach Hackstein (1989)

*Grunddatenverwaltung*
Für die Produktionsplanung und -steuerung hat sich das Prinzip der *Sukzessivplanung* etabliert, d. h. es werden einzelne Planungsstufen in einer zeitlichen und logischen Abfolge durchgeführt. Diese Planungsstufen werden von einer einheitlichen Grund- und Stammdatenverwaltung begleitet. Zu den Grunddaten gehören die Fertigungspläne.

Der Fertigungsplan enthält Informationen, die für die Fertigung von Teilen wesentlich sind. Zu diesen Informationen zählen die Stücklisten, die Fertigungsvorschriften und die einzelnen Betriebsmittel. Im Fertigungsplan werden die Zuordnungen von Teilen, Betriebsmitteln, Werkzeugen und Materialien ersichtlich (Abb. 117).

Die Grunddatenbasis enthält auch die Zusammensetzung der Endprodukte aus Baugruppen, Einzelteilen und Werkstoffen. Die in Abb. 118 gewählte Darstellungsform wird als Gozintograph bezeichnet (Scheer 1990).

Die Komplexität dieser Grunddatenstrukturen hat schon frühzeitig zur Einführung von relationalen Datenbanken geführt. Zusammengefasst enthält eine Grund- und Stammdatenverwaltung Daten und Relationen zu folgenden Entitäten:

- Rohmaterialien
- Teilestämme
- Stücklisten
- Betriebsmittel
- Werkzeuge
- Komponenten
- Arbeitspläne
- Arbeitsplätze und
- allgemeine Datenverwaltungsfunktionen

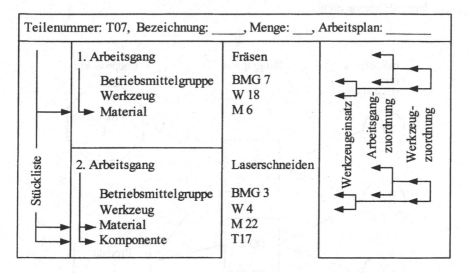

**Abb. 117:** Beispiel eines Fertigungsplans nach Scheer (1990)

*Produktionsprogrammplanung*

Die Produktion der verkaufsfähigen Erzeugnisse wird durch Aufträge des Vertriebs (Kundenbestellungen) oder durch Aufträge des Marketings (auf Grund von Marktprognosen) ausgelöst. Die Hauptaufgaben der Programmplanung ist die Ermittlung der Primärbedarfe der zu erzeugenden Produkte. Dazu gehören folgende Teilaufgaben:

- Prognoserechnung (Produktefamilien, Produkte, Teile)
- Grobplanung des Produktionsprogramms
- Bestimmung der Liefertermine
- Verwaltung der Kundenaufträge
- Steuerung der Produktionsverlaufs

*Mengenplanung*
Nachdem die Produktionsprogrammplanung den Primärbedarf ermittelt hat, wird in
der Mengenplanung der Brutto- und Nettobedarf festgelegt. Daraus werden die Losgrößen ermittelt. Die Mengenplanung bringt Fertigungsaufträge hervor. Die Hauptaufgaben der Mengenplanung sind:

- Bedarfsermittlung, verbrauchsgesteuert
- Beschaffungsrechnung
- Bestandsführung
- Bestellungsmanagement
- Lieferantenauswahl und -koordination
- Bestellüberwachung

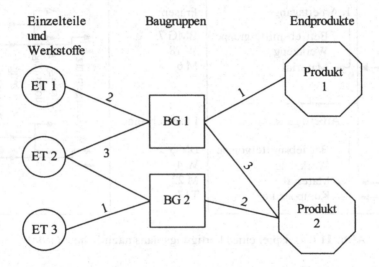

**Abb. 118:** Beispiel eines Gozintograph zur Darstellung der Beziehungen zwischen
Einzelteilen, Baugruppen und Endprodukten

*Termin- und Kapazitätsplanung*
Um die zur Verfügung stehenden Produktionseinheiten möglichst optimal auszulasten,
werden Termine und Kapazitäten in folgenden Stufen geplant:

- Durchlaufterminierung (Start- und Endtermine der Fertigungsaufträge nach
  technologischen Gesichtspunkten, ohne Berücksichtigung der Kapazitätsgren-
  zen)
- Kapazitätsbedarfsrechnung (Soll-Ist-Vergleich der Kapazität der Produkti-
  onseinrichtungen für die einzelnen Arbeitsfolgen)

- Kapazitätsbestimmung (Abstimmung der Kapazitäten mit dem Ziel einer gleichmäßigen Anlagenauslastung bei Einhaltung der Termine)
- Reihenfolgeplanung (Festlegung der Sequenz der Arbeitsschritte)
- Kapazitätsangebotsermittlung (Bestimmung der vorhandenen Kapazitätsangebote

Nach abgeschlossener Termin- und Kapazitätsplanung liegen die kapazitäts- und terminmäßig abgestimmter Fertigungspläne vor.

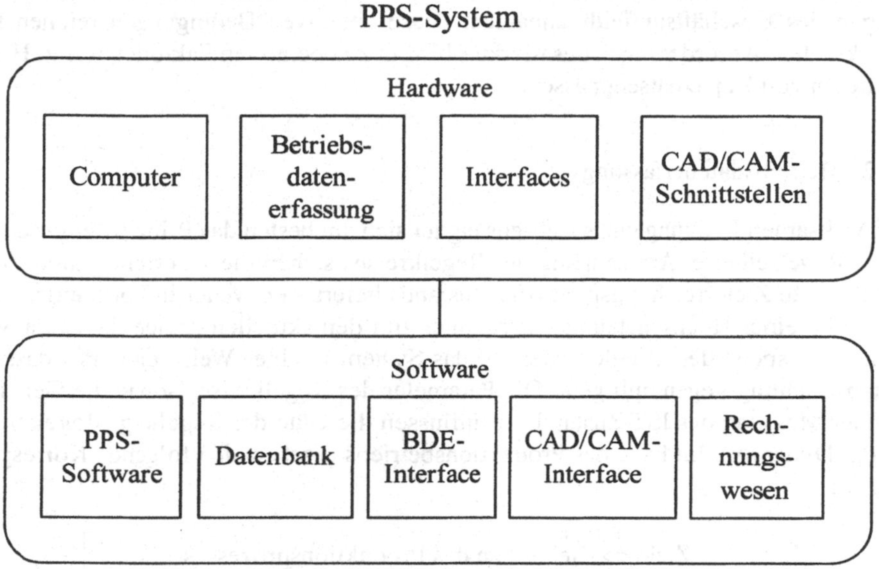

## PPS-System

**Abb. 119:** Hauptbestandteile eines PPS-Systems nach Matyas (2001)

*Auftragsveranlassung und Auftragsüberwachung*
Die vorbereiteten Fertigungsaufträge warten nun auf ihre Freigabe (Auftragsveranlassung). Diese kann erfolgen, wenn alle kapazitäts- und terminspezifischen Randbedingungen erfüllt sind (Termin- und Belegungspläne).

Die Auftragsüberwachung erfasst den Fertigungsfortschritt und kontrolliert die Aufträge hinsichtlich Termintreue, Menge und Qualität. Die Rückmeldung der Auftragsüberwachung in das unternehmerische System erfolgt über Betriebsdatenerfassungssysteme (BDE, siehe Abschn. 3.5.2). Zusammengefasst ergeben sich für die Auftragsveranlassung und -überwachung folgende Aufgaben:

- Freigabe der Werkstattaufträge
- Erstellung von Arbeitsbelegen
- Überprüfung der Verfügbarkeit von Teilen und Kapazitäten
- Erfassung der Arbeitsfortschritte

- Wareneingangsmeldung
- Kapazitätsüberwachung
- Überwachung der Werkstattaufträge
- Überwachung der Kundenaufträge und ihrer Erfüllung

Produktionsplanungs- und -steuerungssysteme (PPS-Systeme) bestehen aus Hard- und Softwareelementen. Wie in Abb. 119 dargestellt, ist die Vernetzung zu anderen computerunterstützten Systemen des Unternehmens (CAD/CAM, BDE, Rechnungswesen, Datenbanken etc.) von großer Bedeutung. Erst durch eine nahtlose *Informationsintegration* können Unternehmen ihre Prozesse rasch auf die veränderten situativen Bedingungen des Geschäftsumfelds anpassen. Diese situativen Bedingungen reichen von den aktuellen Anforderungen des Marktes bis hin zu operativen Faktoren, wie z. B. das Auftreten von Kapazitätsengpässen.

### 3.5.2   Betriebsdatenerfassung

Zur wirksamen Lenkung eines Betriebs eignet sich am besten das Prinzip der geschlossenen Regelschleife. Am Eingang des Regelkreises stehen die zu erreichenden Ziele. Der aktuelle Zielerreichungsgrad (IST-Zustand) liefert – entweder in Form einer Messung oder einer Hochschätzung – zusammen mit den aktuellen Zielen die Zielabweichung. Sie speist den „Regler", der auf das System in einer Weise einwirkt, dass die Zielabweichung gegen null geht. Die Parameter des Regelkreises sowie die Genauigkeit der Messung des IST-Zustands beeinflussen die Güte der Regelung (Regelabweichung, Dynamik). Im Falle des Produktionsbetriebs ergeben sich folgende Korrespondenzen:

$$
\left[
\begin{array}{c}
\text{Ziele} \Leftrightarrow \text{Zielgrößen des Produktionsprozesses} \\
\text{IST-Zustand} \Leftrightarrow \text{aktuelle Kenngrößen des Produktionsprozesses} \\
\text{SOLL-IST-Vergleich, Regler} \Leftrightarrow \text{PPS} \\
\text{System} \Leftrightarrow \text{Produktionsprozess} \\
\text{Feedbackschleife} \Leftrightarrow \text{Betriebsdatenenerfassungssystem, BDE}
\end{array}
\right]
$$

Die aktuellen Kenngrößen des Produktionsprozesses sind als Teilmenge in den Betriebsdaten enthalten. Die Aufgabe eines *integralen Betriebsdatenerfassungssystems* ist die Erfassung aller betriebsspezifischen Informationen in Echtzeit. Die BDE („Betriebsdatenerfassung") ist somit ein Bindeglied zwischen den Prozessen in der Produktion und den steuernden und regelnden Bereichen des Unternehmens. In Tabelle 13 unterscheiden wir BDE und PPS im weiteren und engeren Sinne.

Demzufolge kann die Darstellung des Regelkreises in Abb. 120 auch im weiteren oder engeren Sinne verstanden werden. Zur Betriebsdatenerfassung gehören nach Roschmann (1990) alle Maßnahmen, die erforderlich sind, um die Betriebsdaten in maschinell verarbeitbarer Form am Ort ihrer Verarbeitung bereitzustellen. Außerdem rechnet man heute auch gewisse Vorverarbeitungs- und Aufbereitungsfunktionen zur BDE.

Zu den Betriebsdaten zählen folgende Kategorien von Datenquellen:

- Personaldaten
- Daten über die aktuellen Aufträge
- Materialdaten
- Lagerbestandsdaten
- Warenein- und -ausgänge
- konstruktive Daten
- Maschinendaten
- Qualitätsdaten
- Daten über Service und Instandhaltung

**Tabelle 13:** BDE und PPS im weiteren und im engeren Sinne

| Betrachtungs-<br>weise | BDE | PPS |
|---|---|---|
| im weiteren Sinne | die Erfassung aller betriebs-<br>relevanten Daten | Planung und Steuerung auf<br>strategischer, taktischer und<br>operativer Ebene |
| im engeren Sinne | die Erfassung der im Laufe<br>des Produktionsprozesses<br>anfallenden Daten | computerunterstütztes Pla-<br>nungs- und Steuerungssys-<br>tem auf operativer Ebene |

Die erfassten Daten stehen im Allgemeinen nicht nur dem PPS-Systemen, sondern auch folgenden Unternehmensfunktionen zur Verfügung (Datensenken):

- Personalwesen
- Rechnungswesen
- Instandhaltung
- Qualitätsmanagement
- Arbeitsplanung
- Logistik

Die Erfassung der Betriebsdaten kann *periodisch* oder *ereignisorientiert* erfolgen. Durch die ereignisorientierte Datenerfassung kann eine hohe Aktualität der Daten gewährleistet werden.

Eine etwas weiter auflösende Detailsicht der Regelschleife zeigt die Abb. 121. Darin löst der Kundenauftrag einen Prozess aus, der über die Produktionsplanung und die Produktionssteuerung führt.

Abhängig von der Art der Fertigung (Fremd- oder Eigenfertigung) werden dadurch Aufträge an Lieferanten oder an die eigene Fertigungsstätte generiert. Über das Betriebsdatenerfassungssystem werden Rückkopplungen an mehreren Stellen geschlossen.

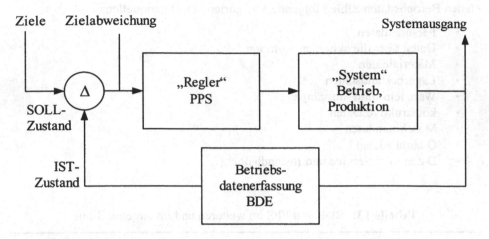

**Abb. 120:** Lenkung eines Betriebs, abstrahiert als Regelschleife

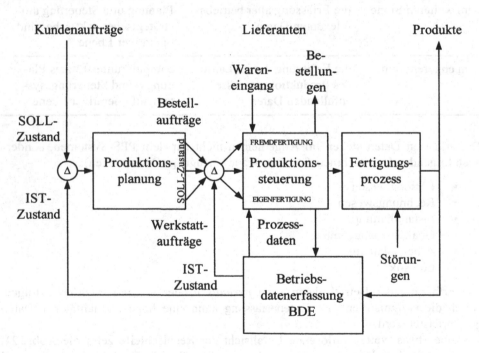

**Abb. 121:** Technische Auftragsabwicklung, dargestellt als Regelkreis mit PPS und
BDE

### 3.5.3 Enterprise Resource-Planning

Unternehmen steuern in zunehmendem Maße ihre Geschäftsprozesse aus einer ganzheitlichen Perspektive. An Stelle der früher funktionsorientierten Sichtweise (Einkauf, Rechnungswesen, Produktion, Vertrieb, Finanzbuchhaltung etc.) tritt nun die Sichtweise der Geschäftsprozesse und ihrer Komponenten (Verkaufsprozess, Auftragsabwicklung, After Market Services, Kundenzufriedenheit, Produktinnovation, F & E, Supply Chain Prozesse, Managementprozess).

Demzufolge stehen nun jene Informationsflüsse im Vordergrund, die für die betreffenden Geschäftsprozesse von Bedeutung sind. Die Anwendungssysteme für die betrieblichen Funktionen können also nicht mehr für sich allein stehen, sondern müssen im Sinne der übergreifenden Geschäftsfeldsichtweise miteinander vernetzt arbeiten. Der Versuch, bestehende Informationssysteme durch geeignete Schnittstellen miteinander zu verbinden, führt in der Regel zu leistungs- und funktionsmäßigen Beschränkungen und zu sehr komplizierten Systemen. Man versucht daher heute, in einem Top-down-Ansatz vollintegrierte Informationssysteme einzuführen. Solche Informationssysteme werden als Enterprise-Ressource-Planning-Systeme (ERP-Systeme) bezeichnet.

Ein ERP-System ist ein Informationssystem, das sämtliche Geschäftsprozesse des Unternehmens bereichsübergreifend abdeckt und die Informationsprozesse zumindest teilweise automatisiert. Idealerweise stellt das ERP-System ein unternehmensweites System mit einer einheitlichen Datenbank und einer einheitlichen Benutzeroberfläche dar.

Große Softwarehäuser stellen umfassende Lösungen bereit, die im Modulsystem an die jeweiligen Bedürfnisse des Unternehmens angepasst werden können. Durch die „Baukastenstruktur" müssen nicht gleich alle Unternehmensbereiche und -aspekte auf das ERP-System umgestellt werden, ein stufenweiser Entwicklungsansatz wird möglich. Einer der bekanntesten Vertreter für ein universelles ERP-System ist SAP R/3 der 1972 gegründeten deutschen Firma SAP mit Hauptsitz in Walldorf. 1997 wies der ERP-Markt bereits einen jährlichen Umsatz von 17,7 Mrd. \$ auf (Mauth, 1998).

Die Konzeption von ERP-Systemen folgt typischerweise einer Client-Server-Architektur. In dieser Topologie unterscheiden wir eine Datenbankebene, eine Anwendungsebene und eine Präsentationsebene.

Die *Datenbankdienste* werden in der Regel von einem zentralen Server erbracht. Die *Anwendungsdienste* sind entweder in spezialisierten Servern oder in Arbeitsplatzrechnern untergebracht, wo auch die *Präsentationsdienste* ablaufen (Benutzeroberfläche). Ergänzt wird heute das Architekturmodell durch eine Internet-Schicht zwischen der Anwendungs- und Präsentationsebene, die für die Kommunikation und Steuerung über das World Wide Web zuständig ist.

*ERP-Anwendungsmodule*
Am Beispiel des SAP R/3 sollen die wichtigsten Anwendungsmodule diskutiert werden.

- *Supplier Relationship Management* (SRM): umfasst den gesamten Lieferantenprozess, vom strategischen Sourcing bis zur operativen Beschaffung. Ziele:

integriertes Beschaffungsmanagement, Kosten minimieren, schnellere Prozesszyklen

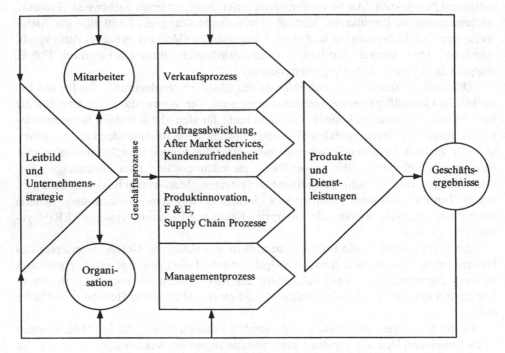

**Abb. 122:** Unternehmensgliederung nach Geschäftsprozessen

- *Human Resources* (HR): Organisation von personalrelevanten Prozessen, strategisches Management Development, operative Weiterentwicklungen, Schulungen
- *Supply Chain Management* (SCM): Management der gesamten Versorgungskette (Lieferant, Produktion, Vertrieb)
- *Customer Relationship Management* (CRM): Management der Kundenprozesse, von Auftragsmanagement bis zur Reklamationsbearbeitung
- *Product Lifecycle Management* (PLM): alle Prozesse der Produktinnovation (Forschung und Produktenwicklung, Technologieentwicklung, Automatisierung, Fertigungsengineering etc.)
- *Financials* (FIN): alle Finanzprozesse (Rechnungswesen, Investitionsmanagement, Operatives Controlling, Unternehmenscontrolling)
- *Business Intelligence* (BI): Integration der Unternehmensdaten in Mess- und Steuerinstrumente

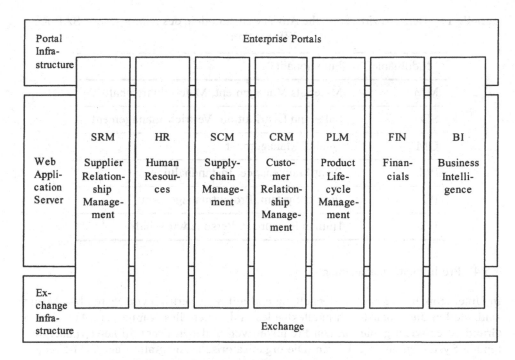

**Abb. 123:** SAP®-Enterprise®-Technologie im Überblick

Die Prozesse sind in eine Umgebung eingebettet, die E-Business mit Hilfe von Internet-Technologien unterstützt. Die Abb. 123 stellt die Struktur der SAP®-Enterprise®-Technologie, eine Erweiterung der „klassischen" SAP-R/3-Lösung, dar, deren Modulkonzept in Tabelle 14 verdeutlicht wird.

**Tabelle 14:** Betriebswirtschaftliche Anwendungsmodule des „klassischen" SAP-R/3-ERP-Systems

| Modulname | Funktionalität |
|---|---|
| FI | Financial Accounting, Finanzwesen |
| TR | Treasury, Finanzmitteldisposition |
| IM | Investment Management, Investitionen |
| CO | Controlling, operatives Finanzmanagement |
| EC | Enterprise Controlling, (strategisch) |
| PP | Production Planning (PPS) |

**Tabelle 14:** Betriebswirtschaftliche Anwendungsmodule des „klassischen" SAP-R/3-ERP-Systems

| Modulname | Funktionalität |
|-----------|----------------|
| MM | Materials Management, Materialwirtschaft |
| SD | Sales and Distribution, Vertriebsmanagement |
| QM | Quality Management |
| PM | Plant Maintenance, Instandhaltung |
| PS | Project System, Projektmanagement |
| HR | Human Resources, Personalwirtschaft |

### 3.5.4 Produktdatenmanagement

In Unternehmen, die mit der Herstellung und mit dem Vertrieb von Waren beschäftigt sind, stellen die Produkte ein intellektuelles und materielles Kapital dar. Aus diesem Grund ist es wichtig, die mit den Produkten verbundenen Daten in konzernübergreifenden Systemen zu organisieren. Die organisatorische Integration der CIM-Komponenten wird auch als *Engineering-Daten-Management* (EDM) bezeichnet. Um produktrelevante Daten für die Rechnerintegration zu adaptieren, muss zunächst ein Datenmodell erstellt werden.

Warnecke et al. (1995) beschreibt die Vorgehensweise zur Normung von Objekten der rechnerintegrierten Produktion (Produktmodell, Modell des Prozessplans, Betriebsmittelmodell, Modell der Fertigungssteuerung, Integrierte Unternehmensmodellierung). Das Ziel aller Modellentwicklungen ist die Schaffung eines leistungsfähigen semantischen Modells der Entitäten. Es soll nicht nur die syntaktisch korrekten Strukturen der zu beschreibenden Objekte widerspiegeln, sondern auch Zugang zu inhaltlichen Informationen ermöglichen.

Der gesamte Datenreichtum, der im Produktlebenszyklus entsteht, soll durch das Modell abgedeckt und einer Verarbeitung zugeführt werden können. Die in Warnecke et al. (1995) beschriebene Vorgangsweise zur Generierung von universellen Produktdatenmodellen stützen sich auf die Norm STEP (Standard for the Exchange of Product Model Data) ab. STEP (ISO 10303) definiert ein neutrales Format, das es erlaubt, Produktdaten in heterogenen Systemen zu verwenden. Die Hauptaufgaben von Produktdatenmanagement-Systemen sind:

- Verwaltung der im Produktionsprozess entstehenden Daten (Zeichnungen, Stücklisten, NC-Programme etc.)
- Interface zu rechnerintegrierten Systemen (CAD/CAM, ERP, PPS)
- ontologische Beschreibung von Produkten und Produktmerkmalen (semantische Informationsvernetzung in der „Welt der Produkte"). Damit können bei-

spielsweise geometrische Produkteigenschaften mit Anwendungsmöglichkeiten am Markt in Verbindung gebracht werden.

In vielen Fällen werden *objektorientierte* Modelle herangezogen. Durch Festlegung von Beziehungen zwischen Objekten können die Zusammenhänge zwischen den Daten hergestellt werden. *Beispiel*: Ein Befestigungselement besteht aus einer Schraube und einer integrierten Distanzscheibe. Die beiden Teilobjekte „Schraube" und „Distanzscheibe" sind als Teilobjekte zum Gesamtobjekt „Befestigungselement" verbunden. Die Beziehungen zwischen den Teilen kann durch die Eigenschaft (Schraube) *steckt in* (Distanzscheibe) festgelegt werden. Diese Eigenschaft ist z. B. wesentlich für den Montageprozess. Komplexe Teile werden damit in ihre Bestandteile zerlegt, wobei in der Regel eine hierarchische Ordnungsstruktur zur Anwendung kommt. Dabei spielt die Relation „ist Teil von" (oder umgekehrt „besteht aus") eine wichtige Rolle. Ein PDM-System bietet über seine Funktion als Produktdatenbank hinaus noch andere Funktionalitäten (Zeichen und Fürst 2000):

- Workflow-Management (zu den Objekten in der Datenbank können Arbeitsabläufe definiert werden)
- Benutzer- und Zugriffssteuerung (Vergabe von Rechten an Nutzer und Nutzergruppen innerhalb des Unternehmens)
- Änderungsmanagement (Koordination von Änderungs- und Freigabeprozessen)
- Nachrichtenfunktionalität (Nutzer werden über relevante Änderungen per E-Mail automatisch in Kenntnis gesetzt)
- Kopplung an CAD/CAM-Systeme (z. B. CAD-Zeichnungen werden integriert, NC-Programme werden verwaltet)
- Daten zum Qualitätsmanagement (z. B. FMEA-Dokumentation, wie in Abschn. 6.4.4 näher beschrieben, Ergebnisse von Tests etc.)
- Dokumentenmanagement (Versionsverwaltung, Archivierung, Sicherung)

Die Abb. 124 zeigt schematisch die Daten-, Prozess- und Server-Client-Architektur eines Engineering-Data-Management-Systems. Wichtig ist die unternehmensweite Vernetzung der Informationsflüsse bis hin zum Vertrieb.

### 3.5.5 Supply Chain Management

Als Supply Chain bezeichnet man die gesamte Logistikkette eines Unternehmens unter Einbeziehung aller Lieferanten, Kooperationspartner sowie interner und externer Vertriebseinheiten. Das übergeordnete Ziel der Supply Chain setzt sich zusammen aus der Erfüllung der Kundenbedürfnisse, der Steigerung der Kundenzufriedenheit durch bedarfsgerechte Anlieferung, der Senkung der Bestände und eine damit verbundene Senkung der Lagererhaltung in der Logistikkette sowie eine erhöhte Effizienz durch geringere Fehlmengen. Das in Abb. 125 dargestellte Beispiel zeigt eine Konfigurationsmöglichkeit der Supply Chain. Lieferant 1 und der Key Supplier liefern in diesem Beispiel Teile oder Material direkt an das Unternehmen. Als Key Supplier bezeichnet man einen Lieferanten, der aus unternehmensstrategischen Gründen (Kernfähigkeiten,

Bedeutung des Produkts, Standort, Technologien, Preisposition) eine Schlüsselrolle spielt. Das Unternehmen wird einen Key Supplier mit Bedacht auswählen und versuchen, ihn im Rahmen einer längerfristigen Kooperationsvereinbarung an sich zu binden. Die Lieferanten 2 und 3 versorgen das Unternehmen über einen Logistik-Dienstleister. Dabei handelt es sich um Firmen, die sich auf logistische Prozesse spezialisieren und über diese Spezialisierung Vorteile für den Auftraggeber bieten (Beispiel: Transportunternehmen). Das Unternehmen vertreibt im Beispiel der Abb. 125 seine Produkte ebenfalls über Logistik-Dienstleister.

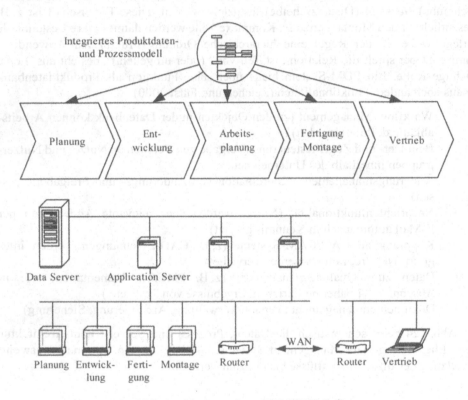

**Abb. 124:** Architektur eines EDM(PDM)-Systems

In Europa wird der Begriff *Logistik* seit den 1960er Jahren in der betriebswirtschaftlichen Literatur für den Fluss von Stoffen und Waren verwendet. Der Ausdruck selbst stammt aus dem Griechischen, wo er „Rechenkunst" bedeutet[1]. Heute wird als essentieller Bestandteil der logistischen Funktionen auch das Informationsmanagement im

---

1 Die Verwendung des Begriffs „Logistik" nahm ihren Ursprung in der Versorgung von Streitkräften (Militärlogistik). Kaiser Leon VI. von Byzanz verfasste eine Logistikdefinition, die nach heutigem Sprachgebrauch den Bedeutungskomplex „Rüstung", „Organisation", „Truppenversorgung", „Operationsplanung" und „Nachrichtenwesen" umfasst.

Zusammenhang mit den Materialflüssen angesehen. Die Begriff „Logistikkette" beschreibt somit den Träger eines Flusses von Waren, Stoffen und Information.

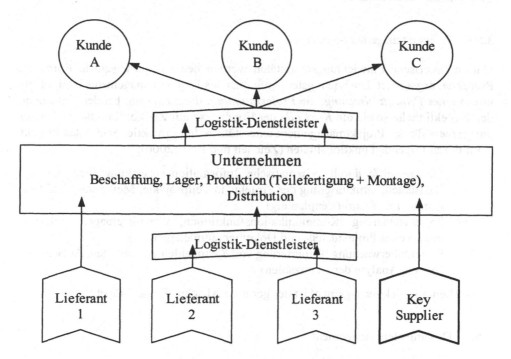

**Abb. 125:** Beispielhafte Konfiguration einer Supply Chain

Der neuere Begriff Supply Chain bedeutet ebenfalls „Lieferkette", wobei die Kette nun aus der Perspektive der Geschäftsprozesse gesehen wird. An Stelle der einzelnen Funktionen (Transport, Lager, Distribution) treten nun die Geschäftsprozesse (vgl. Abb. 122). Die Abb. 125 geht bewusst von einer Darstellung aus, die den Kunden an oberster Stelle platziert. Dementsprechend sieht das moderne Geschäftsmodell alle Prozesse vom Kundenbedürfnis ausgehend und bei den Lieferanten endend.

Das Supply Chain Management wird heute durch Informationssysteme unterstützt. Die wichtigsten Komponenten und Funktionen dieser Systeme sind:

- eine Datenbasis, die allen Partnern der Supply Chain zur Verfügung steht
- eine Netzwerk-Architektur
- Prognose-Tools (Abschätzung der Liefermengen und Liefertermine aus Auftragseingängen und Angeboten)
- Entscheidungsunterstützungswerkzeuge (Decision Support Tools)
- Simulationswerkzeuge (zur Durchführung von Szenarienanalysen)
- ein Auswertesystem zur Kennzahlgenerierung (Beschaffungsquote, Produktionsdurchsatz, Fehlmengen etc.)

Die in Abschn. 3.5.1 besprochene Produktionsplanung und -steuerung (PPS) ist in die Supply Chain integriert. Sie muss Informationsflüsse mit den Teilprozessen der Supply Chain austauschen können.

### 3.5.6  Projektmanagement-Systeme

Unternehmerische Entwicklungsaktivitäten werden heute überwiegend in Form von Projekten organisiert. Die wichtigsten Aufgaben des Projektmanagements ist die Definition einer *Projektzielsetzung*, die *Projektplanung*, die *Steuerung* bei der Umsetzung der Projektinhalte sowie die *Kontrolle* der Ergebnisse auf Zielkonformität. *Informationssysteme* für das Projektmanagement unterstützen den Projektleiter und das Projektteam durch folgende Funktionalitäten (Zeichen und Fürst 2000):

- Planungshilfe durch systematische Informationsverwaltung (Erfassen von Basisdaten, Strukturierung des Projekts in Teilprojekte, Meilenstein und Budgetplanung, Ressourcenplanung)
- Projektsteuerung (Kommunikationsfunktionen, Visualisierungen, unternehmensweites Projektdaten- und Dokumentenmanagement)
- Projektüberwachung (Generierung von Kennzahlen zu Terminen, Aufwänden, Kosten, Analyse der Kennzahlen)

Dem Thema Projektmanagement ist der gesamte Abschn. 6.3 gewidmet.

### 3.5.7  Dokumentenmanagement

Im Zuge der fortschreitenden Integration von Informationssystemen in die Unternehmen nimmt die Zahl der elektronisch zu verwaltenden und zu sichernden Dokumente dramatisch zu. Bei Dokumentenmanagementsystemen sind zunächst folgende primäre Gesichtspunkte zu berücksichtigen:

- die Anforderungen an das Dokumentenmanagementsystem (Funktionalität, Einsatzbereich, Sicherheit, Kompatibilitäten)
- die Strukturierung des Dokumentenbestands
- die Steuerung der Zugriffsrechte unter Berücksichtigung von Vertraulichkeitsgesichtspunkten
- die zukunftssichere Speicherung der Dokumentendaten

Während der letzte Punkt hauptsächlich mit hardwaretechnischen Faktoren und mit den Problemen der Migration bei evolvierenden Speichertechnologien zu tun hat, betreffen die ersten drei Punkte die Organisationsstruktur des Datenbestands. Häufige Anforderungen an Dokumentenmanagementsysteme sind

- Multi-User-Fähigkeit mit gleichzeitigem (kontrolliertem) Zugriff auf Dokumente
- Versionskontrolle und Änderungsmanagement
- Suche nach Dokumenten und Inhalten
- personen- und funktionsabhängige Zugriffsberechtigungen

Um die unternehmensweite Vernetzung auch im Dokumentenmanagement zu gewährleisten, werden DM-Systeme in der Regel nach Client-Server-Architekturen aufgebaut. Dokumentenmanagement-Funktionen sind häufig in PDM-Systemen mit Workflow-Management integriert (vgl. Abschn. 3.5.4).

## 3.6  Strukturierung von Daten für Internetapplikationen

Das Internet wird heute von weit über 500 Millionen Menschen genutzt, die Zahl steigt weiter überproportional mit der Zeit an. Ein kurzer geschichtlicher Abriss soll seine Entstehung zusammenfassen.

*Eine kurze Entwicklungsgeschichte des Internets*
Die 1958 gegründete amerikanische Forschungsorganisation ARPA (Advanced Research Project Agency) hatte die strategische Vorgabe, im Dienste der Landesverteidigung den technologischen Vorsprung der Vereinigten Staaten durch visionäre Projekte zu sichern. Eines dieser Projekte („ARPANET") befasste sich mit landesweiten Kommunikationstechnologien und hatte zum Ziel, die Überlebensfähigkeit der Kommandostruktur der Air Force zu sichern, auch wenn die Kommunikationsknoten zum Großteil durch Nuklearangriffe zerstört würden. Das Ziel sollte durch neue Netzwerktopologien und durch das Prinzip der paketorientierten Netzwerkprotokolle erreicht werden: Eine Nachricht wird in einzelne Pakete zerlegt, die unterschiedliche Wege durch das Netz nehmen können. 1969 wurde mit der Vernetzung der ARPA-Forschungseinrichtungen begonnen, Mitte 1971 waren bereits mehr als dreißig verschiedene Computerzentren in das Netz eingebunden. Die ersten Anwendungen betrafen die Fernsteuerung von Rechnern und die Datenübertragung durch das file transfer protocol (FTP). Der eigentliche „Auslöser" zur lawinenartig ansteigenden Nutzung des Netzes erfolgte durch Einführung von E-Mail 1971. Auch große Hardwarehersteller wie IBM und DEC begannen in den 1970er Jahren Netzwerktechnologie für ihre Produkte anzubieten. Als erste europäische Staaten nahmen 1973 Norwegen und England Verbindung mit dem ARPANET auf. Durch das USENET mit seinen Diskussionsforen (etwa 1980) erhöhte sich die Zahl am Netz aktiven Nutzer weiter. Als Geburtsstunde des Internets kann der erste Januar 1983 angesehen werden, an dem die Umstellung des ARPANETs vom Network Control Protocol (NCP) auf die Protokollfamilie TCP/IP erfolgt (die erste Installation des TCP/IP-Protokolls wurde bereits im Jahr 1975 auf den Rechnern einiger amerikanischer Universitäten sowie auf dem University College in London vorgenommen). 1986 wird das überregionale National Science Foundation Net (NSFNET) implementiert. Österreich und die Schweiz schließen sich 1990 an das NSFNET an. Tim Berners-Lee entwickelt 1991 am europäischen Kernforschungszentrum CERN in Genf ein Hypertextsystem (nach dem Prinzip der HTML, Hypertext Markup Language) mit einer äußerst einfach zu bedienenden graphischen Benutzeroberfläche. Durch die einfache und anschauliche Bedienung erweitert das Internet seinen Benutzerkreis – das World Wide Web ist geboren. Der Umgang mit HTML-Dokumenten erfordert jedoch hochspezialisierte Browser, die nun Gegenstand des Geschäftsinteresses großer Softwarehersteller werden. Das explosionsartige Wachstum des Internets stellt für seine technische Infrastruktur eine erhebliche Herausforde-

rung dar. Durch den geschätzten monatlichen Teilnehmerzuwachs von 10 % und die fortschreitenden Anforderungen zur Übertragung von Multimedia-Formaten steigen die Anforderungen an die Übertragungsbandbreite enorm an.

### 3.6.1  Das Internet und unternehmerische Informationsprozesse

Das World Wide Web umfasst die weltweit größte Ansammlung elektronisch aufbereiteter Daten sowie elektronisch abrufbarer Dienste. Informationen können in Sekundenbruchteilen global versendet und zuverlässig empfangen werden. Es ist möglich, sichere Übertragungen zu etablieren, die den Kreis der am Informationsprozess teilnehmenden Partner auf Sender und Empfänger beschränken. Die Internettechnologie kann unter Beibehaltung von funktionalen Komponenten auf lokale Anwendungsbereiche herunterskaliert werden (Intranet). Die Technik der Datenübermittlung erlaubt den Austausch von Daten in allen erdenklichen Dateiformaten und beinahe unbegrenzt in der Datenmenge. Was also liegt näher, als diese Funktionalität für unternehmerische Informationsprozesse zu nutzen?

*Business-To-Business-Prozesse*
Unter dem Acronym *B2B* verstehen wir Kommunikationsprozesse zwischen Geschäftspartnern (oder innerhalb eines geographisch verteilten Unternehmens) unter Ausnützung der Internettechnologien. Die wichtigsten informationstechnischen Funktionen dabei sind:

- Austausch von Nachrichten (E-Mails, Bestellungen, Lieferscheine, Ankündigungen, Mahnungen, Börsenkurse, Bekanntgabe von Systemzuständen, Alarme etc.)
- Austausch von Daten (Konstruktionsdaten, Stücklisten, Berichte, Spezifikationen, Beschreibungen, Personallisten, Bestandsdatenbänke etc.)
- Austausch von Programmen (allgemeine Anwendungsprogramme, NC-Programme, Steuerprogramme etc.)
- Inanspruchnahme von Diensten (Flugauskunft, Flugbuchung, Logistikdienste, Suchdienste, Informationsdienste, Geldtransaktionen etc.)

Die im vierten Punkt angeführten Dienste können als komplexe Kapselung von Funktionen aus den drei ersten Punkten angesehen werden. Dienste erreichen im Allgemeinen eine hoch spezialisierte Funktionalität, indem sie mehrere elementare Funktionen zu abgeschlossenen Einheiten zusammenfassen. So besteht beispielsweise die Bestellung eines Bahntickets über das Internet zunächst aus einem Suchdienst mit der Übermittlung von geeigneten Zuginformationen und Abfahrtszeiten, aus einem Bestellvorgang und aus der Lieferung des Tickets in Form eines Zahlencodes. Gleichzeitig kann die Zahlung vom Kreditkartenkonto ausgelöst werden. Im Folgenden sollen zwei Beispiele für Business-To-Business-Prozesse erläutert werden.

*E-Commerce*
Bereits in den 1960er Jahren gab es Initiativen, die sich mit dem elektronischen Datenaustausch für Geschäftstransaktionen beschäftigten. Die Erwartungen konnten aller-

dings nicht restlos erfüllt werden, da die Übertragungseinrichtungen hohe Investitionen erforderten und die Geschäftspartner sich jedes Mal auf einheitliche Inhaltsformate und Protokolle einigen mussten.

Internetbasierter E-Commerce bietet nun eine weit höhere Flexibilität, Dynamik und Anwendungssicherheit. Dies führt zu einer Reihe von Verbesserungen in der Geschäftsdynamik und in den Unternehmensbeziehungen. Beispiele für neue Möglichkeiten sind:

- Angeboterstellung auf Auktionsbasis (der beste und billigste Anbieter erhält den Auftrag, heute vor allem in der Automobilzulieferindustrie betrieben)
- bessere Wahlmöglichkeit von Geschäftspartnern durch transparente Information im Internet
- es kann eine große Anzahl von Kunden erreicht werden (z. B. Online-Buchverkauf über das Web)
- Unternehmen können sich zu *Virtual Enterprises* zusammenschließen (vgl. Abschn. 3.6.5)
- Information oder informationsäquivalente Produkte (Auskünfte, Datensammlungen, Programme, Codes [z. B. Berechtigungscodes, Passworte, Tickets] Bilder, Musik etc.) können direkt über das Internet vertrieben werden.

*Enterprise-Application-Integration*

Die Integration von Anwendungsprogrammen, elektronisch verfügbaren Daten und Altdatenbeständen (z. B. in Form von schriftlichen Berichten) in die kritischen Unternehmensprozesse wird als Enterprise-Application-Integration bezeichnet. Die Integration kann prinzipiell auf zwei Arten erfolgen:

- durch Punkt-zu-Punkt-Integration
- durch Integration auf der Basis von Middleware

Bei der direkten Integration (Punkt-zu-Punkt) müssen Anwendungen, Datenbanken und Gateways jeweils miteinander informationstechnisch verbunden werden. Man erhält dadurch eine Topologie, wie in Abb. 126 als Beispiel dargestellt. Für einige wenige Anwendungen ist diese direkte Kopplung sicherlich zweckmäßig. Wächst die Zahl der zu integrierenden Applikationen, wächst auch die Komplexität [es gibt bei $n$ Applikationen $n(n-1)/2$ Verbindungen] und damit sinkt die Wartbarkeit, die Kosten steigen.

Als Alternative kommen Service-orientierte Architekturen in Frage. Dazu bildet man eine neue Serviceebene aus, die so genannte Middleware (Abb. 127).

Die zu integrierenden Systeme haben nun eine einheitliche (generische) Schnittstelle zur Middleware, die ihrerseits Kommunikations- und Vermittlungsfunktionen als Servicedienst anbietet. Kommen neue Anwendungen hinzu oder werden bestehende Anwendungen ausgetauscht, so muss jeweils nur eine Verbindung zur Middleware modifiziert werden. Das Leistungsspektrum der Middleware kann beliebig erweitert werden (z. B. Routing-Funktionen, Datentransformationen, Aggregation oder Separation von Daten etc.). Der einzige Nachteil liegt in der Notwendigkeit zur Umrüstung der bestehenden Systeme auf die Middleware-Schnittstelle.

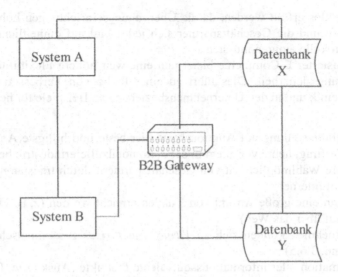

**Abb. 126:** EAI: Punkt-zu-Punkt-Integration

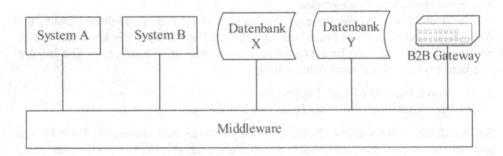

**Abb. 127:** EAI: Integration über Middleware

Die webbasierte Verbindung von Geschäftsprozessen zwischen verschiedenen Unternehmen, unabhängig von der geographischen Lokalisation der Geschäftsteilnehmer, zum Zweck des Betriebs von gemeinsamen Anwendungen wird unter dem Begriff *Enterprise-Business-Integration* (*EBI*) zusammengefasst. Diese Form von Integration wird ausführlicher im Abschn. 3.6.5 unter der Bezeichnung *virtuelle Unternehmen* behandelt.

### 3.6.2   Semantic Web

Ein Erfolgsfaktor des World Wide Webs in seiner heutigen Form ist sicherlich die Unmenge an Daten und „potentiellen Informationen", die in ihm stecken, sowie die leichte Zugänglichkeit durch praktisch jeden beliebigen Anwender. Die große Stärke ist jedoch auch zugleich seine größte Schwäche: Bei der Vielzahl von Informationen ist es selbst für den Menschen mit seinen kognitiven Fähigkeiten schwierig zu beurteilen, welche der Informationen qualitativ den jeweiligen Anforderungen entsprechen. Umso schwieriger ist es für eine Suchmaschine, relevante von irrelevanter Information zu trennen.

Ein weiterer Erfolgsfaktor (und gleichzeitig ein Problempunkt) liegt in der Einfachheit des Web-Mechanismus: Die Methoden der Informationsaufbereitung führen zu Darstellungen (z. B. HTML-basierte Webseiten), die vom Menschen zwar leicht überschaut und verstanden werden können, sich aber kaum für eine maschinelle Auswertung eignen, sofern sie nicht eine hoch spezialisierte, formularbasierte Eingabemaske verwenden, in deren Felder nur Ausdrücke mit semantisch vorgegebenen Inhalten eingetragen werden (Name, Geburtsdatum, Kreditkartennummer etc).

Der Kernpunkt des Problems liegt in der Tatsache begründet, dass die vermeintlichen „Informationen" einer webbasierten Darstellung in Wirklichkeit nur Rohdaten sind, die vom Menschen interpretiert und so zu Information umgewandelt werden.

Tim Berners-Lee (der Entwickler des WWW) schuf die Vision eines *Semantic Web*, eines weltweiten Netzes, das, basierend auf einer maschinenverständlichen Semantik der Daten, einen automatisierten Zugang und automatisierte Nutzung dieser Daten ermöglicht.

*"The Semantic Web is an extension of the current web in which information is given well-defined meaning, better enabling computers and people to work in co-operation." – Tim Berners-Lee, James Hendler, Ora Lassila, The Semantic Web, Scientific American, Mai 2001*

Eine explizite Repräsentation der Semantik der im Internet verfügbaren Daten könnte eine qualitativ neue Ebene von Webapplikationen ermöglichen. Wenn es möglich wird, gemeinsam mit den Daten auch deren Bedeutung (Semantik) zu transportieren, so wird es möglich, das vom Menschen geschaffene Wissen auch *automatisiert auszuwerten*. Das könnte die Grundlage für automatisierte Dienstleistungen für Informations- und Wissensmanagement in Geschäftsprozessen und im privaten Bereich schaffen.

Die Technologie des Semantic Web steckt immer noch in den Kinderschuhen. Der Fokus liegt im Moment am Aufbau der grundlegenden Infrastruktur. Als nächster Schritt können dann aktive Komponenten entwickelt werden (z. B. so genannte Web-Services), die die vorbereitete Infrastruktur nutzen, um den Anwendern intelligente Dienstleistungen zu bieten. Spezialisten der Web-Technologie sehen im Semantic Web eine Schlüsseltechnologie der Zukunft.

Einige erste Schritte bei der Entwicklung von geeigneten Infrastrukturen sind bereits getan. So birgt beispielsweise das Konzept der Extended Markup Language (XML) die Möglichkeit in sich, Daten mit zusätzlichen semantischen Marken zu versehen. Somit wird also eine natürliche Zahl beispielsweise als „Telefonnummer", als „Einwohnerzahl" oder als „Losgröße eines Fertigungsauftrags" ausgewiesen. Automatische Auswertungsprogramme können – bei Kenntnis der zugrunde liegenden Markendefinitionen – direkt auf die entsprechenden Informationen zugreifen. Wie XML aufgebaut ist und welche Möglichkeiten es bietet, wird im folgenden Abschnitt behandelt.

### 3.6.3 XML

Seit der Mitte der 1990er Jahre wird die Markup-Sprache XML (Extended Markup Language) zur Datenkommunikation zwischen Computersystemen verwendet. In den letzten Jahren ist ein sprunghafter Anstieg in der Verwendung zu verzeichnen, was insbesondere auf die Weiterentwicklung von Web-Technologien auf dem Sektor der E-Commerce zurückzuführen ist. Darüber hinaus hat sich das XML-Konzept als sehr zweckmäßig für Anwendungen herausgestellt, wo es um eine flexible, zuverlässige und zukunftssichere Strukturierung von Informationen geht. Auch in der Automatisierungstechnik hat der mittlerweile konsolidierte Standard Fuß gefasst. Die Strukturierung von Daten nach dem XML-Standard kommt heute sowohl für systeminterne Kommunikationsprozesse zur Anwendung wie auch für den Austausch auf unternehmensinterner Ebene (Intranet) oder globaler Ebene (Internet).

Bevor wir die grundlegenden Merkmale, Eigenschaften und Anwendungsfelder von XML diskutieren, werden wir zunächst einen kurzen Blick auf die Strukturierung von Dokumenten und auf den Entwicklungsprozess der Markup-Sprachen werfen.

*Dokumente und das Markup-Prinzip*
Das Prinzip des *Dokuments* ist der Menschheit seit einigen Jahrtausenden bekannt – man denke etwa an steinerne Tafeln mit Inschriften in Keilschrift, an Briefe, schriftliche Nachrichten oder Bücher. Daran schließen die Dokumente im Sinne der modernen Informationstechnologie an. Ein grundlegender Bestandteil eines Dokuments ist *Text*. Er besteht aus Symbolen (beispielsweise ASCII-Zeichen im elektronischen Textdokument), Worten, Satzzeichen, Sätzen, Absätzen und Seiten. In seiner rohen Form ist Text *unformatiert*. Moderne elektronische Dokumente enthalten darüber hinaus Bilder, Tabellen, Verweise und Formatierungselemente, wie das in sehr anschaulicher Weise an diesen Buchseiten verdeutlicht werden kann.

Kehren wir zum ursprünglichen Modell des unformatierten Textes ohne zusätzliche Gestaltungselemente zurück. Er präsentiert sich seiner einfachsten Form als Fließtext ohne strukturelle Merkmale. *Markierungen* oder engl. *Markups* sind nun Kennzeichnungen von Stellen im Text in Form von Symbolen oder Symbolketten, die dem Rohtext zusätzliche Information beifügen. Sie können in folgende Kategorien eingeteilt werden:

- punktuelle Markierungen (Punkt, Komma, Bindestrich, Aufzählungszeichen)
- Markierungen zur visuellen Strukturierung (z. B. Absätze, Einzüge, Zeilenumbrüche, Seitenwechsel)
- prozedurale Markierungen (etwa zur Kennzeichnung des Papier- oder Dateiformats)
- logische Tags wie z. B. Marken, die nach Verarbeitung des Dokuments durch eine Textverarbeitungssoftware eine Hervorhebung des Textes bewirken. Durch Änderung der assoziierten Regel (z. B. *Kursiv-* statt **Fettdruck**) kann

die Hervorhebung angepasst werden, ohne dass die Marken geändert werden müssen.

- Referenzmarkierungen. Sie werden in den Text eingefügt, wenn an der entsprechenden Stelle auf eine andere Textstelle oder ein anderes Datenobjekt verwiesen werden soll (Referenzen, Fußnoten, Hyperlinks etc.).
- Metamarkierungen. Sie definieren oder verändern die Bedeutung von bestehenden Marken.

Durch *Markups* erhält der Text eines Dokuments zusätzliche Informationen in Relation zu seinem Bedeutungsinhalt. Diese Informationen beschränken sich nicht nur auf seine Darstellung (Formatierung) in einem Datenverarbeitungssystem, sondern können allgemein als Information zu dessen *semantischer Strukturierung* angesehen werden.

*XML als Markupsprache*
In der Softwareentwicklung kommen heute eine Vielzahl von Programmiersprachen zur Anwendung wie C++, Java, Delphi, Basic, um nur einige wenige Beispiele zu nennen. Die Sprachen werden eingesetzt, um Computerprogramme mit vordefinierter Funktionalität zu entwickeln.

XML fällt in eine gänzlich andere Kategorie von Sprachen. Als *Markup-Sprache* besteht XML aus Rohtext (Daten) und Markup-Codes. Durch die Markup-Codes wird der Rohtext logisch strukturiert und erhält damit eine zusätzliche semantische Information. Die Zusatzinformation kann etwa dazu verwendet werden, um Textformatierungen zu steuern oder andere bedeutungsrelevante Aspekte des Rohtextes in die Informationsverarbeitung einfließen zu lassen. Diese Funktionalität kann am einfachsten an Hand eines XML-Codebeispiels erläutert werden, das eine kleine Adressdatenbank enthält (Tabelle 15). Wir beziehen uns im Folgenden immer auf dieses Beispiel.

Die Zeile 01 wird zur Deklaration der XML-Version und des Codierungsverfahrens verwendet. ISO-8859-1 legt die Zeichenstandards für westeuropäische Sprachen fest. Die *Deklaration* ist wichtig, um dem Verarbeitungsprogramm (z. B. Browser) mitzuteilen, um welches Dokument es sich handelt. Sie beginnt immer mit der Zeichenfolge (den „Tags", engl. „Marken") `<?xml` und endet mit `?>`. In Zeile 02 folgt ein Kommentar, eingeschlossen in die Tags `<!--` und `-->`. Im Beispiel der Tabelle 15 wird der Dateiname spezifiziert. Diesem Header folgen nun Angaben zu Name, Wohnort und Telefonnummer verschiedener Personen. Aus dem Beispiel ist leicht ersichtlich, wie der Rohtext von Marken eingeschlossen wird, die den Textelementen eine semantische Zusatzinformation geben. Jedem *Start-Tag* (z. B. `<Strasse>`) muss ein entsprechender *End-Tag* zugeordnet werden (`</Strasse>`). Tags, deren Inhalt leer ist, können auch mit nachgestelltem Schrägstrich versehen werden. So sind beispielsweise die folgenden beiden Schreibweisen äquivalent: `<Firma></Firma>` und `<Firma/>` (Zeile 18).

Das einfache Beispiel zeigt, dass die Struktur eines XML-Dokuments gewissen Regeln folgt. Wird gegen diese Regeln verstoßen, so kann das Dokument nicht verarbeitet werden, es ist *ungültig*.

*Definition der Bedeutung von Marken*

XML-Dokumente müssen nach einer bestimmten Struktur aufgebaut sein und gewissen Regeln gehorchen, um dem Anspruch der Gültigkeit zu genügen. Die im Dokument verwendeten Ausdrücke und Marken müssen syntaktisch und grammatikalisch korrekt gesetzt werden. Selbstverständlich sind Start- und End-Tags wie <Strasse> oder </Strasse> nicht von vornherein im XML-Standard vordefiniert.

**Tabelle 15:** XML, Beispielcode

| Code | Zeilennummer |
|---|---|
| `<?xml version="1.0" encoding="ISO-8859-1"?>` | 01 |
| `<!--Beispielcode01.xml-->` | 02 |
| `<Adressbuch>` | 03 |
| `    <Adresse>` | 04 |
| `        <Nachname>Mustermann</Nachname>` | 05 |
| `        <Vorname>Hans</Vorname>` | 06 |
| `        <Wohnort>` | 07 |
| `            <Stasse>Hohlweg</Strasse>` | 08 |
| `            <PLZ>9876</PLZ>` | 09 |
| `            <Ort>Steinfeld</Ort>` | 10 |
| `        </Wohnort>` | 11 |
| `        <Telefon>` | 12 |
| `            <Vorwahl>0887</Vorwahl>` | 13 |
| `            <Nummer>345678</Nummer>` | 14 |
| `        </Telefon>` | 15 |
| `    </Adresse>` | 16 |
| `    <Adresse>` | 17 |
| `        <Firma/>` | 18 |
| `        <Nachname>Fachfrau</Nachname>` | 19 |
| `        <Vorname>Franziska</Vorname>` | 20 |
| `        <Telefon>` | 21 |
| `            <Vorwahl>0887</Vorwahl>` | 22 |
| `            <Nummer>221609</Nummer>` | 23 |
| `        </Telefon>` | 24 |
| `        <Telefon>` | 25 |
| `            <Vorwahl>0666</Vorwahl>` | 26 |
| `            <Nummer>120304</Nummer>` | 27 |
| `        </Telefon>` | 28 |
| `    </Adresse>` | 29 |
| `</Adressbuch>` | 30 |

Hier kommt nun der *metasprachliche* Charakter von XML ins Spiel: Durch Definition von Regeln wird das „Vokabular" von Tags mit einer *Grammatik* versehen. Die Grammatik legt den Gebrauch der Tags und ihr Wechselspiel untereinander fest. Analog zur Situation der menschlichen Sprache verbindet die Grammatik die syntaktischen Elemente zu wohlgeformten Einheiten (vgl. etwa Subjekt und Prädikat im deutschen Satz). In Tabelle 15 besteht z. B. eine grammatikalische Regel in der Vorschrift, dass zu jeder Telefonnummer stets die zugehörige Vorwahl angegeben werden muss. Dagegen können pro Person beliebig viele Telefonnummern existieren. Diese Regeln werden im Anschluss unter Betrachtung der Tabelle 16 erklärt, der so genannten *Document Type Definition* (*DTD*). Sie sind im dargestellten Code-Teil der Tabelle 15 nicht ersichtlich.

*Die Document Type Definition (DTD)*
Die Tabelle 16 zeigt eine DTD für das Code-Beispiel in Tabelle 15. Die Zeile 01 beginnt wieder mit einem Kommentar, der für die maschinelle Bearbeitung keine Rolle spielt. Innerhalb der Zeichenfolgen <!ELEMENT und > wird jeweils ein Tag-Element des XML-Dokuments definiert.

**Tabelle 16:** Document Type Definition, Beispielcode

| Code | Zeilennummer |
|---|---|
| `<!--DocTypeDefBeispielcode01.dtd-->` | 01 |
| `<!ELEMENT Adressbuch (Adresse)*>` | 02 |
| `<!ELEMENT Adresse (Firma, Nachname, Vorname, Wohn-` | 03 |
| `ort?, Telefon*)>` | 04 |
| `<!ELEMENT Wohnort (Strasse? | Postfach?, PLZ?, Ort?)>` | 05 |
| `<!ELEMENT Telefon (Vorwahl, Nummer)>` | 06 |
| `<!ELEMENT Strasse (#PCDATA)>` | 07 |
| `<!ELEMENT Postfach (#PCDATA)>` | 08 |
| `<!ELEMENT PLZ (#PCDATA)>` | 09 |
| `<!ELEMENT Ort (#PCDATA)>` | 10 |
| `<!ELEMENT Firma EMPTY>` | 11 |
| `<!ELEMENT Nachname (#PCDATA)>` | 12 |
| `<!ELEMENT Vorname (#PCDATA)>` | 13 |
| `<!ELEMENT Wohnort (#PCDATA)>` | 14 |
| `<!ELEMENT Vorwahl (#PCDATA)>` | 15 |
| `<!ELEMENT Nummer (#PCDATA)>` | |

Zur Erläuterung des DTD-Beispielcodes ist zunächst die Kenntnis einiger Sonderzeichen und ihrer Bedeutung erforderlich. Bezüglich der Kardinalität der Ausdrücke (wie oft darf ein Ausdruck vorkommen?) gilt:

**Tabelle 17:** Kardinalität

| Symbol | Bedeutung, Kardinalität |
|---|---|
| ohne | Ausdruck muss genau einmal vorkommen |
| * | Ausdruck darf keinmal, einmal oder beliebig oft vorkommen |
| + | Ausdruck darf einmal oder beliebig oft vorkommen |
| ? | Ausdruck darf nur einmal oder keinmal vorkommen |

Das Zeichen | bedeutet „alternatives oder", #PCDATA steht für „parsed character data" (es bezeichnet eine beliebige Zeichenfolge). Das Symbol EMPTY zeigt an, dass die mit dem betreffenden Tag markierte Zeichenfolge *leer sein muss*.

Die Document Type Definition in Tabelle 16 kann nun folgendermaßen kommentiert werden:

- Zeile 02: „Adressbuch" besteht aus einer beliebig langen Folge von „Adressen".
- Zeile 03: „Adresse" besteht aus der Folge von „Firma", „Nachname", „Vorname", optional aus der Angabe „Wohnort" und einer beliebig langen Folge von „Telefon".
- Zeile 04: „Wohnort" besteht aus der optionalen Angabe von „Straße" ODER „Postfach" sowie aus den optionalen Angaben „PLZ" und „Ort".
- Zeile 05 „Telefon" muss aus der Angabe einer „Vorwahl" und einer „Nummer" bestehen.
- Zeile 06 „Straße" ist eine beliebige Zeichenfolge (parsed character data).

Die DTD wird entweder als Bestandteil eines XML-Dokuments in eine Datei aufgenommen oder als getrenntes Dokument mit der Dateikennzeichnung *.dtd geführt. Der Leser kann die weiteren Zusammenhänge des Beispieldokuments als Übungsaufgabe analysieren.

Mit dieser kurzen Aufstellung wird nur ein kleiner Teil der Möglichkeiten des XML-Systems beleuchtet. Für das weiterführende Studium sei z. B. auf *Extensible Markup Language (XML) 1.0, W3C Recommendation 10-February-1998* verwiesen.

*Die Anwendung von XML-Dokumenten*

Der XML-Standard ermöglicht den Austausch von strukturierten Daten zwischen Informationssystemen auf der Basis von einheitlichen semantischen Definitionen. Wird ein XML-Dokument von einer Anwendungssoftware gelesen, so müssen die Strukturelemente interpretiert werden. Dazu wird das Dokument zunächst gescannt (d. h. die einzelnen Zeichen aus der Dokumentdatei in den Arbeitsspeicher eingelesen). Ein XML-Parser interpretiert den Code des Dokuments unter Zuhilfenahme von externen Daten(-files) und einer Document Type Definition. In Abb. 128 ist dieser Prozess für den Fall einer externen DTD oder eines externen Stylesheets (XSL-Dokument) dargestellt. Die Extended Stylesheet Language (XSL) wurde entwickelt, um eine Transformation zwischen Darstellungen zu ermöglichen. Zusätzlich können Textformatierungen spezifiziert werden. Nachdem der Parser das XML-Dokument in eine intern strukturierte Form gebracht hat, kann das Anwendungsprogramm auf diese Daten zugreifen.

*Andere Markup-Sprachen*

Die Weiterentwicklung des XML-Standards wird von einem internationalen Konsortium vorangetrieben (vgl. http://www.w3.org/XML, Juni 2004). XML wurde jedoch nicht aus dem „Nichts" geschaffen. Schon 1969 begann IBM nach einem Standard zu suchen, der eine einheitliche Struktur für juridische Dokumente ermöglicht. Das Ergebnis war die Textbeschreibungssprache GML (benannt nach den Entwicklern

Charles Goldfarb, Ed Mosher und Ray Lorie). GML blieb jedoch durch seine Struktur auf gewisse Anwendungsbereiche beschränkt.

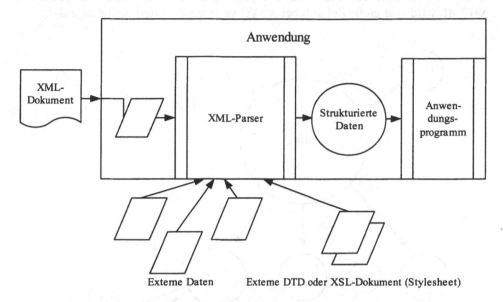

**Abb. 128:** Ein XML-Parser übersetzt das XML-Dokument innerhalb einer Anwendung in strukturierte Daten, die in einem Anwendungsprogramm verarbeitet werden

1978 wurde vom American Nation Standards Institute (ANSI) ein Komitee gegründet, das 1980 die wesentlich allgemeinere Markup-Sprache SGML (Standard Generalized Markup Language) veröffentlichte. SGML vereinigt die drei Hauptaspekte eines typischen Dokuments *Datenstruktur, Inhalt* und *Form* und wurde zum übergeordneten metasprachlichen Standard für die Entwicklung von strukturierten Dokumentenbeschreibungssprachen. SGML selbst ist auf Grund seines enormen Umfangs an Strukturmöglichkeiten sehr umfassend und aufwendig.

Im Zuge der Entwicklung des Word Wide Web ersann das Conseil Européen pour la Recherche Nucléaire CERN unter Tim Berners-Lee (heute als der legendäre „Erfinder" des WWW bekannt) die Hypertext Markup Language (HTML) als „schlanke" Untermenge der SGML. Die vereinfachte (und auf die Anforderungen der damaligen Web-Browser optimierte) Struktur war nötig, um die zur Übertragung erforderlichen Datenmengen auf ein erträgliches Maß zu reduzieren. HTML-Code ist auch heute noch Standard für die Informationsübertragung im Internet.

Um die Formatierungsmöglichkeiten unter HTML zu erweitern, wurden die *Cascaded Stylesheets* (CSS) entwickelt.

Die Document Type Definition (DTD) stammt noch aus der Zeit, als SGML der aktuelle Markup-Standard war. DTD ist von seiner Struktur her kompatibel mit XML.

XML ist ebenfalls eine Untermenge von SGML, das für den allgemeinen Austausch von strukturierten Daten entworfen wurde und somit nicht auf die Anwendung

im Internet beschränkt bleibt. Aus XML wurden eine Reihe anderer Sprachen abgeleitet, von denen in Abb. 129 nur eine kleine Teilmenge dargestellt ist. So wurde beispielsweise XHTML aus HTML durch Anpassung an das XML-Vokabular gewonnen.
XHTML wird eine große Zukunft bei der Verwendung im Internet vorhergesagt.

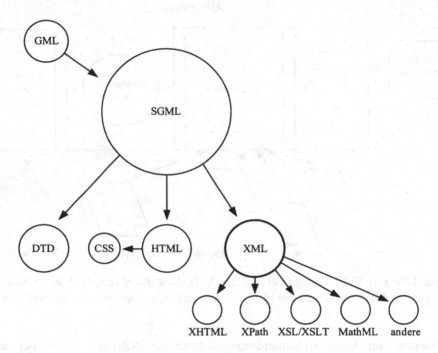

**Abb. 129:** Entwicklung der Markup-Sprachen

XPath wird zur Lokalisierung von verschiedenen Dokumenten aus einem Steuerdoku-
ment heraus eingesetzt.

XSL, die *Extensible Stylesheet Language,* ist der Style-Standard für XML. Mit
ihrer Hilfe werden Textformatierungen in der Darstellung von Dokumenten bewirkt.

XSLT, die *Extensibe Stylesheet Transformation Language,* wird zur Transformation (also zur Reformatierung) von XML-Code in verschiedene Dokumentenformate
verwendet.

MathML ist – wie der Name schon vermuten lässt – eine Markup-Sprache für
mathematische Ausdrücke. Sie wird vor allem zur Darstellung von Formelausdrücken
verwendet.

### 3.6.4   UML

Bei der Entwicklung von Informationssystemen besteht die größte Herausforderung in
der Beherrschung der Komplexität von Softwarekomponenten und in der Modellie-

rung geeigneter Architekturen. Die *Unified Modelling Language* (*UML*) ist eine visuelle Sprache zur Spezifikation, Visualisierung, Konstruktion und Dokumentation von Modellen für Softwaresysteme. Darüber hinaus wird sie in zunehmendem Maße zur Modellierung von anderen industriellen Prozessen verwendet (Geschäftsprozesse, Automatisierungsprozesse, Logistikprozesse etc.) Sie entstand 1997 (Grady Booch, Iva Jacobson und James Rumbaugh) aus mehreren existierenden Modellierungssprachen. UML kann in fast jeder Phase der Softwareentwicklung verwendet werden. Es basiert auf verschiedenen Sichten der Softwarefunktionen, die jeweils in Form eines speziellen Diagramms dargestellt werden. In Verbindung mit (mittlerweile bereits frei erhältlichen) Softwarewerkzeugen kann der Entwicklungsprozess von komplexen Softwaresystemen systematisiert und beschleunigt werden. Die wichtigsten Diagrammtypen werden im Folgenden besprochen:

- Anwendungsfalldiagramm
- Klassendiagramm
- Aktivitätsdiagramm
- Kollaborationsdiagramm
- Sequenzdiagramm
- Zustandsdiagramm
- Komponentendiagramm
- Einsatzdiagramm

*Anwendungsfalldiagramm*

Diese Darstellung wird im Englischen als *Use Case Diagram* bezeichnet. Sie besteht aus einer Menge von Anwendungsfällen und stellt die Beziehung zwischen Akteuren und diesen Anwendungsfällen dar (Abb. 130). Das Diagramm ist allgemein und intuitiv verständlich, so dass es auch als Grundlage für Gespräche zwischen Kunden und Entwicklern dienen kann. Ein Anwendungsfall wird typischerweise durch ein Substantiv mit zugehörigem Verb beschrieben (z. B. „Daten einlesen"). Die Akteure verkörpern die Rollen von menschlichen Systempartnern oder von Computersystemen (z. B. „Maschinenbediener, Datenmanager" etc.). Zu jedem Anwendungsfall gibt es eine Beschreibung in Textform. Die Beschreibung kann ausführlich oder stichpunktartig erfolgen.

Die Abb. 131 zeigt ein einfaches Anwendungsbeispiel eines Anwendungsfalldiagramms. Das „System" besteht aus einem Getränkeautomat, einem Kunden und einem Servicetechniker. Der Anwendungsfall „Nachfüllen nach Bedarf" wird in den Fall „Fächer nachfüllen" erweitert. Er enthält auch die Tätigkeiten „Gerät öffnen" und „Gerät schließen". Der Anwendungsfall „Kunde kauft Produkt" ist hier nicht weiter unterteilt.

*Klassendiagramm*

Im Klassendiagramm wird der objektorientierte Ansatz von UML sichtbar. Es stellt alle Klassen eines Projekts mit ihrer Vererbungshierarchie und Abhängigkeiten dar. Eine Vererbungshierarchie enthält verzweigte Strukturen, die darstellen, wie eine neue Klasse aus bestehenden abgeleitet wird. Eine Klasse ist eine Zusammenfassung gleichartiger Objekte. Die Gleichartigkeit bezieht sich auf die Eigenschaften (Attribute) und auf Funktionen (Operationen/Methoden) der Objekte einer Klasse. Klassendiagramme werden für den Softwareentwurf eingesetzt. In Abb. 132 sind als Beispiel zwei Klassen (ohne Vererbungshierarchie) dargestellt.

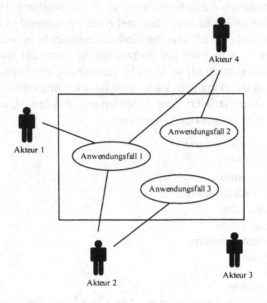

**Abb. 130:** UML-Anwendungsfalldiagramm

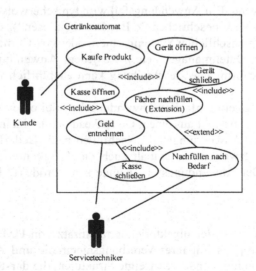

**Abb. 131:** Beispiel eines Anwendungsfalldiagramms: Getränkeautomat

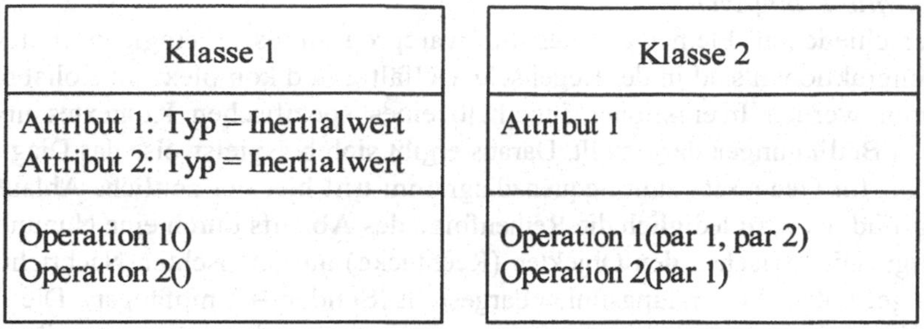

| Klasse 1 |
| --- |
| Attribut 1: Typ = Inertialwert<br>Attribut 2: Typ = Inertialwert |
| Operation 1()<br>Operation 2() |

| Klasse 2 |
| --- |
| Attribut 1 |
| Operation 1(par 1, par 2)<br>Operation 2(par 1) |

**Abb. 132:** UML-Klassendiagramm

*Aktivitätsdiagramm*

Im Aktivitätsdiagramm werden die Objekte eines Programms über ihre Aktivitäten beschrieben. Jede Aktivität stellt einen einzelnen Schritt in einem Programmablauf dar und somit einen spezifischen *Zustand* eines Modellelements. Die Schrittfolge kann – abhängig von gewissen Bedingungen – verschiedene Verzweigungswege durchlaufen (Abb. 133). Laufen zwei Aktivitäten zu einer einzigen zusammen, sprechen wir von „Synchronisation", im gegenteiligen Fall von „Splitting". Ein Aktivitätsdiagramm ähnelt in gewisser Weise einem Petri-Netz (vgl. Abschn. 4.4.2), doch sind alle Aktivitäten mit Objekten assoziiert, d. h. sie sind entweder einer Klasse, einer Operation oder einem Anwendungsfall eindeutig zugeordnet.

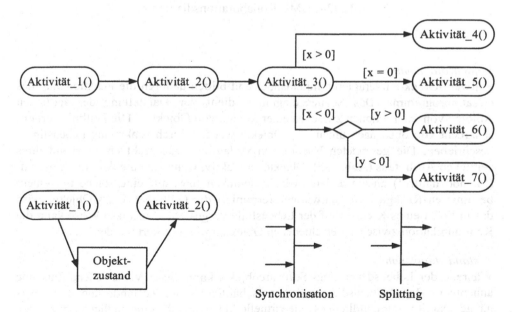

**Abb. 133:** UML-Aktivitätsdiagramm

*Kollaborationsdiagramm*

Die verschiedenen Elemente eines Softwareprogramms interagieren miteinander. Diese Interaktionen sind in der Regel sehr vielfältig und komplex. Im Kollaborationsdiagramm werden Interaktionen innerhalb eines spezifischen Kontextes und unter gewissen Bedingungen dargestellt. Daraus ergibt sich beispielsweise das Diagramm in Abb. 134. Im Gegensatz zum Sequenzdiagramm tritt hier der zeitliche Ablauf in den Hintergrund, es wird lediglich die Reihenfolge des Ablaufs durch eine Nummerierung angezeigt. Die zwischen den Objekten (Rechtecke) ausgetauschten Nachrichten werden als gerichtete Verbindungslinien dargestellt (Sender → Empfänger). Die Antworten auf Nachrichten werden in der Form *antwort* := *nachricht(argumentliste)* dargestellt. Die *Vorgängerbedingung* beinhaltet eine Aufzählung aller Nummerierungen der Nachrichten, die bereits verschickt sein müssen, bevor die neue Nachricht versendet wird. Es muss nicht in jedem Fall eine Vorgängerbedingung spezifiziert werden. Wird sie angeführt, so dient sie der Synchronisation der Nachrichtenabfolge. Die Nummerierung der Nachrichten erfolgt in aufsteigender Reihenfolge.

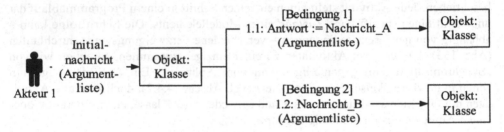

**Abb. 134:** UML-Kollaborationsdiagramm

*Sequenzdiagramm*

Software-Objekte interagieren miteinander und bilden dadurch die Funktionalität des Gesamtprogramms. Das Sequenzdiagramm dient zur Darstellung der zeitlichen Abfolge von Interaktionen zwischen einer Menge von Objekten. Die Zeitlinie verläuft senkrecht von oben nach unten. Die Objekte werden durch senkrechte Lebenslinien beschrieben. Die gesendeten Nachrichten verlaufen waagerecht entsprechend ihres zeitlichen Auftretens (Abb. 135). Objekte sind aktiv, wenn sie eine Anfrage/Botschaft (Methodenaufruf) an ein anderes Objekt schicken bzw. auf eine solche mit einem bestimmten Rückgabewert antworten. Terminiert die Gültigkeit eines Objekts, wird das in Form eines Kreuzes auf der Lebenslinie dargestellt. Auf diese Weise kann die Kommunikation zwischen verschiedenen Objekten repräsentiert werden.

*Zustandsdiagramm*

Während der Lebensdauer eines Softwareobjekts kann dieses verschiedene Zustände annehmen. Das Zustandsdiagramm veranschaulicht diese Zustände und ihre Übergänge. Damit versinnbildlicht es eine virtuelle Maschine, die eine endliche Anzahl von Zuständen annehmen kann. Ein Zustand wird als Zeitspanne zwischen zwei Ereignissen angesehen. Eine Änderung von Attributwerten eines Objekts, die das Verhalten des Objekts maßgeblich verändern, heißt Zustandsänderung. Die Zustandsänderung ist in der Regel an gewisse Bedingungen geknüpft (im Falle des Petri-Netzes ist das die Besetzung der Vorgängerzustände mit Marken, vgl. Abschn. 4.4.2). Start- und Endzustand eines Objekts sind als besondere Zustandstypen anzusehen.

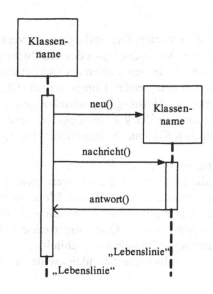

**Abb. 135:** UML-Sequenzdiagramm

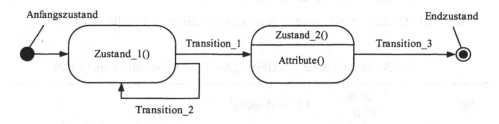

**Abb. 136:** UML-Zustandsdiagramm

*Komponentendiagramm*
Damit bei einer späteren Implementierung der Softwarelösung Compiler- und Laufzeitabhängigkeiten klar dokumentiert sind, werden die Zusammenhänge der einzelnen Komponenten in einem Komponentendiagramm dargestellt. Eine Komponente repräsentiert ein physisches Stück Programmcode. Das kann Quellcode, Binärcode oder

ausführbarer Programmcode sein. Eine Komponente kann weitere Elemente enthalten (Objekte, Schnittstellen etc.). Die einzelnen Komponenten werden als Rechtecke dargestellt, die den Namen und den Typ der jeweiligen Komponente enthalten. Die Abhängigkeiten zwischen den einzelnen Komponenten werden durch gestrichelte Pfeile symbolisiert. Die in dieser Art dargestellten Abhängigkeiten zeigen die spätere Compilierreihenfolge auf.

*Einsatzdiagramm*

Zur Darstellung der Hardware werden Einsatzdiagramme verwendet. Sie bestehen aus sog. *Knoten*, die jeweils eine Verarbeitungs- oder Hardwareeinheit darstellen (Host, Client, Konsole, Terminal etc.). Knoten werden als Quader dargestellt. In den Knotendarstellungen können die dort ablaufenden Komponenten (Objekte) eingefügt werden, wobei auch Schnittstellen und Abhängigkeitsbeziehungen zwischen den Elementen erlaubt sind. Knoten, die miteinander kommunizieren, werden durch Linien verbunden. So werden die physischen Kommunikationspfade visualisiert.

*Modellierung von generischen Prozessen mit UML*

Die Anwendung von UML ist nicht auf die Softwareentwicklung beschränkt. Durch den allgemein gehaltenen Ansatz kann UML zur Modellierung praktisch beliebiger Prozesse eingesetzt werden. Das gilt insbesondere auch für Geschäftsprozesse, Automatisierungsprozesse, Logistikprozesse, Qualitätsprozesse etc. Park und Kim (2003) beschreiben eine konzeptionelle Framework-Architektur zur Modellierung von Online-Geschäftsprozessen. Sie führen die Grundelemente eines Geschäftsmodells auf drei Objekte zurück:

- Wert (ein Produkt oder ein Service)
- Spieler (eine Person oder eine Personengruppe, die sich am Geschäft beteiligen)
- Beziehungen zwischen den Spielern

Als Beispiele für das Objekt „Wert" führen sie die Firmen in Tabelle 18 an.

**Tabelle 18:** Beispiele für das Objekt „Wert" aus Kim und Park (2003)

| Wert | Art des Werts | Firmenbeispiel |
|---|---|---|
| Produkt | physisch | amazon.com (Online-Buchhandel) |
| | digital | etrade.com (Online-Finanzservice) |
| Service | physisch | fedex.com (Online-Lieferant, auftragsbasiert) |
| | digital | MP3.com (Online-Musikhandel) |

Als typische „Spielerrollen" können u. a. angesehen werden:

- der „Main-Player", er gestaltet das Geschäftsmodell (Firma, Institution)
- der Kunde, er kauft oder benutzt Werte des Main-Players
- der Lieferant, er versorgt den Kunden mit Werten
- der Agent („Betreiber"), er ermöglicht den Fluss von Werten zwischen Kunden und Main-Player

Typische (Geschäfts-)Beziehungen zwischen den Spielern sind in Tabelle 19 dargestellt.

**Tabelle 19:** „Beziehungen" aus Kim und Park (2003)

| Besitz | Übermittlung | Beziehung |
| --- | --- | --- |
| Besitz wechselt, wird übertragen | physisch | physischer Transfer des Besitzes (Buch) |
| | elektronisch | elektronischer Besitzerwechsel (Information, Autoren- und Verwertungsrechte) |
| Besitz wird nicht übertragen | physisch | physischer Gebrauch (Leihbuch) |
| | elektronisch | elektronischer Gebrauch (MP3-Musikkonsum) |

Auf der Basis dieser Definitionen zeigen Kim und Park (2003), wie die entsprechenden Geschäftsprozesse mit Hilfe von UML modelliert und analysiert werden können.

Das heute als wichtig erkannte Geschäftsmodell des „virtuellen Unternehmens" verwendet das Internet zur automatisierten Koordination der Geschäftsbeziehungen zwischen zusammengeschlossenen Unternehmen mit geographisch unterschiedlichen Standorten. Im folgenden Abschnitt wird dieses Konzept näher erläutert.

## 3.6.5 Virtuelle Unternehmen

Bei zunehmendem Kosten- und Wettbewerbsdruck müssen Unternehmen ihre Wertschöpfung auf Felder konzentrieren, die ihren strategischen Kernkompetenzen entsprechen. Aus diesem Grund liegt es nahe, Unternehmen mit unterschiedlichen Kernkompetenzfeldern auf der Basis eines gemeinsamen Geschäftsziels zusammenzuschließen. Besonders in Märkten mit komplexen Produkten und hoher Unsicherheit ermöglicht diese Strategie den beteiligten Unternehmen erhöhte Flexibilität und Agilität. Die temporäre Kooperation von Unternehmen unter Einsatz von Internet-Technologie wird mit den Begriffen *Virtual Enterprise* oder *Extended Enterprise* bezeichnet.

In Abb. 137 ist der beispielhafte Zusammenschluss von fünf Unternehmen mit unterschiedlichen Kernkompetenzen dargestellt. Die Unternehmen einigen sich auf ein gemeinsames Geschäftsmodell und treten dem Kunden gegenüber als eine Einheit auf. Dadurch wird eine vorübergehende Bündelung der erforderlichen Fähigkeiten ermöglicht, obwohl die fünf Unternehmen vielleicht auf anderen Gebieten Konkurrenten sind.

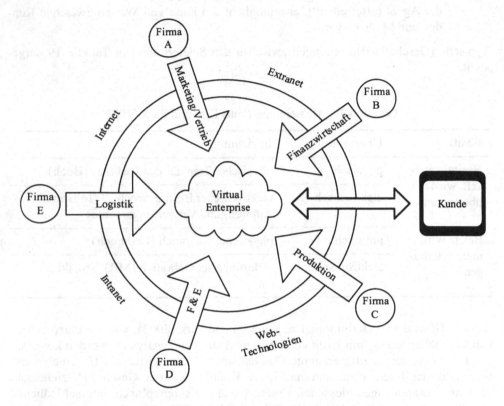

**Abb. 137:** Prinzip des „Virtual Enterprise"

Eine wichtige Rolle spielen dabei die gemeinsame Nutzung von Informationstechnologien (Internet, Web-Technologien, Intranet, Extranet etc.) und Informationssystemen (PDM, ERP, SCM, CRM), da sich die beteiligten Unternehmen im Allgemeinen an geographisch verschiedenen Orten befinden. Die Leistungsbereitstellung erfolgt dezentral unter Nutzung geeigneter Informations- und Kommunikationstechnologien.

Ein Abgrenzungsmerkmal des virtuellen Unternehmens ist sein temporärer Charakter. Die Lebensphasen eines „Virtual Enterprises" sind demnach

- Anbahnung/Partnersuche
- Vereinbarungen zwischen den verschiedenen Unternehmen
- Durchführen des Kundenauftrags
- Auflösung der Einheiten und Rückkehr in die ursprüngliche Organisationsstruktur

*Das EU-Projekt „Flexible Low-Cost Internet Extended Enterprise"*
Das Institut für Automatisierungs- und Regelungstechnik der TU-Wien hat in den Jahren 2001–2003 in leitender Rolle an einem EU-Projekt zur Schaffung von neuen Technologien für virtuelle Unternehmensstrukturen teilgenommen (Dr. Karl Fürst, Dr. Thomas Schmidt mit Team).

Ziel des europäischen F-&-E-Projekts FLoCI-EE (Flexible Low-Cost Internet Extended Enterprise) war die Entwicklung eines Softwareprototypen, der eine flexible Kooperation von eigenständigen Firmen unabhängig von Unternehmensgrenzen („Extended Enterprise") ermöglicht und den gesamten Produktlebenszyklus unterstützt. Neben J2EE (Java 2 Enterprise Edition) und Open-source-Komponenten dienten so genannte Web Services als technologische Basis.

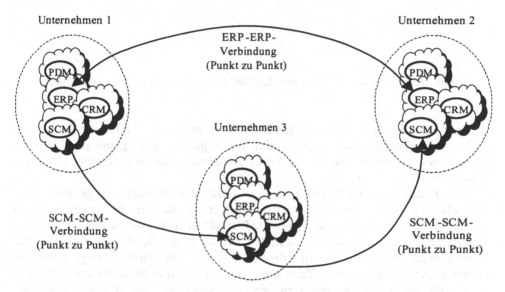

**Abb. 138:** Konventionelle „Punkt-zu-Punkt-Vernetzung" von Unternehmen

Ausgehend von einer konventionellen („punktförmigen") Kopplung von Unternehmen im Rahmen einer gemeinsamen Nutzung von Informationssystemen (ERP, SCM, siehe Abb. 138) wurde zunächst eine auf Komponenten basierte Architektur eingeführt. Diese Komponenten stellen Basisfunktionen der betreffenden Informationssysteme dar, wie beispielsweise Dokumentenmanagement (DM), Projektmanagement (PM), Workflow-Management (WFM) und Customer-Relationship-Management (CRM).

Entsprechend der Hauptfunktion des teilnehmenden Unternehmens (Projektmanager, Entwickler, Verkäufer) sind diese Komponenten zu so genannten „Sichten" zusammengefasst. Die Gesamtmenge der in Abb. 139 dargestellten Ellipsen ist stellvertretend für die Gesamtfunktionalität der im konventionellen Fall getrennten Informationssysteme (ERP, SCM etc.).

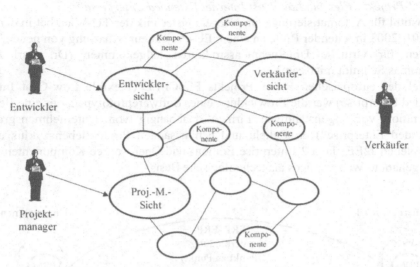

**Abb. 139:** Komponentenbasierte Architektur der Informationstechnologien

Das komponentenbasierte System lässt sich nun leicht auftrennen und mittels Internet-Technologien global vernetzen. So beteiligen sich geographisch getrennte Firmen am gemeinsamen Informationspool und bilden auf diese Weise ein virtuelles Unternehmen (Abb. 140).

Der Kunde erhält die Leistung aus einer Hand, die Unternehmen optimieren ihre Wertschöpfungskette gemäß ihrer stärksten Kernfähigkeiten. Insgesamt wird ein Maximum an Wirtschaftlichkeit bei hoher Flexibilität und schnellen Reaktionszeiten verwirklicht. Nach Erfüllung des Geschäftsziels, zu dessen Realisierung das virtuelle Unternehmen gebildet wurde, gehen die Beteiligten wieder getrennte Wege. Befürworter dieser Architekturen sehen darin sogar die Organisationsform der Zukunft, da es die vorübergehende Bündelung verschiedener Fähigkeiten aus verschiedenen Branchen erlaubt.

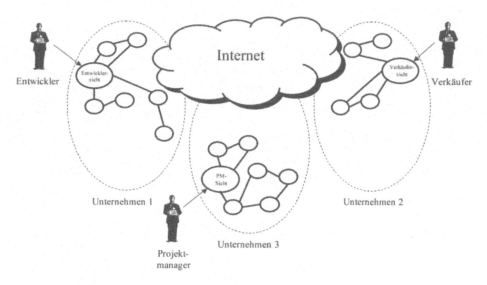

**Abb. 140:** Beispiel für ein virtuelles Unternehmen. Quelle: Zeichen und Fürst (2000)

# 4 Leittechnik

In diesem Kapitel werden überblicksmäßig die wichtigsten Konzepte und Komponenten der Leittechnik behandelt. Der Schwerpunkt der Betrachtungen liegt auf Anwendungen der Verfahrensindustrie. Wir gehen zunächst von der Definition einiger wichtiger Begriffe aus und diskutieren dann leittechnische Einrichtungen und Methoden.

## 4.1 Definitionen und Grundlagen

Um den Begriff Leittechnik besser abgrenzen zu können, ist es zunächst nötig, die zu leitenden Prozesse zu berücksichtigen. Gehen wir zunächst von der Kurzfassung der Definition eines Prozesses nach Abschn. 2.1.1 aus:

> *Unter einem Prozess versteht man die Gesamtheit von aufeinander einwirkenden Vorgängen in einem System, durch die Materie, Energie oder Information umgeformt, transportiert oder gespeichert wird.*

Unter „Prozessleitung" verstehen wir Vorgänge des Führens und Lenkens von Prozessen. Wir gehen weiters davon aus, dass immer eine festgelegte Zielsetzung und ein bestimmtes Verhalten bei der Erreichung der Ziele zu berücksichtigen sind. Prozesse des Leitens können auf unterschiedlichen Ebenen ablaufen. Wir unterscheiden die *strategische* Leitebene, auf der die Prozessziele definiert werden, die *taktische* Leitebene, auf der der Weg der Zielerreichung festgelegt wird, und die *operative* Leitebene, auf der die Umsetzung der Schritte zur Zielerreichung erfolgt.

### 4.1.1 Was bedeutet Leittechnik?

Die Leittechnik umfasst sämtliche Methoden, Verfahren und Einrichtungen zur Führung technischer Prozesse. Die an den Prozessen beteiligten Systeme gehen dabei von einem Ausgangszustand in einen Zielzustand über oder bewegen sich zwischen zwei oder mehreren Zielzuständen hin und her. Für die Systemtrajektorie dieser Übergänge sind quantitative und qualitative Randbedingungen einzuhalten. Es genügt also nicht, den Zielzustand zu erreichen, auch der „Weg" und die zeitliche Dynamik der Zielerreichung sind maßgeblich. Darüber hinaus sind sicherheitstechnische Kriterien zu berücksichtigen. Im Begriff Leittechnik ist stets die Interaktion mit dem menschlichen Bediener impliziert. Es geht also auch darum, den Menschen als Systempartner im technischen Umfeld zu integrieren, seine steuernde Einwirkung zu ermöglichen und ihn auf angemessene Weise mit Systeminformationen zu versorgen. Mess-, Regelungs- und Steuerungsprozesse sind als Bestandteile von leittechnischen Vorgängen zu verstehen, ebenso Automationsprozesse, Visualisierungsprozesse und Prozesse zur Eingriffnahme durch den menschlichen Bediener.

Unter dem Dachbegriff „Leittechnik" ist in der einschlägigen Literatur eine Reihe von Begriffen zu finden, die nicht immer ein einheitliches Bild vermitteln. Insbesondere der Begriff „Prozessleittechnik" wurde und wird unterschiedlich definiert (siehe Seite 245). Wir verwenden im Folgenden die Nomenklatur nach Ahrens et al. (1990), in der die Leittechnik in vier große Gruppen eingeteilt wird (Abb. 141):

- Produktionsleittechnik
- Netzleittechnik (Energietechnik)
- Gebäudetechnik
- Verkehrsleittechnik

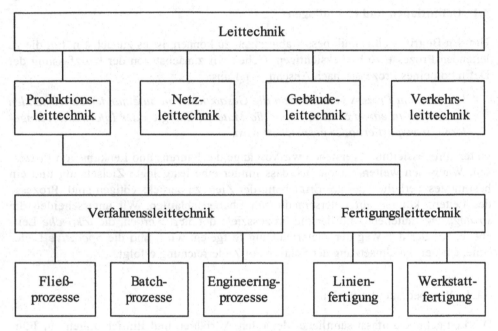

**Abb. 141:** Klassifizierung der Leittechnik in Anlehnung an Ahrens et al. (1990)

Die *Produktionsleittechnik* befasst sich mit den Prozessen der Herstellung von Gütern und Stoffen und kann ihrerseits in die *Verfahrensleittechnik* (z. B. chemische Industrie, Petrochemie, Nahrungsmittelerzeugung, Papierherstellung etc.) und in die *Fertigungsleittechnik* (Linienfertigung: ähnliche Produkte mit einheitlichen Prozessfolgen, Werkstattfertigung: nach Tätigkeiten strukturierte Fertigungsbereiche) gegliedert werden. Verfahrenstechnische Prozesse lassen sich ihrerseits in Fließprozesse, Stückgutprozesse (Batchprozesse) und in produktionsvorbereitende Prozesse (Engineeringprozesse) gliedern. Die in Prozessen der Energieversorgung auftretenden leittechnischen Vorgänge und Einrichtungen werden unter dem Begriff *Netzleittechnik* zusammengefasst. Dazu zählt auch die Kategorie der *Kraftwerksleittechnik*. Die *Gebäudeleittechnik* befasst sich mit der Automatisierung von Prozessen, die u. a. in Wohnhäusern, Büros, Fabrikhallen und Sportstätten ablaufen. Zugehörige Kategorien sind beispielsweise

Heizungs-, Klima- und Lüftungstechnik, Energieversorgung und Kommunikation. Mit Transportprozessen im öffentlichen Raum beschäftigt sich die *Verkehrsleittechnik*. Dazu zählen alle Verkehrsbewegungen vom öffentlichen Straßenverkehr bis hin zur Flugleittechnik.

*Begriffsdefinition Prozessleittechnik*

In Ermangelung einer einheitlichen genormten Definition gibt der Begriff Prozessleittechnik bis heute einen weiten Interpretationsspielraum. Die Firma Bayer AG prägte erstmals im Jahr 1980 den Begriff der Prozessleittechnik als Synonym für die Zusammenführung der Gruppen Mess-, Steuer- und Regelungstechnik sowie Elektronik und Informationstechnik. Der Begriff verbreitete sich auch außerhalb der Bayer AG schnell und bekam einen zusätzlichen Bedeutungsaspekt durch die Verallgemeinerung des Begriffs „Prozess" auf unternehmerische Vorgänge und Entscheidungen (vgl. auch Zeichen und Fürst 2000). Heute versteht man unter Prozessleittechnik im „weiteren Sinne" alle Leitvorgänge und Systeme zur Gewinnung, Verarbeitung und Nutzung von Information im Unternehmenskontext, unter Prozessleittechnik im „engeren Sinne" die technischen Leitaufgaben und Einrichtungen auf der operativen Ebene. Wir diskutieren im vorliegenden Kapitel prozessleittechnische Vorgänge in Anlehnung an die Nomenklatur nach Ahrens et al. (1990) im Zusammenhang mit der *Verfahrensindustrie*.

### 4.1.2 Die Funktionen der Leittechnik

Die Leittechnik vereinigt Hardware, Software und methodische Mittel, um folgende Informationsprozesse im industriellen Umfeld zu gewährleisten:

- Informationsgewinnung (Messung, Datenerfassung etc.)
- Informationsübertragung (Kommunikation, Datenausgabe etc.)
- Informationsverarbeitung und -speicherung (Berechnungen, Dokumentation)
- Informationsnutzung (Stellen)
- Informationsaustausch zwischen Mensch und Maschine (Interfacing)

Eine Reihe von Industrienormen definiert Begriffe und Verfahren in Zusammenhang mit den oben angeführten Informationsprozessen, z. B. DIN 1319 (Messen), DIN 19222 (Steuern, Regeln, Stellen, Anzeigen etc.) und DIN 19236 (Optimieren). Im Folgenden sind einige grundlegende Funktionen der Leittechnik angeführt und ihre Bedeutung in kurzer Form zusammengefasst. Für umfassende Definitionen möge der Leser auf die entsprechenden Normen zurückgreifen.

*Informationsgewinnung*

- *Messen:* Vorgang, bei dem eine physikalische Größe als Vielfaches einer Maßeinheit oder eines Bezugswertes ermittelt wird. Das Messergebnis wird in maschineller Form bereitgestellt.
- *Daten eingeben:* Vorgang, bei dem analoge oder digitale Daten an ein System zur weiteren Verarbeitung übergeben werden

- *Daten erfassen:* Vorgang, bei dem Daten durch Messen oder Zählen gewonnen werden

*Informationsübertragung*

- *Daten übertragen:* Vorgang, bei dem Daten zwischen getrennten Einrichtungen transportiert werden
- *Daten ausgeben:* Vorgang, bei dem Daten an eine Prozess ausgegeben, angezeigt oder gedruckt werden. Kann auch zum Mensch-Maschinen-Interfacing gezählt werden.

*Informationsverarbeitung und -speicherung*

- *Prozessdatenverarbeitung:* Vorgang, bei dem Daten mit Hilfe eines Programms in andere Daten umgeformt, übertragen und/oder gespeichert werden
- *Steuern:* Vorgang in einem System, bei dem eine oder mehrere Größen als Eingangsgröße andere Größen als Ausgangsgrößen auf Grund der dem System eigentümlichen Gesetzmäßigkeiten beeinflussen. Im Gegensatz zum *Regeln* liegt hier ein offener Wirkungsablauf vor. Steuern ist ein Spezialfall der Prozessdatenverarbeitung.
- *Regeln:* Vorgang, bei dem Regelgrößen erfasst, mit Sollwerten verglichen und, abhängig vom Ergebnis dieses Vergleichs, im Sinne einer Angleichung die Sollwerte beeinflusst werden. Es liegt im Gegensatz zur *Steuerung* ein geschlossener Wirkungsablauf vor. Regeln ist ein Spezialfall der Prozessdatenverarbeitung.
- *Aufzeichnen und Protokollieren:* Festhalten von Größen zum Weiterverarbeiten oder zur Dokumentation und Wiedergabe in Form eines Protokolls. Die fortwährende Aufzeichnung eines Werteverlaufs wird auch als *Registrieren* bezeichnet.
- *Auswerten:* Vorgang zur Ermittlung der Kenngrößen eines Prozesses durch Berechnen oder Sortieren
- *Überwachen:* Überprüfen bestimmter Größen auf die Einhaltung vorgegebener Werte
- *Optimieren:* Maßnahmen zur Erzeugung einer solchen Wirkungsweise eines Systems, dass unter gegebenen Nebenbedingungen ein oder mehrere Gütekriterien extremale Werte annehmen

*Informationsnutzung*

- *Stellen:* Verändern von Masse-, Energie- und Informationsflüssen mit Hilfe von Stellgliedern (Aktoren)
- *Sichern und Schützen:* Einwirkung auf den Prozess in einer Weise, dass er keinen schädigenden oder störenden Zustand einnimmt. Die Schädigung bezieht sich auf den Menschen, auf die Anlage, auf das Produkt und auf die Umwelt.

*Informationsaustausch zwischen Mensch und Maschine*

- *Anzeige:* Darstellung von Größen und Schaltzuständen

- *Eingreifen und Bedienen:* Einwirken des Menschen auf die Leiteinrichtung oder auf die Stellglieder des Prozesses
- *Informationsrepräsentation:* Darstellung von Informationen in einer für den Menschen erfassbaren Form. Diese Funktion ist von besonderer Wichtigkeit in komplexen Systemen. Eine fokussierte Informationsdarstellung muss das Wesentliche hervorheben, auf irrelevante Details verzichten und dennoch alle nötigen Informationen bereitstellen.
- *Entscheidungssupport:* Unterstützung des Menschen beim Treffen von Entscheidungen vor dem Einwirken auf die Leiteinrichtung. Durch geeignete Informationsdarstellung und durch Abgabe von Handlungsempfehlungen seitens des Systems kann der Mensch in seiner Bedien- und Entscheidungsfunktion unterstützt werden.

### 4.1.3 Produktionsbezogene Leitfunktionen eines Unternehmens

Die produktionsspezifische Gliederung eines Unternehmens in hierarchische Funktionsebenen lässt sich auf unterschiedliche Weise vornehmen (z. B. Magin und Wüchner 1987, Polke 1994, Lauber und Göhner 1999a, Ahrens et al. 1997, Zeichen und Fürst 2000). Den meisten Darstellungen gemeinsam ist eine Aufteilung in vier bis sechs Ebenen, die sich von der Unternehmensführung bis hin zur Feldebene erstreckt. Betrachten wir im Speziellen die produktionsrelevanten Funktionen, so können wir strategische Führungs- und Leitfunktionen sowie Marketing- und Vertriebsfunktionen vereinfacht zu einer *Unternehmensleitebene* zusammenfassen.

Die *strategischen Führung* des Unternehmens muss durch eine geeignete Unternehmensstrategie mit den zugehörigen Geschäftszielen sicherstellen, dass ein nachhaltiges wirtschaftliches Wachstum in Umfeld des Wettbewerbs stattfindet. Dazu muss die Marktenwicklung beobachtet und ausgewertet, die Produkte an die Anforderungen der Kunden angepasst und die Wettbewerbsaktivitäten im Auge behalten werden. Zu der eben genannten strategischen Komponente, die das Unternehmen in den globalen Märkten positionieren und stärken soll, kommt die Führungsrolle der Unternehmensleitung in Hinblick auf die eigenen Geschäftsprozesse, also die interne Unternehmenssteuerung (wir müssten hier eigentlich von „Regelung" sprechen, da die Messgrößen der unterlagerten Ebenen in verdichteter Form zur Unternehmensleitung gelangen und dort wie „Feedbacksignale" in die Entscheidungsfindung mit einbezogen werden).

Die Umsetzung der Unternehmensstrategie durch geeignete Marketing- und Vertriebsmaßnahmen ist Aufgabe der gleichnamigen Unternehmensbereiche, die in der hier gewählten produktionsbezogenen Darstellung (Abb. 142) nicht explizit eingezeichnet sind. Die Unternehmensleitebene stellt hier gleichzeitig das Interface zwischen den Märkten und der Produktion dar, gibt also strategische Vorgaben (was wird produziert?) und Aufträge (welches Produkt, in welcher Menge, bis zu welchem Termin?) an die Produktionsleitebene weiter. Die Unternehmensleitebene überwacht darüber hinaus die strategische und operative Zielerreichung.

Die *Produktionsleitebene* erhält Auftragsdaten (Produkttyp, Produktmenge, Liefertermin) und organisiert deren Abarbeitung. Sie führt Planungsaufgaben durch (Produktionsplanung, Beschaffung von Einsatzprodukten, Zeit- und Kapazitätsplanung) und steuert die Produktionsprozesse auf der Fabriksebene. Dazu werden Verfahrensgruppen koordiniert, Termine überwacht, Mengen abgerechnet und Kostenanalysen durchgeführt. Die zur Prozesskontrolle erforderlichen Daten erhält die Produktionsleitebene von der Prozessleitebene. Zu den betriebsspezifischen Koordinationsaufgaben gehören Qualitätskontrollen, Bilanzrechnungen, Rezepturverwaltung, Personalplanung und statistische Auswertungen.

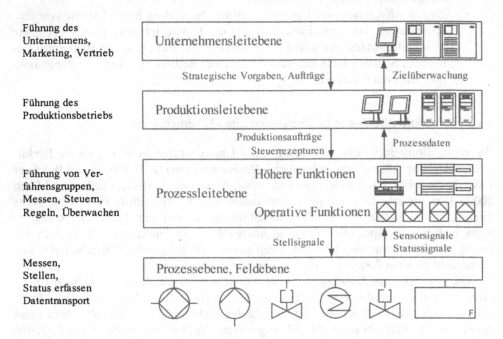

**Abb. 142:** Ebenenmodell eines Unternehmens nach Polke (1994)

Die *Prozessleitebene* wird in höherwertige Funktionen und in operative Grundfunktionen gegliedert. Zu den *höherwertigen Funktionen* gehören die Rezepturbearbeitung, die Durchführung von komplexen Regelungen, die Optimierung sowie die erweiterte Protokollierung der Prozessdaten. Im Störfall finden hier die korrektiven Eingriffe in das System statt.

Zu den *operativen Funktionen* gehören die feldnahen Aufgaben der Steuerung, Regelung sowie der Überwachung und Protokollierung von Systemfunktionen. In der operativen Prozessleitebene finden wir physische Steuerungen, Mess- und Regeleinrichtungen sowie Leistungseinheiten zur Ansteuerung von Aktoren vor. Die aktuellen Prozessdaten werden an die Produktionsleitebene übermittelt.

In der *Feldebene* läuft der eigentliche verfahrenstechnische Prozess ab. Hier befinden sich Reaktorkessel, Rohleitungen, Ventile, Heizungen, Pumpen und diverse Sensoren, die den Prozess gemäß Steuervorgaben der Prozessleitebene beeinflussen. Auch Anzeigen und Bedienungselemente für das Personal vor Ort können vorgesehen sein.

Wie die Abb. 142 bereits durch paarweise aufsteigende und abfallende Pfeile andeutet, schließt sich der Informationsfluss des Systems in Form vieler kaskadierter Regelkreise. Damit diese Regelkreise mit „kleinen Zeitkonstanten" arbeiten können, müssen relevante Informationen zum erforderlichen Zeitpunkt verfügbar sein. Die Informationsverfügbarkeit wird durch integrierte Informationssysteme im Unternehmen gewährleistet (vgl. Computer Integrated Manufacturing, Abschn. 3.3.2).

### 4.1.4 Architektur leittechnischer Anlagen

Die Struktur des „modernen Prozessleitsystems" – kurz PLS genannt – orientiert sich an dezentralen Architekturen, d. h. die Steuer- und Regelfunktion liegen über die Anlage verteilt vor, die Kommunikation erfolgt über Bussysteme (Abb. 143). Die meisten der heute eingesetzten PLS verfügen über prozessnahe Komponenten mit eigenständiger Steuer- und Regelfunktionalität, selbst wenn zusätzlich ein zentraler Prozessor in der Leitwarte implementiert ist.

Dies war in der Geschichte der Leittechnik nicht immer so (vgl. Epple 1994). Zuerst wurde die Einzelgerätetechnik angewendet, bei der jeder Teilprozess mit einer eigenen Regel- oder Steuereinheit verbunden ist (Abb. 143). Bei dieser Topologie kann der Gesamtprozess und sein Zustand weder überwacht noch beeinflusst werden.

Der Wunsch nach zentraler Kontrolle des Gesamtsystems in einer geschützten Leitwarte führte in den 1960er Jahren zur Einführung zentraler Prozessrechner. Jede Sensor- und Aktorleitung musste zum Zentralrechner geführt werden, bei Ausfall des Prozessrechners war ein Anlagenstillstand unvermeidlich.

Fortschritte in der Halbleitertechnologie und Mikroprozessortechnik ermöglichten die Dezentralisierung von intelligenten prozessnahen Komponenten und führten gleichsam zu einer „Aufsplittung" der Rechenleistung eines Zentralcomputers in viele periphere Prozessoreinheiten. Mit dem Prozessleitsystem TDC2000® („Total Distributed Control") durch die Firma Honeywell wurde 1976 die verteilte Prozessleittechnik marktreif. „Prozessferne Rechnerkomponenten" übernehmen Koordinations- und Engineeringfunktionen.

Durch die Verteilung der Funktionalität auf die dezentralen Komponenten kommt es – neben einer dramatischen Reduktion des Verkabelungsaufwands – zu einer Flexibilisierung der Anlage und zu Kostensenkungen. Die Rechenleistung ist in Summe gleich groß wie beim zentralen Prozessrechner. Module können gegen Alternativprodukte ausgetauscht werden, ohne dass ein zentrales Programm verändert werden müsste. Die dezentralen Komponenten sind billiger und können auf prozessrelevante Funktionen spezialisiert werden. Der Zukunftstrend geht in Richtung verteilter Leitsysteme mit intelligenten Feldgeräten und offener Architektur zur freien Erweiterbarkeit.

Die heute industriell realisierten Prozessleitsysteme unterscheiden sich kaum in ihrer grundsätzlichen Funktionalität, eher in den Details ihrer Spezialisierung auf gewisse Anwendungsdomänen. So können wir etwa Anlagenarchitekturen mit einer Konzentration auf *regelungstechnische* Funktionalität vorfinden (TDC2000® von Honeywell, Contronic P von Hartmann & Braun), die eine maximale Unterstützung von regelungstechnischen Aufgaben vorsehen.

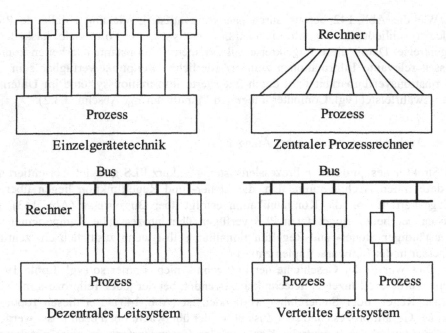

**Abb. 143:** Topologien von leittechnischen Anlagen (vgl. Polke und Epple 1994)

Auf der Seite der *steuerungstechnischen* Auslegung wird Augenmerk auf die Ablaufsteuerung und einfache Programmierung gelegt. Ein Vertreter aus dieser Klasse ist beispielsweise die SIMATIC®-Gerätefamilie von Siemens.

Schließlich finden wir Anlagen mit Betonung auf *prozesstechnische* Funktionen. Sie werden beispielsweise von Firmen mit klassischem Prozessrechnergeschäft bevorzugt. Die Systeme unterstützen auch „höhere" Funktionen für komplexe Steuer- und Regelungsaufgaben. Vertreter dieser Klasse sind die IA®-Systeme („Intelligent Automation") von Foxboro.

### 4.2 Komponenten einer leittechnischen Anlage

Leittechnische Anlagen mit dezentraler Architektur bestehen aus einzelnen Komponenten, denen eine mehr oder weniger autonome Funktion zukommt. Die Komponenten sind über Systembusse miteinander verbunden. Die Rechenleistung wird über das gesamte Leitsystem verteilt, wobei durch die lokal unterschiedlichen Aufgaben auf die individuellen Komponenten unterschiedliche Anteile der Rechenkapazität entfallen.

Bausteine, die eine Eingangs-/Ausgangsschnittstelle (I/O) zum Feld hin besitzen, werden als „Prozessnahe Komponenten" (PNK) bezeichnet. Module ohne I/O-Schnittstelle zum Prozess werden „Prozessferne Komponenten" (PFK) genannt.

In diesem Abschnitt sollen die typischen Komponenten einer leittechnischen Anlage in Aufbau und Wirkungsweise diskutiert werden. In diesem Zusammenhang werden sowohl Hard- als auch Softwareaspekte besprochen.

## 4.2.1 Anlagentopologie

Moderne kommerzielle Prozessleitsysteme (PLS) mit dezentraler Architektur werden von den Herstellern als Systemlösung angeboten, d. h. der Kunde spezifiziert seine Anwendung und erhält ein vorkonfiguriertes System. Die hohe Flexibilität der Systemkonfiguration kann vor allem durch den modularen Aufbau gewährleistet werden. Eine zukunftsweisende Konfiguration (vgl. Abb. 144) enthält folgende Klassen von Elementen:

- Prozessnahe Komponenten (PNK)
- Prozessferne Komponenten (PFK)
- Systembusse
- Leitwarten und Bedienterminals, Engineering Workstations
- Gateways zu anderen Netzen (Intranet, WLAN, Internet)

Die in Abb. 144 skizzierte Anlage demonstriert die typische Architektur eines „großen" Prozessleitsystems (der strichliert eingezeichnete Prozessrechner entfällt in *verteilten* Architekturen, vergleiche Abb. 143). Die Informationsvernetzung erfolgt üblicherweise im Rahmen einer Server-Client-Architektur. Die Leistungsfähigkeit heutiger Personal Computer macht es möglich, für kleinere Anwendungen auch Kompakt- oder Inselsysteme auf PC-Basis zu implementieren. Gemeinsam mit dem Typ des großen, vernetzten Leitsystems ergeben sich demnach vier typischen Architekturen (nach abfallender Systemperformance gereiht):

- *Vernetztes Leitsystem* mit hierarchisch gegliederten Informationsebenen auf Server-Client-Basis
- *Leitsystem auf SPS-Basis*: Speicherprogrammierbare Steuerungen werden über ein Bussystem (mit zentraler Busverwaltung) mit einem oder mehreren PCs verbunden. Die SPS führen lokale Steuerungs- und Regelungsaufgaben durch, den PCs kommt die Funktion einer einfachen „Leitwarte" zu.
- *Leitsystem auf Kompaktreglerbasis*: Digitale Kompaktregler werden mit einem PC verbunden. Die Kompaktregler können ihre Funktionen autonom aufnehmen, während der PC eine komfortable Bedienung ermöglicht. Geeignet z. B. für kleine Anwendungen in der Gebäudeleittechnik.
- PC-*Stand-alone Lösung*: Der Personal Computer wird mit Baugruppen (Karten) für die Signal Ein- und Ausgabe ausgestattet. Diese Baugruppen sind typischerweise mit einem kleinen Echtzeitbetriebssystem und mit Komponenten zur A/D-D/A-Wandlung ausgestattet. Geeignet z. B. für kleine Laboranwendungen ohne sicherheitstechnische Anforderungen.

## 4.2.2 Prozessnahe Komponenten

Wie der Name es bereits nahe legt, sind „Prozessnahe Komponenten" robust ausgelegte Bausteine zur Messsignalaufnahme, Steuerung, Regelung und Ansteuerung von Aktoren im prozessnahen Bereich. Sie sind durch I/O-Schnittstellen zum Prozess gekennzeichnet. In Abb. 144 ist jeder Teilanlage eine prozessnahe Komponente zuge-

ordnet. In der Praxis kann die Zuordnung frei nach Erfordernissen des verfahrenstechnischen Prozesses erfolgen. Eine einmal getroffene Zuordnung bleibt jedoch in der
Regel bis zu einer Konfigurationsänderung des Systems erhalten.

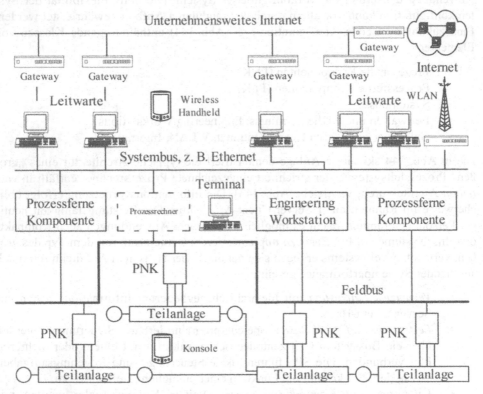

**Abb. 144:** Topologie eines hierarchisch strukturierten Leitsystems

Prozessnahe Komponenten sind nicht gleichzusetzen mit Speicherprogrammierbaren
Steuerungen. Zwar können SPS prinzipiell anstelle einer PNK eingesetzt werden, doch
sind folgende Unterschiede zu beachten:

- PNK sind für den rauen industriellen Betrieb in der Verfahrenstechnik ausgelegt. Es werden spezielle und (individuell zu konfigurierende) Anforderungen
  an die Robustheit gestellt: Betriebstemperaturbereich, Staubschutz, Vibra-
  tionsfestigkeit, Feuchtigkeitsschutz bis Wasserdichtheit, Säure- und Korrosi-
  onsbeständigkeit von Gehäuse und Anschlusskontakten etc. Weiters müssen
  die Komponenten strengen Anforderungen an Funktionszuverlässigkeit und
  Sicherheit entsprechen. Es gibt Ausführungsformen mit Ex-Schutz (Explosi-
  onsschutz) für den Einsatz in entsprechenden Bereichen der chemischen
  Industrie.

- In der Regel werden PNK mit höherer Genauigkeit und Bit-Auflösung als SPS angeboten.
- Elektrische Betriebs- und Grenzwerte der PNK sind in der Regel „besser" als bei der SPS (Unterdrückung von 50/60 Hz Brummspannungen, Hochspannungsfestigkeit der Ein- und Ausgänge etc.).

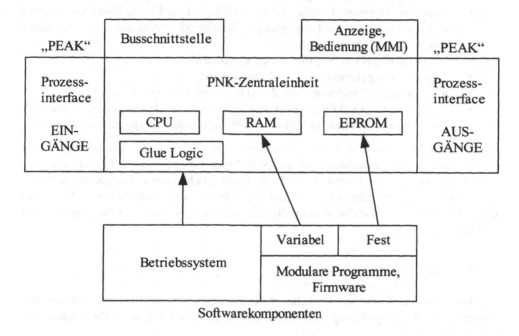

**Abb. 145:** Prinzipieller Aufbau einer PNK

*Hardware der PNK*

Die elektronische Architektur des Hardwareaufbaus unterscheidet sich im Prinzip nicht von der einer SPS. Ein 16- oder 32-Bit-Prozessor ist mit RAM und EPROM ausgestattet. Der zentrale Prozessor wird durch Ein- und Ausgangsinterfaces ergänzt, die als Schnittstellen zum Prozess die Messsignalaufnahme, Filterung und A/D-Wandlung bzw. D/A-Wandlung und Ansteuerung der Aktoren (bzw. Aktor-Treiberschaltungen) durchführen. Die Prozessor-Ein-/Ausgabekomponenten („PEAK") verfügen dazu meist über einen eigenen Prozessor mit entsprechender Wandlerelektronik. Ein oder mehrere Koordinationsbausteine („Glue Logic") übernehmen die Organisation der Steuersequenzen in der Zentraleinheit.

*Software der PNK*

Kern der Software ist ein Echtzeitbetriebssystem. Es handelt sich dabei meist um ein sehr kleines, hoch optimiertes Runtime-System, das durch den Anlagenhersteller vorgegeben ist. Der Bedienungsingenieur kommt mit dem Betriebssystem normalerweise nicht in Berührung. Die Gestaltung der erforderlichen Funktionalität erfolgt meist über Funktionsmodule, die auf sehr einfache Weise durch den Anwender konfiguriert werden können. Eine freie Programmierbarkeit liegt in der Regel nicht vor. Als Funktionsbausteine werden etwa folgende Funktionen angeboten:

- Regelung (P, PI, PID, PD)
- Steuerung (logische Blöcke: UND, ODER, NEGATION, Einzelansteuerung von Komponenten wie beispielsweise Ventile oder Motoren, Ablaufsteuerungen, Zähl- und Dosierfunktionen)
- Überwachung (Grenzwertmeldung, Statusmeldung, Alarme)
- Signalformung (Linearisierung, Filterung etc.)
- Signalausgang (kontinuierlich, Zweipunkt- oder Dreipunktsignal)
- mathematische Funktionen (Grundrechnungsarten, Quadratwurzel, Kehrwert, Vergleichsoperationen, Integration, Differentiation, Interpolation etc.)

Der Anwender kann die Funktionsbausteine durch virtuelle Verknüpfung ihrer Anschlüsse nutzen. In modernen Systemen erlauben Engineering-Hilfsmittel eine graphische Darstellung der Funktionsblöcke und ermöglichen deren Verbindung auf intuitive Weise. Physikalische Adressen und Variablen müssen nicht berücksichtigt werden. Dem Funktionsblock wird einmalig ein Name zugewiesen, der dann systemweit zur Verfügung steht.

### 4.2.3   Prozessferne Komponenten

Die Prozessfernen Komponenten nehmen Funktionen wahr, die nicht zur prozessnahen Steuerung und Überwachung gehören. Dazu zählen etwa folgende Funktionen und Einrichtungen:

- zentrale Visualisierung und Bedienung (Man-Machine-Interface)
- Auswertefunktionen und Trendüberwachung (z. B. Analyse des Systemstatus)
- Projektierungsfunktionen (z. B. Ressourcenplanung)
- Datenmanagement (Massenspeicher, Backup-Systeme)
- Protokolleinrichtungen (Protokolldrucker, Protokollanzeige)
- Produktionssteuerung (diverse Steuerfunktionen)
- Rezeptverwaltung (Rezeptarchiv, Versionssteuerung etc.)
- Engineering-Konsole (Systemvorbereitung und Systemwartung)
- Diagnosefunktionen

In älteren Anlagen übernehmen diese Funktionen die PNK. Mit zunehmender Leistung und abnehmenden Kosten der Industrie-PCs werden immer häufiger PC-basierte Module angeboten, die prozessferne Funktionen übernehmen.

Bei den Leitsystemen der „1. Generation" existiert noch kein einheitliches Informationsmodell, so dass Prozessferne Komponenten nur bestimmte, auf ihre Hardware spezialisierte Funktionen wahrnehmen können. Es gibt also „reine" Wartungsprozessoren, „reine" Engineering-Konsolen und „reine" Beobachtungsmonitore.

Systeme der „2. Generation" mit systemweit einheitlichem Informationsmodell erlauben es, „generische" Komponenten einzusetzen, die alle prozessfernen Funktionen wahlweise übernehmen können. Jede Aufgabe kann im Prinzip von jeder Komponente gelöst werden. Dieses Konzept hat enorme Vorteile hinsichtlich Flexibilität und dem Verhalten bei Komponentenausfällen. Typischerweise müssen sich Bediener nur mehr in einer Konsole einloggen und erhalten dadurch Zugriff auf den für sie freigeschalteten Einflussbereich.

### 4.2.4  Kommunikationssystem

Das Kommunikationssystem einer leittechnischen Anlage muss den störungsfreien Informationsaustausch der Automatisierungskomponenten sicherstellen, und zwar zwischen

- Geräten der gleichen Ebene (horizontale Kommunikation),
- Geräten verschiedener Ebene (vertikale Kommunikation),
- Bediener und System sowie
- Feldkomponenten und PNK.

Früher wurde die analoge Instrumentierung eingesetzt, in modernen Anlagen verläuft die komplette Kommunikation auf digitaler Basis.

In Abb. 146a ist die „klassische" analoge Anbindung von Sensoren an das Leitsystem dargestellt. Die Abbildung des Prozesses auf das Sensorsignal erfolgt dabei typischerweise über die 4- bis 20-mA-Schnittstelle (Abb. 146c). Der Arbeitsbereich zwischen 4 und 20 mA entspricht dabei dem Messbereich des Sensors (z. B. 0 bis 6 Bar bei einem Drucksensor). Über- oder unterschreitet das Signal auf der Sensorleitung den spezifizierten Strombereich, so wird zunächst eine Bereichsüberschreitung und darüber hinaus eine Fehlfunktion detektiert. Durch Ausschluss des Stromwertes 0 mA aus dem gültigen Signalbereich kann auch ein Kabelbruch zuverlässig erkannt werden.

Sensoren im Feldbereich benötigen häufig eine Aufbereitung des Rohsignals, beispielsweise zur Linearisierung der Kennlinie. Mit fortschreitender Miniaturisierung der elektronischen Komponenten wurden die Aufbereitungsfunktionen in das Sensorgehäuse integriert. Damit wird auch eine Signalverstärkung vor Ort möglich, was die Störsicherheit signifikant erhöht. Zum kompatiblen Anschluss an konventionelle PNK musste dann eine Rückwandlung in den analogen Bereich erfolgen (Abb. 146b).

*Intelligente Sensorik*
In modernen Anlagen werden „intelligente Sensoren" mit integriertem Mikroprozessorsystem und Businterface eingesetzt (Abb. 146d). Die „Intelligenz" dieser Sensoren betrifft folgende Funktionen (Polke 1994):

- Signalverarbeitung
- Messwertverknüpfung zur Informationserweiterung
- Hilfsfunktionen für die Online-Messtechnik
- selbsttätige Ausführung von Instandhaltungsfunktionen
- Ausfallstrategien (Ausfallalarm, Aktivieren redundanter Systeme etc.)

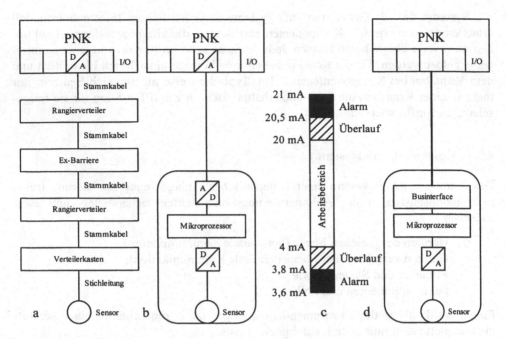

**Abb. 146: a–d**: Verschiedene Arten analoger und digitaler Instrumentierung

Den Auftakt für die Entwicklungen hatte die Firma Honeywell bereits 1984 mit ihren SMART-Transmittern für die Druckmessung gegeben. Mitunter werden heute noch Systeme mit gemischt analog-digitaler Arbeitsweise eingesetzt (z. B. HART-Struktur, Highway Adressable Remote Transmitter). Das Prinzip liegt in der Überlagerung des 4- bis 20-mA-Analogsignals mit einem Wechselspannungssignal. Es werden die Frequenzen 1200 Hz für „logisch 1" und 2400 Hz für „logisch 0" eingesetzt. Dieses Verfahren wird als Frequency Shift Keying (FSK) bezeichnet. Ein Vorteil des HART-Prinzips besteht in der Möglichkeit, Handbediengeräte oder Modems über eine Kommunikationsbürde (etwa ein Widerstand von 250 Ohm) in den analogen Signalpfad einzuschleifen. Über das Handgerät kann per FSK die digitale Konfiguration der Komponenten vorgenommen werden.

*Feldbusse*

Wie bereits in Abschn. 2.7 besprochen, sind Feldbusse lokale Netze mit einer begrenzten Zahl von Teilnehmerkomponenten. Die Kommunikation erfolgt zwischen den Teilnehmern und gegebenenfalls zwischen dem Leitrechner und den Engineering-Komponenten. Im ISO/OSI-Referenzmodell werden nur die Ebenen 1 (physikalische Schicht), 2 (Verbindungsschicht) und 7 (Anwendungsschicht) benötigt. In der Anwendungsschicht müssen darüber hinaus ein Netzwerkmanagement und einige anwendungsrelevante Dienste implementiert werden.

　　Zwei Beispiele für Feldbussysteme, die häufig in der Verfahrenstechnik zum Einsatz kommen, sind:

- *PROFIBUS* nach IEC 61158: 32–127 Teilnehmer, 200–1200 m Leitungslänge, 2-Draht oder Lichtwellenleiter, Schnittstellen RS 485 u. a., Zugriffsberechtigung dezentral und zentral, Buszuteilung Multimaster, Zugriffsverfahren Token
- *Foundation Fieldbus* nach IEC 61158: max. 32 Teilnehmer, max. 1900 m Leitungslänge, geschirmte „Twisted-Pair"-Leitung u. a., intrinsisch sicher in gefährlichen Umgebungen, Consumer-Producer-Prinzip durch Link-Active-Scheduler

Das Consumer-Producer-Prinzip des Foundation Fieldbus ermöglicht es, zwischen zwei Komponenten der gleichen Ebene eine Direktkommunikation aufzubauen. Dadurch kann beispielsweise, wie in Abb. 147 dargestellt, ein Regelkreis direkt zwischen Durchflusssensor und Stellventil aufgebaut werden. Für die physikalischen Ebene wurden durch die amerikanische Normungsgruppe ISA SP 50 zwei Leistungsklassen definiert:

- H1: Leistungsklasse für Standardanwendungen der Verfahrenstechnik, sie soll die analoge 0/4- bis 20-mA-Schnittstelle ersetzen. Datenrate 31,25 kBit/s, Kabellänge von max. 1900 m (typisch erforderliche Zykluszeiten der Verfahrensindustrie: 100 ms bis 2 s)
- H2: höhere Leistungsklasse für Anwendungen in der Fertigungstechnik (z. B. für das Laden von NC-Programmen leistungsmäßig erweitert). Datenrate 1 MBit/s, Kabellänge von max. 750 m (typisch erforderliche Zykluszeiten der Fertigungsindustrie: 0,1 ms bis 100 ms). Stromversorgung über Bus für mindestens drei Feldgeräte vorgesehen, Eigensicherheit in der Spezifikation nicht explizit berücksichtigt

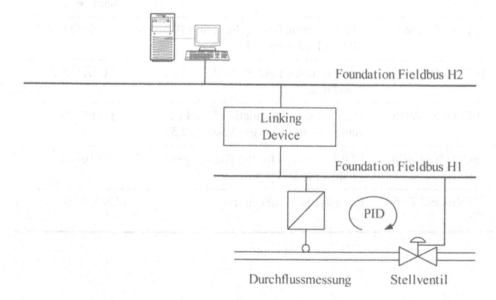

**Abb. 147:** Consumer-Producer-Prinzip des Foundation Fieldbus

Die Anwendungsebene muss alle erforderlichen Funktionen bereitstellen, die auch in der Verfahrensindustrie durch harte Echtzeitanforderungen gekennzeichnet sind. Es müssen zyklische Dienste (z. B. Lesen und Schreiben von Prozessvariablen und Parametern) und azyklische Dienste angeboten werden (z. B. Senden von Nachrichten auf Grund spontaner Ereignisse, Initialisierung und Konfiguration beim Anfahren etc.).

*Standardisierung*
Sowohl Industrie als auch Komponentenhersteller profitieren von einer internationalen Feldbus-Normierung. Verschiedene internationale Gremien sind mit dieser Aufgabe beschäftigt (Tabelle 20).

*Schnittstellen*
Folgende Schnittstellen von leittechnischen Komponenten sind heute anzutreffen:

- *Ethernet* (CSMA/CD, d. h. Carrier Sense Multiple Access/Collision Detection mit unterschiedlichen Protokollen, z. B. TCP/IP, DECnet etc.), insbesondere für die Kommunikation zu übergeordneten Leitsystemen
- verschiedene Feldbusvarianten
- *RS-232 C* für Punkt-zu-Punkt-Verbindungen
- *RS-485* für Linienbussysteme (z. B. PROFIBUS-Protokoll)
- *GP-IB* für spezielle Messsysteme

**Tabelle 20:** Wichtige Normungsgremien mit Feldbusbezug (Auszug)

| Gremium | Thema | Wichtige Normen |
|---|---|---|
| IEC SC65B WG7 | SPS-Programmierung, Function Blocks SPS (vgl. Abschn. 2.4) | IEC 61131-3/-5 |
| IEC SC65C WG6 | Internationaler Feldbus (vgl. Abschn. 2.7) | IEC 61158-2 |
| IEC TC65 WG6 | Standardisierung Function Blocks für verteilte Systeme (vgl. Abschn. 2.5) | IEC 61499 |
| ISO TC184 SC4 | STEP (Standard for the Exchange of Product Model Data | ISO 10303 |
| CENELEC TC65 CX | Europäische Feldbusnorm | EN 50170 |

## 4.3  Aufgaben der Prozessleittechnik

Wie zu Beginn des Kapitels bereits dargelegt, soll der Schwerpunkt der hier durchge-
führten Betrachtungen auf verfahrens- und wärmetechnischen Prozessen liegen. Die
Gliederung der Automatisierungsaufgaben in diesen Bereichen lässt sich nach den
erforderlichen Funktionen des Prozessleitsystems vornehmen. Das Aufgabenspektrum
der Prozessleittechnik unterteilt sich demnach in

- *Prozessüberwachung:* Messwerterfassung und -verarbeitung, Erzeugen eines
  Prozessabbilds im Rechner, Überprüfung, ob das System innerhalb sicherer
  Betriebszustände verbleibt
- *Prozesssicherung:* Erzeugen von Alarmen und Einleiten von Notabschaltun-
  gen, Verhinderung von Fehlbedienungen
- *Prozessregelung:* Einwirken auf die Systemprozesse in einer Weise, dass die
  Systemsollwerte erreicht und eingehalten werden, Kompensation von Störein-
  flüssen. Die Prozessregelung muss darüber hinaus die Stabilität aller Teilpro-
  zesse sicherstellen.
- *Prozessführung:* Einstellen von Betriebszuständen und Durchführen von
  Betriebszustandsabläufen (Anfahren, Abstellen, Umstellen, Neuanfahren etc.)
- *Prozessanalyse:* Bilanzierung der Prozesse hinsichtlich ökonomischer, techni-
  scher und ökologischer Zielerreichung, Bewertung der Effizienz (Material-
  und Energieverbrauch zu hergestelltem Produktvolumen), statistische Auswertungen und Vergleich mit anderen Produktionsperioden
- *Prozessverbesserung und -optimierung:* Einstellen von bestmöglichen
  Betriebszuständen und bestmöglichen Betriebszustandsübergängen. Eine ein-
  gehende Prozessanalyse ist Voraussetzung für die Prozessoptimierung.

### 4.3.1  Der Prozess in der Verfahrenstechnik

In der Verfahrenstechnik treten üblicherweise Fließ- und Folgeprozesse auf:

- *Fließprozesse:* Vorgänge, deren Größen sich kontinuierlich mit der Zeit
  ändern. Beispiele: Bewegungsabläufe, chemische Umwandlungen, Erzeu-
  gungsvorgänge. Industrielle Anwendungsfelder: Großchemie, Stahlerzeugung, Energietechnik, Petrochemie
- *Folgeprozesse:* Vorgänge, bei denen Folgen von unterscheidbaren Prozesszuständen auftreten. Beispiele: Chargenprozesse (Medikamentenherstellung,
  Färbemittelherstellung etc.), An- und Abfahrprozesse (Motoren, Kraftwerke),
  Fertigungsprozesse (Werkzeugmaschinen), Prüfprozesse

Bei der Umformung von Stoffen und Energien in technischen Systemen handelt es sich
um Fließ- oder Folgeprozesse. Meist haben die Prozesse einen strukturierten Aufbau,
der eine Unterteilung in Prozessstufen oder -einheiten erlaubt. Den einzelnen Prozessstufen wiederum können einzelne Anlagenteile oder Einrichtungen (Apparate, Aggre-
gate, Transportmittel, Steuerungseinrichtungen, Versorgungs- und Hilfseinrichtungen)
zugeordnet werden. Es bestehen meist stoffliche oder energetische Beziehungen zwi-

schen den einzelnen Stufen (Einsatzstoffe werden zu Reaktionsprodukten verarbeitet, Eingangs- und Ausgangsmassenströme stehen miteinander in physikalischem Zusammenhang etc.). In Fließprozessen finden in der Regel kontinuierliche oder zumindest teilkontinuierliche Produktionsprozesse statt.

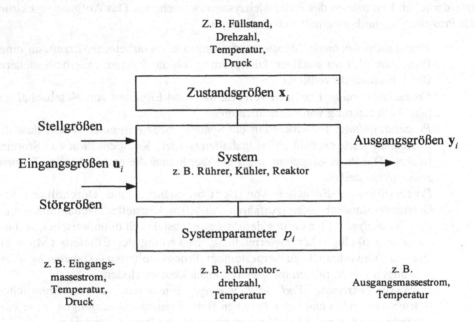

**Abb. 148:** Eingangs-, Ausgangs- und Zustandsgrößen eines Systems

Betrachten wir die den einzelnen Prozessstufen zugeordneten Systeme, so können wir jeweils die zu Vektoren zusammengefassten Eingangsgrößen (**u**), Ausgangsgrößen (**y**) und Zustandsgrößen (**x**) unterscheiden. Da die Systemgrößen im Allgemeinen zeitabhängig sind, kann jedes Teilsystem gemäß Abb. 148 durch ein Differentialgleichungssystem

$$\dot{\mathbf{x}} = f(\mathbf{x}, \mathbf{u}, t) \tag{78}$$

$$\mathbf{y} = C(\mathbf{x}, \mathbf{u}, t) \tag{79}$$

beschrieben werden, zu dessen eindeutiger Lösung bekanntlich die Anfangsbedingungen $\mathbf{x}_0$ zum Zeitpunkt $t_0$ erforderlich sind. (Bei der Systemmodellierung wird man versuchen, für den Zustandsvektor **x** mit möglichst wenigen Koordinaten auszukommen. Zur Beschreibung eines chemischen Reaktors kommen dafür die Reaktionskoordinaten und die Temperatur $T$ in Frage, alle übrigen Zustandsgrößen wie Konzentrationen, Dichte etc. lassen sich dann als Funktionen von **x**, **u** und $t$ angeben.)

## 4.3.2 Prozessüberwachung und Prozesssicherung

In der Verfahrenstechnik wird das Prozessmodell üblicherweise in Zusammenhang mit den Ein- und Ausgangsprodukten des Teilsystems dargestellt (Abb. 149). Das Prozesssensorsystem muss dabei grundsätzlich zwei Aufgaben erfüllen:

- Aufnehmen der (physikalischen) Eingangsgrößen, die vom Produktzustand bzw. vom Prozessereignis hervorgerufen werden, und Umwandlung dieser Größen in Sensor-Signalgrößen (Aufgabe des eigentlichen Sensors)
- Herstellung eines interpretationsfähigen Zusammenhangs zwischen der Signalgröße und dem verursachenden physikalischen Prozess (Aufgabe der Informationsverarbeitung)

Die informationstechnische Zuordnung der Sensorsignale zu den verursachenden Prozessen ist keinesfalls immer trivial. Man denke etwa an die Erfassung eines Druck- oder Temperaturgradienten im Inneren einer Flüssigkeitssäule. Hier müssen die Signale vieler Sensoren zu einer Einzelinformation verknüpft werden.

Bei der Diskussion der messtechnischen Aufgabenstellungen aus der Sicht der elektronischen Messtechnik sind immer die verfahrenstechnischen Rahmenbedingungen der Messung zu berücksichtigen. So verlaufen beispielsweise chemische Prozesse oft im Inneren eines Reaktors, der mit einer oder mit mehreren Substanzen gefüllt ist. Die Erfassung einer Stoffeigenschaft ist meist nur *lokal* möglich, während sich im Inneren des Reaktors möglicherweise eine *inhomogene* Verteilung der betreffenden Eigenschaft einstellt. Die Erfassung des Mittelwertes der Stoffeigenschaft muss also durch Einbeziehung der Messwerte vieler Messstellen erfolgen. Die Interpretation der Messergebnisse kann durch analytische Methoden erfolgen, oft unter Berücksichtigung von Erfahrungswerten. Bei anderen Anwendungen laufen Vorgänge in hoch reaktiven Medien ab. Dort müssen die prozessnahen Komponenten mit explosionsgeschützten Kapselungen ausgeführt werden.

*Prozessüberwachung*
Die Überwachung von Prozessabläufen und Prozessparametern ist eine grundlegende Aufgabe der Leittechnik in der Verfahrensindustrie. Ein überwiegender Teil des Aufwands der Automatisierungstechnik entfällt auf diesen Funktionskomplex. Sie bildet die Grundlage für Aufgaben der Prozesssicherung, der Prozessführung und -regelung sowie der Prozessanalyse und -optimierung (Abb. 150).

Bei der Prozessüberwachung wird der (zu überwachende Teil-)Prozess auf eine rechnerinterne Darstellung abgebildet. Dazu werden die Prozesssensorsignale über die primäre und sekundäre Messwertverarbeitung interpretiert. Das Aufgabengebiet der Prozessüberwachung kann in folgende Teilbereiche gegliedert werden:

- Messwerterfassung (sensorische Funktionen)
- primäre Messwertverarbeitung (Messwertaufbereitung)
- sekundäre Messwertverarbeitung (Messwertverarbeitung für spezifische leittechnische Zwecke)
- Messwertdarstellung (Mensch-Maschinen-Schnittstelle)

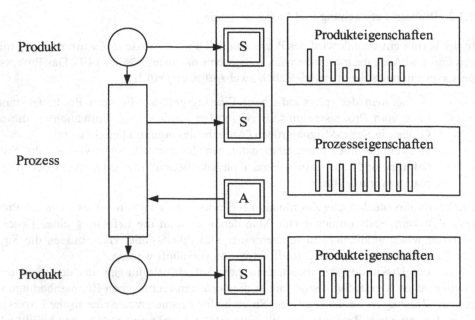

**Abb. 149:** Produkt- und Prozesssensorik (S) und Aktorik (A) nach Polke (1994)

Bei kontinuierlich verlaufenden *analogen* Messsignalen findet zum Zweck der digitalen Weiterverarbeitung eine Abtastung in periodischen Abständen statt. Dadurch erfolgt eine zeitliche und amplitudenmäßige Quantisierung des kontinuierlichen Signalverlaufs. Die Abtastfrequenz muss gemäß Abtasttheorem nach Shannon mindestens doppelt so hoch wie die höchstvorkommende Frequenz der Signalbestandteile gewählt werden. Wird dieses Kriterium nicht eingehalten (z. B. durch parasitäre hochfrequente Signalbestandteile im Messsignal), so kann das so genannte *Aliasing* falsche Signalverläufe vortäuschen. Eine geeignete Filterung im Frequenzbereich kann das Aliasing verhindern. Um das Messsignal zwischen zwei Abtastzeitpunkten für die Analog-Digital-Wandlung konstant zu halten, wird es durch ein Halteglied nullter Ordnung analog „zwischengespeichert". Die A/D-Wandlung diskretisiert das analoge Signal nun auch hinsichtlich seiner Amplitude, wobei durch die endliche Bit-Auflösung (z. B. 16 Bit) des Konverters die Quantisierungsfehler zu beachten sind.

Müssen mehrere analoge Sensorsignale (z. B. in der alten 4- bis 20-mA-Instrumentierung) über einen A/D-Wandler digitalisiert werden, so kann dem elektronischen Abtaster ein Multiplexer vorgeschaltet werden, der pro Abtastpunkt periodisch zwischen den Messstellen umschaltet. In diesem Fall verringert sich die nutzbare Messbandbreite um die Anzahl der Messstellen.

Moderne Sensorsysteme enthalten in der Regel ihren eigenen Messverstärker mit Wandlerelektronik und A/D-Konverter, so dass der Sensor direkt an den Feldbus angeschlossen werden kann.

Sind *digitale* Prozesssignale (Schalterstellungen, logische Zustandssignale) zu erfassen, so wird zunächst eine Pegelanpassung (durch Spannungsteiler) und eventuell eine Potentialtrennung (durch optische Koppler) durchgeführt. Mechanische Schalter können *Kontaktprellen* hervorrufen, wobei ein einmaliger Schaltvorgang mehrere rasch hintereinander wechselnde Schaltspiele vortäuscht. Dieser Effekt kann durch Tiefpassfilterung oder durch Wahl eines Umschalters mit eingebautem Flip-Flop vermieden werden.

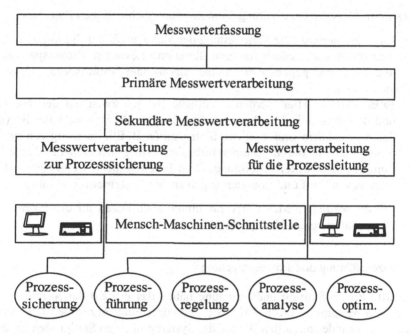

**Abb. 150:** Aufgaben der Prozessüberwachung

Die Abb. 150 unterscheidet zwischen einer primären und einer sekundären Messwertverarbeitung. Die *Primärverarbeitung* besteht aus folgenden Funktionen:

- *Plausibilitätstest.* Dieser Test kann eine sicherheitsrelevante Funktion darstellen. Bevor die Messsignale in digitaler Form weiterverarbeitet werden, muss geprüft werden, ob sie aus einer funktionsfähigen Messkette stammen. So kann beispielsweise ein Kabelbruch bei einem Thermoelement eine zu niedrige Temperatur an der Messstelle vortäuschen. Der Plausibilitätstest kann auf der Sensorseite (im analogen Bereich) durchgeführt werden, indem die Analogsignale über Komparatoren auf Bereichsüberschreitung geprüft werden. Alternativ wird das digitalisierte Signal auf Bereichsüberschreitung überwacht. Auch aktive Maßnahmen zur Sensorkontrolle sind möglich: Von Zeit zu Zeit wird ein kleiner Messstrom durch das Thermoelement geleitet und der auftretende Spannungsabfall überprüft.
- *Skalierung.* Um systemweit einheitliche Signalpegel vorliegen zu haben (z. B. 1V/Bar), wird das Rohsignal entsprechend skaliert oder normiert.

- *Linearisierung.* Zur Entzerrung von Sensorkennlinien erfolgt die Linearisierung heute meist schon im Prozessor des intelligenten Feldsensors.
- *Dimensionierung.* Ein Messwert besteht immer aus dem Produkt eines (dimensionslosen) Zahlenwerts und aus einer Maßeinheit. Um einen für den Messbereich interessanten Ausschnitt zur Anzeige bringen zu können, muss die digitale Abbildungsgröße entsprechend dimensioniert werden.

Die *sekundäre* Messwertverarbeitung dient zwei unterschiedlichen Zwecken:

- *Prozesssicherung.* Die Verarbeitung der Messsignale erfolgt mit dem Ziel, die Einhaltung der sicherheits- und funktionsrelevanten Prozessparameter zu überprüfen und gegebenenfalls eine Alarm- oder Notfallbehandlungsroutine auszulösen.
- *Prozessleitung.* Hier werden inhaltliche Bezüge zwischen den Messwerten und den physikalischen Prozessgrößen hergestellt. Beispiele für die verwendeten Funktionen sind: Messwertkorrektur (z. B. Eliminierung von systematischen Fehlern durch Temperaturbeeinflussung bei einem Drucksensor), Summen- und Mittelwertbildung, Grenzbereichsüberschreitungen und Bilanzierung von Stoff und Energiemengen an den Systemein- und -ausgängen.

Damit stellt die sekundäre Messwertverarbeitung auch Daten für die *Prozessanalyse* und *Prozessoptimierung* zur Verfügung.


### 4.3.3  Prozessführung und Prozessregelung

Die Begriffe Prozessführung und -regelung haben das Prinzip der *technischen Führungsfunktion* gemeinsam (Abb. 151). Sie verknüpft Führungsgrößen (Sollwerte der Systemgrößen) mit den aktuellen Werten der Systemgrößen zu Stellgrößen für die Systemaktoren. Es ist dabei zunächst unerheblich, ob die „Systemgrößen" durch die messtechnisch zugänglichen Ausgänge des Systems oder durch innere Systemzustände gebildet werden.

Die Begriffe „Führung" und „Steuerung" bzw. „Regelung" werden im praktischen Sprachgebrauch meist über ein hierarchisches Merkmal unterschieden: Führungseinrichtungen sind den Regel- und Steuerungseinrichtungen übergeordnet. Sie erzeugen aus den Systemzielgrößen Sollwerte für das System, die die Steuerungen und Regler durch geeignete Stellmaßnahmen in Istwerte umsetzen.

Bei komplexen heterogenen Systemen, wie beispielsweise einer verfahrenstechnischen Industrieanlage, laufen viele miteinander gekoppelte Prozesse gleichzeitig ab. Der Mensch ist als Teil des Gesamtsystems mit seinen Entscheidungen in das Geschehen eingebunden. Es werden Betriebszustände eingestellt und transiente Anlagenzustände (z. B. das An- und Abfahren) koordiniert.

Die Prozessführung gibt die zielgemäßen Sollzustände vor, Prozesssteuerungen und -regelungen sorgen für die Erreichung der Sollzustände durch geeignete Beeinflussung von Komponenten der Gesamtanlage.

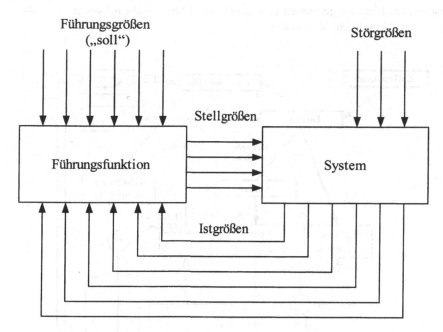

**Abb. 151:** Prinzip der technischen Führungsfunktion

Nach Epple (1994) lassen sich konzeptionell vier Klassen von Führungsfunktionen unterscheiden:

- *Zeitgesteuerte* Führungsfunktion: Die (konstante) Stellgröße wird für eine bestimmte Zeit aktiviert, eine Rückkopplung der tatsächlichen Systemgrößen erfolgt nicht (reine Steuerung).
- *Ereignisdiskret gesteuerte* Führungsfunktion mit Rückkopplung: Die (konstante) Stellgröße wird so lange aktiviert, bis sich ein Systemsollwert einstellt.
- *Stetig geregelte* Führungsfunktion: Die (kontinuierlich verlaufende) Stellgröße ist das Ausgangssignal eines Reglers. Eine Führungstrajektorie der Systemgrößen ist fest vorgegeben. Tritt eine Störung ein, so versucht die Regelung, das System auf die alte Trajektorie zurückzuführen.
- *Optimal geregelte* Führungsfunktion: Die Führungstrajektorie ist nicht fest vorgegeben, sondern wird aus dem aktuellen Prozesszustand mit Hilfe eines Gütekriteriums ermittelt. Tritt eine Störung ein, so wird eine neue optimale Trajektorie berechnet und verfolgt.

Das Beispiel einer Prozessführung mit hierarchisch aufgebauten Stell- und Regelkreisen ist in Abb. 152 dargestellt. Zwei Stoffe sollen miteinander in einem Kessel zur Reaktion gebracht werden. Das fertige Reaktionsprodukt soll einen bestimmten pH-Wert aufweisen. Der pH-Wert kann durch Dosierung des Stoffes 1 (z. B. „Säure") beeinflusst werden. In Abhängigkeit von der auftretenden Reaktionstemperatur soll ein Rührmotor im Reaktor aktiviert werden. Temperatur und pH-Wert werden durch

Sensoren im Reaktor gemessen und stehen den Prozessführungselementen als aufbereitete Messsignale zur Verfügung.

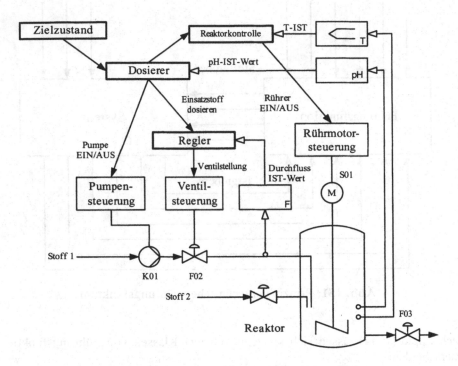

**Abb. 152:** Beispiel einer hierarchischen Prozessführung

Der Dosierer versucht nun, einen durch den Zielzustand des Systems vorgegebenen
pH-Wert im Kessel einzustellen. Er gibt dazu einen Sollwert für die Durchflussmenge
F02 an den Ventilregler aus. Der Ventilregler seinerseits versucht, die Ventilstellung so
zu beeinflussen, dass der Durchflussmengen-Sollwert erreicht wird. Gleichzeitig aktiviert der Dosierer die Pumpe für den Stoff 1 und übermittelt der Reaktorkontrolle
einen temperaturabhängigen Schwellwert zur Aktivierung des Rührers. Pumpen-, Ven-
til- und Rührersteuerung sind dabei in einem hierarchischen Stell- und Regelsystem
integriert. Für jede Prozessführungsfunktion kann das regelungs- und steuerungstech-
nische Konzept der Anlage individuell festgelegt werden.

### 4.3.4  Prozessanalyse, -verbesserung und -optimierung

Jedes Unternehmen versucht, bei der Umsetzung seiner Geschäftsstrategie die Wirtschaftlichkeit und die Effizienz der Geschäftsprozesse zu maximieren. Für die verfahrenstechnische Industrie besteht eine wichtige Maßnahme in der Effizienzsteigerung
der operativen Prozesse in der Feldebene. Wichtige Kriterien in diesem Zusammenhang sind

- Einhaltung qualitativer Kriterien für das Endprodukt
- Minimierung der Herstellkosten
- Maximierung der Anlagen- und Verfahrenseffizienz
- Einhaltung von Kriterien zur Umweltverträglichkeit

Dem Einleiten von Verbesserungsmaßnahmen geht die Analyse des Ist-Zustands voraus. In der verfahrenstechnischen Industrie werden Prozesszustände in der Regel über Kenngrößen beschrieben. Oft ist eine Kenngröße – beispielsweise der Wirkungsgrad eines Dampferzeugers – nicht direkt messbar, sondern muss aus mehreren Messwerten rechentechnisch bestimmt werden. Die Kenngrößenbestimmung ist Aufgabe der Prozessüberwachung und der Prozessanalyse.

Im Rahmen der Prozessführung von dynamischen Systemen tritt der Wunsch nach einer optimalen Steuerung und Regelung auf. Voraussetzung für jegliche Optimierung ist die Wahl eines *Optimierungskriteriums*. Ist die zu führende Strecke als gegeben anzunehmen, so kann die Führungsfunktion in ihrer Struktur oder in ihren Parametern verändert werden. Dementsprechend unterscheiden wir zwischen

- Strukturoptimierung und
- Parameteroptimierung

der Steuerung oder Regelung. Ausgangspunkt der Optimierung ist die Festlegung eines Gütemaßes. Im Falle der Parameteroptimierung werden die Parameter variiert, bis das Gütemaß einen extremalen Wert annimmt. Das Gütemaß ist in diesem Fall eine *Funktion*.

Bei der Strukturoptimierung wird der gesamte zeitliche Verlauf einer Steuerfunktion $u(t)$ (siehe Gln. 78 und 79) beeinflusst. Das Gütemaß ordnet dieser Steuerfunktion einen Zahlenwert zu, ist daher ein *Funktional*.

Der Kern der Optimierungsaufgabe ist das Finden einer optimalen Steuerfunktion $u_{opt}(t)$, die das System vom Anfangszustand $x_0 = x(t_0)$ in einen Endzustand $x_e$ überführt und bei der das definierte Gütemaß $J$ einen extremalen Wert (Minimum oder Maximum) annimmt. Bei der Ermittlung der optimalen Steuerfunktion müssen in der Regel eine Reihe von Beschränkungen berücksichtigt werden (z. B. maximale Stellgrößen, beschränkte Wertebereiche für Systemzustandsgrößen etc.)

Bei der *optimalen Steuerung* wird der momentane Systemzustand $x$ gemessen und daraus ein Steuersignalverlauf $u_{opt}(t)$ errechnet, der an die Systemeingänge angelegt wird. Der tatsächliche Systemzustand wird nicht weiter berücksichtigt, was beim Auftreten von Störgrößen in der Regel zu Abweichungen von der optimalen Systemtrajektorie führt.

Bei der *optimalen Regelung* bildet der Regler die optimale Steuerfunktion laufend aus dem aktuellen Systemzustand. Treten Störungen auf, so versucht der Regler, die Abweichungen von der Optimaltrajektorie zu kompensieren. Zur weiterführenden Literatur sei verwiesen auf Weinmann (1995) und Weinmann (1999).

## 4.4  Entwurfsmethoden

Eine der größten Herausforderungen beim Entwurf von prozessleittechnischen Anlagen ist die *Systemkomplexität*. Da die Teilsysteme in der Regel über Masse-, Energie- und Informationsströme miteinander vernetzt sind, entstehen komplexe Zusammenhänge im Verhalten der einzelnen Komponenten. Nach der Feststellung der Systemanforderungen muss durch eine fortlaufende und konsequente Strukturierung der Information die Beherrschbarkeit der Komplexität sichergestellt werden. Dabei wendet man in der Regel das Prinzip der *schrittweisen Verfeinerung* an. Dieses Verfahren geht vom groben Konzept des *Gesamtsystems* aus und schreitet beim Entwurf bis ins Detail hinein fort. Dieses auch als Top-down-Verfahren bezeichnete Vorgehensmodell eignet sich gut zur Zerlegung von komplexen Aufgaben in Teilaufgaben. Es wird mitunter auch durch das Bottom-up-Verfahren ergänzt, bei dem gewisse Teile des Systems von unten her, d. h. vom Detail heraus, aufgebaut werden.

Aus Sicht der Projektabwicklung eines Automatisierungsprojekts sind darüber hinaus kritische Punkte zu beachten, die näher in Abschn. 6.5 ausgeführt werden. Wichtig ist auch die gesamtheitliche Sicht der Problemlösung, wonach die *Verfahrensplanung*, *Anlagenplanung*, der *Anlagenbetrieb*, die *Anlageninstandhaltung* sowie das Qualitäts- und Umweltmanagement als miteinander eng verbundene Tätigkeitsfelder angesehen werden.

Da Prozessleittechnik eng mit Informationsmanagement verbunden ist, müssen zu Beginn eines leittechnischen Entwurfs bereits *einheitliche Informationsmodelle* bereitstehen, die von allen zu entwickelnden Komponenten genutzt werden können.

### 4.4.1  Methoden der Informationsstrukturierung

Alle Strukturierungsmethoden gehen vom Begriff des *Systems* aus (Abb. 153). Schon in der Antike kannte man das Wort *Systema*, abgeleitet aus dem zusammengesetzten Begriff synhistamein (syn: zusammen; histamein: stehen). Es ging also um das Zusammengestellte, Zusammengeordnete. Demokrit, Platon, Aristoteles und die Stoiker benutzten den Systembegriff und verstanden darunter im Wesentlichen „ein Gebilde, das irgendein Ganzes ausmacht und dessen einzelne Teile in ihrer Verknüpfung irgendeine Ordnung aufweisen". Auch in der Technik führt der Systembegriff auf ein grundlegendes Ordnungskalkül.

Alle wichtigen, heute bekannten Informationsstrukturierungsverfahren lassen sich auf drei wesentliche Prinzipien reduzieren:

- das Zerlegungsprinzip
- das Abstraktionsprinzip
- das Transformationsprinzip

*Das Zerlegungsprinzip*
Vom „Komplizierten" zum „Einfachen" kommt man, indem man das System (z. B. nach Abb. 153) in seine Teile zerlegt. Die dann separat liegenden Teile müssen erneut

zu einer Struktur zusammengesetzt werden. Anerkannte und praktisch erprobte Prinzipien sind nach Balzert (1982)

- das Prinzip der Hierarchisierung
- das Prinzip der Modularisierung
- das Prinzip der Wiederverwendung

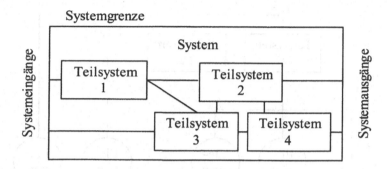

**Abb. 153:** Der Systembegriff

In *hierarchischen* Struktursystemen erfolgt eine baumartige Gliederung der Systemkomponenten nach festgelegten Beziehungen der Komponenten zueinander. Es ist also eine Strukturierungsmethode, bei der das Prinzip Objekt-Objektbeziehung (Entity-Relationship Principle) zur Anwendung kommt. Häufig werden den Hierarchiemodellen die folgenden Beziehungen zu Grunde gelegt:

- *„Besteht aus ..."* bzw. *„Ist Teil von ..."*: Das Ergebnis ist ein Systemkomponentendiagramm, das wie in Abb. 154 das Gesamtsystem in Teilsysteme zerlegt, bis man zu „Elementen" gelangt, die sinnvollerweise nicht mehr unterteilt werden.
- *„Verwendet"*: In Systemen, die nach Funktionen strukturiert sind, kann auf diese Weise eine Aufrufhierarchie dargestellt werden.
- *„Ist Vorgesetzter von"*: Das klassische Unternehmensorganigramm baut auf dieser Beziehung auf.

Das Verfahren der *Modularisierung* soll ein komplexes System (Hard- oder Software) in Umfang und Funktion überschaubar machen. Dazu wird das System in weitgehend selbständige (autonome) Module zerlegt, die einen genau umrissenen Funktionsumfang besitzen. Die Strukturierung der Module und ihrer Zusammenhänge im System verfolgt das Ziel, dass die einzelnen Module voneinander möglichst unabhängig arbeiten können. In der Leittechnik wird mit diesem Verfahren die Dezentralisierung bzw. Verteilung der Komponenten vorangetrieben, wobei durch möglichst große Autonomie („Intelligenz") der einzelnen Module eine unabhängige Funktion gewährleistet werden soll.

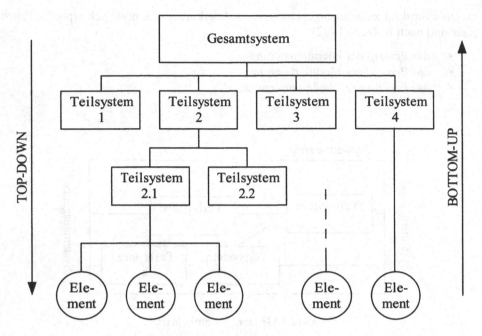

**Abb. 154:** Hierarchisches Strukturprinzip

Das Prinzip der *Wiederverwendung* geht von dem naheliegenden Bestreben aus, einmal entwickelte (Hard- oder Software-)Komponenten in verschiedenen Anwendungen oder an verschiedenen Stellen in derselben Anwendung erneut verwenden zu können. Dazu sind Maßnahmen erforderlich, die folgende Gegebenheiten sicherstellen:

- sauber definierte, standardisierte und dokumentierte Funktionsspezifikationen der Komponenten;
- standardisierte Schnittstellen;
- ein Archivsystem, das bereits existierende Komponenten zur Wiederverwendung bereitstellt.

In der Leittechnik findet dieses Prinzip im Rahmen der Entwicklung von Standardmodulen (Sensoren, Prozessnahe Komponenten, Regelalgorithmen, Feldbusse) bereits heute rege Anwendung. Das Ziel der Hersteller und Betreiber ist eine weitere Intensivierung der Standardisierung, die zu einer freien Systemkonfiguration und zu Kosteneinsparungen führen kann.

Zur einfachen hierarchischen Struktur gehört noch eine Zahl von alternativen Topologien, für die in Abb. 155 einige Beispiele angeführt sind.

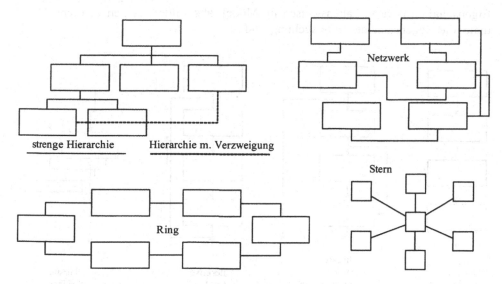

**Abb. 155:** Alternative Systemtopologien zur einfachen Hierarchie

Die bisher besprochenen Strukturierungstypen stellen Systeme mit ihren Komponenten und ihren Beziehungen auf verschiedene Weise dar, sind aber ungeeignet zur Darstellung von Abläufen oder Prozessfolgen. Die Abb. 156 zeigt einige Beispiele zur Gliederung von kausal strukturierten Sequenzen. Die dargestellten Ablaufstrukturen bilden die Grundlage für Steuerungsabläufe und Regelungsalgorithmen und sind als Hilfsmittel in der Softwareentwicklung schon lange bekannt. Die Beispiele der Abb. 156 zeigen

- die einfache linear-kausale Sequenz, bei der jeder Block für einen Systemzustand oder eine Aktion stehen kann,
- die lineare Struktur mit Verzweigungen (das klassische Flussdiagramm),
- eine iterative Struktur mit Schleifenbildung und eine
- rekursive Struktur mit der Möglichkeit des Funktionsaufrufs aus einer Funktion heraus.

*Das Abstraktionsprinzip*
Durch Weglassen von Informationen, die in einer bestimmten Betrachtungsweise irrelevant sind, tritt die wesentliche Information klarer hervor. Das zugrunde liegende Prinzip wird als Abstraktionsprinzip bezeichnet.

Bei dieser Vorgangsweise wird die Ausgangsdarstellung durch ein kontextuelles Filter geleitet, dass nur die relevanten Informationen durchlässt. Im Beispiel der Abb. 157 ist das der Materialfluss, der durch die Industrieroboter IR1 bis IR4 erzeugt wird.

Durch Abstraktion entstehen Modelle. Modelle sollen reale Systeme in bestimmten Aspekten beschreiben können. Dazu ist es nicht erforderlich, alle möglichen

Eigenschaften oder Verhaltensweisen im Modell abzubilden, es genügen jene Merkmale, die Gegenstand der Untersuchung sind.

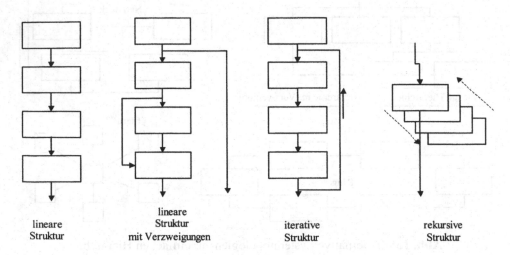

**Abb. 156:** Prozessablaufstrukturen

Das Abstraktionsprinzip kommt in technischen Darstellungen sehr häufig zur Anwendung. Es ermöglicht die Darstellung eines Systems oder eines Prozesses aufgrund von
bestimmten Sichten. Zu den Sichten einer leittechnischen Anlage zählen beispielsweise

- die Sicht des Entwicklers
- die Sicht des Anlagenbetreibers
- die Sicht des Wartungsingenieurs

Diese Sichten lassen sich einer funktionalen Abstraktion zuordnen (siehe unten).
Grundsätzlich lässt sich das Abstraktionsprinzip in vier Kategorien gliedern.

- *Klassenbildende Abstraktion:* Objekte werden durch ihre Eigenschaften
  beschrieben. Jede dieser Eigenschaften besteht aus Kategorie und Wert (z. B.
  Nennanschlussspannung/230V). Unter einer Klasse versteht man jene Menge
  von Objekten, für die wenigstens eine Eigenschaftskategorie gemeinsam ist.
  Nachdem die Objekte auf Grund ihrer Eigenschaften in Klassen eingeteilt
  sind, kann ein stufenweiser Aufbau der Klassenhierarchie erfolgen. Dabei
  bauen kompliziertere, zusammengesetzte Objektklassen auf einfacheren auf.
  Durch „Instanzierung" werden Objekte aus den in den Klassen beschriebenen
  Vorlagen gebildet.
- *Begriffsbildende Abstraktion:* Gegenstände werden unter einem Gesichtpunkt
  der Gemeinsamkeit unter einem bestimmten Begriff zusammengefasst (z. B.
  A/D-Wandler). Das Konzept der Begriffsbildung ist nicht von vornherein
  bestimmt, sondern wird vom Anwender gewählt.

- *Abstraktion durch Aggregation*: Unterschiedliche Objekte werden zu einem neuen Objektbegriff zusammengefasst. Ein anschauliches Beispiel ist die Einzelteilstruktur eines zusammengesetzten Produkts. Eine Spule, ein Eisenkern, ein Kipphebel, ein Paar Schaltkontakte und eine Anschlussklemmenleiste werden demnach durch Aggregation zu einem „Elektromechanischen Relais".
- *Funktionale Abstraktion*: Die Funktion eines komplexen Systems wird durch Abstraktion in bestimmte Funktionsebenen gegliedert. Das Prinzip der funktionalen Abstraktion liegt auch der Architektur eines großen Leitsystems zu Grunde (vgl. Abb. 144).

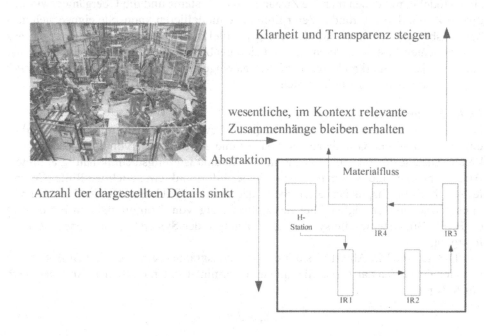

**Abb. 157:** Veranschaulichung des Abstraktionsprinzips. Das komplexe Realsystem, bestehend aus vier Robotern, wird durch Abstraktion zu einem Materialflussdiagramm umgewandelt. Foto: ABB

*Das Transformationsprinzip*
Der Entwurf von prozessleittechnischen Systemen findet auf verschiedenen Ebenen statt, wie in den folgenden Kapiteln dieses Abschnitts noch näher erläutert wird. Beim Übergang zwischen diesen Ebenen werden Darstellungen durch Detaillierung der Lösung in andere Darstellungen *transformiert*. Das System ändert sich nicht in seiner intentionalen Funktion, seine Komponenten werden einfach konkreter ausgearbeitet. Die Umwandlung der Information von einer Entwurfsebene in die nächste ist ein Beispiel für das Transformationsprinzip zur Informationsstrukturierung. Der Transforma-

tionsbegriff betrifft *ablauforientierte, logikorientierte* und *zustandsorientierte* Beschreibungen.

## 4.4.2 Petri-Netze

Petri-Netze sind nach ihrem Erfinder Carl Adam Petri benannt. Er hat das zugrunde liegende richtungsweisende Konzept bereits in seiner Dissertation im Jahre 1962 entwickelt. Für die theoretischen Grundlagen und für eine Fülle von Anwendungen der Automatisierungstechnik sind Petri-Netze von fundamentaler Bedeutung. Petri-Netze sind Modelle, mit denen man die Zustände eines Systems und die Übergänge zwischen diesen Zuständen aufgrund äußerer Ereignisse modellieren kann. Sie eignen sich deshalb insbesondere für die Modellierung paralleler bzw. verteilter Systeme, die aus Komponenten bestehen, deren Zustand sich unabhängig weiterentwickelt. Bevor wir auf die Leistungsmerkmale von Petri-Netzen eingehen, soll kurz das Konzept der *endlichen Automaten* vorgestellt werden.

### Endliche Automaten

Die Theorie der endlichen Automaten (z. B. Lewis und Papadimitriou 1981) bildet eine mathematische Grundlage zur Analyse und zum Entwurf von Systemen mit diskreten Zustandsübergängen, wie sie in der Automatisierungstechnik häufig auftreten. Außerdem spielt die Automatentheorie in der Informatik eine wichtige Rolle (Compilerbau, Maschinensprachen etc.). Sie bildet weiters die Grundlage der Berechenbarkeitstheorie und ermöglicht bei der Entwicklung von Kommunikationsprotokollen (z. B. für Bussysteme) die systematische Analyse der Systemzustände und Zustandsübergänge.

Das Beispiel in Abb. 158 stellt den Zustandsgraphen eines endlichen Automaten mit vier Zuständen dar. Generell wird ein (deterministischer, endlicher) Automat durch das 5-Tupel

$$\langle K, \Sigma, \delta, s, F \rangle \tag{80}$$

beschrieben, worin – unter Bezugnahme auf das Beispiel in Abb. 158 – bedeuten:

$K$, eine endliche, nichtleere Menge von Zuständen ($\{1, 2, 3, 4\}$),

$\Sigma$, ein Eingabealphabet am Eingang des Automaten ($\{A, B, C\}$),

$\delta$, eine Übergangsfunktion $\delta \in (K \times \Sigma) \to K$ (Übergänge),

$s$, ein Startzustand (1),

$F$, eine Menge von Endzuständen (hier nur ein Zustand, $\{4\}$).

Der zugehörige Automat kann als „Blackbox" betrachtet werden, deren Eingang mit Elementen des Eingabealphabets belegt wird und deren Zustand sich gemäß dem Zustandsgraphen einstellt. Die Funktion des Automaten kann am besten durch ein „Konsumverhalten" beschrieben werden: Elemente des Eingabealphabets werden „von außen angeboten". Existiert zum angebotenen Zeichen ein entsprechender Übergang, so „schaltet" der Automat in den betreffenden Zustand, andernfalls „blockiert" er, d. h. es findet kein Zustandsübergang statt.

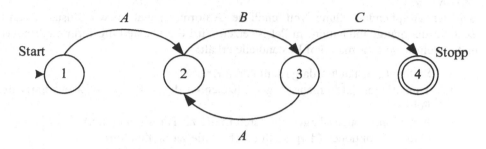

**Abb. 158:** Beispiel eines Zustandsgraphen für einen endlichen Automaten

Der Beispielautomat in Abb. 158 kann z. B. die Zeichenfolge $\langle A, B, A, B, C \rangle$ „verarbeiten" und nimmt dabei die Zustände $\langle 1, 2, 3, 2, 3, 4 \rangle$ an.

*Endliche* Automaten besitzen eine *endliche*, nichtleere Menge an Zuständen. *Deterministische* endliche Automaten haben immer eindeutige Zustandsübergänge, d. h. aus einem Zustand gibt es maximal einen Übergang pro Zeichen. Außerdem gibt es keine Leerübergänge $\varepsilon$. Im Beispiel der Abb. 159 laufen vom Zustand 3 aus zwei Übergänge für das Zeichen $A$, darüber hinaus gibt es einen Leerübergang $\varepsilon$, der durch kein Zeichen ausgelöst werden kann. Es handelt sich in diesem Beispiel also um einen *nichtdeterministischen* Automaten.

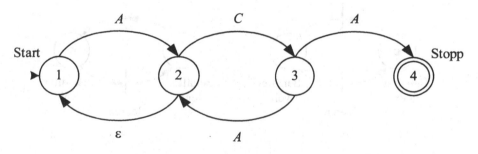

**Abb. 159:** Beispiel für einen nichtdeterministischen endlichen Automaten

Endliche Automaten haben *kein Gedächtnis*. Die mögliche Zustandsänderung hängt nur vom aktuellen Zustand und von der Zeichenkette am Eingang ab (insofern unterscheidet sich ein endlicher Automat von einem rationalen Agenten). Als *Sprache* eines Automaten wird die Menge aller Zeichenketten bezeichnet, die er „konsumieren" kann, d. h. jene, die reguläre Zustandsübergänge bewirken. In der Automatisierungstechnik können die am Eingang des Automaten eingespeisten Zeichen und Zeichenketten als Signale, Ereignisse und Daten verstanden werden, die Zustände des Prozesses widerspiegeln.

*Petri-Netze*

Bei der Graphendarstellung von endliche Automaten haben wir Zustände und Zustandsübergänge modelliert. In Petri-Netzen wird die Darstellungsform modifiziert und erweitert, so dass man fünf Bestandteile erhält:

- Stellen („Zustände", dargestellt durch Kreise)
- Transitionen („Übergänge", gekennzeichnet durch Balken oder quadratische Felder)
- Input-Funktionen (dargestellt durch Pfeile zu Transitionen hin)
- Output-Funktionen (dargestellt durch Pfeile zu Stellen hin)
- Marken (dargestellt durch einen oder mehrere schwarze Punkte in den Kreisen der Stellen)

Petri-Netze sind endliche, gerichtete Graphen mit zwei Arten von Knoten, den Stellen und den Transitionen.

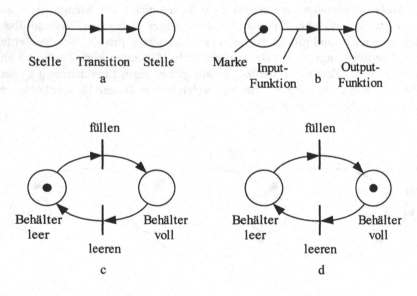

**Abb. 160: a–d**: Petri-Netze

Bei der Erstellung von Petri-Netzen sind folgende Fakten und Regeln zu beachten:

- Transitionen sind Ereignisse und stellen einen Zustandsübergang dar. Sie sind die aktiven Elemente des Petri-Netzes.
- Stellen bezeichnen die Zustände des Systems, sie sind die passiven Elemente des Petri-Netzes.

- Die zu einer Stelle führenden Verbindungselemente (Output-Funktionen) müssen von einer Transition her kommen.
- Die zu einer Transition führenden Verbindungselemente (Input-Funktionen) müssen von einer Stelle her kommen.
- Die vorangehenden beiden Regeln besagen also zusammengefasst, dass keine zwei Transitionen oder zwei Stellen direkt miteinander verbunden werden dürfen.
- Der aktuelle Systemzustand wird durch die Belegung des Diagramms mit Marken gekennzeichnet. Es können in einem Petri-Netz mehrere Stellen mit Marken besetzt sein. Es ist in erweiterten Petri-Netzen darüber hinaus möglich, eine Stelle mit mehreren Marken zu besetzen. Diese Methode wird hier nicht weiter behandelt.
- Transitionen und Stellen können beliebig viele Inputs und Outputs haben.
- Petri-Netze können hierarchisch unterteilt werden. Eine Transition kann aus weiteren Elementen aufgebaut sein, die aus allen fünf Elementen des Petri-Netzes bestehen (vgl. das Beispiel in Abb. 161).

Im oberen Teil der Abb. 160 (Teilbilder a, b) sind die eben aufgeführten Komponenten und Eigenschaften dargestellt. Im unteren Teil wird das Funktionsprinzip an Hand eines einfachen Beispiels verdeutlicht. Ein wichtiges Prinzip der Petri-Netze hat mit der Bewegung der Marken zu tun:

*Eine Transition kann nur schalten, wenn alle Eingangsstellen mit Marken belegt sind. Beim Schalten werden alle Marken von den Eingangsstellen abgezogen und bei den Ausgangsstellen hinzugefügt. Dies erfolgt unabhängig von der Anzahl der Eingangs- und Ausgangsstellen: Jede Marke wird von jeder Eingangsstelle abgezogen. Unabhängig von der Anzahl der abgezogenen Marken erhält jede Ausgangsstelle eine Marke.*

Ein etwas modifiziertes Verhalten ist bei erweiterten Netzen mit Mehrmarken-Kennzeichnung zu berücksichtigen. Dieser Fall wird jedoch hier nicht weiter behandelt. Zur weiterführenden Literatur sei beispielsweise auf Desel, Reisig und Rozenberg (2004) und auf Reisig (1982) verwiesen.

Transitionen können entweder als *Ereignisse* interpretiert werden, wie z. B.

- Sensorsignale erreichen einen bestimmten Wert
- ein Prozess wird gestartet
- eine Alarmprozedur wird eingeleitet
- ein Verarbeitungsprozess ist abgeschlossen
- ein Timer erreicht einen bestimmten Wert

oder als *Informationsverarbeitungsprozesse*. So stellt eine Transition in Abb. 161 beispielsweise ein Rechenprogramm oder einen Rechen-Teilalgorithmus dar, der durch Erreichen einer Startbedingung (alle Vorgängerstellen sind mit Marken besetzt und der Rechenprozess ist ablaufbereit) aktiviert werden kann. Wie durch Vergleich des linken und rechten Teilbilds in Abb. 161 sofort ersichtlich wird, lassen sich Teildiagramme „kapseln". Durch diese Kapselung kann Komplexität verborgen werden, was seinerseits einen systematischen Entwurfsprozess (nach dem Top-down- oder Bottom-up-

Verfahren) ermöglicht. Das Gegenteil der Kapselung ist die Verfeinerung bzw. Detaillierung. Bei der Entwicklung im Top-down-Verfahren kann zunächst eine Teilproblem als bereits gelöst betrachtet werden, indem die zugehörige Funktion als Transitions-Blackbox dargestellt wird. In der Detaillierungsphase erfolgt dann die Gestaltung der Struktur und Funktion im Inneren der Blackbox.

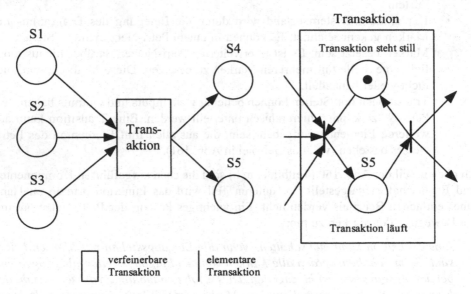

**Abb. 161:** Verfeinerung von Transitionen

Die Funktionsweise eines einfachen Drei-Behälter-Systems für eine Stoffmischaufgabe soll nun mit Hilfe eines Petri-Netzes analysiert werden. Betrachten wir dazu zunächst die Abb. 162. Die Behälter 1 und 2 dienen als Dosierbehälter. Sie werden bis zum jeweiligen Maximalfüllstand gefüllt und enthalten dann die zu mischenden Substanzen 1 und 2 in gleichen Mengen. Nach Entleerung der Behälter 1 und 2 gelangen die beiden Substanzen in den Reaktor, wo die Mischung stattfindet. Am Schluss wird der Reaktor selbst geleert und der Vorgang beginnt von neuem.

Die Dosierbehälter und der Reaktor sind mit Füllstandssensoren ausgestattet, die folgende Funktionen erfüllen:

- Die Sensoren F1.1 und F2.1 geben ein Signalereignis beim Überschreiten des Füllstands im Behälter an der jeweiligen Montagestelle der Sensoren.
- Die Sensoren F1.0, F2.0 und F0 signalisieren die Unterschreitung eines Mindestfüllstands.
- Der Überlaufsensor F1 am Reaktor wird während des Normalbetriebs nicht aktiviert, da maximal das Summennennvolumen der Behälter 1 und 2 in den Reaktor gefüllt wird. Lediglich bei Störfällen spricht dieser Sensor an und kann eine Notschließung der Ventile V1.0 und V2.0 bewirken (im zugehöri-

gen Petri-Netz wird der Sensor F1 aus Gründen der Vereinfachung nicht berücksichtigt).

Die Ventile V1.1, V2.1, V1.0, V2.0 und VR steuern den Zu- und Abfluss der Stoffströme.

Das System unseres Beispiels befindet sich im Grundzustand, wenn die beiden Behälter 1 und 2 gerade gefüllt werden. In diesem Fall sind die Ventile V1.1 und V2.1 geöffnet und die Ventile V1.0 und V2.0 geschlossen. Im Grundzustand befinden sich die Marken in den Stellen „Befüllung der Behälter 1 und 2".

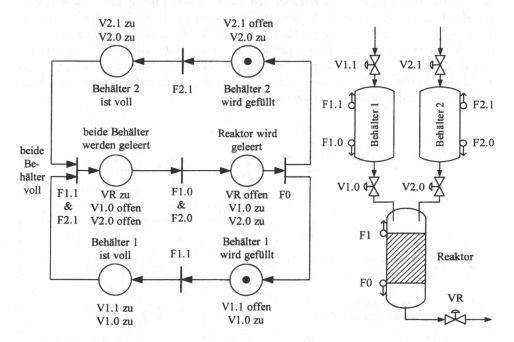

**Abb. 162:** Anwendungsbeispiel für eine Petri-Netz-Darstellung

Spricht einer der Füllstandssensoren F1.1 oder F2.1 an, so schaltet die zugehörige Transition. Das ist möglich, da die Eingangsstellen beider Transitionen mit Marken belegt sind. Erst wenn beide Dosierbehälter voll sind (Markenbelegung auf beiden Eingangsstellen der Transition F1.1 & F2.1), kann die Transition zur Leerung der Behälter schalten. Die Ventilstellungen werden dementsprechend geändert, der Reaktor wird mit den beiden zu mischenden Stoffen befüllt. Erst wenn beide Dosierbehälter leer sind (F1.0 & F2.0), kann der Reaktor über das Auslassventil VR entleert werden. Zeigt der Sensor F0 an, dass der Reaktor leer ist, so schaltet die Transition und das System springt wieder in den Grundzustand, die Dosierbehälter werden erneut gefüllt.

*Erreichbarkeit von Zuständen*

Durch eine einfache Transformation des Petri-Netzes ist es möglich, Aussagen über die Erreichbarkeit von Systemzuständen zu treffen. Werden in einem System Zustände vorgesehen, können aber durch reguläre Systemtransitionen nicht erreicht werden, so ist das System offensichtlich fehlerhaft.

Zur Erstellung eines Erreichbarkeitsgraphen betrachtet man alle möglichen globalen Systemzustände. Dazu sind alle möglichen Markenbelegungen der im Netz vorkommenden Stellen zu betrachten. Die Abb. 163 verdeutlicht die Entwicklung eines Erreichbarkeitsgraphen für das Beispiel aus Abb. 162. Der Systemgrundzustand – hier als GZ0 („Globalzustand 0") bezeichnet – ist im Petri-Netz links in der Abbildung dargestellt. Das das System sechs Stellen enthält, gehört zu einem Globalzustand ein 6-Tupel aus den Zahlen der Menge {0, 1}, wobei „1" die Besetzung einer Stelle mit einer Marke bedeutet. Im rechten Teildiagramm sind nun die Globalzustände entsprechend der oben genannten Regel zusammengestellt. Der Übergang zwischen den Zuständen erfolgt über die Transitionen, die nun analog zu ihrer Stellung im Petri-Netz in das rechte Teildiagramm eingetragen werden.

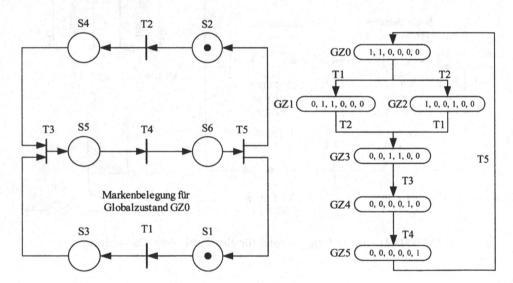

**Abb. 163:** Globalzustände und Erreichbarkeitsgraph

Schon ein kurzer Blick auf den Erreichbarkeitsgraph rechts im Bild zeigt, dass *alle* Stellen mindestens in einem Globalzustand mit einer Marke besetzt sind. Die einzelnen Systemzustände sind also vollständig erreichbar.

*Deadlocks (Verklemmungen)*

Ein weiteres Problem in diskreten Automationsvorgängen ist die Verklemmung („Deadlock"). Darunter versteht man einen Globalzustand des Systems, der nicht mehr verlassen werden kann. Die Abb. 164 führt uns so eine Situation vor Augen.

Neben den Elementartransitionen T1 und T2 am Systemeingang befinden sich vier Transitionen in Blockdarstellung im Diagramm, die jeweils nebenläufige Rechenprozesse darstellen. Wie man aus dem Erreichbarkeitsgraph erkennen kann, führen die beiden Globalzustände GZ3 und GZ6 jeweils auf den selben Zustand GZ7, von dem allerdings keine Pfeile wegführen. Betrachtet man die Markenpositionen im Detail, so kann man feststellen, dass die Verteilung ⟨0, 1, 0, 1, 0, 0⟩ (also ausschließlich Marken an den Stellen S2 und S4) nicht ausreicht, um das System in einen neuen Zustand überzuführen. Das System *verklemmt* also, es läuft in einen „Deadlock".

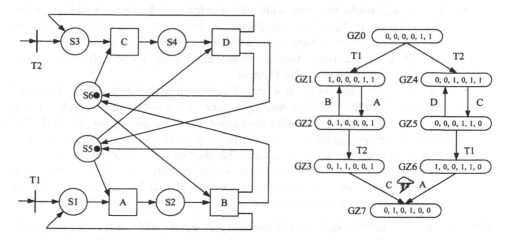

**Abb. 164:** Analyse eines Systems auf „Deadlock-Möglichkeit"

An dieser Stelle muss der Systemingenieur eine Modifikation des Automatisierungssystems vornehmen, um das diagnostizierte offensichtliche Fehlverhalten des Systems ausschließen zu können. Dem Leser sei vorbehalten, die gebrachten Beispiele näher zu analysieren bzw. sich durch weitere Beispiele Geläufigkeit in der Analyse von Petri-Netzen anzueignen.

### 4.4.3 Prozess- und Systemmodellierung in der Verfahrenstechnik

Nach Pallaske (1992) ist ein Prozessmodell ein abstraktes Modell des technischen Prozesses, das die physikalischen Prozessgrößen als Modellelemente enthält und das die Beziehungen zwischen diesen Prozessgrößen beschreibt. Eine erste Klassifizierung teilt die Prozessmodelle in *quantitative* und *qualitative* Modelle ein, jeweils für *Fließprozesse* und für *Stückgutprozesse*. Im Rahmen dieses Kapitels wenden wir uns den verfahrenstechnischen Prozessen zu, werden also unser Hauptaugenmerk auf Fließprozesse legen.

- *Qualitative Modelle von Fließprozessen.* Prozesse werden über kausale Beziehungen, Regeln oder über qualitative Variablen beschrieben.

- *Quantitative Modelle von Fließprozessen* lassen sich untergliedern in *mathematische* und *simulative* Modelle (Lauber 1999).

Liegt das *mathematische Modell* eines Prozesses vor, so kann das dynamische Verhalten des Prozesses für beliebige Eingangsgrößen zu beliebigen Zeitpunkten *berechnet* werden. Die Basis eines mathematischen Modells ist eine Gleichung oder ein Gleichungssystem (bzw. ein Differentialgleichungssystem, wenn das dynamische Verhalten berücksichtigt werden soll). Das mathematische Modell eines Fließprozesses kann auf zwei Arten gewonnen werden:

- *Durch analytische Vorgehensweise:* Es werden Gleichungen über das physikalisch-chemische Verhalten des Prozesses aufgestellt. Dazu müssen in der Regel vereinfachende Annahmen getroffen werden. Mathematische Prozessmodelle können normiert werden. Eine Verifikation des Modells erfolgt über den Vergleich mit dem realen Prozess.
- *Durch empirische Vorgehensweise:* Experimente und Messungen von Prozessgrößenverläufen liefern Aussagen über das Ein-/Ausgangsverhalten eines Systems. Dieses Verhalten wird über einen Modellansatz approximiert. Dabei muss nicht zwingend eine strukturelle Äquivalenz des mathematischen Modellansatzes mit der physikalisch-chemischen Realität vorliegen. Die Verifikation erfolgt wiederum über den Vergleich mit der Realität, wobei die Approximation möglicherweise nur in bestimmten Betriebszuständen eine ausreichende Genauigkeit aufweist.

Ein *simulatives* Prozessmodell besteht zumeist aus einem oder mehreren Computerprogrammen. Das Eingangs- und Ausgangsverhalten des Systems wird durch das Programm abgebildet, man kann gleichsam mit dem Modell „experimentieren".

Liegen verifizierte Modelle des verfahrenstechnischen Prozesses vor, so stellt sich die Aufgabe, das System und die in ihm ablaufenden Prozesse visuell darzustellen. Zu diesem Zweck haben sich in der Industrie in den letzten Jahrzehnten standardisierte Fließ- und Phasenschaubilder durchgesetzt.

*Fließbilder*

Fließbilder spielen in verfahrenstechnischen Entwicklungsprozessen eine zentrale Rolle. Zu Anfang der Prozessentwicklung wird die Struktur des Prozesses bestimmt. Die einzelnen Prozessschritte und ihre Anordnung werden im *Grundfließbild* dargestellt. Aus dem Grundfließbild wird das *Phasenmodell* entwickelt. In ihm sind Informationen über die Prozesse und Produktzustände dargestellt. Auf der Grundlage von Grundfließbild und Phasenmodell werden die einzelnen Schritte des Verfahrens konkretisiert, indem die physikalischen Wirkzusammenhänge festgelegt werden. Das Ergebnis ist das verfahrenstechnische (*VT-*)Fließbild.

Das VT-Fließbild wird zur Entwicklung eines *Rohrleitungs- und Instrumentenfließbilds* (R-&-I-Fließbild) verwendet. In diesem sind die Apparate, in denen die Prozessschritte durchgeführt werden, die Rohrleitungen und die Instrumentierung einer Anlage detailliert dargestellt. Das R-&-I-Fließbild bildet so die Grundlage für den Bau und Betrieb einer Anlage sowie für die Konzeption des Prozessleitsystems.

*Grundfließbild*
Wie in Abb. 165 dargestellt, besteht das Grundfließbild (DIN 28004) aus einer vereinfachten Darstellung der verfahrenstechnischen Prozesse und der zum Einsatz kom-
menden Stoffe. Im vorliegenden Beispiel wird ein Einsatzstoff mit einem Zusatzstoff
zur Reaktion gebracht. Der Einsatzstoff muss erst gelöst werden, der Zusatzstoff wird
in zerkleinerter Form in den Reaktor gebracht.

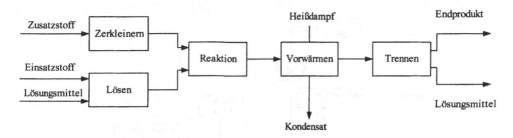

**Abb. 165:** Grundfließbild nach DIN 28004

Um das Lösungsmittel vom Endprodukt zu trennen, erfolgt zunächst eine Vorwärmung
mittels Heißdampf, dann wird das Lösungsmittel durch weitere Erhitzung abgedampft.

*Phasenmodell*
Im Phasenmodell findet eine Erweiterung der Darstellung durch die *Phasen* der Zwi-
schen- und Endprodukte statt (kreisförmige Symbole in Abb. 166)

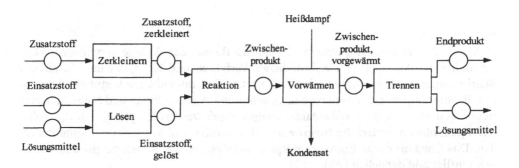

**Abb. 166:** Phasenmodell des Prozesses nach Abb. 165

*VT-Fließbild*
Die physikalischen Wirkzusammenhänge bilden die Basis bei der Erstellung des VT-
Fließbilds. Zur Erfüllung der Elementarfunktionen werden geeignete chemische Reak-

tionen sowie Grundoperationen wie z. B. Klassieren, Absorbieren, Elektroabscheiden ausgewählt und deren Verknüpfung untereinander festgelegt. Dabei werden auch Hilfsstoffe (Heißdampf, Transportluft, Katalysatoren etc.) berücksichtigt. Die Stoff- und Energiebilanzen werden aufgestellt und die Art des Verfahrens bestimmt. Für Stoff- und Wärmeaustauschprozesse muss die Art der Stromführung festgelegt werden (Gegenstromführung, Gleichstromführung, Kreuzstromführung etc.). Ein vereinfachtes verfahrenstechnisches Fließbild zeigt die Abb. 167.

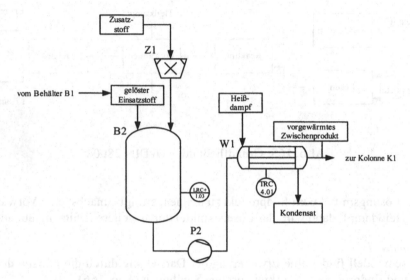

**Abb. 167:** Ausschnitt aus einem vereinfachten VT-Fließbild

*R-&-I-Fließbild*

Im folgenden Entwicklungsschritt gilt es, die Bauart der Anlage festzulegen. Dies beinhaltet die Auswahl aller erforderlicher Verfahren und Komponenten. In diesem Schritt werden auch alle informationstechnischen Zusammenhänge bestimmt. Armaturen, Rohrleitungen, mess- und regelungstechnische Ausstattungen und Sicherheitseinrichtungen sowie etwaige redundante Komponenten werden festgelegt. Für die Rohrleitungen müssen weiters die Nennweiten, Druckstufen und Werkstoffe bestimmt werden. Das Ergebnis dieser Entwicklungsprozesse lässt sich im Rohrleitungs- und Instrumentenfließbild darstellen (Abb. 168).

*Aufbau der Anlage*

Auf der Basis der zuvor erfolgten Detailplanung kann nun der apparative Aufbau der Anlage einschließlich der dreidimensional-geometrischen Anordnung der Anlagenkomponenten erfolgen. Die *Apparateaufstellungspläne* enthalten die räumliche Anordnung der Rohre, Ventile, Kessel etc., einschließlich ihrer räumlichen Abstände zueinander.

*Gebäudeplan*

Handelt es sich um eine neu zu errichtende Anlage, so wird in dieser Phase der Gebäudeplan erstellt. Werden Gebäude neu errichtet, so beginnen an dieser Stelle die projektplanerischen Arbeiten der Bauingenieure und Architekten.

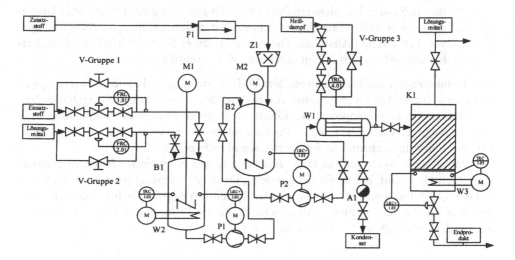

**Abb. 168:** Beispiel eines Rohrleitungs- und Instrumentierungsschaubilds nach Ignatowitz (1982)

*Sicherheitstechnischer Maßnahmenplan*

Schon zu Beginn der Anlagenentwicklung werden Maßnahmen zur Einhaltung der sicherheitstechnischen Randbedingungen getroffen. Bereits im Lastenheft werden die Auflagen spezifiziert, die durch die fertige Anlage zu erfüllen sind. Das Sicherheitskonzept ergibt sich aus den Betriebsbedingungen sowie dem Gefährdungspotential für Mensch und Umwelt, das von den an den Verfahren beteiligten Stoffen und Prozessen ausgehen kann.

## 4.5 Zuverlässigkeit und Sicherheit

Wenn die Begriffe Sicherheit und Zuverlässigkeit auch in der Alltagssprache einen sehr ähnlichen Bedeutungsumfang haben, müssen sie in der Prozessautomatisierung strikt auseinandergehalten werden (Lauber und Göhner 1999a).

### 4.5.1 Begriffstechnische Abgrenzungen

- Die *Zuverlässigkeit* beschreibt das *Ausfallsverhalten* eines Systems auf statistischer Basis. Sie bezieht sich auf die Eigenschaften eines Systems hinsichtlich der Erfüllung der Erfordernisse. Maßnahmen zur Erhöhung der Zuverlässigkeit richten sich gegen das Auftreten von Fehlern und Ausfällen. Sinkt die Zuverlässigkeit, sinkt auch die Wirtschaftlichkeit des Systems.

- Die *Sicherheit* ist ein Maß für das *potentielle Auftreten einer Gefahr* durch das System. Sie wird durch das aktuelle (quantifizierbare) Risiko beschrieben, das für ein System im „sicheren Bereich" nicht größer als ein festgesetztes Grenzrisiko sein darf. Maßnahmen richten sich gegen gefährliche Auswirkungen von Fehlern und Ausfällen. Die Abnahme eines Systems hinsichtlich Sicherheitsanforderungen erfolgt durch eine Zulassungsbehörde.

Das Gefahrenpotential hängt sowohl hinsichtlich Sicherheit als auch Zuverlässigkeit von den auftretenden Prozessen und von der Art der Anwendung ab (vergleiche beispielsweise die Gefahrenpotentiale folgender Systeme mit Prozessautomatisierung: Waschmaschine, Garagentor, Anti-Blockiersystem beim Automobil, Aufzüge, Seilbahnen, Flugzeuge, chemische Reaktoren, Kernkraftwerke).

Vor allem in Systemen der Datenverarbeitung tritt ein weiterer Bedeutungsaspekt von „Sicherheit" auf, der im Englischen mit „Security" übersetzt wird: Es handelt sich um den Grad des Schutzes von Daten (oder Systemen) gegen unbefugten Zugriff oder missbräuchliche Verwendung. In diesem Fall kann das Prozessautomatisierungssystem als das Ziel eines „Angriffs" angesehen werden.

## 4.5.2 Risiko

Nach DIN VDE 31000 Teil 2 wird „Risiko" folgendermaßen definiert:

*Das Risiko, das mit einem technischen Vorgang oder Zustand verbunden ist, wird zusammenfassend durch die Wahrscheinlichkeitsaussage beschrieben, die die zu erwartende Häufigkeit des Eintritts eines zu einem Schaden führenden Ereignisses und das beim Ereigniseintritt zu erwartende Schadensausmaß berücksichtigt.*

*Das Grenzrisiko ist das größte noch vertretbare Risiko eines bestimmten technischen Vorgangs oder Zustands.*

Systeme, die in Betriebszuständen arbeiten, deren Risiko sich unterhalb des Grenzrisikos befindet, arbeiten im *sicheren* Bereich. Im gegenteiligen Fall arbeiten sie im *Gefahrenbereich*.

*Versagensursachen eines Prozessautomatisierungssystems*
Es gibt eine hohe Zahl von Fehlern und Ausfällen, die zum Versagen eines Prozessautomatisierungssystems führen können:

- Ausfälle auf Grund *physikalisch-chemischer Effekte*: Stromunterbrechungen, Leitungsbruch, Korrosion, Kabelbruch, Bauteilausfall, elektromagnetische Störungen, sporadische Hardware-Ausfälle, die Software verfälschen (Absturz von Leitrechnern)
- *systemimmanente* Fehler, die schon *vor Betriebsaufnahme* des Systems vorhanden sind: Entwurfsfehler in Hard- und Software, Verdrahtungsfehler,

unzureichende Spezifikationen für auftretende Betriebszustände, Anwendungsgrenzen werden überschritten
* *systemimmanente* Fehler, die während des Betriebs begangen werden: Bedienungs- und Wartungsfehler, Sabotage

## 4.5.3  Zuverlässigkeitstechnik

Bei einem Prozessleitsystem muss stets die Kontrolle über die Prozesse aufrecht erhalten bleiben. Da es bei technischen Einrichtungen keine 100%ige Zuverlässigkeit geben kann, müssen Maßnahmen getroffen werden, um trotz dieser Unsicherheit die geforderte Zuverlässigkeit gewährleisten zu können. Dazu sind folgende Maßnahmen möglich:

*Strukturelle Maßnahmen*

* *Redundanz*: Systeme werden mehrfach ausgelegt, wobei entweder immer nur ein System aktiv ist oder mehrere Systeme parallel arbeiten. Beim Ausfall übernimmt das redundante System. (Beispiele: Stromversorgung mit Batterie-Backup, redundante Rechnersysteme, die parallel die gleiche Aufgabe durchführen und ihre Ergebnisse vergleichen. Bei drei Rechnern und zwei verschiedenen Resultaten wird der Rechner mit abweichendem Resultat deaktiviert).
* *Modularisierung*: Durch Aufteilung einer komplexen Anlage in viele Funktionsmodule (mit kleinem Funktionsumfang) lässt sich rascher das fehlerhafte Modul bestimmen und austauschen. Außerdem ist die Ausfallwahrscheinlichkeit von Modulen mit geringer Bauteilanzahl kleiner.
* *Schutzschaltungen*: Beim Auftreten von unzulässigen Betriebszuständen treten Schaltungen in Aktion, die eine Gefährdung von Mensch, Umwelt und Anlage abwenden sollen. Beispiele dafür sind: Fehlerstrom-Schutzschalter, Sicherungen, Überspannungsschutz, Notabschaltvorrichtungen, Potentialtrennungen und batteriegepufferte Prozessorbausteine.
* *Intelligente System-Selbstdiagnose*: Mit Hilfe von diagnostischen Routinen führt das Prozessautomatisierungssystem in gewissen Zeitabständen eine Selbstdiagnose durch, die den Frühausfall von Komponenten etwa durch Abweichungen in den Kennwerten detektiert.

*Maßnahmen beim Systemdesign und vor Inbetriebnahme*

* Durch *Überdimensionierung* ausfallgefährdeter Bauteile zur Entwicklungszeit kann deren Betriebszuverlässigkeit gesteigert werden.
* Verwendung von *hochwertigen Komponenten* (z. B. vergoldete Steckkontakte)
* Schutz gegen *Wärmeeinflüsse* und *Feuchtigkeit*, aktive *Lüftung*
* *Vermeidung der Verwendung von Bauteilen mit hoher Ausfallswahrscheinlichkeit* (Lüfter bei Industrie-PCs)
* Verwendung von *mechanischen Konstruktionen mit hoher Steifigkeit*

- Verwendung von *vorgealterten Bauteilen* (zur Verringerung der Gefahr von Frühausfällen)
- *Eingangsprüfung* aller Bauteile vor deren Einbau in die Gerätemodule
- *Einbrenntests*: Komponenten (Steuerungen, Sensoren, Aktoren) werden vor dem Einsatz im Prozessleitsystem bei höheren Temperaturen und erhöhter Luftfeuchtigkeit einige Stunden in Betrieb genommen, um Frühausfälle abfangen zu können.

*Zuverlässigkeitskenngrößen*

Die Zuverlässigkeits- oder Überlebenswahrscheinlichkeit eines Systems wird folgendermaßen definiert:

*Die Zuverlässigkeitsfunktion R(t) ist die Wahrscheinlichkeit, dass eine bestimmte Betrachtungseinheit in einem Zeitraum von 0 bis t funktionsfähig ist.*

Für die Versagenswahrscheinlichkeit gilt:

*Die Versagenswahrscheinlichkeit Q(t) ist die Wahrscheinlichkeit, dass die Betriebszeiten T bis zum Versagen nicht länger sind als der vorgegebene Zeitraum t:*

$$Q(t) = p(T \le t) = 1 - R(t). \tag{81}$$

Die Betriebszeit $T$ vom Beanspruchungsbeginn bis zum Ausfall wird als Lebensdauer bezeichnet. Der Mittelwert dieser Lebensdauer wird auch mean time between failure (MTBF) genannt.

*Die Versagensrate $\lambda$ ist der negative Wert der Ableitung der zum betreffenden Zeitpunkt t differenzierbaren, logarithmischen Zuverlässigkeitsfunktion*

$$\lambda(t) = -\frac{d}{dt}\ln R(t) = \frac{-1}{R(t)}\frac{dR}{dt}, \tag{82}$$

woraus folgt

$$R(t) = \exp\left(-\int_0^t \lambda(\tau)d\tau\right). \tag{83}$$

Für eine konstante Versagensrate $\lambda(t) = $ const. gilt

$$R(t) = \exp(-\lambda t). \tag{84}$$

$\lambda$ ist hier die mittlere Versagensrate und hat den Zusammenhang mit dem mean time between failure:

$$\lambda = \frac{1}{\text{MTBF}}. \tag{85}$$

Aus Erfahrungswerten lässt sich ableiten, dass die Versagensrate $\lambda$ während der Gebrauchsphase eines technischen Systems annähernd konstant ist. Zu Beginn des Einsatzes und in einer frühen Betriebsphase ist die Ausfallswahrscheinlichkeit höher. Das liegt an Frühausfällen durch schlechte Bauelemente, Lötfehler etc.

Auch in der späten Einsatzphase kommt es zu einem signifikanten Anstieg von Ausfällen, insbesondere durch Alterung und Verschleiß. Die zeitliche Änderung der Versagensrate lässt sich an Hand von empirisch gewonnenen so genannten „Badewannenkurven" ersehen.

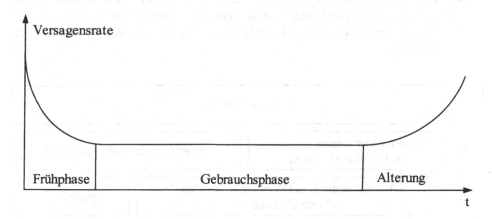

**Abb. 169:** Versagensrate in Abhängigkeit von der Zeit („Badewannenkurve")

### 4.5.4 Sicherheitstechnik

Die Sicherheitstechnik umfasst folgende Aktivitätsbereiche:

- *Sicherheitsanalysen* (Gefahrenanalyse, Auswirkungen von Störfällen, Grad der Einhaltung von Sicherheitsvorschriften etc.)
- *Sicherheitsmaßnahmen* (Ausfall- und Fehlerausschluss, Verhinderung der gefährlichen Auswirkung von Ausfällen und Fehlern)
- *Sicherheitsnachweise* (Verifikation und Dokumentation, dass die vorgegebenen sicherheitstechnischen Anforderungen eingehalten werden)

Prozessautomatisierungssysteme, bei denen Gefahren für Mensch und Umwelt nicht auszuschließen sind, müssen eine Betriebsgenehmigung durch eine Zulassungsbehörde erlangen. Die Betriebsgenehmigung umfasst immer die gesamte Anlage mit allen Einrichtungen. Zu unterscheiden sind Automatisierungseinrichtungen für den Normalbetrieb und Automatisierungseinrichtungen, die der Sicherheit dienen (vgl. z. B. Litz 1998). Das Gesamtsystem einer prozessleittechnischen Anlage lässt sich nach Lauber und Göhner (1999a) als Schalen- oder Schichtmodell darstellen. Der eigentliche technische Prozess läuft in einer Umgebung ab, die Komponenten für den automatisierten Normalbetrieb und für die Handbetrieb enthalten. Darüber hinaus sind automatisierungstechnische Schutzeinrichtungen (z. B. Notabschaltung bei Übertemperatur, Überlaufsicherungen etc.) und sonstige Schutzeinrichtungen (Brandmauern, Auffangbehälter, Explosionskapselung etc.) implementiert. Wir beziehen uns bei der folgenden Betrachtungsweise auf die Abb. 170.

Die *untere*, für den Normal- und Handbetrieb zuständige Schicht A sollte von der *oberen*, sicherheitsbezogenen Schicht B nach Möglichkeit funktional entkoppelt sein. Hauptgründe dafür sind:

- Die Anlage wird weniger komplex, da Funktionen für den Normalbetrieb und sicherheitsrelevante Funktionen auf getrennten Ebenen ablaufen.
- Die sicherheitsbezogene Schicht B ist als entkoppeltes System leichter überprüfbar.

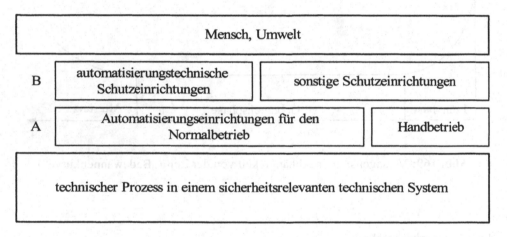

**Abb. 170:** Sicherheitstechnisches Schichtmodell einer Anlage

*Sicherheitsanalysen*
Eine Sicherheitsanalyse muss immer das Gesamtsystem Anlage-Mensch-Umwelt betrachten und besteht in der Regel aus folgenden Stufen (Lauber 1999):

- Beschreibung der technischen Anlage
- Beschreibung der technischen Prozesse
- Beschreibung der Automatisierungseinrichtungen
- Beschreibung der Anlagenumgebung und der Einflüsse auf den technischen Prozess
- Gefahrenanalyse
- Betrachtung von Störfall-Auswirkungen

Bei der Gefahrenanalyse wird sowohl der bestimmungsgemäße wie auch der nicht-bestimmungsgemäße Betrieb eines Prozessautomatisierungssystems untersucht. Häufig angewendete Verfahren sind die Fehlermöglichkeits- und Einflussanalyse (FMEA) und die Fehlerbaumanalyse (FTA, Fault Tree Analysis), siehe Abschn. 6.4.4.

Das PAAG-Verfahren, welches sein Akronym durch die Aktivitäten

- Prognose eines Ereignisses, das auftreten könnte,
- Auffinden der Ursachen
- Abschätzen der Auswirkungen
- Gegenmaßnahmen treffen

erhalten hat, verwendet eine linguistische *Leitwort-Methode* zur Spezifikation von Fehlzuständen. Dazu werden sieben *Leitworte* zur Beschreibung der Prozessgrößen verwendet, die eine mögliche Ausfallsursache darstellen können (Internationale Vereinigung für soziale Sicherheit 1990). Diese Leitworte sind

1. NEIN bzw. KEIN
2. MEHR
3. WENIGER
4. SOWOHL ALS AUCH
5. TEILWEISE
6. ANDERS ALS
7. UMKEHRUNG

Die Zustandsbeschreibung eines gefährlichen Anlagezustands könnte etwa lauten: „KEINE Kühlfunktion aktiv, MEHR Temperatur und mehr DRUCK als maximal spezifiziert, WENIGER Konvektion, TEILWEISE geöffnetes Sicherheitsventil".

*Sichere Zustände*

Technische Prozesse können hinsichtlich ihres sicherheitsrelevanten Verhaltens in zwei Kategorien eingeteilt werden:

- Prozesse *mit* sicherem Zustand
- Prozesse *ohne* sicheren Zustand

Ein sicherer Zustand zeichnet sich dadurch aus, dass trotz Ausfällen im Prozess oder im Leitsystem keine Gefahr für Mensch und Umwelt mehr auftreten kann (Beispiel: bei Ausfall der Heizung in einem Reaktionsbehälter kommt die chemische Reaktion ohne Auftreten von gefährlichen Nebeneffekten zum Stillstand).

Bei Prozessen mit sicherem Zustand kann das Leitsystem so ausgelegt werden, dass der Prozess in seinen sicheren Zustand übergeführt wird, sollten Systemkomponenten versagen.

Ein Beispiel für einen technischen Prozess ohne sicheren Zustand ist die Flugphase eines Luftfahrzeugs zwischen Start und Landung. Hier kann der sichere Betrieb nur durch eine sehr hohe Zuverlässigkeit gewährleistet werden.

*Sicherheitsmaßnahmen*

Lauber und Göhner (1999a) führen zwei Grundsatzstrategien an, nach denen Sicherheitsanforderungen erfüllt werden können:

- *„Perfektions-Strategie"*: Ausschluss von Ausfällen und Fehlern und Fehleroffenbarung *vor Inbetriebnahme* einer Anlage. Dazu sind Maßnahmen erforderlich, die ein in sich fehlerfreies Automatisierungssystem gewährleisten: Fehlerausschluss in der Entwicklungsphase (z. B. durch FMEA, siehe Abschn. 6.4.4) und Verfahren, die verborgene Fehler vor Inbetriebnahme entdecken helfen. Diese Strategie wird auch als „optimistische Strategie" bezeichnet, da man davon ausgeht, dass während des Betriebs keine Fehler mehr auftreten.
- *„Nicht-Perfektions-Strategie"*: Unter der Annahme, dass die Anlage zum Zeitpunkt der Inbetriebnahme noch verborgene „Schwächen" enthält, müssen Vorkehrungen getroffen werden, die gefährliche Auswirkungen von Ausfällen und Fehlern ausschließen.

Zur „Nicht-Perfektions-Strategie" seien hier nach Lauber (1999) zwei Verfahren gegenübergestellt:

- *„Fail-Safe"*-Technik: Die Systeme werden so ausgelegt, dass der Prozess bei jedem möglichen Ausfall in den *sicheren Zustand* übergeführt wird (so vorhanden). Beispiele dafür sind das *Ruhestromverfahren* (Signalsysteme werden so ausgelegt, dass der sichere Zustand durch Stromlosigkeit erreicht wird), die Verwendung von *Wechselspannungssignalen* zur Repräsentation von logischen Zuständen (z. B. 1200 Hz für „logisch 0", 2400 Hz für „logisch 1") und die Verwendung von *Fail-Safe-Logik-Bausteinen*, die ihre Betriebsspannung aus der Gleichrichtung der logischen (Wechselspannungs-)Signale beziehen. Damit wird ein möglicher Fehlereinfluss durch Wegfall der Betriebsspannung vermieden.
- Die Anwendung von *Redundanz:* Vom Prinzip her werden Systeme hier mehrfach ausgelegt, so dass im Fehlerfall auf ein funktionierendes System umgeschaltet werden kann.

Bei redundanten Systemen stellt sich immer auch die Frage der Feststellung eines Defekts: Wird beispielsweise ein Messsystem doppelt ausgelegt, so kann zwar bei Verschiedenheit der beiden Messwerte die *Tatsache* eines Fehlers erkannt werden, nicht jedoch darauf rückgeschlossen werden, *welches* System defekt ist. Erweiterte Möglichkeiten entstehen bei Schaffung von Redundanzfaktoren von größer als 2. Werden beispielsweise drei Computer parallel mit der gleichen Rechenaufgabe belegt, so kann die Störung *eines* Computers eindeutig lokalisiert werden. Da stets drei Ergebnisse vorliegen, kann das „richtige" Ergebnis auf Basis eines „Mehrheitsentscheids" getroffen werden. Dazu ist eine Entscheidungslogik („Voter") erforderlich, die diesen „Mehrheitsentscheid" unter Einsatz von Fail-Safe-Logik trifft. Das System versagt allerdings beim gleichzeitigen Auftreten von Störungen bei *zwei* Computern. Kann dieser Fall in Hinblick auf seine Auftrittswahrscheinlichkeit nicht vernachlässigt werden, so muss die Anzahl der Computer erhöht werden.

*Software-Fehler*

In sicherheitsrelevanten Automatisierungssystemen stellen Software-Fehler ein besonders kritisches Problem dar. Durch die strukturelle und algorithmische Komplexität moderner Software besteht einerseits ein erhöhtes Risiko, Fehler bei der Entwicklung zu übersehen, andererseits offenbaren sich bestehende Fehler unter Umständen nur in ganz bestimmten Anwendungssituationen, die nicht alle durch Tests erfasst werden können. Darüber hinaus ist zu beachten, dass *Tests* nie die *Fehlerfreiheit* eines Systems beweisen, sondern nur vorhandene Fehler belegen können. Zum Nachweis der Fehlerfreiheit müssten alle erdenklichen Anwendungssituationen betrachtet werden, was in der Praxis unmöglich ist.

Zur Vermeidung von Software-Fehlern stehen prinzipiell drei Arten von Maßnahmen zur Verfügung:

- *Vermeidung von Fehlern im Entwicklungsprozess* durch entsprechendes methodisches Vorgehen
- Einsatz von Verfahren zur Aufdeckung von Fehlern vor der Software-Inbetriebnahme (*Perfektions-Strategie*)
- Vermeidung von gefährlichen Auswirkungen beim Auftreten von Fehlern im Betrieb (*Nicht-Perfektions-Strategie*)

Ein sicherheitsbezogenes Vorgehensmodell für die Softwareentwicklung wird beispielsweise in der IEC 61508 beschrieben. Es geht von der Spezifikation von Software-Sicherheitsanforderungen aus und legt Abläufe für die Planung, den Entwurf und die Integration der Software in die Hardware fest.

Eine Maßnahme zum Fehlerauswirkungsausschluss besteht in der Anwendung von „diversitärer Software" (z. B. Krebs 1988). Das Prinzip geht vom Spezialfall eines redundanten Systems aus: Ein funktional gekapseltes Software-Modul (Programm) wird auf mehrfache Art entwickelt, wobei am Schluss *n* Varianten des Moduls mit gleicher Funktionalität entstehen. Die Module laufen dann gleichzeitig auf unterschiedlicher Hardware als redundantes System ab. Wichtig ist, dass die Varianten des Software-Moduls „diversitär" erstellt werden. Das bedeutet, dass die Entwicklung auf der Basis unterschiedlicher Software-Paradigmen erfolgt (unterschiedliche Programmiersprachen, unterschiedliche Betriebssysteme etc.) und/oder von verschiedenen unabhängigen Entwicklerteams durchgeführt wird. Man geht davon aus, dass „zufällige" Entwicklungsfehler nur in jeweils einer einzelnen Variante auftreten und somit während der Laufzeit durch die bestehende Redundanz abgefangen werden können. Nachteile der Diversität sind die hohen Kosten für Entwicklung und Wartung und die Tatsache, dass Pflichtenheftfehler damit nicht abgefangen werden können, da ja alle Entwicklerteams nach denselben Spezifikationen vorgehen müssen.

*Sicherheitsnachweise*

Das Ziel eines Sicherheitsnachweises ist der dokumentengestützte Nachweis, dass das Risiko beim Betrieb eines Automatisierungssystems für Mensch und Umwelt unterhalb eines spezifizierten Grenzrisikos bleibt. Für den Einsatz von Computern in Leitsystemen bedeutet das einen getrennten Sicherheitsnachweis für Hardware und Software. Beim Nachweis wird in der Regel nach folgender Hierarchie vorgegangen:

- Versuch des Fehlerausschlusses
- Ausschluss gefährlicher Fehlerfolgen
- Begrenzung der Wahrscheinlichkeit gefährlicher Folgen

Bei Serienprodukten (SPS, Industrie-PCs etc.) erfolgt der Sicherheitsnachweis häufig im Rahmen der Baumusterprüfung. Für weiterführende Details sei verwiesen auf DIN 31004, Lauber (1981) und Lauber und Göhner (1999a).

# 5 Kognitive Informationsverarbeitung in der Automation

Eine der grundlegenden Aufgaben der Automatisierungstechnik ist die Nachbildung von menschlicher Arbeits- und Denkkraft durch Maschinen. Im Zusammenhang mit der Informationsverarbeitung tritt hier die Frage auf, wie menschliche Wahrnehmungs-, Denk- und Entscheidungsprozesse auf maschinelle Systeme abgebildet werden können.

## 5.1 Kognitive Information

Der Autor hat in seinem Werk „Information und Zusammenhang" (Favre-Bulle 2001) das Wesen von Information untersucht und die Gemeinsamkeiten und Verschiedenheiten der Informationsverarbeitung durch das menschliche Gehirn und der technischen Informationsverarbeitung herausgearbeitet. Aus dieser Gegenüberstellung entsteht der Begriff der *kognitiven Informationsprozesse*.

### 5.1.1 Definitionen

Das kognitive Informationsmodell grenzt sich gegenüber dem Shannon'schen Informationsmodell durch folgende Merkmale ab:

- Das kognitive Informationsmodell berücksichtigt den syntaktischen, semantischen und pragmatischen Aspekt von Information (vgl. Seite 150).
- Kognitive Information entsteht durch *Interpretation* von Daten innerhalb eines bestimmten Kontextes.
- Im kognitiven Informationsmodell spielen Adaption, Lernen und Wissen eine wichtige Rolle.
- Kognitive Information ist an eine spezielle Architektur (Software, Hardware, Bioware) gebunden. Diese Architektur sei hier als *kognitiver Informationsprozessor* bezeichnet. Im Falle des Menschen besteht der kognitive Informationsprozessor aus Gehirn und Zentralnervensystem sowie aus der funktionalen Architektur dieser biologischen Systeme. Bei technischen Systemen sind Hard- und Softwarestrukturen die Träger dieses Prozessors.

Wir können den Begriff Kognition mit Vorgängen der Wahrnehmung, der Interpretation, des Denkens, des Lernens und des Erinnerns in Verbindung bringen. Zunächst scheint es plausibel, alle höheren geistigen Fähigkeiten des Menschen, von der bewussten Wahrnehmung bis hin zu Denk- und Entscheidungsprozessen, unter dem Begriff Kognition zusammenzufassen. Viele der betroffenen Fähigkeiten werden mit dem Begriff Intelligenz verknüpft. Das Leistungsspektrum des Zentralnervensystems jedoch ist vielschichtig, denn das gesamte Dasein von Mensch und Tier ist durch Prozesse gesteuert, die mit Informationsverarbeitung zu tun haben. Motorische Vorgänge beispielsweise, seien sie nun unbewusst oder bewusst, erfordern eine rasche Verarbeitung großer Informationsmengen. Sinnesorgane transportieren und verändern Informationen, lange bevor sie dem Intellekt zugänglich werden. Es ist uns weiters bekannt, dass Emotion und Motivation unsere intellektuellen Schlussfolgerungen und Entscheidungen beeinflussen können. Neben den geistigen Vorgängen, die uns über das Bewusstsein zugänglich sind, gibt es eine Reihe von Prozessen des Unterbewusstseins, die unser Handeln auf indirektem Weg beeinflussen. All diese Abläufe haben mit der Aufnahme, Verarbeitung, Weitergabe und Erzeugung von Information zu tun und sind mit dem Intellekt über zahllose Nahtstellen vernetzt. Damit gelangen wir zu folgender Definition für Kognition:

> *Kognition ist jede Art informationsrelevanter Vorgänge im Nervensystem von Lebewesen, eingeschlossen ihrer wechselseitigen Interaktion mit der Umwelt und anderen Lebewesen oder entsprechende Vorgänge in künstlichen Systemen mit allen Interaktionen im obigen Sinne.*

Durch diese Definition wird eine Verbindung von Kognition zu Information und Informationsverarbeitung hergestellt.

Bei kognitiven Systemen spielt die Lernfähigkeit eine wichtige Rolle. Lernen ist eine Form der Anpassung, es handelt sich also um *adaptive* Systeme. Zur verfeinerten Differenzierung von Adaptivität können wir Parameter- und Strukturadaptivität unterscheiden. Strukturelle Anpassungsfähigkeit setzt ein höheres Maß an Flexibilität und Leistungsfähigkeit voraus als Parameteranpassung. Tritt der Anpassungseffekt nach Wegfall der Ursache wieder zurück, liegt *elastische* Adaptivität vor. Im Gegensatz dazu dauert der Anpassungseffekt bei *plastischer* Adaptivität auch noch nach Abklingen der Ursache an.

An Hand der Abb. 171 können die wichtigsten Vorgänge bei der kognitiven Informationsverarbeitung und die daran beteiligten Komponenten verdeutlicht werden. Der kognitive Informationsprozessor (hier ein virtuelles Konstrukt, kann exemplarisch als biologisches System „Mensch" oder als intelligente Steuerungs- und Regelungskomponente in der Automatisierungstechnik angesehen werden) besteht aus folgenden Funktionseinheiten:

- *Inferenzsystem* (Informationsverarbeitungssystem, das primäre und kontextuelle Informationsflüsse verknüpfen kann, um zu Erkenntnissen, Schlussfolgerungen und Entscheidungen zu gelangen)
- *Sensorsystem* oder ein analoges Element zur Aufnahme von externer Information
- *Aktorsystem* oder ein analoges Element zur Weitergabe von Information und zur Auslösung von Aktionen
- eine *Wissensbasis*, die durch Inferenz- und Lernvorgänge erweitert wird

Der kognitive Informationsprozessor führt folgende Hauptaufgaben durch:

- Aufnahme von primären und kontextuellen Informationsflüssen über Sensoren
- Aufnahme von Aktorinformationen über externe Rückkopplungen
- Zusammenführen von Sensorinformationen und Hintergrundwissen

- Interpretation der primären Information im jeweiligen Kontext, d. h. Generieren einer Erkenntnis, Ziehen einer Schlussfolgerung
- Auslösen einer Handlung über Aktoren
- Einfügen von neuen Erkenntnissen und Schlussfolgerungen in die Wissensbasis (Erweiterung des Hintergrundwissens)

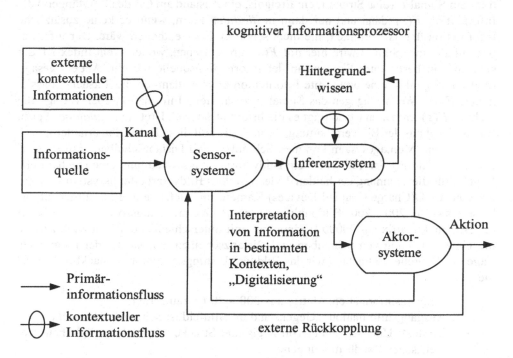

**Abb. 171:** Kognitiver Informationsprozessor und Informationsflüsse

### 5.1.2 „Analoge Information" und „Digitale Information"

Auf dem Fachgebiet der elektrotechnischen Signalverarbeitung unterscheiden wir analoge und digitale Signale. Während analoge Signale durch eine kontinuierlich verlaufende physikalische Größe (Strom, Spannung etc.) gekennzeichnet sind, weisen digitale Signale eine zeit- und amplitudendiskrete Struktur auf.

In Analogie zu dieser Klassifizierung kann man auch in der Informationstheorie analoge und digitale Informationstypen unterscheiden. Diese Unterscheidung geschieht unter Berücksichtigung der *Semantik*, geht also auf den Bedeutungsinhalt einer Information ein.

*Inferenz als „Digitalisierung" von Information*
Fred I. Dretske (1981) setzte sich mit den Phänomenen Information und Wissen auseinander. Er entwickelte eine Theorie der Information, die es ermöglichen soll, den Informationsinhalt eines Ereignisses oder Signals *per se* zu spezifizieren. Das ge-

schieht durch Beschreibung von Zuständen an der Informationsquelle, die in gesetz-
mäßigem Zusammenhang mit den Eigenschaften des Signals stehen.

Dretske führt dazu die Unterscheidung zwischen *analoger* und *digitaler* Information ein (es ist wichtig, hier die beiden Begriffe nicht mit den gleichnamigen technischen Ausdrücken der Signalverarbeitungstechnik zu verwechseln). Nach Dretske
trägt ein Signal $e$ (eine Struktur, ein Ereignis, ein Zustand am Ort des Empfängers) die
Information $F(s)$ dann und nur dann in *digitaler* Form, wenn es keine zusätzliche
Information über $s$ vermittelt, die nicht schon in $F(s)$ enthalten wäre. Der informative Inhalt eines Signals wird hier mit $F(s)$ umschrieben, wobei $s$ ein Index ist, der
sich auf ein bestimmtes Element an der Informationsquelle bezieht. Anders gesagt,
trägt das Signal $e$ eine bestimmte Information über $s$, nämlich die Tatsache, dass $s$
gleich $F$ ist. Wenn hingegen das Signal $e$ zusätzliche Information über $s$ trägt, die
nicht in $F(s)$ enthalten ist, so trägt es die Information nach Dretske in *analoger* Form.
Ein Beispiel aus der Bildverarbeitungstechnologie soll diese Definition erläutern:

In einem Montagesystem kommen Schrauben und Distanzscheiben zum Einsatz.
Bei der Zuführung der Teile sorgt ein Bildverarbeitungssystem und eine mechanische
Weiche für die Trennung der beiden Teilearten. Das Bildverarbeitungssystem verwendet eine CCD(Charge-Coupled-Devices)-Kamera und liefert ein Bild, aufgebaut aus
beispielsweise $200 \times 200$ Bildpunkten. Eine Bildverarbeitungssoftware verarbeitet
die Bildpunktmatrix aus 40000 Bildpunkten mit unterschiedlichem Grauwert. Ziel ist
die Unterscheidung von Schrauben und Distanzscheiben, ungeachtet der räumlichen
Lage der Bauteile. Betrachten wir das Bildverarbeitungssystem als „Blackbox", so ist
die

- Eingangsinformation: Matrix aus $200 \times 200$ Grauwerten
- Ausgangsinformation: „Gegenstand im Bildfeld ist Schraube oder nicht"
- Kontext: Unterscheidung von Kreis und Strecke unter allen möglichen geo-
  metrischen Randbedingungen

Die Terminologie Dretskes, übersetzt auf das konkrete Beispiel, lautet nun

- $e$ : das Signal am Ausgang der Blackbox
- $s$ : das Bildsignal (Pixel mit 200 x 200 Grauwerten)
- $F(s)$ : Die Tatsache, dass eine bestimmte Pixelmatrix eine Schraube zeigt

Das Bildverarbeitungssystem steuert hier eine einfache mechanische Weiche an, hat
also nur die Ausgangszustände $\{0, 1\}$. Dieses binäre Ausgangssignal vermittelt nun
(im gegebenen Kontext der Aufgabe) die Information in *digitaler* Form, da es keine
weiteren Informationen enthält als die Tatsache, dass es sich um eine Schraube handelt
($F(s)$). Dem gegenüber liegt die Information in der Pixelmatrix (im gegebenen Kontext der Aufgabe) in *analoger* Form vor, da sie außer $F(s)$, also die Teileart
„Schraube", noch weitere Informationen enthält, wie die Größe und Dicke der
Schraube, die Gewindesteigung und die Lage der Schraube am Transportband. Analog
oder digital ist eine bestimmte Information immer in Bezug auf einen bestimmten *Infe-
renzkontext:* Wir könnten beispielsweise Schraube und Distanzscheibe über die geometrischen Parameter in Bezug auf die Bildkoordinaten angeben (Geradengleichung,

Kreisgleichung). Im Kontext der ursprünglichen Aufgabenstellung (Trennung von Schrauben und Distanzscheiben) liegt dann Information in *analoger* Form vor.

### 5.1.3 Datenverarbeitung und Informationsverarbeitung

Die industrielle Automationstechnik setzt sich die Automatisierung von Material-, Energie- und Informationsströmen zum Ziel. Für anspruchsvolle Aufgaben (z. B. Steuerung und Regelung in komplexen Systemen bei automatischer Entscheidungsfindung im Störfall, automatische Rekonfiguration von Systemressourcen) reicht die Leistungsfähigkeit herkömmlicher Verfahren der Datenverarbeitung nicht mehr aus, es müssen alternative Technologien zum Einsatz kommen. Beispiele dafür sind verschiedene Verfahren des *Soft-Computings* (Abschn. 5.2) und *Agententechnologien* (Abschn. 5.4). Bevor wir die Verfahren im Überblick diskutieren, soll nochmals der Unterschied zwischen Daten- und kognitiver Informationsverarbeitung herausgearbeitet werden.

Das Shannon'sche Informationsmodell definiert Information als „Aufhebung von Unsicherheit" und quantifiziert sie durch probabilistische Eigenschaften von Symbolströmen (Abschn. 3.1.4). Das „Symbol" an sich trägt keinen Bedeutungsinhalt. Der Buchstabe „A" ist lediglich der Platzhalter für ein Symbol und wird nicht z. B. mit der Bedeutung des englischen unbestimmten Artikels „a" in Zusammenhang gebracht. Das Shannon'sche Modell ist ein *syntaktisches* Informationsmodell.

Dem gegenüber geht das Modell der *kognitiven Information* vom Bedeutungsinhalt der Symbolströme aus. Der kognitive Informationsprozessor empfängt Signale (z. B. Symbolströme) und verarbeitet diese unter Hinzuziehung von kontextueller Information aus externen Quellen und der eigenen Wissensbasis (Abb. 171). Das Ergebnis der Verarbeitung ist *neues Wissen* und kann zur Auslösung von Handlungen durch Aktoren führen. Das *kognitive Informationsmodell* ist also ein *semantisch/pragmatisches* Modell.

In diesen Definitionen tauchen die Begriffe „Signal", „Daten", „Information", „Wissen" etc. auf. Um eine klarere Abgrenzung der verschiedenen Formen von Information zu gewinnen, sollen hier zwei Eigenschaften gegenübergestellt werden (vgl. auch Abb. 172):

*   Grad der Bindung an einen kognitiven Prozessor
*   Grad der inneren Strukturiertheit

Während der Informationstypus „Signal" völlig ungebunden und in sich strukturlos ist (man denke an das Signal eines Temperatursensors in einem Heizkessel, das in analoger Form über elektrische Leitungen transportierbar ist und nur den Verlauf der physikalischen Messgröße wiedergibt), ist der Typus „Wissen" hoch strukturiert und an einen kognitiven Prozessor gebunden. Wir sprechen nämlich nur dann von „Wissen", wenn aus ihm durch einen kognitiven Prozess unmittelbar Informationsflüsse abgeleitet werden können. In diesem Sinne enthält ein „Buch" kein „Wissen", sondern lediglich „Daten". Diese Differenzierung kann am Beispiel des menschlichen Gehirns einfach veranschaulicht werden: Das deklarative und prozedurale Wissen eines Menschen ist an sein Gehirn gebunden und kann nicht einfach durch „Übertragung" an einen anderen Menschen weitergegeben werden (z. B. die Kenntnis des Umfelds, die Fähigkeit, Fahrrad zu fahren). Wissen wird durch Inferenz- und Interpretationsprozesse erworben. In technischen Systemen ist es denkbar, „Wissensmodule" mit Architekturen zu versehen, die ein „download" in ein anderes System ermöglichen. So könnte beispielsweise ein künstliches neuronales Netz für die Lösung einer bestimmten Aufgabe trainiert werden. Das im Training entstandene „Wissen" liegt dann in Form einer Netztopologie und einer Matrix von Synapsenparametern vor. Es ist nun möglich, diese strukturellen Merkmale in Form von Daten (Vernetzungsmatrix, Synapsenmatrix) auf ein anderes System zu übertragen. Über diese „Datenbrücke" lässt sich beispielsweise „Wissen" in technischen kognitiven Systemen auf andere übertragen. Das Prinzip der neuronalen Netze wird näher in Abschn. 5.2.2 erläutert.

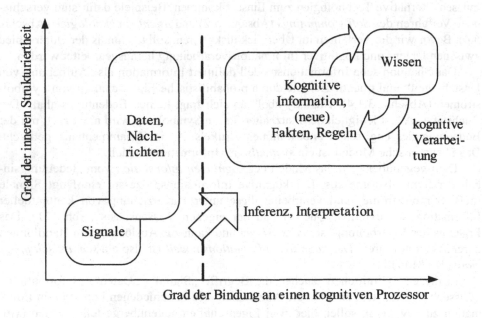

**Abb. 172:** Informationstypen und ihre Eigenschaften

### 5.1.4  Symbolverarbeitung und Konnektionismus

Im vorigen Abschnitt haben wir unterschiedliche Typen von Information gegenübergestellt und die Ausprägung ihrer Eigenschaften diskutiert. Nun sollen zwei grundlegende Paradigmen der Informationsverarbeitung erörtert werden.

Die herkömmliche Informationstechnologie baut auf dem Prinzip der Symbolverarbeitung auf. Die informationsgebundenen Grundeinheiten sind demnach Symbole, die in ihrer „atomaren" Form durch das Bit („binary digit") dargestellt werden. Mehrere Bits können zu Bytes und Byte-Gruppen kombiniert werden, so dass dadurch neue Symbole entstehen. Schließlich erhält auch der lesbare Text (der als eine Reihe von

Symbolen anzusehen ist) in herkömmlichen Computersystemen eine unmittelbare Entsprechung in Form von Byte-Folgen.

Nach den Erkenntnissen der Neurobiologie (z. B. Thompson 1990) besteht hingegen ein grundlegender Unterschied zwischen der Funktion von technischen Datenverarbeitungssystemen und der Art und Weise, wie das menschliche Gehirn arbeitet. Ein unmittelbar ersichtlicher Unterschied ist bereits in der „Architektur" der Systeme zu finden: Wird der herkömmliche Computer aus symbolverarbeitenden Prozessoren mit einer adressbasierten Speicherverwaltung aufgebaut (Einzelprozessoren oder „wenige hundert bis tausend" Parallelprozessoren in Transputersystemen), so besteht das biologische Gehirn aus $10^{11}$ Neuronen (Nervenzellen), das sind Elementarprozessoren, die parallel arbeiten und mit einem Verzweigungsfaktor bis etwa 1000 miteinander vernetzt sind. Diese (im Falle des menschlichen Gehirns beinahe unvorstellbar komplexe) Vernetzung gab der Architektur das Attribut *konnektionistisch*. Tabelle 21 stellt die Eigenschaften von symbolverarbeitenden, konnektionistischen und hybriden Systemen gegenüber.

**Tabelle 21:** Strukturparadigmen der Informationsverarbeitung

| Herkunft | Systeme mit der folgenden Architektur | | |
|---|---|---|---|
| | symbol-verarbeitend | hybrid | konnektionistisch |
| Natur | – | – | biologische Gehirne und Nervensysteme |
| Technik | herkömmliche Computersysteme, Steuerungen der Automatisierungstechnik | einige Konzepte im Forschungsstadium (Kombinationen von neuronalen Netzen und symbolverarbeitenden Komponenten) | künstliche neuronale Netze (als Softwaresimulation oder als Hardware aufgebaut) |

Natürliche konnektionistische Systeme arbeiten nach dem Prinzip der *geometrischen Informationsverarbeitung*. Dabei bestimmen die geometrischen Parameter der einzelnen Prozessoren (Nachbarschaft, Distanz, Verzweigungstopologie) eine wichtige Rolle bei der informationsverarbeitenden Funktion.

Bei künstlichen neuronalen Netzen finden die geometrisch-topologischen Parameter ihre Entsprechung in elektrischen oder numerischen Kennwerten.

Die Funktionsparameter von konnektionistischen Architekturen formieren sich in Lernvorgängen. Durch Konfrontation mit externen Ereignissen ändern sich die Parameter der aktiven Komponenten der neuronalen Netze, es findet „Lernen" statt. Das erlernte Verhalten kann dann in einer „Anwendungsphase" wiedergegeben werden.

Hybridsysteme kombinieren das konnektionistische Prinzip mit dem symbolverarbeitenden Paradigma. Konkret kann man sich darunter die Kopplung von neuronalen Netzen mit konventionellen Prozessoren vorstellen oder eine Architektur, die neuronale Knoten mit zusätzlichen Symbolverarbeitungsfähigkeiten aufweist.

## 5.2  Kognitive Systemarchitekturen und Soft-Computing

Soft-Computing unterscheidet sich vom konventionellen „Hard-Computing" in der Tatsache, dass Ungenauigkeiten, Unbestimmtheiten und Unsicherheiten toleriert, ja sogar bewusst hervorgerufen werden. Im ersten Moment scheint es verwunderlich, dass auf technischen Fachgebieten wie der Automatisierungstechnik „ungenaue" Systeme von Nutzen sein könnten, wo es doch offensichtlich auf die Präzision von Steuerungs- und Regelungsvorgängen ankommt. Dabei sollte nicht außer Acht gelassen werden, dass nur die unterste, operative Ebene der Automatisierungstechnik mit „harten", deterministischen Rechenoperationen auskommt. Auf der taktischen und strategischen Ebene (wo es auch heute noch auf „menschliche" Entscheidungen ankommt) liegen oft Situationen mit unvollständig beschreibbaren Prämissen oder unvollständigen Informationen vor. Vorgänge des Leitens und Steuerns erfordern dann Methoden, die über die Aussagenlogik (Entscheidungen im Rahmen der Elementaraussagen „wahr" und „falsch") hinausgehen. Im Übrigen hat der industrielle Einsatz von Fuzzy-Logik – insbesondere in der Regelungstechnik – bereits in den 1980er und 1990er Jahren bewiesen, dass auch mit „unscharfer" Logik komplexe Vorgänge beherrscht werden können.

Eine frühe Definition von „Soft-Computing" stammt von Lotfi A. Zadeh (1994), dem „Vater" der Fuzzy-Logik:

> *"Soft computing is a collection of methodologies that aim to exploit the tolerance for imprecision and uncertainty to achieve tractability, robustness, and low solution cost. Its principal constituents are fuzzy logic, neurocomputing, and probabilistic reasoning. Soft computing is likely to play an increasingly important role in many application areas, including software engineering. The role model for soft computing is the human mind."*

Die Methoden des Soft-Computings werden in erster Linie beim Umgang mit nichtlinearen komplexen dynamischen Systemen (zur Regelung, Steuerung, Analyse und Synthese) verwendet, wo die Methoden der geschlossenen mathematischen Repräsentation versagen oder zu ineffizient sind (z. B. der Aufwand zur Erstellung eines exakten mathematischen Modells zu hoch ist).

Auch bei nichtlinearen Systemen mit vielen verkoppelten Eingangs- und Ausgangsgrößen kann der Einsatz der Methoden des Soft-Computings erfolgversprechend sein. Als Nachteil beim Einsatz des Soft-Computings kann die Schwierigkeit genannt werden, die durchgängige Erfüllung von Leistungsspezifikationen zu beweisen. So ist z. B. der Stabilitätsbeweis bei einem Regler, basierend auf künstlichen neuronalen

Netzen, praktisch unmöglich. Abbildung 173 zeigt die Klassifikation der drei wichtigsten Methoden des Soft-Computings.

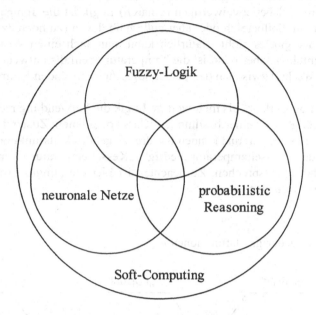

**Abb. 173:** Soft-Computing ist die Vereinigung verschiedener Methoden und Verfahren wie der Fuzzy Logik, den neuronalen Netzen und dem auf Wahrscheinlichkeiten von Ereignissen aufgebauten Probabilistic Reasoning

Charakteristische Problemstellungen, die zum Einsatz einer dieser Methoden führen, sind beispielsweise:

- *Fuzzy-Logik*: Umgang mit unsicheren Informationen, Wissensrepräsentation auf der Basis von *Regeln*, Problemlösung in Situationen, in denen Näherungslösungen erlaubt oder erwünscht sind
- *konnektionistische Systeme* (*neuronale Netze*): Lernen von Beispielen oder von dynamischen Systemen mit Modellverhalten, überwachtes oder unüberwachtes Lernen, Optimierung
- *Probabilistic Reasoning*: Umgang mit unvollständigen oder unsicheren Informationen (basierend auf Wahrscheinlichkeitsaussagen), sog. *Belief Networks*

Häufig werden auch wissensbasierte Systeme in Zusammenhang mit Soft-Computing gebracht, insbesondere, wenn das Wissen in Form von Wahrscheinlichkeitsaussagen oder in Form von Fuzzy-Regeln repräsentiert ist.

Da das Prinzip der „weichen", d. h. „unscharfen" oder „unsicheren" Informationsverarbeitung an die Art und Weise erinnert, wie das menschliche Denken funktioniert, gehört das Soft-Computing zur Klasse der kognitiven Informationsverarbeitungsverfahren.

## 5.2.1  Fuzzy-Logik und regelbasierte Systeme

In der klassischen Aussagenlogik gibt es nur die Wahrheitswerte 0 („falsch") und 1 („wahr"). In einer solchen zweiwertigen (binären) Logik ist die Temperatur in einem Kessel entweder im Sollbereich oder aber außerhalb davon (zu hoch bzw. zu niedrig). Zwischenzustände gibt es nicht. Natürlich kann man auch einen Zustand „kritische Temperatur" einführen, aber dann ist die Temperatur ebenfalls entweder kritisch oder unkritisch, ein Wechsel zwischen den beiden logischen Zuständen ist immer sprungartig.

Unscharfe Logik erlaubt als mehrwertige Logik die Verwendung reeller Zahlen als Maß der Zugehörigkeit zu einer bestimmten Klasse oder einem Zustand. Im vorliegenden Beispiel (Kesseltemperatur) können wir drei Zugehörigkeitsfunktionen definieren, die den Zuständen „Kesseltemperatur niedrig", „Kesseltemperatur normal" und „Kesseltemperatur hoch" entsprechen. Zu beachten ist hier die „linguistische" Formulierung der Zustandsvariablen.

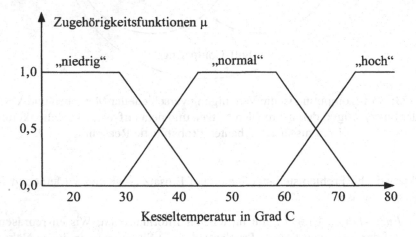

**Abb. 174:** Zugehörigkeitsfunktionen zu den Kesseltemperaturen „niedrig", „normal", „hoch"

Die Temperatur 40 °C im Beispiel der Abb. 174 gehört demnach zu 40 % dem Wert „niedrig" an und zu etwa 50 % dem Wert „normal". Wie daraus deutlich ersichtlich ist, verlaufen die logischen Zugehörigkeiten „unscharf".

Die Fuzzy-Logik entstammt aus einer Erweiterung der klassischen Mengenlehre und Aussagenlogik, in der neben den „scharfen" Wahrheitswerten 0 („falsch") und 1 („wahr") beliebige reelle Zahlen als unscharfe Werte zugelassen sind, so dass eine Darstellung unscharfer Informationen möglich wird. Anwendung findet die Fuzzy-Logik in industriellen Anwendungen vor allem in der Steuer- und Regelungstechnik.

Auch in Kombination mit neuronalen Netzen (Neuro-Fuzzy-Systeme) sind heute schon eine Reihe von industriellen Anwendungen bekannt.

In technischen Anwendungen stützen sich Fuzzy-Logik-basierte Verfahren zunächst auf die Modellierung des Ein- und Ausgangsverhaltens von Systemen. Das Verhalten wird über linguistische Variable und Regeln beschrieben.

In der Regelungstechnik wird das Verhalten des Reglers ebenfalls über eine Sammlung von sprachlichen Regeln gebildet. Diese Regeln folgen typischerweise grammatikalischen „Wenn-Dann"-Strukturen. So könnte beispielsweise eine kombinierte Druck/Temperaturregelung eines Kessels über folgende Regeln beschrieben werden:

- Wenn Temperatur „niedrig" ist und der Druck „niedrig" ist, dann schließe Ventil $V_1$ und schalte die Kesselheizung ein.
- Wenn Temperatur „niedrig" ist und der Druck „hoch" ist, dann öffne Ventil $V_1$ und belasse die Kesselheizung im aktuellen Zustand.
- Wenn Temperatur „hoch" ist und der Druck „hoch" ist, dann aktiviere den „Not-Stopp".

Durch so genannte „Defuzzyfication" wird aus den unscharfen Werten der Schlussfolgerungen im Fuzzy-Raum eine „scharfe" Ergebnisgröße abgeleitet, die zur Ansteuerung des Stellglieds erforderlich ist. Für die Defuzzyfication steht eine Reihe von Verfahren zur Verfügung, z. B. die Bildung des geometrischen Schwerpunks aus den Kurven der verknüpften Zugehörigkeitsfunktionen. Zusammengefasst besteht die Funktionssequenz eines Fuzzy-Reglers aus drei Schritten:

- *Unscharfe Eingabe (Fuzzyfication):* Die Zugehörigkeitsfunktionen werden auf die Eingaben angewendet und die entsprechenden Zugehörigkeiten aus dem Intervall [0, 1] ermittelt.
- *Anwendung logischer Operatoren auf die Zugehörigkeiten:* Entsprechend der aufgestellten linguistischen Regeln ergibt sich eine Zugehörigkeit des Ergebnisses.
- *Defuzzyfication:* Aus der Zugehörigkeitsfunktion des Ergebnisses wird eine „scharfe" Ausgangsgröße ermittelt und als Stellgröße für einen Aktor verwendet.

Zur weiterführenden Lektüre sei auf Zadeh (1992) verwiesen.

## 5.2.2 Konnektionistische Systeme

Computer können in der Regel rein algorithmische Probleme schneller lösen als der Mensch. Bei Leistungen, die mit Erkennen, Interpretation und Kreativität zu tun haben, schlägt das menschliche Gehirn jedoch jeden heute bekannten Computer konventioneller Bauart. Es liefert auch dann noch nützliche Ergebnisse, wenn die Eingaben ungenau oder unvollständig sind. Ein Beispiel ist das rasche Erkennen eines Störfalls bei einer Montageanlage durch das Bedienpersonal. Die Störung wird visuell erkannt (durch das perspektivische, möglicherweise unvollständige Bild des außerhalb der Anlage stehenden Betrachters) und ein manuelles Eingreifen kann das Problem schnell lösen.

Biologische konnektionistische Systeme sind auch robust gegenüber internen Störungen: Selbst wenn Teile des Gehirns durch Unfall oder Krankheit zerstört sind, kann der Mensch seine kognitiven Funktionen bis zu einem gewissen Grad noch wahrnehmen. Ein herkömmlicher Computer verliert oft bei kleinen Hardwarestörungen bereits komplett seine Funktionalität.

Gerade auf dem Gebiet der Automatisierung komplexer Industrieprozesse sind die Eigenschaften Robustheit, Lernfähigkeit und autonome Intelligenz von großem Interesse. Die erste technische Umsetzung von künstlichen konnektionistischen Systemen reicht bis in die frühen 1960er Jahre des letzten Jahrhunderts zurück (z. B. Rosenblatt 1962). Obwohl nach anfänglicher Euphorie durch die Implementierung der ersten künstlichen neuronalen Netze eine Phase der Ernüchterung folgte, ist heute das Gebiet der *künstlichen konnektionistischen Systeme* wieder zu einem zukunftweisenden Forschungsfeld – auch für die Automatisierungstechnik – geworden.

*Aufbau von biologischen Neuronen*
Die Gestalt, Größe und Topologie eines Neurons hängt von seiner Position im Gehirn und von der jeweilig zu erfüllenden Funktion ab. Der strukturelle Aufbau und einige wesentliche Grundkomponenten sind jedoch bei allen Neuronen gleich. In Abb. 175 sind die Strukturmerkmale in stark schematisierter Form wiedergegeben.

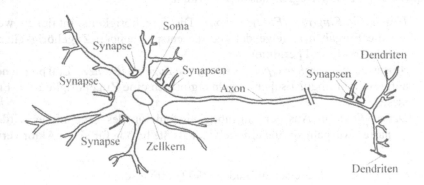

**Abb. 175:** Biologisches Neuron, schematisch

Dendritenbaum, Zellkörper, Axon und Synapsen sind die Hauptstrukturelemente eines Neurons. Nach unserem heutigen Verständnis kommen diesen Elementen die Aufnahme, Verarbeitung und Weiterleitung von elektrochemischen Reizen zu. Die Dendriten bilden als dünne, baumartig verästelte Zellfortsätze jene Strukturen, die zur Verteilung der elektrochemischen Reize dienen. An den Enden ihrer Zweige berühren sie mit so genannten „Endknöpfchen" den Zellkörper anderer Neuronen. Die Verbindungsstellen werden „Synapsen" genannt.

Ein aktives Neuron sendet über sein Axon einen elektrochemischen Impuls aus, der über die Dendriten zu anderen Neuronen geleitet wird. Durch den hohen Verzweigungsfaktor im neuronalen Netz erreichen das Zielneuron die Reize vieler anderer Neuronen. Die Wirkungen der Eingangsreize werden summiert und führen im Zellkörper zum Anwachsen des elektrischen Gesamtpotentials. Überschreitet dieses Potential einen gewissen Schwellwert, so „zündet" das Neuron und sendet seinerseits einen kurzen Impuls aus, der über das Axon mit bis zu 130 Metern pro Sekunde weitergeleitet wird. Das Axon selbst ist ein schlauchartiger Fortsatz, dessen Länge von wenigen Millimetern bis zu einem Meter reicht. Das Ende des Axons verzweigt sich wiederum in mehrere Äste und führt so den ausgelösten Impuls weiteren Neuronen zu. Der Verzweigungsfaktor liegt eingangs- wie ausgangsseitig in der Größenordnung von 1000, das heißt, jedes Neuron kann als Schaltstelle zwischen mehreren hundert bis tausend Neuronen dienen.

*Synapsen*
Die Äste der Axonverzweigungen laufen in Endknöpfchen (Boutons) aus, wo die Kontaktstellen zu den nachgeschalteten Dendriten oder Zellkörpern der Folgeneuronen liegen. Diese chemischen Kontakte heißen Synapsen. In ihnen wird das elektrische Potential durch Ausschüttung von chemischen Substanzen, den Neurotransmitterstoffen, übertragen. Über den (chemischen) Zustand einer Synapse wird die Reizübertragung gesteuert. Ist die Synapse exzitatorisch eingestellt, führt eine vom Axon ankommende Potentialerhöhung ebenfalls zur Erhöhung des betreffenden Dendritenpotentials. Inhibitorische Synapsen blockieren in diesem Fall den Signalfluss durch ein negatives Potential. Wir wissen heute, dass das Gedächtnis von Mensch und Tier durch Speicherung der chemischer Zustände in den Synapsen realisiert wird. Die Neuronen lassen sich hinsichtlich ihrer Gestalt in Pyramiden- und Sternzellen teilen. Pyramidenzellen haben überwiegend exzitatorische Synapsen und weitreichende Axonen. Die Sternzellen (mit hauptsächlich inhibitorischen Synapsen) dienen vermutlich der Stabilisierung des neuronalen Systems im Gehirn.

*Membrane und Membranpotentiale*
Eine Nervenzelle kann Information weiterleiten und auf andere Zellen übertragen, weil ihre Außenmembran in besonderer Weise dafür ausgerüstet ist. Eine wichtige Eigenschaft in diesem Zusammenhang ist die Existenz von Ionenkanälen. Das sind winzige Löcher in der Membran, durch die bestimmte Ionen (geladene Teilchen) in die Zelle hinein oder heraus gelangen können. Typischerweise besteht über die Membran hinweg ein elektrischer Spannungsunterschied von etwa 0,1 V, das *Membranpotential*.

Dieses Membranpotential ist nach heutiger Auffassung der Träger der Informationsverarbeitung in einem Neuron. Der Grundmechanismus, nach dem nun die Informationsverarbeitung in biologischen neuronalen Systemen abläuft, kann folgendermaßen dargestellt werden: Das Membranpotential wird durch so genannte postsynaptische Potentiale (PSP) verändert (hyper- oder depolarisiert). Erreicht die Depolarisation (Änderung der Spannung in positive Richtung) eine gewisse Schwelle, so generiert das Neuron ein Aktionspotential, auch „Impuls" oder „Spike" genannt. Man sagt dann, „es feuert". Dieser Impuls breitet sich, wie schon erörtert, entlang des Axons aus. Verschiedene Äste des Axons transportieren das Aktionspotential zu mehreren nachgeschalteten Neuronen. An den Synapsen wird durch einen Spike des vorgeschalteten (präsynaptischen) Neurons ein postsynaptisches Potential erzeugt. Wenn das Feuern des präsynaptischen Neurons eine Erhöhung des Membranpotentials im postsynaptischen Neuron zur Folge hat, so spricht man von einem exzitatorischen PSP (EPSP) bzw. von einer *exzitatorischen Synapse*. Im Falle einer Hyperpolarisation, die das Membranpotential weiter von der Schwelle entfernt, spricht man von einem inhibitorischen PSP (IPSP) bzw. von einer *inhibitorischen Synapse*. Aktive exzitatorische Synapsen stimulieren also den Zellkern zur Abgabe eines Impulses. Er wird nach der Überschreitung einer gewissen Potentialschwelle ausgelöst. Aktive inhibitorische Synapsen wirken in umgekehrter Weise: Sie dämpfen den Erregungszustand des Neurons und wirken damit dem Feuern entgegen.

## Natürliche und künstliche neuronale Netze

Künstliche neuronale Netze wurden durch ihre natürlichen Vorbilder inspiriert. Dennoch dürfen wir sie nicht als Modelle des biologischen Nervensystems missverstehen. Das Ziel ihrer Entwicklung war die Schaffung von konnektionistischen Strukturen aus mathematisch leicht beschreibbaren und technisch möglichst einfach zu modellierenden Komponenten.

So wurden beispielsweise die synaptischen Kontakte als Verstärkungsparameter interpretiert, die jeweils durch eine reelle Zahl zu beschreiben sind. Dieser vereinfachten Modellvorstellung steht ein extrem kompliziertes elektrochemisches System der „realen" biologischen Synapse gegenüber.

Künstliche neuronale Netze bestehen aus einer großen Anzahl elementarer „Prozessoren", die analog zum biologischen Vorbild ebenfalls als *Neuronen* bezeichnet werden. Information wird verarbeitet, indem die miteinander vernetzten Neuronen gegenseitig Aktivierungen auslösen.

Künstliche neuronale Netze können lernen. Im Trainingsmodus werden synaptische Parameter durch Lernalgorithmen so verändert, dass sich ein gewünschtes Verhalten zwischen Ein- und Ausgängen einstellt. Die Informationsverarbeitung erfolgt in allen Prozessoren parallel. Werden die neuronalen Prozessoren hardwaremäßig diskret aufgebaut, so wirkt sich die Parallelverarbeitung geschwindigkeitserhöhend aus. In digitalen Simulationen künstlicher neuronaler Netze findet eine Abbildung der parallelen Informationsverarbeitung in sequentielle Prozesse statt. Es tritt kein Geschwindigkeitsvorteil durch Parallelverarbeitung auf. In der digitalen Simulation neuronaler Netze stellt die Rechengeschwindigkeit der konventionellen Prozessoren oft den entscheidenden Engpass bei der Realisierung einer Funktion dar.

Auch für künstliche neuronale Netze gilt das Prinzip der verteilten Wissensrepräsentation. Die für eine bestimmte Funktion erforderliche Information liegt nicht in einzelnen Neuronen, sondern im clusterartigen Verbund mehrerer Neuronen vor. Bei Netzen mit hohen Neuronenzahlen wirkt sich oft die Veränderung von Einzelparametern oder eine Störung von einzelnen Neuronen nur untergeordnet auf die Funktionalität des gesamten Netzes aus.

*Das Neuronenmodell im künstlichen neuronalen Netz („KNN")*

Künstliche neuronale Netze bestehen aus einfachen Elementen, deren Funktion sich auf wenige Komponenten wie skalare Multiplikation von Eingangssignalen, Summenbildung, lineare oder nichtlineare Übertragungsfunktionen beschränkt. Bei dynamischen Netzen kommt eine zeitliche Verzögerungskette hinzu.

Wir können künstliche neuronale Netze „trainieren", indem wir Signalmuster an die Eingänge des Netzes anlegen. Je nach Trainingstypus kann das Netz allein aus den angebotenen Mustern lernen oder mit einem externen „Lehrer" kooperieren, der die Antwort des Netzes mit vorgegebenen Musterantworten vergleicht. In beiden Fällen adaptiert das KNN seine Parameter, um das Verhalten das Netzes zu ändern. Das Netz „lernt" (Abb. 176).

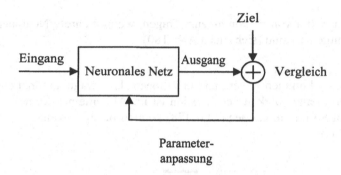

**Abb. 176:** Lernen im künstlichen neuronalen Netz durch Parameteranpassung

Die Funktion eines künstlichen Neurons wird aus seiner Struktur Abb. 177 ersichtlich. Die Signale von $R$ Eingangskanälen $p_1, p_2, ..., p_R$ werden kanalweise mit konstanten Faktoren $w_{1,1}, w_{1,2}, ..., w_{1,R}$ multipliziert und in einer Summierstufe $\Sigma$ addiert. Ein zusätzlicher Eingang $b$ ermöglicht die Einbringung eines Offsetwerts. Dieser Eingang entspricht funktional einem Neuroneneingang mit dem konstanten Wert 1. Das skalare Ausgangssignal $n$ der Summenstufe durchläuft einen Funktionsblock mit einer charakteristischen Übertragungsfunktion, die im Allgemeinen nichtlinear ist. Die skalaren Parameter $w_j$, $b$ sind einstellbar, durch ihre Veränderung erfolgt das Lernen im neuronalen Netz.

Die Signale am Eingang können durch den Spaltenvektor **p** beschrieben werden. Fassen wir die Faktoren $w_{i,j}$ zur Matrix der Gewichtsparameter **W** zusammen (im vorliegenden Beispiel handelt es sich um eine einzeilige Matrix mit den Komponenten $w_{1,j}$), so stellt das skalare Produkt **Wp**, vermehrt um den skalaren Offset $b$, das Nettoeingangssignal $n$ des Funktionsblocks $f$ dar. Damit ergibt sich das Ausgangssignal $a$ des Neurons zu

$$a = f(\mathbf{W}\mathbf{p} + b). \tag{86}$$

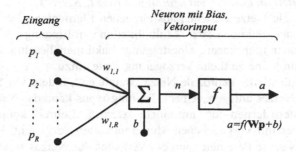

**Abb. 177:** Grundstruktur eines künstlichen Neurons

Der Matrixcharakter von **W** kommt zum Tragen, wenn mehrere Neuronen zu Schichten zusammengefasst sind (siehe auch Abb. 180).

*Übertragungsfunktionen*
Für den Block $f$ kommen lineare und nichtlineare Übertragungsfunktionen in Frage. Selbst die Differenzierbarkeit der Funktion ist im Allgemeinen keine Voraussetzung. Neuronen mit Sprungfunktionen (Abb. 178) können beispielsweise binäre Klassifikationen ausführen.

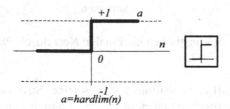

**Abb. 178:** Die Sprungfunktion als neuronale Übertragungsfunktion

Weitere Beispiele für Übertragungsfunktionen sind die lineare Funktion $a = kn$ und die *log-sigmoid*-Funktion $a = 1/(1 + e^{-n})$. Beide sind im gesamten Funktionsbereich differenzierbar. Der Neuronenausgang kann hier kontinuierliche Werte aus dem Bildbereich der Übertragungsfunktion annehmen.

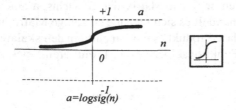

**Abb. 179:** Die log-sigmoid-Funktion

*Neuronenlayer*

Für die Zusammenschaltung von $S$ Einzelneuronen zu Schichten werden die $R$ Eingangssignale des Vektors **p** systematisch allen Neuroneneingängen der Schicht zugeordnet. Es ergibt sich damit ein Detailschaltbild wie in Abb. 180. Die Gewichtsmatrix hat nun $R$ Spalten und $S$ Zeilen, das Produkt **Wp** liefert einen Spaltenvektor mit S Zeilen. Die Ausgangssignale der Schicht können somit zum Spaltenvektor **a** zusammengefasst werden. Damit wird **f** zu einer $S$-dimensionalen Vektorfunktion. Es gilt zu beachten, dass die Anzahl der Eingänge einer Schicht nicht unbedingt identisch mit der Zahl der Neuronen sein muss.

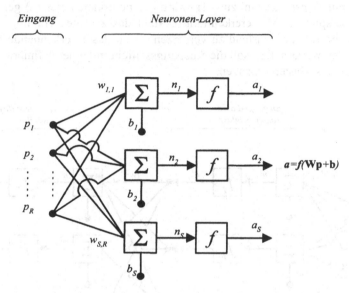

**Abb. 180:** Neuronen, zu einem *Layer* verschaltet

*Mehrlagige Netzwerke*

Zur Erhöhung der Leistungsfähigkeit eines neuronalen Netzes können mehrere Neuronenlagen kaskadiert werden (Abb. 181). Das hat zunächst den Vorteil, dass unterschiedliche Funktionen für die Eingangsschicht und die Zwischen- bzw. Ausgangsschichten implementiert werden können (die Funktionalität wird durch die Übertragungsfunktion und die Netzwerktopologie gesteuert). Durch immer weiter gehende Kaskadierung von Schichten kann in der Praxis allerdings die Leistung des Netzes nicht beliebig gesteigert werden. Es gibt – abhängig vom Anwendungsfall – ein Optimum der Neuronen- und Lagenzahl. Dieses Optimum muss auf experimenteller Basis ermittelt werden.

*Training*
Als Training bezeichnet man den Vorgang, der dem neuronalen Netz ein bestimmtes Verhalten einprägt. Der Prozess kommt dem „Lernen" in biologischen Organismen gleich. Grundsätzlich sind zwei verschiedene Lern- und Trainingsmethoden zu unterscheiden:

- das überwachte Lernen
- das autonome Lernen

*Überwachtes Lernen*
Bei dieser Form des Lernens treten der „Schüler" (das neuronale Netz) und der „Lehrer" (eine Simulationsprogramm zum Training des neuronalen Netzes) gemeinsam in Aktion. Im Beispiel der Mustererkennung besteht das Ziel des Trainings darin, das Netz in einen bestimmten Zustand zu versetzen. Trifft das zu erkennende Muster am Eingang des Netzwerks auf, so soll die Ausgangsschicht mit einer definierten Reaktion die Erkennung des Musters anzeigen.

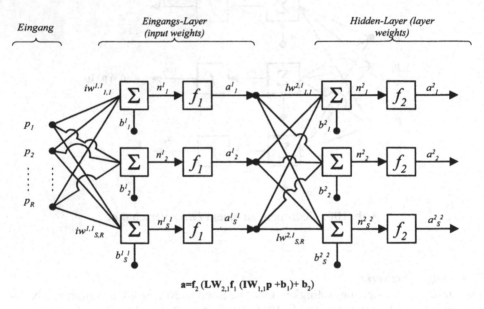

$$a = f_2 (LW_{2,1} f_1 (IW_{1,1} p + b_1) + b_2)$$

**Abb. 181:** Ein mehrlagiges neuronales Netz

Anders formuliert: das Netz bildet die Eingangsmuster $p[k]$ in Kategorien $a[k]$ ab,

$$p[k] \rightarrow a[k], \tag{87}$$

wobei $a[k]$ die Ausgangszustände des Netzes beschreibt. Dieser Vorgang entspricht der Kategorisierung der Eingangsmuster. Soll die eindeutige Zuordnung der Eingangsvektoren in Klassen erfolgen, kann das Netz so konfiguriert und trainiert werden, dass $a[k]$ aus Vektoren mit jeweils einem von Null verschiedenen Element besteht.

Das überwachte Lernen setzt voraus, dass die Zuordnung (87) vom „Lehrer" vorgegeben wird. Im Falle der optischen Zeichenerkennung (OCR, Optical Character Recognition) ist das die Zuordnung der Graustufen der Eingangspixel des zu erkennenden Buchstabens zur Klasse des jeweiligen Buchstabens (a, b, c ...).

Dem Netz werden nun nacheinander die Eingangsvektoren und die Soll-Ausgangsvektoren angeboten. Das Lernen besteht im Wesentlichen darin, die Gewichtsparameter so anzupassen, dass die gewünschte Zuordnung von Ein- zu Ausgang erfolgt. Je nach Netztypus stehen hier verschiedene Algorithmen zur Verfügung.

*Autonomes Lernen*

Im Gegensatz zum überwachten Lernen gibt es hier keinen „Lehrer". Das neuronale Netz wird mit einer Serie von Eingangsvektoren beaufschlagt und bildet selbstständig Gewichtsfaktoren aus. So kann beispielsweise eine häufige Wiederholung desselben Eingangsmusters zu einer „Sensibilisierung" auf dieses Muster führen. In diesem Fall reagiert das Netz mit einem bestimmten Ausgangsmuster. Die Lernalgorithmen für überwachtes und autonomes Lernen sind unterschiedlich.

### 5.2.3 Grundtypen künstlicher neuronaler Netze

Beeinflusst von Neumann (1945) führt Frank Rosenblatt (1957) das Perzeptron als Basis für ein Modell der menschlichen Netzhaut ein. Er setzt sich in Rosenblatt (1962) mit den Eigenschaften und Leistungen dieses Netzwerktyps auseinander.

Es gibt verschiedene Varianten von Perzeptrons. Im einfachsten Fall besteht es aus einem einlagigen neuronalen Netz mit Sprungfunktionen (in Abb. 182 durch ein einziges Neuron repräsentiert). Der Lernalgorithmus bewirkt eine Veränderung der Synapsenstärken. Durch die Adaption der Synapsenparameter wird das Netz trainiert, auf bestimmte Eingangsmuster mit bestimmten Ausgangsmustern zu reagieren. Die Architektur des Perzeptrons erlaubt bereits die Fähigkeit der *Generalisierung*: Selbst wenn es mit bisher unbekannten Eingangsvektoren beaufschlagt wird, kann es durch „Verallgemeinerung" der bisherigen Eingangsmuster ein zutreffendes Ausgangsmuster erzeugen. Die Fähigkeit beruht auf der Klassifizierung der $n$-dimensionalen Eingangsvektoren in Bezug auf „Halbräume", in denen diese Vektoren zu liegen kommen.

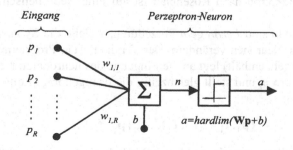

**Abb. 182:** Ein Perzeptron, bestehend aus einem einzelnen Neuron

*Das Neuronenmodell des Perzeptrons*

Das „klassische" Perzeptron-Neuron hat den Einheitssprung als funktionale Komponente. Seine Ausgänge können also nur einen von zwei Zuständen annehmen. Damit wird der Eingangsvektorraum in zwei Klassen eingeteilt, repräsentiert durch die Zustände „high" und „low" des Ausgangs $a$. Betrachten wir zunächst den einfachsten Fall eines einzelnen Neurons mit zwei Eingangssignalen $p_1$ und $p_2$. Damit ergibt sich $\Re_2$ als Eingangsvektorraum, der über den Zustand des Ausgangs $a \in \{0, 1\}$ parametriert ist (Abb. 183).

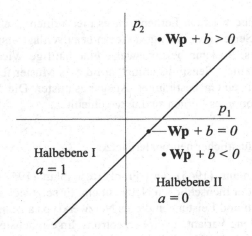

**Abb. 183:** Eingangsvektorraum des Perzeptron-Neurons mit zwei Eingängen

Das Perzeptron-Neuron nimmt die Klassifikation entlang der Entscheidungsgrenze vor ($\mathbf{W}\mathbf{p} + b = 0$ in Abb. 183), $\mathbf{W}$ ist die Gewichtsmatrix. Diese Linie verläuft rechtwinkelig zum Vektor der Gewichtsparameter und wird beim Vorliegen eines Bias $b$ verschoben. Neuronen ohne Bias haben demzufolge eine Entscheidungsgrenze, die immer durch den Ursprung geht.

*Das einlagige Perzeptron und seine Lernregel*

Das klassische Perzeptron nach Rosenblatt ist auf eine Neuronenschicht beschränkt (Abb. 184).

Definitionsgemäß sind *Lernregeln* Prozeduren, welche die Synapsenstärken $w_{i,j}$ und den Bias $b$ der Neuronen verändern. Der „Trainer" (ein Programm, dessen Algorithmus die Lernregeln enthält) legt an die Eingänge des neuronalen Netzes eine Folge von Eingangsmustern $\mathbf{p}_i$ und stellt gleichzeitig die dazugehörige Folge $\mathbf{t}_i$ der Zielvektoren zur Verfügung:

$$\{\mathbf{p}_1, \mathbf{t}_1\}, \{\mathbf{p}_2, \mathbf{t}_2\}, \ldots, \{\mathbf{p}_Q, \mathbf{t}_Q\} . \tag{88}$$

Die Vektoren $\mathbf{t}_i$ repräsentieren das „Sollverhalten" des Netzes als Reaktion auf die Eingangsmuster $\mathbf{p}_i$. Die Eingangsvektoren werden der Reihe nach an den Netzeingang gelegt. Dabei kontrolliert der Trainer den tatsächlichen Netz-Ausgangsvektor mit dem zugehörigen Ziel-Ausgangsvektor. Die Lernregel *verändert* dann die *Synapsenstärken* in jene Richtung, die den *Ist*-Ausgangsvektor möglichst nahe an den Zielvektor heranbringt.

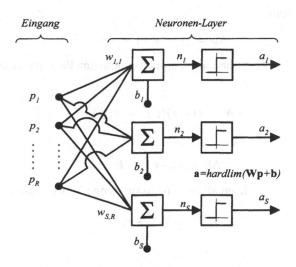

**Abb. 184:** Das einlagige („klassische") Perzeptron

Das Ziel besteht darin, den Fehler $e = t - a$ zu minimieren, wobei $a$ die Antwort des Netzausgangs auf den Eingangsvektor $p$ darstellt. Bei jedem Lernvorgang hat das Perzeptron die Möglichkeit, sein Verhalten in Richtung Minimierung des Fehlers einzustellen. Die Lernregel unterscheidet nun drei Fälle:

1. Ein Eingangsvektor erzeugt den korrekten Ausgangsvektor, also $a = t$ und $e = t - a = 0$. Aktion: Die Synapsenstärken (Gewichtsvektor $w$) werden nicht geändert.

2. Der Neuronenausgang ist 0, sollte aber gemäß Trainingsvektor 1 sein ($a = 0$ und $t = 1$, $e = t - a = 1$). Aktion: Der Eingangsvektor $p$ wird zum Gewichtsvektor $w$ hinzu addiert. Das bewirkt, dass der Gewichtsvektor näher zum Eingangsvektor zeigt, und erhöht die Chance, dass der entsprechende Eingangsvektor in Zukunft als 1 klassifiziert wird.

3. Der Neuronenausgang ist 1, sollte aber gemäß Trainingsvektor 0 sein ($a = 1$ und $t = 0$, $e = t - a = -1$). Aktion: Der Eingangsvektor $p$ wird vom Gewichtsvektor $w$ subtrahiert. Das bewirkt, dass der Gewichtsvektor weiter vom Eingangsvektor wegzeigt, und erhöht die Chance, dass der entsprechende Eingangsvektor in Zukunft als 0 klassifiziert wird.

Für ein einzelnes Neuron ist die Dimension des Ausgangsvektors, des Trainingsvektors und des Fehlervektors jeweils 1. Alle drei Fälle können mit folgendem Ausdruck beschrieben werden:

$$\Delta \mathbf{w} = (t - a)\mathbf{p}^T = e\mathbf{p}^T. \tag{89}$$

Für den Bias gilt analog:

$$\Delta b = (t - a)(1) = e. \tag{90}$$

Die Gewichtsmatrix der gesamten Neuronenschicht im Perzeptron ändert sich dann gemäß

$$\Delta \mathbf{W} = (\mathbf{t} - \mathbf{a})(\mathbf{p})^T = \mathbf{e}(\mathbf{p})^T \tag{91}$$

und

$$\Delta \mathbf{b} = (\mathbf{t} - \mathbf{a}) = \mathbf{E}. \tag{92}$$

Die Perzeptron-Lernregel kann allgemein zusammengefasst werden zu

$$\mathbf{W}^{neu} = \mathbf{W}^{alt} + \mathbf{e}\mathbf{p}^T \tag{93}$$

und

$$\mathbf{b}^{neu} = \mathbf{b}^{alt} + \mathbf{e}. \tag{94}$$

*Beschränkungen in Funktion und Anwendungsbereich des Perzeptrons*
Durch ihre Architektur und Lernregel haben Perzeptrons eine Reihe von Eigenschaften und Beschränkungen:

- Die Ausgänge können – aufgrund der Sprungfunktion-Kennlinie – nur die Werte 0 oder 1 annehmen.
- Perzeptrons können nur Mengen von linear separierbaren Eingangsvektoren klassifizieren (vergleiche Abb. 183). Für den Fall der linearen Separierbarkeit wurde von Rosenblatt u. a. nachgewiesen, dass Perzeptrons beliebige Trainingsdaten in endlicher Zeit erlernen können.
- Perzeptronnetzwerke mit mehr als einem Neuron können kompliziertere Eingangsmuster erkennen, sofern der Eingangsvektorraum durch Geraden, Ebenen oder Hyperebenen in Segmente geteilt werden kann, die jeweils die gewünschten Muster enthalten. Beispiel: Die Eingangsvektoren sollen in vier Klassen geteilt werden. Mit zwei Geraden kann die Separierung in Gruppen erfolgen. Dann löst ein Zwei-Neuronennetzwerk, dessen zwei Entscheidungsgrenzen die Eingangsvektoren in vier Kategorien einteilen, das Klassifikationsproblem.
- Eingangsvektoren, die weit entfernt vom Cluster der übrigen Vektoren liegen, werden als „Ausreißer" bezeichnet. Ausreißer können die Trainingszeiten signifikant erhöhen, da die Gewichtsänderungen der außenliegenden „großen" Vektoren erst nach vielen Zyklen von den „kleinen" Vektoren kompensiert

werden können. Durch eine geringfügige Änderung der Trainingsregel können die Trainingszeiten weitgehend unabhängig von den Ausreißern gemacht
werden:

$$\Delta \mathbf{w} = (t-a) \cdot \frac{\mathbf{p}^T}{\|\mathbf{p}\|} = e \frac{\mathbf{p}^T}{\|\mathbf{p}\|} \tag{95}$$

Das entspricht einer Normalisierung mit dem Betrag des Eingangsvektors.
Das Verfahren arbeitet etwas langsamer für Vektoren mit kleiner Standardabweichung.

Perzeptrons eignen sich gut als Klassifikatoren. Sie können linear separierbare Eingangsvektoren unterscheiden. Die Konvergenz in endlich vielen Schritten ist nachgewiesen, sofern das Perzeptron die Aufgabe überhaupt lösen kann. Perzeptrons sind einlagige Netze, die Neuronen haben als funktionale Komponente die Sprungfunktion.
Das Training bei Anwesenheit von Ausreißern dauert länger. Eine Abhilfe sind normalisierte Lernregeln.

*Lineare Filter*
Im Gegensatz zu den Perzeptrons sind lineare Filter mit linearen Übertragungsfunktionen ausgestattet (Abb. 185). Das erlaubt den Ausgängen, kontinuierliche Werte anzunehmen. Die Beschränkung auf linear separierbare Eingangsdaten besteht auch hier.

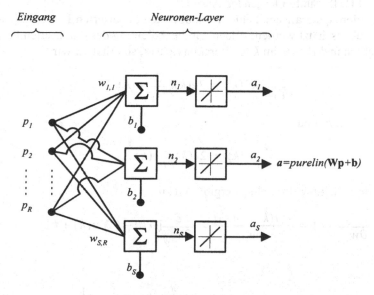

**Abb. 185:** Ein einlagiges lineares Filter

Der Trainingsalgorithmus für das lineare Filter beruht auf der Methode der *kleinsten Fehlerquadrate* (LMS, Least-Mean-Square-Algorithmus). Ebenso wie beim Perzeptron werden Paare aus Eingangs- und Zielvektoren angeboten:

$$(\mathbf{p}_1, \mathbf{t}_1), (\mathbf{p}_2, \mathbf{t}_2), ..., (\mathbf{p}_Q, \mathbf{t}_Q).$$ (96)

Die Eingangsvektoren werden an das Netzwerk angelegt, während der Ausgang mit dem Zielvektor verglichen wird. Der Fehler berechnet sich aus der Differenz zwischen dem Zielvektor und dem Netzwerkausgang. Ziel ist es, die mittlere Summe dieser Fehler (mean square error, *mse*) zu minimieren:

$$mse = \frac{1}{Q}\sum_{k=1}^{Q} e(k)^2 = \frac{1}{Q}\sum_{k=1}^{Q} (t(k) - a(k))^2.$$ (97)

Der LMS-Algorithmus verändert gezielt die Gewichtsparameter und Biaswerte in Richtung Minimierung des Mittelwertes der Summe der Fehlerquadrate (*mse*). Da der Leistungsindex *mse* des linearen Netzes damit eine quadratische Funktion aufweist, hat er entweder ein globales Minimum, ein schwaches Minimum oder überhaupt kein Minimum, abhängig von der Charakteristik der Eingangsvektoren.

Der LMS-Lernalgorithmus des linearen Filters (auch als *Widrow-Hoff-Algorithmus* bezeichnet) basiert auf einem Suchalgorithmus, der den steilsten Abfall im „Fehlergebirge" sucht. Das lineare Netz wird dabei wieder mit Trainingsdaten gespeist. Widrow und Hoff wählten folgenden Ansatz:

Der mittlere quadratische Fehler kann über den quadrierten Fehler in jedem Iterationsschritt abgeschätzt werden. Bilden wir die Ableitung des quadrierten Fehlers nach den Gewichten und Biases im *k*-ten Iterationsschritt, so erhalten wir

$$\frac{\partial}{\partial w_{1,j}}e^2(k) = 2e(k)\frac{\partial}{\partial w_{1,j}}e(k)$$ (98)

für $j = 1, 2, ..., R$ und

$$\frac{\partial}{\partial b}e^2(k) = 2e(k)\frac{\partial}{\partial b}e(k).$$ (99)

Die partielle Ableitung des Fehlers ergibt sich zu

$$\frac{\partial}{\partial w_{1,j}}e(k) = \frac{\partial[t(k) - a(k)]}{\partial w_{1,j}} = \frac{\partial}{\partial w_{1,j}}[t(k) - (\mathbf{W}\mathbf{p}(k) + b)]$$ (100)

oder

$$\frac{\partial}{\partial w_{1,j}}e(k) = \frac{\partial}{\partial w_{1,j}}\left[t(k) - \sum_{i=1}^{R} w_{1,i}p_i(k) + b\right].$$ (101)

Dabei ist $p_i(k)$ das $i$-te Element des Eingangsvektors in der $k$-ten Iteration. Wird die partielle Ableitung (101) weiter vereinfacht, so erhalten wir unter Berücksichtigung der Konstanz von $t(k)$ und $b$ bei Veränderungen von $w$

$$\frac{\partial}{\partial w_{1,j}}e(k) = -p_j(k) \tag{102}$$

und

$$\frac{\partial}{\partial b}e(k) = -1. \tag{103}$$

Für die Änderung der Gewichtsmatrix und des Bias kann geschrieben werden

$$2\alpha e(k)\mathbf{p}(k) \text{ bzw. } 2\alpha e(k).$$

Erweitert auf den Fall für mehrfache Neuronen erhalten wir

$$\mathbf{W}(k+1) = \mathbf{W}(k) + 2\alpha\mathbf{e}(k)\mathbf{p}^T(k), \tag{104}$$

und

$$\mathbf{b}(k+1) = \mathbf{b}(k) + 2\alpha\mathbf{e}(k). \tag{105}$$

$\alpha$ ist die Lernrate, sie beeinflusst die Lerngeschwindigkeit. Eine zu hohe Lernrate gefährdet die Stabilität des Lernprozesses, eine zu niedrige Lernrate führt zu langsamen Trainingsprozessen. Für Stabilität muss $\alpha$ kleiner als der Reziprokwert des größten Eigenwertes der Korrelationsmatrix $\mathbf{p}^T\mathbf{p}$ sein (ohne Beweis).

Ein lineares Filter kann nur lineare Zusammenhänge zwischen Eingangs- und Ausgangsvektoren erlernen. Gewisse Klassen von Problemen können daher mit dem linearen Filter nicht gelöst werden. Für kleine Lernraten wird das lineare Filter jedoch immer versuchen, die Summe der Fehlerquadrate zu minimieren, selbst wenn keine ideale Lösung existiert. Das funktioniert, da die Fehleroberfläche eine mehrdimensionale Parabel ist. Quadratische Parabeln haben ein einziges Minimum, deshalb muss ein Gradienten-Abstieg-Algorithmus (wie in LMS) eine Lösung im Minimum finden.

Wenn ein lineares Netzwerk zumindest so viele Freiheitsgrade (Summe der Gewichte und Biases) aufweist wie Beschränkungen (Paare von Eingangs- und Ausgangsvektoren), dann kann das Netz das Problem lösen. Eine Ausnahme ist der Fall von linear abhängigen Eingangsvektoren. Hier kann das Netz keine Lösung mit Fehler 0 finden. Lineare Netze mit der Widrow-Hoff-Lernregel funktionieren so lange, wie die Lernrate ausreichend klein bleibt. Zu große Lernraten machen das System instabil.

Einlagige lineare Netze werden für lineare Funktionsapproximierungen oder Mustererkennung eingesetzt. Der Lernalgorithmus basiert auf der Widrow-Hoff-Regel. Bei nichtlinearen Eingangs-Ausgangs-Zusammenhängen erstellt das lineare Netz eine linearisierte Annäherung.

*Lineare neuronale Netze (lineare Filter) mit Zeitverzögerungen*
Durch Einbau einer Zeitverzögerungskette auf der Basis eines analogen Schieberegisters werden lineare Filter zum dynamischen Netzwerk, das Zeitverläufe als Muster identifizieren kann (Abb. 186).

Das digitalisierte Eingangssignal passiert $N-1$ Verzögerungselemente, die es um jeweils eine Taktperiode verzögern. Damit steht am Eingang des Netzes ein $N$-dimensionaler Vektor zur Verfügung, der die zeitliche „Geschichte" des Eingangssignals repräsentiert. Die Verzögerungsleitung wird auch als „Tapped Delay-Line" (TDL) bezeichnet. Eine Architektur wie in Abb. 186 bildet ein dynamisches lineares Filter. Der Ausgang des Filters ist durch

$$a(k) = \sum_{i=1}^{R} w_{1,i} a(k-i+1) + b \tag{106}$$

gegeben. Hinsichtlich Signalverarbeitung entspricht diese Struktur einem FIR-Filter (*Finite Impulse Response Filter*), da es eine endliche Impulsantwort produziert.

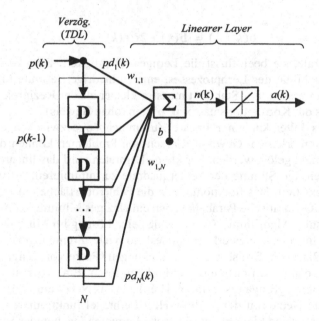

**Abb. 186:** Zeitdynamisches neuronales Netz

*Backpropagation*
Die Methode der *Backpropagation* (auf Deutsch etwa „rückschreitende Fehlerverarbeitung") basiert auf der *verallgemeinerten Widrow-Hoff-Lernregel*. Mehrere Lagen von Neuronen werden mit nichtlinearen, aber differenzierbaren Kennlinien eingesetzt. Solche Netze werden in der Literatur auch als *Multilayer-Perzeptrons* bezeichnet. Es

gibt allerdings kein generisches „Backpropagation-Netz", sondern nur Netze, die mit verschiedenen Varianten von Backpropagation-Algorithmen arbeiten.

Das Prinzip der Backpropagation beruht auf der folgenden Vorgangsweise: Das Netz wird so lange mit Eingangs- und Ausgangsvektorpaaren trainiert, bis es nichtlineare Zielfunktionen ausreichend genau approximieren kann oder die gewünschte Klassifikationsaufgabe beherrscht. Netze mit Biases, einem Sigmoid-Layer und einem linearen Ausgangslayer (Abb. 187) können alle Funktionen mit einer endlichen Zahl von Diskontinuitäten approximieren (ohne Beweis).

Der Standard-Backpropagation-Algorithmus ist ein Gradientenabstiegsverfahren, wie die Widrow-Hoff-Lernregel, in dem die Gewichte entlang des negativen Gradienten der Fehlerfunktion verändert werden. Der Ausdruck „Backpropagation" bezieht sich auf die Art der Berechnung des Gradienten.

Gut trainierte Backpropagation-Netze können auch Vektoren klassifizieren, die sie „noch nie gesehen" haben. Diese Fähigkeit wird *Generalisierung* (Verallgemeinerung) genannt. Der neue Ausgangsvektor wird in diesem Fall in die Nähe von bekannten Ausgangsvektoren gelegt, deren bekannte Eingangsvektoren in der Nähe des neuen, unbekannten Eingangsvektors liegen.

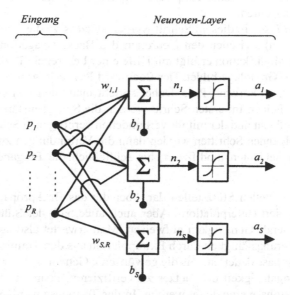

**Abb. 187:** Architektur eines einlagigen Backpropagation-Netzwerks (Multilayer Perzeptrons)

*Backpropagation-Algorithmus*
In seiner einfachsten Version verändert der Algorithmus die Gewichtsparameter und Biases in die Richtung des steilsten Abstiegs auf der Fehlerfläche. Eine Iteration dieses Algorithmus kann durch

$$\mathbf{x}_{k+1} = \mathbf{x}_k - \alpha_k \mathbf{g}_k \qquad (107)$$

beschrieben werden. Dabei steht $\mathbf{x}_k$ für den Vektor der aktuellen Gewichte und Biases, $\mathbf{g}_k$ für den aktuellen Gradienten im Fehlerabstiegsverfahren und $\alpha_k$ für die Lernrate. Die drei Phasen des Backpropagation-Algorithmus sind

1. *Forward Pass*: Eingabevektoren aus der Trainingsmenge erzeugen Ausgabevektoren auf Grund der aktuellen Synapsenstärken des Netzes. Für jedes Neuron wird die Aktivierung berechnet und dann mittels der Ausgabefunktion die Ausgabe ermittelt. Die Daten durchlaufen somit das Netz schichtweise von links nach rechts.

2. *Fehlerbestimmung*: Der Eingangsvektor **p** ist ein Element der Trainingsmenge. Zu jedem Element dieser Trainingsmenge ist auch die gewünschte Ausgabe des Netzes **a** bekannt. Mit Hilfe der Fehlerfunktion wird der Fehler des Netzes bestimmt. Eine vorgegebene *Güteschwelle* entscheidet über den weiteren Verlauf des Trainings. Liegt der Fehler oberhalb dieser Schwelle, erfolgt eine Modifikation des Netzes durch den *Backward Pass*. Liegt der Fehler unterhalb einer vorgegebenen Güteschwelle, wird das Training beendet und gegebenenfalls eine Testphase eingeleitet, um die Generalisierungsfähigkeit zu überprüfen.

3. *Backward Pass*: In diesem Schritt werden sukzessive die Verbindungen (Synapsenstärken) zwischen den Neuronen des Backpropagation-Netzes modifiziert. Die Modifikation erfolgt mit Hilfe einer Lernregel, für die der Fehler des Netzes die Grundlage bildet. Der Backward Pass erfolgt in entgegengesetzter Richtung zum Forward Pass. Daher spricht man auch von einem rückwärtsverteilten Fehler. Im ersten Schritt werden die Synapsenstärken zwischen der Ausgabeschicht und der mit ihr verbundenen verborgenen Schicht modifiziert. In den folgenden Schritten werden dann die Verbindungen zwischen den verborgenen Schichten modifiziert, bis schließlich die Eingabeschicht erreicht ist.

Die Trainingsdaten stellen Stützstellen dar, über die das Backpropagation-Netz eine Funktion approximiert (Interpolation). Aber auch außerhalb der Stützstellen soll das Netz eine ausreichende Genauigkeit aufweisen. Man erwartet also auch eine entsprechende Generalisierungsfähigkeit durch Extrapolation aus den Trainingsdaten.

Die Trainingsphase dauert an, bis die gewünschte Genauigkeit erreicht wurde. Um die Generalisierungsfähigkeit des Netzes zu verifizieren, kann an diesem Punkt des Trainings eine Testphase eingeleitet werden. In der Testphase werden dem Netz Testvektoren präsentiert. Die beim Test auftretenden Fehler entscheiden über den weiteren Verlauf des Trainings. Liegt der Fehler unterhalb der zuvor definierten Güteschwelle, kann das Training abgeschlossen werden. Ist der Fehler zu groß, muss das Netz nachtrainiert werden.

Obwohl das trainierte neuronale Netz die Fähigkeit der Generalisierung hat, kann nicht mit Sicherheit gesagt werden, ob für einen unbekannten Eingangsvektor eine für die Anwendung hinreichend genaue Lösung für einen geeigneten Ausgangsvektor gefunden wird.

Backpropagation-Netze werden für die Funktionsapproximation sowie für Mustererkennung und -klassifikation eingesetzt.

## 5.2.4 Probabilistische Systeme

Ähnlich wie Systeme, die auf Fuzzy-Logik aufbauen, arbeiten probabilistische Systeme nach dem Prinzip der unsicheren Information. Allerdings handelt es sich hier um eine unterschiedliche Art von Unsicherheit: Das Zutreffen von Fakten und Eintreten von Zuständen wird durch Wahrscheinlichkeiten ausgedrückt. Wahrscheinlichkeitsbasierte Aussagen können über den Kalkulus von Bayes über bedingte Wahrscheinlichkeiten miteinander verknüpft werden (vgl. Abschn. 3.1.3). Zu den Methoden der probabilistischen Systeme gehören

- *Genetische Algorithmen*: Sie optimieren ein Gütefunktional durch eine Zufallssuche. Sie eignen sich für Aufgabestellungen, wo keine Vorinformationen über ein Problem vorhanden sind. Als Methode zur Optimierung sind genetische Algorithmen wesentlich effizienter als die reine Zufallssuche. Genetische Algorithmen erzeugen „Kindgenerationen" aus „Elterngenerationen" und orientieren sich dabei an Regeln, die der biologischen Evolution nachempfunden wurden.
- *Belief Networks* (*oder Bayesian Networks*): Unsicheres Wissen kann in Form von Belief Networks (Knowledge Maps) dargestellt werden. Es handelt sich dabei um gerichtete Graphen, deren Knoten eine Tabelle mit bedingten Wahrscheinlichkeiten zugeordnet ist. Als Beispiel dient die Darstellung in Abb. 188.

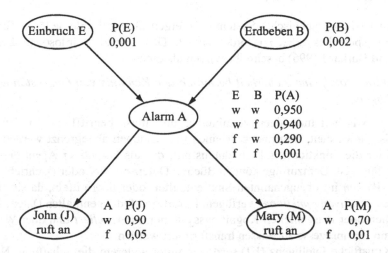

**Abb. 188:** Beispiel für ein Belief Network, das die Situation zweier Nachbarn darstellt, die auf das nachbarliche Läuten einer Alarmanlage reagieren und den Besitzer der Wohnung anrufen oder nicht (siehe Erläuterungen im folgenden Text)

In einer Wohnung in Kalifornien wurde eine Alarmanlage installiert. Diese Anlage gibt Alarm, wenn ein Einbrecher (E) in die Wohnung eindringt. Aber auch kleinere Erdbeben (B) können den Alarm auslösen.

Die Nachbarn John und Mary haben dem Besitzer zugesagt, ihn beim Ertönen eines Alarms telefonisch in der Arbeit zu verständigen. Dieses System ist im Belief Network der Abb. 188 dargestellt.

Das Diagramm ist eine Art Wissensbasis, die über die einfachen kausalen Beziehungen hinaus Annahmen enthält. Die Annahmen sind als Wahrscheinlichkeiten repräsentiert, mit denen Ereignisse eintreffen oder Handlungen gesetzt werden. Beachte, dass beispielsweise Mary mit geringerer Wahrscheinlichkeit bei einen Alarm ihren Nachbarn anruft. Das könnte daran liegen, dass sie gerne laute Musik hört. Außerdem enthalten die Aussagen zu den Wahrscheinlichkeiten die Sensibilität der Nachbarn gegenüber dem Erfassen von Erdbeben: Erkennt beispielsweise John die Ursache des Alarms in einem kleinen Erdbeben, so wird er den Besitzer *nicht* anrufen, da sich die Anlage automatisch nach einer Minute abschaltet. Damit enthält das Diagramm eine potentiell *unendlich mächtige Menge an Ursachen*, die die beiden Nachbarn dazu veranlassen können, anzurufen oder nicht.

Belief Networks eignen sich sowohl zur Analyse von Systemen mit komplexem Verhalten wie auch zur Ableitung von Inferenzregeln für Agenten, die in diesen komplexen Systemen Entscheidungen treffen müssen.

- *Chaotische Systeme und Lerntheorie*: Bei der Behandlung von probabilistischen Systemen spielen auch die Chaos- und Teile der Lerntheorie eine Rolle.

### 5.2.5 Wissensbasierte Systeme

Ein wissensbasiertes technisches System kann eigenständig Probleme lösen, für deren Lösung ein spezielles *Wissen* erforderlich ist. Das „Metzler-Philosophie-Lexikon" (Prechtl und Burkard 1996) beschreibt Wissen als einen

> *Erkenntnisstand, eine Sicherheit bezüglich der Kenntnis von Gegenständen oder Vorgängen.*

Wissen ist zwischen Individuen vermittelbar und muss begrifflich von Erfahrung, Erkenntnis, Gewissheit, Empfinden, Meinen und Glauben abgegrenzt werden. Deutlich tritt hier die Funktion des Individuums auf, das als kognitiver Agent denk- und erkenntnisfähig ist. Demzufolge können Bücher, Datenspeicher oder Nachrichtenanlagen nicht *Wissen* im obengenannten Sinn enthalten oder übermitteln, da sie für sich über *keine kognitiven Funktionen* verfügen. Derartige Medien enthalten Daten, die von biologischen oder maschinellen Kognitionssystemen *interpretiert* und über Wahrnehmungs- und Lernprozesse zu Wissen transformiert werden.

Die Künstliche Intelligenz (KI) setzt sich unter anderem die Schaffung, Nutzung und Wartung von künstlichen Wissenssystemen zum Ziel. Dabei steht die Repräsentation von Wissensmodellen im Vordergrund. Kuhlen (1995) definiert folgendermaßen:

*Wir verstehen unter Wissen den Bestand an Modellen über Objekte bzw. Objektbereiche und Sachverhalte, über den Individuen zu einem bestimmten Zeitpunkt verfügen bzw. zu dem sie Zugang haben und der mit einem zu belegenden Anspruch für wahr genommen wird. Als Wahrheitskriterium kann die Begründbarkeit angenommen werden.*

Wissen ist demnach etwas, über das nur Menschen oder Tiere verfügen können – außer man schließt KI-Systeme in den Individuumsbegriff mit ein. Künstliche Wissenssysteme in der Automatisierungstechnik sollen in einer ersten Stufe das von Menschen erworbene Wissen übernehmen und maschinell verfügbar machen. Die Abb. 189 illustriert den Unterschied zwischen herkömmlichen Computerprogrammen und wissensbasierten Systemen.

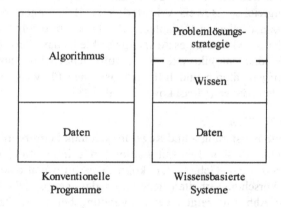

**Abb. 189:** Unterschied zwischen herkömmlichen Programmen und wissensbasierten Systemen

Die grundlegenden Komponenten von *wissensbasierten Software-Agenten* sind

- eine *Wissensbasis* (in der in geeigneter Form Wissen repräsentiert vorliegt)
- ein *Inferenzmechanismus* (der aus Prämissen Schlussfolgerungen und Entscheidungen ableiten kann)
- *Perzeptionsmechanismen* (zur sensorischen Aufnahme von Informationen aus dem Umfeld)
- *Aktionsmechanismen* (zur Beeinflussung des Umfelds)

Die Anforderungen an ein wissensbasiertes System sind in der Regel

- Lösungsfähigkeit von nichttrivialen Problemen
- Speicherung und Organisation von Wissen
- Interaktion mit dem Menschen und mit technischen kognitiven Systemen zum Wissensaustausch
- Transparenz der Lösungsfindung
- Erweiterbarkeit für neues Wissen

Wissensbasierte Systeme können *symbolverarbeitend* oder *konnektionistisch* (*subsymbolisch*) aufgebaut sein. Eine wichtige Methode zur Problemlösung mit wissensbasierten Systemen liegt im *Suchverfahren*: Ein „Problembaum" wird mittels verschiedener Suchalgorithmen nach der Lösung durchlaufen. Das Problem ist gelöst, wenn der Lösungsknoten (und damit der Weg von der Wurzel des Baums bis zum Lösungsknoten) gefunden ist (Russel und Norvig 1995, Rich und Knight 1991).

Inferenzmaschinen in wissensbasierten Systemen sind häufig auf der Basis der *Prädikatenlogik* konstruiert. Aufbauend auf den Theorien der formalen Logik stellt die Prädikatenlogik erster Stufe mit Identität und Funktionssymbolen, kurz „PIF" genannt, das bekannteste Kalkül zur Darstellung von logischen Sachverhalten dar. Dabei wird das Problem in prädikatenlogischen Ausdrücken formuliert und einer „Beweismaschine" zugeführt. Es handelt sich dabei um ein Computerprogramm, das nach systematischen Suchverfahren den Beweis der prädikatenlogischen Sätze sucht und dabei die für den erfolgreichen Beweis erforderlichen Belegungen der Variablen mit bestimmt. Der Satz der belegten Variablen stellt dann (bei erfolgreichem Beweisvorgang) die wissensbasierte Lösung des Ausgangsproblems dar. „Prolog" ist ein Beispiel für eine auf der Prädikatenlogik erster Stufe aufbauenden Programmiersprache, mit deren Hilfe Beweisgeneratoren und Inferenzmaschinen für wissensbasierte Systeme programmiert werden können (Mossakowski et al. 1988).

*Forschung an der TU Wien*
Das Institut für Automatisierungs- und Regelungstechnik betreibt im Rahmen des Forschungsschwerpunkts „Vision for Automation" mit internationalen Partnern Forschungsprojekte auf dem Gebiet der kognitiven Informationsverarbeitung. Ein Schwerpunkt der Forschungsarbeiten liegt darin, das menschliche Sehen maschinell nachzubilden. Die Abb. 190 zeigt zwei Anwendungsbeispiele. Das Projekt „FibreScope" (Abb. 190a) soll die wirtschaftliche Inspektion von Bohrungen durch einen automatisierten Inspektionsroboter ermöglichen. Im Projekt „FlexPaint" (Abb. 190b) wird ein Werkstück durch einen Laserfächer abgetastet und ein Roboterprogramm zur automatischen Lackierung generiert. Der Lackierroboter kann somit Einzelstücke der „Losgröße 1" bearbeiten, ohne auf ein vorhandenes CAD-Modell des Werkstücks angewiesen zu sein.

a                                          b

**Abb. 190: a** Automatische visuelle Inspektion von Bohrungen durch einen bildsensorgesteuerten Roboter, **b** Lackierroboter, der ein Werkstück lackiert, dessen Oberflächenmodell durch automatische Abtastung ermittelt wurde

## 5.3 Mustererkennung und Bildverarbeitung

Der Begriff „Mustererkennung" umfasst eine breite Palette von Aufgaben der Informationsverarbeitung. Es gibt zahlreiche Beispiele von Anwendungsfeldern in der Automatisierungstechnik, von der Bildverarbeitung in Handhabe- und Montageprozessen, der Qualitätskontrolle von Bauteilen in der Produktion, der optischen Schrifterkennung gedruckter Zeichen (OCR), der Früherkennung von Schäden bei Maschinen bis hin zur visuellen Navigation mobiler Robotersysteme. Viele dieser Aufgaben – etwa die Erkennung von Objekten an ihren Merkmalen – werden von Menschen mit erstaunlicher Leichtigkeit gelöst. Maschinelle Lösungsverfahren sind ungleich schwieriger zu bewerkstelligen. Mustererkennung ist ein Thema der kognitiven Informationsverarbeitung.

### 5.3.1  Statistische Mustererkennung

Ein klassisches Beispiel der Mustererkennung ist die Aufgabe, gedruckte oder handschriftliche Zeichen zu identifizieren (Abb. 191).

**Abb. 191:** Muster zweier Schriftzeichen, die maschinell erkannt werden sollen

Die sensorische Seite der Erfassung (TV-Kamera, Scanner etc.) sei an dieser Stelle zunächst als gelöst angenommen, so dass ein Graustufenbild nach Abb. 192 zur Verfügung steht.

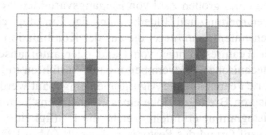

**Abb. 192:** Digitalisiertes Graustufenbild der Schriftzeichen aus Abb. 191

Es vereinfacht die analytische Darstellung, wenn die einzelnen Pixel nicht als Matrix dargestellt werden, sondern als Vektor, der durch „Auffädeln" der einzelnen Bildzeilen entsteht. Wir nehmen daher an, das Bitmap liegt jeweils als Vektor $\mathbf{x}$ vor, mit

$$\mathbf{x} = (x_1, x_2, \dots, x_d)^T. \tag{108}$$

Dabei zeigt $d$ die Anzahl der Pixel pro Aufnahme an. Der Wert der $x_i$ entspricht dem durchschnittlichen Schwärzungsgrad des entsprechenden Felds aufgrund der lokalen Färbung mit „Tinte". Die Aufgabe der Mustererkennung besteht nun im Finden eines „Algorithmus", der die beiden Zeichen – auch unter Einfluss von Störungen – so zuverlässig wie möglich unterscheiden kann.

> *Aufgabenstellung*: Entwicke einen Algorithmus, der jedes Bild, dargestellt durch einen Vektor $\mathbf{x}$, in eine der beiden Klassen $C_k$ mit $k \in \{1, 2\}$ einteilt, und zwar so, dass die Klasse $C_1$ dem Buchstaben „a" und die Klasse $C_2$ dem Buchstaben „b" entspricht.

Wir nehmen weiters an, es existiere eine große Zahl von „Beispielbildern" für die Buchstaben „a" und „b", die sich jeweils voneinander geringfügig unterscheiden, da es sich um *handschriftliche* Zeichen handelt. Diese Beispielbilder wurden bereits von Menschen klassifiziert und mit der Zuordnung „a" oder „b" versehen. Eine derartige Sammlung soll als „Daten-Set" bezeichnet werden.

Eine Hauptschwierigkeit bei der Erarbeitung eines geeigneten Algorithmus liegt in der hohen permutativen Dimensionalität der Daten. Für ein $256 \times 256$ Pixel-Bitmap kann jedes Element des Daten-Sets als ein Punkt im 65536-dimensionalen Raum angesehen werden, beschrieben durch einen Vektor $\mathbf{x}$ nach Gl. (108), dem jeweils eine Klasse $C_k$ zugeordnet ist. Auf den Achsen des Koordinatensystems sind die Graustufenwerte aufgetragen, wobei wir hier eine 8-Bit-Auflösung annehmen wollen.

Im Prinzip ist es denkbar, die Bilder gleich mit ihren Labels („a", „b") abzuspeichern. In der Praxis scheitert dieser Versuch durch die hohe permutative Mächtigkeit der Variationen: Im Beispiel müssten etwa $10^{59184}$ Bilder abgespeichert werden. Andererseits hätten wir (aus Gründen der praktischen Verfügbarkeit) vielleicht nur einige tausend Beispiele in unserem Trainings-Set. Diese Überlegung macht klar, dass ein effizienter Klassifikationsalgorithmus auch bisher unbekannte Bilder korrekt klassifizieren muss. Man nennt diesen Vorgang *Generalisierung*.

Die Anwesenheit einer großen Zahl von Eingangsvariablen stellt ein großes Problem in der Musterverarbeitung und Bilderkennung dar. Ein möglicher Ausweg ist die Definition von so genannten *Features* $\tilde{x}$, die aus der Kombination von Eingangsvariablen entstehen. Die Features können von Hand oder automatisch erstellt werden, wobei im Falle der technischen Bildverarbeitung nur Verfahren in Frage kommen, bei denen vordeterminierte Features in die Algorithmen eingebaut werden. Beispielsweise wäre das „Verhältnis von Breite zu Höhe eines Buchstabens" ein derartiges Feature. Wir könnten nun Histogramme ermitteln, welche die Häufigkeit der Zuordnung eines Bilds zur Klasse $C_k$ auf Grund des Features $\tilde{x}$ darstellt (Abb. 193). Es kommt dabei zu Überlappungen, die die Zuordnung mehrdeutig machen.

Nehmen wir an, es gäbe keine weiteren Informationen als das Feature $\tilde{x}$, dann könnten wir einen Schwellwert definieren (z. B. durch den Überkreuzungspunkt der Histogramme), ab dem ein Bild zur Klasse $C_k$ gerechnet wird. Tritt wie in Abb. 193 ein Bild mit dem Feature $\tilde{x}$ auf, das den Wert $A$ hat, so würde es der Klasse $C_1$ zugeordnet. Es gibt natürlich die Möglichkeit, bei dieser Klassifikation eine fehlerhafte Zuordnung zu treffen. Die Fehlerwahrscheinlichkeit hängt vom Unterschied der Häufigkeiten des Auftretens der Features ab.

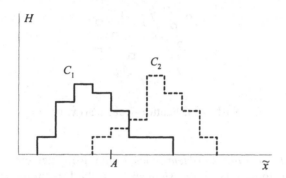

**Abb. 193:** Histogramm der Häufigkeit des Auftretens eines Features $\tilde{x}$

Eine Verbesserung des Algorithmus besteht nun darin, ein zusätzliches Feature $\tilde{y}$ zu erfassen. Die Klassifizierung erfolgt dann durch Berücksichtigung beider Features. Im Feature-Raum (Abb. 194) ergibt sich somit eine Klassifikationsgrenze durch Teilung in zwei Unterräume.

Einige Bilder werden dennoch inkorrekt klassifiziert. Wir könnten deshalb einen mehrdimensionalen Feature-Raum erdenken, der die Treffsicherheit der Klassifikation weiter erhöht. Wie sich in praktischen Beispielen herausstellt, führt eine extreme Erhöhung der Feature-Zahl nicht notwendigerweise zur Verbesserung der Klassifikation. Der Vorgang der Mustererkennung hat probabilistischen Charakter, da a priori unbekannte Bilder klassifiziert werden müssen.

*Klassifikation und Regression*
Die Aufgabe, ein Eingangsmuster $\mathbf{x}$ einem bestimmten Ausgangsmuster $y_k$ zuzuordnen, entspricht einer Abbildung, die als „Mapping" bezeichnet wird. Eine allgemeine Mappingfunktion hat die Gestalt

$$y_k = y_k(\mathbf{x};\mathbf{w}).\tag{109}$$

Neuronale Netze, die auf die Erkennung verschiedener Muster trainiert wurden, führen im „Wiedergabemodus" ein Mapping gemäß Gl. (109) durch. In $\mathbf{w}$ sind dann die Gewichtsparameter der Synapsenstärken des neuronalen Netzes abgespeichert.

Der Prozess zur Ermittlung des Mapping-relevanten Parameter-Sets (z. B. $\mathbf{w}$) wird bei den neuronalen Netzen als „Training" bezeichnet. Es gibt neben den neuronalen Netzen eine große Zahl anderer Methoden zur Mustererkennung. Die Mehrzahl der

Methoden beruht auf symbolverarbeitenden Verfahren. Einige Beispiele werden weiter unten im Rahmen der Bildverarbeitung besprochen.

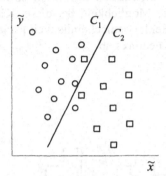

**Abb. 194:** Feature-Raum $\Re(\tilde{x}, \tilde{y})$

Während beim *Klassifikationsproblem* jedes Eingangsmuster einer diskreten Klasse zugeordnet wird, erfordert das *Regressionsproblem* die Bestimmung eines kontinuierlichen Skalars oder Vektors aus einer Menge von Eingangsdaten. Ein Beispiel dafür ist die Vorhersage von Aktienkursen aus bekannten Kursverläufen der Vergangenheit. In beiden Fällen handelt es sich um Aufgaben vom Typ *Funktionsapproximation*.

*Vorverarbeitung und Feature-Detektion*
Oft ist es schwierig, eine geeignete Mapping-Strategie in einem einstufigen Verfahren zu realisieren. In diesen Fällen wird die Analyse in eine Vorverarbeitungs- und Nachverarbeitungsphase aufgeteilt.

Dabei werden aus den Eingangsdaten $x_i$ zunächst durch einen Präprozessor Features $\tilde{x}_i$ extrahiert (*Feature-Detektion*), die dann ihrerseits durch ein anderes Verfahren analysiert werden. Gegebenenfalls kann dann noch ein Postprozessor eingesetzt werden, um die Ausgangsdaten für eine weiterführende Klassifikation aufzubereiten.

*Komplexität und Dimensionalität*
Vorverarbeitung (*Preprocessing*) kann einen großen Einfluss auf die Leistungsfähigkeit eines Mustererkennungssystems haben. In der Praxis stellt man jedoch häufig fest, dass ab einer gewissen Grenze die Erhöhung des Preprocessing-Aufwands keine Steigerung in der Leistungsfähigkeit mit sich bringt, ja sogar eine Verschlechterung der Klassifikationsgenauigkeit in Relation zum Ressourcenaufwand bewirkt. Erhöht man die Genauigkeit, so steigt der erforderliche Zeit- und Speicheraufwand überproportional an.

Um diesen Effekt zu veranschaulichen, wollen wir eine Methode untersuchen, die ein Mapping von Eingangsdaten $x_i$ zu einer Ausgangsvariablen $y$ herstellt und dabei das Prinzip der Segmentierung verwendet. Wir beginnen mit einer Unterteilung des Eingangsvariablenbereichs in Intervalle, so dass der Wert der Variablen durch das ihr zugeordnete Intervall spezifiziert werden kann. Das führt zu einer Unterteilung des Eingangsraums in quaderförmige Segmente, wie in Abb. 195 dargestellt.

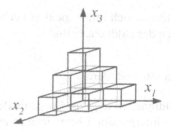

**Abb. 195:** Zellenintervalle im Raum der Eingangsdaten $x_i$

Jedem Trainingsbeispiel (repräsentiert durch den Vektor **x**) entspricht ein Punkt $(x_1, x_2, ..., x_i)$ in einer der Zellen. Dem Punkt wird im Training ein Wert zugeordnet, der dem Ausgang $y$, also dem Klassifikationsergebnis, entspricht. Wenn wir nun ein neues (bisher unbekanntes) Eingangsmuster erhalten, so können wir den zugehörigen Klassifikationswert $y$ bestimmen, indem wir feststellen, in welcher Zelle das Eingangsmuster zu liegen kommt. Der Wert $y$ sei dann der Mittelwert aller (bekannten) Trainingsdaten $\bar{y}_i$, die in dieser Zelle liegen. Durch Verfeinerung der Unterteilung erfolgt eine Steigerung der Genauigkeit des Verfahrens. Hierin liegt jedoch das Problem. Wenn jede Eingangsvariable in $M$ Intervalle unterteilt wird, so besteht der Parameterraum letztlich aus $M^d$ Zellen und wächst exponentiell mit der Dimension $d$ des Eingangsraumes. Da jede Zelle mindestens einen Datenpunkt enthalten muss, wächst auch die Menge der erforderlichen Trainingsdaten exponentiell. Dieser Effekt wird *Dimensionalitätsproblem* genannt.

*Polynom-Fitting*
Wie oben besprochen, kann Mustererkennung als *Mapping* aufgefasst werden. Eine mathematisch einfache Methode zur Approximation von Funktionen ist die Annäherung durch ein Polynom. Damit wird die Ausgangsfunktion zu

$$y(x) = w_0 + w_1 x + w_2 x^2 + ... + w_M x^M = \sum_{j=0}^{M} w_j x^j, \tag{110}$$

dies entspricht einem nichtlinearen Mapping. Wir bezeichnen die zu den Daten $x_n$ (Index $n = 1, ..., N$) gehörigen Zielwerte mit $t_n$. Das beste Fitting ergibt sich dann aus der Minimierung einer quatratischen Fehlerfunktion $E$ zu

$$E = \frac{1}{2} \sum_{n=1}^{N} \{y(x_n, \mathbf{w}) - t_n\}^2 .$$ (111)

Die folgenden Abschnitte befassen sich mit Aspekten der Informationsrepräsentation in Bilddaten und mit Methoden der Bildverarbeitung.

### 5.3.2  Informationsrepräsentation in Bildern

Der Informationswert von Bildinhalten liegt im Ergebnis der Interpretation durch den Empfänger. Der Vorgang der Interpretation setzt immer einen kognitiven Prozessor und kontextuelle Zusatzinformation voraus. Die Aufgabe des kognitiven Prozessors ist die Verarbeitung der empfangenen Bilddaten unter Verwendung von „Vorwissen" und zusätzlich zur Bildinformation angebotenen kontextuellen Informationen. Das „Musterbeispiel" eines kognitiven Prozessors ist das menschliche Gehirn. In technischen Anwendungen übernehmen Computerprogramme die Aufgaben des kognitiven Prozessors.

Beim Menschen besteht das Vorwissen in der „Erfahrung", die ein Betrachter über den wahrzunehmenden Gegenstand hat. In technischen Anwendungen wird die kontextuelle Zusatzinformation meist implizit in die bildauswertende Software eingebaut (z. B. Feature-Detektion, Geradenerkennung, Ellipsenerkennung etc.). In konnektionistischen technischen Systemen (künstliche neuronale Netze) liegt das Vorwissen in den durch den Trainingszyklus erworbenen Gewichtsparametern der synaptischen Kontakte.

Um die Rolle des Vorwissens bei der Erkennung von Gegenständen in Bildern zu verdeutlichen, ist in der Abb. 196 die Fotografie eines Kaktus in drei verschiedenen Bildauflösungen dargestellt. Im linken Teilbild kann der menschliche Betrachter ohne Schwierigkeiten einen Kaktus wiedererkennen. Das wird durch das „Wissen" des menschlichen Betrachters über das Aussehen eines Kaktus und durch seine interpretativen Fähigkeiten ermöglicht. Selbst im auflösungsreduzierten mittleren Teilbild kann das Objekt noch mit einiger Sicherheit erkannt werden. Im rechten Teilbild hingegen reicht die angebotene Bildinformation nicht mehr zur eindeutigen Interpretation aus. Hier drängt sich eher die Assoziation mit der verrauschten Wiedergabe des Druckbuchstaben „Y" auf. Menschen aus Kulturkreisen, die unser Buchstabenalphabet nicht kennen, werden niemals zu letzterer Interpretation im Stande sein: Hier fehlt das „Vorwissen" über die Gestalt des Druckbuchstaben „Y". Andere Assoziationen werden an dessen Stelle treten.

Stellen wir uns die Veränderung der Bildauflösung in Abb. 196 von rechts nach links als kontinuierlichen Film vor, wird der Kaktus bei einer bestimmten Auflösung plötzlich in unserem visuellen Wahrnehmungssystem erscheinen. Das „Erscheinen" deutet den Moment an, wo die dargebotene Bildinformation ausreichend ist, um eine kognitive Interpretation und Assoziation mit dem bekannten (und im Gehirn als „Konzept" abgespeicherten) Objekt des „Kaktus" herzustellen. Die eigentliche Aufgabe eines interpretierenden Bildverarbeitungssystems ist daher die Beantwortung der Frage

*„Wenn die Welt Sensorsignale (z. B. repräsentiert als Pixel) in einer bestimmten Form produziert, wie muss dann die Welt beschaffen sein, um die Sensorsignale gerade in dieser Form zu produzieren?"*

**Abb. 196:** Bitmapdarstellung eines Kaktus in drei verschiedenen Bildauflösungen

Anders formuliert: die Welt $W$ produziert Sensorreize $S$, so dass gilt

$$S = f(W). \tag{112}$$

Seien nun $S$ und $f$ gegeben, was kann über $W$ ausgesagt werden?

$$W = f^{-1}(S) \tag{113}$$

In der Praxis hat $f$ sehr selten eine Umkehrfunktion, die in einer mathematisch geschlossenen Form (als Gleichung) ausgedrückt werden kann. Ausnahmefälle sind geometrisch einfache Versuchsanordnungen, die eine direkte Umsetzung der Bilddaten in Objektdaten und umgekehrt ermöglichen (z. B. die Erfassung einer Drahtdicke über die Schattenfläche des Drahtabbildes in einer Drahtziehanlage).

Folgende wichtige Frage stellt sich bei der Definition der Anforderungen einer Bildverarbeitungsaufgabe:

*„Was muss das Bildverarbeitungssystem über die Umwelt bzw. ihre Objekte aus den Bilddaten erkennen?"*

Dabei ist es in der Praxis wichtig, die Funktionen der Bildanalyse auf die entsprechenden Zielgrößen zu spezialisieren. Interessieren beispielsweise bei einer automatischen Sortieranlage ausschließlich die aktuellen Positionen von Dichtungsringen auf einem Transportband, so wäre ein Algorithmus zur vollständigen Bestimmung der geometrischen Parameter der kreis- oder ellipsenförmigen Objektabbildungen aus Gründen der erforderlichen längeren Rechenzeit ungeeignet. Zur effizienten Lösung von Bildverarbeitungsaufgaben muss auch die Konfiguration von Kamera, Objekt, Hintergrund und Beleuchtung kritisch hinterfragt werden. Oft erreicht man durch eine Verbesserung der Beleuchtungs- und Kontrastverhältnisse schneller befriedigende Lösungen als durch die Anwendung komplexer Bildverarbeitungsalgorithmen.

*Aufgaben der technischen Bildverarbeitung*

Mit Hilfe der Bildverarbeitung können komplexe Phänomene untersucht werden, die sich bei der Anwendung nichtvisueller technischer Sensorprinzipien der Analyse entziehen. Die folgende Liste gibt eine Orientierung über die „klassischen" Aufgabenstellungen der Bildverarbeitung.

- *Zählen und Vermessen:* Die Bestimmung der Anzahl von Partikeln und ihre Größenverteilung zählt zu den häufigsten Aufgabenstellungen. Im Rahmen der Qualitätskontrolle können auf diese Weise z. B. Oberflächenfehler erfasst und bewertet oder Bohrungen in einem Werkstück auf ihre Maßtoleranz hin untersucht werden.
- *Anwesenheits- und Positionierungserkennung:* Oft ist es in einer Fertigungsanlage erforderlich, die Anwesenheit eines bestimmten Objekts zu prüfen. In einer Erweiterung dieser Aufgabe können auch Position und Orientierung des Objekts bestimmt werden.
- *Klassifizierung:* Dabei kommt es auf die Einordnung von Objekten in vordefinierte Klassen an. So können beispielsweise Schrauben und Muttern auf einem Förderband getrennt werden. In der Qualitätskontrolle müssen oft Defekte eines Bauteils auf ihre Art und Größe hin untersucht werden.
- *Analyse dynamischer Prozesse:* Dazu gehören die Erfassung der Bewegung von Objekten bzw. die Objektverfolgung. Letztere ist beispielsweise nötig, wenn bewegliche Objekte durch einen Kameraschwenk ins Bildzentrum geführt werden müssen.
- *3D-Analyse:* Durch die Verarbeitung stereoskopischer Teilbilder können räumliche Objektmerkmale oder Entfernungen erfasst werden.
- *Fortgeschrittenes maschinelles Sehen:* Eine Kombination aus den oben angeführten Aufgaben führt in weiterer Folge zur technischen Realisierung von kognitiven Sehvorgängen. Entsprechende Aufgaben sind z. B. Gesichtserkennung zur Sicherheitskontrolle, visuelle Navigation bei mobilen Robotern oder die Verkehrsflussanalyse.

### 5.3.3   Elemente eines Bildverarbeitungssystems

In diesem und in den folgenden Abschnitten wird ein kurzer Überblick über Komponenten und Eigenschaften von technischen Bildverarbeitungssystemen gegeben, so wie sie in industriellen Anwendungen zu finden sind.

*Komponenten*

Bei einer „klassischen" industriellen Bildverarbeitungsaufgabe wird das Abbild eines beleuchteten Werkstücks von einer CCD- oder CMOS-Kamera aufgenommen. Ein fokussierbares Linsensystem sorgt für die ein- oder zweidimensionale optische Abbildung von Gegenstandspunkten auf Linien- oder Flächensensoren. Die Kameraelektronik setzt das Bild in ein standardisiertes Videosignal um. Es handelt sich dabei um ein analoges Signal, das Informationen über den Helligkeits- und Farbverlauf des zeilenmäßig abgetasteten Bilds enthält. Bei eindimensionalen Sensoren (Liniensensoren) werden zyklisch die Pixelinformationen der Zeile ausgelesen. Zusätzliche Impulse (H-Sync und V-Sync bei 2D-Videokameras) zeigen den Beginn einer neuen Zeile bzw. eines neuen Bilds an.

Der Bildverarbeitungsrechner verwendet einen *Frame-Grabber,* um das Video-Eingangssignal in digitale Bilddaten umzusetzen und diese in einem freien Bereich des Arbeitsspeichers abzulegen. Auf die Daten greift dann das Bildverarbeitungsprogramm zu. Zusammengefasst besteht eine Bildverarbeitungsapplikation aus folgenden Komponenten:

- Objekt(e)
- Lichtquellen
- Hintergrund
- CCD- oder CMOS-Kameras
- Frame-Grabber, evtl. mit Hardware-Beschleunigungsprozessoren
- Computersystem, auf dem die Bildverarbeitungssoftware abläuft
- Treiber zur Kommunikation zwischen Betriebssystem und der Hardware
- Bildverarbeitungssoftware

*Beleuchtung*

Große Bedeutung für eine erfolgreich Bildverarbeitung sind geeignete Aufnahmeanordnungen, die geeignete Wahl von Kameraobjektiven (Brennweite, Bildausschnitt) und eine dem Anwendungsfall angepasste Beleuchtung. Folgende Beleuchtungssituationen können auftreten bzw. bewusst eingerichtet werden:

- *Unkontrolliertes Licht:* Umgebungsbeleuchtung, undeterminiert, kann zu stark unterschiedlichen Resultaten führen.
- *Durchleuchtung:* Transparente Objekte offenbaren strukturelle Merkmale, wenn sie von Licht durchdrungen werden.
- *Silhouetten-Projektion:* Lichtundurchlässige Objekte werden von hinten beleuchtet und erzeugen in der Kamera ein Schattenbild.
- *Auflicht-Beleuchtung:* Gegenstände werden von jenem Halbraum aus beleuchtet, in dem sich auch die Kamera befindet.
- *Diffuse Beleuchtung:* Die Lichtquelle ist flächenhaft weiträumlich ausgedehnt, wie der „Blitzschirm" mit innenreflektierender Schicht bei der Porträtfotografie.
- *Hellfeld- und Dunkelfeldbeleuchtung:* Die Position von Objekt, Licht und Kamera werden in gegenseitiger Abhängigkeit so eingestellt, dass die interes-

santen Merkmale, wie z. B. Kratzer auf Oberflächen, als helle bzw. dunkle
Strukturen zu Tage treten.

- *Schattenprojektion:* In machen Anwendungsfällen können aus den Schatten-
  verläufen wichtige Informationen über das Objekt gewonnen werden.
- *Strukturiertes Licht:* z. B. Lichtstreifen zur Erkennung von Objektoberflä-
  chenkrümmungen.

### Rohdaten des Bildmaterials

Abhängig von der Form, Größe und Art des Bildsensors variieren die von der Kamera
gelieferten Rohdaten. Es gibt Zeilen- und Flächensensoren mit stark unterschiedlichen
Pixelauflösungen am Markt, die je nach Ausführungsform Grauwert- oder Farbbilder
liefern. Für die folgenden Betrachtungen gehen wir davon aus, dass die Bilddaten
bereits in digitalisierter Form als Grauwertmatrix $S = (s(x, y))$ im Speicher des Bild-
verarbeitungsrechners vorliegen, pixelweise jeweils repräsentiert als 8-Bit-Binärzahl.
Die Elemente der Matrix sind dann Integer-Zahlen aus dem Bereich $0 \dots 255$, entsprechend der $2^8 = 256$ vorkommenden Grauwertstufen. Nach jedem Bildabtastzyklus
liegt eine neue Matrix von Bilddaten vor, die der Bildverarbeitung zugeführt werden
kann.

### 5.3.4  Stufen der Bildverarbeitung

Die visuelle semantische Interpretation von Bildinhalten setzt einen mehrstufigen
Datenverarbeitungsprozess voraus. Zur Extraktion der interessierenden Merkmale
wird in der Regel eine Kette von Bildverarbeitungsoperationen durchgeführt:

### Bildaufnahme und Bilddatenvorbereitung

- Einstellung der Aufnahmebedingungen (Beleuchtung, Betrachtungswinkel
  zum Objekt, Hintergrundwahl, 2D- oder 3D-Anordnungen, Wahl von zweck-
  mäßigen Belichtungsparametern etc.)
- Digitalisierung
- Regulierung und Kalibrierung des Digitalbilds (Tonwertkorrektur, Filterung,
  radiometrische und geometrische Kalibrierung, Korrektur von Sensor-Nichtli-
  nearitäten etc.)

### Merkmalsextraktion

- Filterung (Mittelung, Glättung, Binarisierung etc.)
- Kantendetektion
- Extraktion einfacher Strukturen
- Texturerkennung
- Bewegungsanalyse

### Bildanalyse

- Segmentierung (Identifikation von Bildregionen)
- Modellierung (lokale Analyse und globales Wissen vereinigen)

- Morphologie (Anwendung morphologischer Operatoren, Analyse von Nachbarschaftsbeziehungen)
- Interpretation von Formen
- Klassifikation

Für Bildverarbeitungsaufgaben im industriellen Bereich sind eine Reihe von Verarbeitungsschritten und Transformationen bekannt und im Einsatz, die ein „klassisches Repertoire" von Bildverarbeitungsmethoden bilden. Darüber hinaus existiert eine Reihe von fortgeschrittenen Verfahren, die sich zum Teil noch im Forschungsstadium befinden oder nur in speziellen Nischenanwendungen eingesetzt werden. Im Rahmen dieses Buchs kann nur auf eine beschränkte Auswahl von Standardverfahren eingegangen werden. Für eine weiterführende Lektüre zu diesem Thema sei auf die einschlägige Literatur verwiesen, wie beispielsweise Jähne (2002) und Ahlers (2000).

### 5.3.5 Funktionen und Operatoren zur Bilddatenauswertung

Die Hauptaufgabe der Bildverarbeitung ist die Erfassung des aktuellen Zustands der „Welt" aufgrund von Daten gemäß Gl. (113), die durch ein bildgebendes Instrument aus Sensorinformationen gewonnen wurden. Der dafür nötige Aufwand ist von der jeweiligen Bildverarbeitungsaufgabe abhängig. Entsprechend der eingesetzten Funktionen und Operatoren unterscheiden wir verschiedene Vorgangsweisen zur Bilddatenauswertung.

*Punktoperatoren*
Die aktuellen Grauwerte der Pixel werden durch neue Grauwerte ersetzt, wobei das Ergebnis nur vom aktuellen Wert des betreffenden Bildpunkts (und nicht von dessen Nachbarn) abhängt. Typische Transformationen dieser Art sind die Binarisierung (Reduktion der Graustufen auf die Werte 0 und 1) und die Kontrastveränderung (Multiplikation des Grauwerts mit einem konstanten Faktor). Auch nichtlineare Transformationen kommen zur Anwendung.

*Der Punktoperator „Grauwertspreizung"*
Wir gehen im Folgenden von einem Grauwertbild $\mathbf{S} = (s(x, y))$ mit der Grauwertmenge $G = \{0, 1, ..., 255\}$ aus. Die Grauwerttransformation $f: G \to G$ ist eine Funktion, die über G definiert und beschränkt ist. $f$ kann zu $f_n$ normiert werden, so dass

$$f_n = \frac{f(x) - \min\{f\}}{\max\{f\} - \min\{f\}} c \tag{114}$$

gilt, wobei $c$ ein Skalierungsfaktor ist. Die *lineare Skalierung* der Grauwerte ist ein Spezialfall: Ist $f_n$ stückweise linear, so gilt

$$f_n = \begin{cases} 0 & \text{falls } c_2 x + c_1 c_2 < 0 \\ 255 & \text{falls } c_2 x + c_1 c_2 > 255 \\ (x + c_1) c_2 = c_2 x + c_1 c_2 & \text{sonst} \end{cases} \tag{115}$$

Die Parameter $c_1$ und $c_2$ können beispielsweise aus dem Histogramm des Bilds S ermittelt werden. Bezeichnen $g_{min}$ und $g_{max}$ die minimalen und maximalen Grauwerte des Originalbilds, so ergeben sich $c_1$ und $c_2$ nach einfacher Rechnung durch Einsetzen von $f_{n, min} = 0$ und $f_{n, max} = 255$ in Gl. (115) zu:

$$c_1 = -g_{min} \qquad c_2 = \frac{255}{g_{max} - g_{min}}. \tag{116}$$

Die Gl. (116) führt zur „Grauwertspreizung" des Bilds. Die lineare Skalierung der Grauwerte ist eine einfache Methode zur Veränderung des Kontrastes und der Helligkeit.

**Abb. 197:** Beispiel zur linearen Skalierung. Links: Originalbild. Rechts: Grauwerte linear skaliert. Auf den Achsen der Histogramme sind in $x$-Richtung die Grauwerte von 0 bis 255 aufgetragen, in $y$-Richtung die Häufigkeit ihres Auftretens

*Lokale Operatoren und Filteroperationen im Ortsbereich*
Als Eingangsbild wird eine einkanalige Grauwertmatrix $S_e = \{s_e(x, y)\}$ angenommen. Die Bildpunkte des Ausgangsbildes $S_a$ ergeben sich durch gewichtete, additive Verknüpfung des betreffenden Bildpunkts mit seinen Nachbarpunkten. Die Gewichtung der Grauwertbeiträge der Nachbarpunkte wird dabei durch die Faltungsmaske **H** festgelegt. Die Matrix **H** wird auch als *Filterkern* bezeichnet. Die Einbeziehung der Nachbarpixel führt zur Bezeichnung des *lokalen Operators*. Die Modifikation des Bilds, die einer *Faltung* von $S_e$ mit dem lokalen Operator **H** entspricht, wird auch als *digitale Filterung im Ortsbereich* bezeichnet. Sie kann wie folgt beschrieben werden.

$$\mathbf{S}_e \to \mathbf{S}_a:$$

$$s_a(x, y) = \frac{1}{m^2} \sum_{u=0}^{m-1} \sum_{v=0}^{m-1} s_e(x+k-u, y+k-v) \cdot h(u, v) \tag{117}$$

Dabei gibt $m$ die Zahl der Zeilen bzw. Spalten der quadratischen Matrix $\mathbf{H}$ an. Für $k$ gilt

$$k = \frac{(m-1)}{2}. \tag{118}$$

Für die Randpixel kommt es bei Anwendung von Gl. (117) zu Problemen, da die Daten der außen liegenden Nachbarpixel fehlen. Dieses Problem kann beispielsweise durch die Umrandung des Bilds mit einem Rahmen in neutralem Grau gelöst werden.
Eine Faltung mit dem Filterkern

$$\mathbf{H} = \begin{bmatrix} 1 & 1 & 1 \\ 1 & 1 & 1 \\ 1 & 1 & 1 \end{bmatrix} \tag{119}$$

wird als gleitende Mittelwertbildung bezeichnet, sie bewirkt eine Glättung der Grauwerte. Ein nichtlinearer Gauß-Tiefpass kann mit Hilfe des Filterkerns

$$\mathbf{H} = \begin{bmatrix} 1 & 2 & 1 \\ 2 & 4 & 2 \\ 1 & 2 & 1 \end{bmatrix} \tag{120}$$

realisiert werden.
Zur Nachbildung einer partiellen Differentiation in Zeilen- und Spaltenrichtung eignet sich der sog. *Sobel-Operator*

$$H_x = \begin{bmatrix} 1 & 2 & 1 \\ 0 & 0 & 0 \\ -1 & -2 & -1 \end{bmatrix} \qquad H_y = \begin{bmatrix} 1 & 0 & -1 \\ 2 & 0 & -2 \\ 2 & 0 & -1 \end{bmatrix}. \tag{121}$$

Zur Detektion von Kanten wird der Laplace-Operator durch

$$\mathbf{H}_{L1} = \begin{bmatrix} 0 & -1 & 0 \\ -1 & 4 & -1 \\ 0 & -1 & 0 \end{bmatrix} \text{ oder alternativ durch } \mathbf{H}_{L2} = \begin{bmatrix} -1 & -1 & -1 \\ -1 & 8 & -1 \\ -1 & -1 & -1 \end{bmatrix} \tag{122}$$

nachgebildet. Es handelt sich hierbei um Differenzoperatoren, welche die Unterschiede von Nachbarpixeln hervortreten lassen. Die Kantenextraktion in Abb. 198 wurde mit $\mathbf{H}_{L2}$ durchgeführt.

**Abb. 198:** Kantenextraktion mit dem Laplace-Operator $H_{L2}$

**Abb. 199:** Unterdrückung von Rauschen durch Ortsfilterung

*Rauschunterdrückung durch Filterung im Ortsbereich*
Zur Unterdrückung von Bildstörungen kann die Filtermaske

$$\mathbf{H}_S = \begin{bmatrix} 1 & 1 & 1 \\ 1 & 0 & 1 \\ 1 & 1 & 1 \end{bmatrix} \tag{123}$$

eingesetzt werden. Dabei tritt Bildunschärfe auf. Die Abb. 199 zeigt den Effekt bei zweimaliger Anwendung des Operators $\mathbf{H}_S$ auf ein verrauschtes Bild.

*Globale Operatoren*

Transformationen, die sämtliche Pixelinformationen des Ursprungsbilds benötigen, werden als *globale Operatoren* bezeichnet. Ein Beispiel dafür ist die zweidimensionale diskrete Fouriertransformation. Durch die Fouriertransformation verliert das Bild den für den Menschen nachvollziehbaren Interpretationswert, ermöglicht jedoch auf der anderen Seite die einfachere Durchführung von Rechenoperationen. Die Fouriertransformierte $FT\{s(x, y)\} = F$ eines Bilds $s$ ist definiert durch

$$
F(u, v) = \int_{-\infty}^{\infty} s(x, y)e^{-2\pi j(ux + vy)} dx dy
$$

$$
= \int_{-\infty}^{\infty} s(x, y)(\cos 2\pi(ux + vy) - j\sin 2\pi(ux + vy)) dx dy
$$

(124)

Durch die Fouriertransformation wird die Intensitätsfunktion $s(x, y)$ in eine Summe von Sinus- und Kosinuswellen verschiedener Frequenzen und Phasenlagen zerlegt. Neben der Fouriertransformation gibt es noch eine Reihe anderer globaler Operatoren, die in der Bildverarbeitung angewendet werden. Als Beispiele seien hier die Walsh-, Cosinus- und Sinustransformation genannt (Besslich und Tian 1990).

*Bereichssegmentierung*

Der Mensch kann Objekte erkennen und sie von ihrem Hintergrund abgrenzen. In der industriellen Bildverarbeitung kommt der Bereichssegmentierung ebenfalls die Aufgabe zu, Objekte oder Objektteile aus einer Szene herauszulösen. Dabei wird in der Regel mit Grauwertanalyse gearbeitet und nicht mit semantischer Interpretation. Der typische Vorgang der Bereichssegmentierung erfolgt folgendermaßen:

- *Schwellwertoperation:* Im ersten Schritt wird für das Bild ein Grauwerthistogramm berechnet und über Ortsfilterung geglättet. Anschließend werden bestimmte Grauwerte als Schwellwerte für die Segmentierung des Bilds definiert. Die Grauwerte diesseits und jenseits der Schwelle werden mit Labeln ausgezeichnet (z. B. bei einer Schwelle vom Grauwert 100 erhalten Pixel mit den Grauwerten $G < 100$ das Label „0", die anderen das Label „1").
- *Komponentenmarkierung und Zusammenhangsanalyse:* Aus dem durch Histogrammanalyse, Schwellwertbildung und (noch zu besprechenden morphologischen Operationen) gewonnenen Labelbild wird ein Markenbild erzeugt, d. h. zusammengehörige Bereiche erhalten eindeutige Markierungen.
- *Merkmalsextraktion:* Mit Hilfe von Algorithmen werden Merkmale wie Flächeninhalt und Umfang eines segmentierten Bereichs, der Schwerpunkt und der Abstand des Bereichsrands zum Schwerpunkt („polarer Abstand") bestimmt.

*Kantenextraktion*

Die visuelle Repräsentation der Begrenzung von Objekten sind Kanten und Linien. Die Extraktion von Kanten aus Graustufenbildern spielt in der Bildverarbeitung eine wichtig Rolle. Durch die Anwendung von Differenzoperatoren treten Grauwertübergänge hervor, wie das am Beispiel der Abb. 200 zu sehen ist. Sofern ein Objekt in Grauwertkontrast zu anderen Objekten und zur Umgebung steht, eignet sich diese Methode gut zur Kantendetektion. Manchmal unterscheidet sich ein Objekt in seiner *Textur* vom restlichen Bildinhalt. In solchen Fällen können Verfahren zur Texturerkennung auch zur Kantenextraktion eingesetzt werden.

Durch Ortsfilterung kann eine Kantendetektion nach Gradientenbetrag- und -richtung erfolgen. Besonders geeignet hierfür ist der Sobel-Operator aus Gl. (121). Zu beachten ist dabei, dass zunächst die Differenzierung in x-Richtung und dann in y-Richtung erfolgt:

**Abb. 200:** Kantendetektion mit dem Sobel-Operator $H_x$ (links) und $H_y$ (rechts) nach Gl. (121)

Aus den so gefilterten Bildern kann dann mit

$$\sqrt{s_x^2(x,y) + s_y^2(x,y)} \quad \text{und} \quad \tan\varphi = \frac{s_x(x,y)}{s_y(x,y)} \tag{125}$$

Betrag und Richtung des Kantengradienten berechnet werden. Ein Laplace-Kern nach Gl. (122) liefert direkt ein kantenextrahiertes Bild.

*Kantensegmentierung*

Dieser Operation liegt die Aufgabe zu Grunde, zusammenhängende Objekte aus dem Kantenverlauf zu erkennen. Der komplexe Vorgang, zusammenhängende Kantenzüge auch beim Auftreten von Störungen zuverlässig zu erkennen, wird in der Regel in einige Teilaufgaben zerlegt. Typische Operationen sind die *Konturpunktdetektion* durch Gradientenbildung (siehe oben), die *Konturverdünnung* (Reduktion der abseits der eigentlichen Kante liegenden Bildpunkte), die *Konturpunktverkettung* und die *Konturapproximation.* In Bässmann und Besslich (1993) werden die in der Praxis häufig angewandten Methoden anschaulich vorgestellt.

*Morphologische Bildverarbeitung*
Die mathematische Morphologie ist eine Theorie, die sich mit der Verknüpfung von Mengen befasst. Die Anwendung dieser Mengenoperationen führt zur Lösung von bestimmten Bildverarbeitungsaufgaben, wie Kantenextraktion, Skelettierung, Segmentierung oder das Zählen von Segmenten. Neben Mengenoperationen wie die Bildung von *Vereinigungs-, Differenz-, Durchschnitt-* und *Komplementärmenge* sind für die Bildverarbeitung besonders die *Dilatation* und *Erosion* von Mengen von Bedeutung.

Es seien $K$ und $X$ beliebige Pixelmengen des Bilds. Die Menge $K$ wird als *Kern* oder *strukturierendes Element* bezeichnet. $K$ wird in alle möglichen Positionen innerhalb des Bildbereichs verschoben. Der in den Bildpunkt mit dem Index $y$ verschobene Kern wird mit $K_y$ bezeichnet. Die *Dilatation* der Menge $X$ durch das strukturierende Element $K$ ist die Menge aller Punkte mit dem Index $y$, bei denen der Durchschnitt von $X$ und $K_y$ nicht leer ist.

$$Y = X \oplus K = \{y | K_y \cap X \neq 0\} \tag{126}$$

Beispiel: In Abb. 201 sind von links nach rechts folgende Elemente dargestellt: Das strukturierende Element oder „Kern" (seine Bedeutung ist hier „diagonale Nachbarn", das Referenzelement ist durch „o", die beiden Verschiebungspositionen durch „x" gekennzeichnet), das Originalbild, Verschiebung des Originals in die linke untere Position des strukturierenden Elements mit anschließender ODER-Verknüpfung mit dem Originalbild, zusätzliche Verschiebung nach rechts oben mit anschließender ODER-Verknüpfung mit der vorigen Operation und dem Originalbild. Die *Erosion* ist definiert durch

$$X = X \otimes K = \{y | K_y \subseteq X\} = \{y | K_y \cap X\} = K_y. \tag{127}$$

Ausgangspunkt ist immer ein Grauwertbild. Als strukturierendes Element wird eine Maske $K$ definiert, die festlegt, welche Bildpunkte zum Bildpunkt in der Position $(x, y)$ als benachbart betrachtet werden, also z. B. die diagonal versetzten Punkte in Abb. 201. Die Grauwerte der durch das strukturierende Element definierten Nachbarn werden der Größe nach geordnet und bilden eine Rangfolge $f$ (Rangordnungsoperatoren). Je nachdem, durch welches Element der geordneten Rangfolge $f$ der Bildpunkt in der Position des Bezugspunkts ersetzt wird, ergeben sich unterschiedliche Operationen.

Die Dilatation erhält man, wenn der Grauwert in der Position des Bezugspunkts durch den *maximalen* Wert der Rangfolge $f$ ersetzt wird. Hier dehnen sich die helleren Bildbereiche auf Kosten der dunkleren Bildbereiche aus (Abb. 202 Mitte). Die Ausdehnungsrichtung kann durch die Form des strukturierenden Elements gesteuert werden. Mit $s_e$ als Eingangsbild und $k(i, j)$ als Elemente der Matrix des strukturierenden Elementes kann die Dilatation wie folgt beschrieben werden:

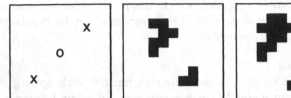

**Abb. 201:** Morphologische Operatoren (von links nach rechts): Kern *K*, Originalbild, Originalbild + Verschiebung nach rechts oben, Originalbild + Verschiebung nach rechts oben und links unten

$$\text{dil}(x, y) = \max\{s_e(x + i, y + i) + k(i, j)\}. \tag{128}$$

Bei der Erosion wird der Grauwert des Bezugspunkts durch den *minimalen* Wert der Rangfolge *f* ersetzt. Hier dehnen sich die *dunklen* Bildbereiche auf Kosten der helleren aus (Abb. 202 rechts). Die Erosion wird folgendermaßen beschrieben:

$$\text{ero}(x, y) = \min\{s_e(x + i, y + i) + k(i, j)\} \tag{129}$$

Ersetzt man den Grauwert des Bezugspunkts durch den *mittleren* Wert der Rangfolge *f*, so entsteht die Wirkung des *Medianfilters*. Es dient zur Verbesserung verrauschter Bilder.

**Abb. 202:** Originalbild (links), Dilatation (Ausweitung der hellen Bereiche) (Mitte), Erosion (Ausweitung der dunklen Bereiche) (rechts)

*Extraktion von Segmenträndern*

Mit der morphologischen Operatoren Dilatation und der Differenzbildung können Segmentränder extrahiert werden (Abb. 203).

Die Methode besteht darin, zuerst mit Hilfe der Dilatation die hellen Bereiche um einige Pixel zu vergrößern und dann die Differenz mit dem Originalbild zu errechnen. Bei komplexeren Szenen kann eine Kontrasterhöhung des Originalbilds die darauffolgende Segment-Randextraktion durch Dilatation und Differenzbildung qualitativ verbessern.

**Abb. 203:** Extraktion von Segmenträndern durch Dilatation und Differenzbildung

*Hough-Transformation*
Die Zielsetzung der Hough-Transformation ist das Finden vorgegebener geometrischer Strukturen in einem Bild. Es wird geprüft, ob einzelne Segmente im Bild der vorgegebenen Referenzstruktur ähnlich sind oder nicht. Als Referenzstrukturen kommen etwa Geraden, Kreise, Ellipsen oder andere geometrische Elemente in Frage. Die Hough-Transformation arbeitet relativ robust und kann auch bei Anwesenheit von Rauschen und anderen Störungen erfolgreich eingesetzt werden.

Die Standard Hough-Transformation wurde ursprünglich zur Detektion von kollinearen Bildpunkten in Binärbildern verwendet. Die Referenzstruktur ist in diesem Fall eine Gerade. Sie ist durch die Gleichung

$$ax + by + c = 0 \tag{130}$$

gegeben. Für $b \neq 0$ ist sie durch die Parameter $M = -\dfrac{a}{b}$ und $t = -\dfrac{c}{b}$ eindeutig bestimmt.

Wird vom Koordinatenursprung das Lot auf die Gerade gefällt, so ist durch die Länge $r$ des Lots und den Winkel $\varphi$ des Lots mit der $x$-Achse die Gerade ebenfalls eindeutig festgelegt. Den Zusammenhang zwischen $(x, y)$-Koordinaten und $(r, \varphi)$-Koordinaten beschreibt die *Hesse'sche Normalform*:

$$r = x\cos\varphi + y\sin\varphi \tag{131}$$

In einem Koordinatensystem, in dem auf der Abszisse die Werte von $r$ und auf der Ordinate die Werte von $\varphi$ aufgetragen sind, entspricht der Geraden ein *Punkt*. Dieses Koordinatensystem wird als $(r, \varphi)$-Raum bezeichnet. Trägt man für alle Geraden des Geradenbüschels in einem Punkt $A$ die Werte in den $(r, \varphi)$-Raum ein, so erhält man eine sinoidale Kurve (Abb. 205).

Das Büschel in einem zweiten Punkt $B$ erzeugt ebenfalls eine derartige Kurve. Da die Büschel eine Gerade gemeinsam haben, schneiden sich die beiden Kurven im $(r, \varphi)$-Raum in einem Punkt. Wenn man somit die Büschel von vielen Punkten, die alle auf einer Geraden liegen, in den $(r, \varphi)$-Raum einträgt, so werden sich die dazugehörigen Kurven alle in einem Punkt schneiden.

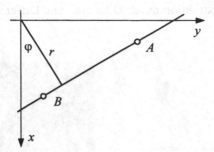

**Abb. 204:** Anwendung der Hesse'schen Normalform in der Hough-Transformation

Dieser Sachverhalt kann zur Detektion kollinearer Bildpunkte verwendet werden. Dazu wird der $(r, \varphi)$-Raum diskretisiert. Der $(r, \varphi)$-Raum geht dann in ein endliches, zweidimensionales Feld über, das im Folgenden auch als *Akkumulator* bezeichnet wird. Jedes Element im Akkumulator entspricht genau einer Geraden im $(x, y)$-Koordinatensystem. Alle Elemente des Akkumulators werden anfänglich mit Null initialisiert.

Im nächsten Schritt werden zu allen Vordergrundbildpunkten des binären Eingabebilds die Geradenbüschel berechnet und in den $(r, \varphi)$-Raum eingetragen.

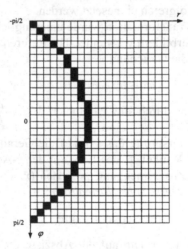

**Abb. 205:** Hough-Transformation: jedem Diagrammpunkt entspricht eine Gerade im Ausgangsbild

Die betreffenden Elemente des Akkumulators werden damit um eins erhöht. Falls nun im Eingabebild viele Vordergrundbildpunkte näherungsweise auf der selben Geraden liegen, so wird im Akkumulator dasjenige Element einen hohen Wert aufweisen, in dem sich alle Büschelkurven schneiden. Die Aufgabe, im Originalbild kollineare Bildpunkte zu detektieren, reduziert sich nach dieser Verarbeitung auf die Suche jenes Elements des Akkumulators, das den höchsten Intensitätswert hat. Die zu diesem Element gehörigen $r$- und $\varphi$-Werte bestimmen die Gerade im $(x, y)$-Koordinatensystem, auf der die Vordergrundbildpunkte näherungsweise liegen.

**Abb. 206:** Festo-Checkbox: Ein universelles System zur industriellen Teileerkennung und Qualitätskontrolle. Quelle: Festo AG & Co. KG

*Industrielle Applikationen*
Die Bildverarbeitung gehört heute bereits zu den Standardtechnologien in der Automatisierungstechnik. Dies soll am Beispiel der Festo-Checkbox (Abb. 206) illustriert werden. Mit der Checkbox können kleine Teile wie Schrauben, Bolzen oder Stifte auf ihre qualitativen Eigenschaften und ihre Orientierung hin geprüft werden, indem sie mit hohen Geschwindigkeiten an einer Zeilenkamera vorbeigeführt werden. Das System besteht aus einer Steuer- und einer Fördereinheit. Im Teach-In-Modus lernt das System, richtige und falsche Teileorientierungen sowie Gut- und Schlechtteile zu unterscheiden. Im Echtzeitbetrieb werden die Serienteile über die Fördereinheit an der Kamera vorbeigeführt. Teile, die den Teach-In-Anforderungen nicht entsprechen, werden durch einen Luftstromimpuls vom Förderband geblasen. Sie können dann in einem Behälter für Schlechtteile aufgefangen werden oder zurück in die Vereinzelungsvorrichtung fallen (Abb. 207).

Die Checkbox wurde von der Firma Festo in Kooperation mit dem Institut für Automatisierungs- und Regelungstechnik der TU Wien entwickelt.

## 5.4 Dezentrale Künstliche Intelligenz

Wie bereits mehrfach in den Kapiteln 2, 3 und 4 ausgeführt wurde, kommt den dezentralen und verteilten Architekturen in der Automatisierungstechnik eine immer wichtige Rolle zu. Zum einen erhöhen Systeme mit verteilter Intelligenz die Flexibilität bei Rekonfiguration von Anlagen, zum zweiten können Adaptionen beim Strukturwechsel wesentlich rascher und kostengünstiger vorgenommen werden, wenn die lokal einge-

setzten Geräte bereits Intelligenz und „Wissen" über ihre eigenen Schnittstellenfunkti-
onen eingebaut haben.

**Abb. 207:** Anwendung der Festo-Checkbox zur Orientierungsprüfung für Teile, die
aus einem Wendelförderer kommen

Die folgenden Abschnitte befassen sich mit Architekturen und Technologien, die sich
zum Zeitpunkt der Abfassung des Buchs zum Teil noch im Forschungsstadium befinden. Das zentrale Thema hängt mit der Agententheorie und ihrer praktischen Anwendung in der Automatisierungstechnik zusammen. In weiterer Folge werden die Konzepte von autonomen Systemen mit Interaktions- und Kommunikationsfähigkeit
besprochen. Im Rahmen der folgenden Abhandlungen wird so eine Vision gezeichnet,
die schon bald Realität für die Automatisierungstechnik werden könnte.

## 5.4.1   Systeme technischer Agenten

Der Begriff „Technischer Agent" wird durch drei wesentliche Merkmale charakterisiert:

- *Autonomie:* Der Agent ist in der Lage, in einem vorgegebenen Handlungs-
  und Entscheidungsraum selbstständig zu agieren. Ein Teil des Agenten ist
  kontinuierlich aktiv, um seine Stabilität zu bewahren. Er versucht vorgegebene Ziele zu erreichen und trifft Entscheidungen, die er auf Basis von recher-
  chierten Informationen vorbereitet hat.
- *Interaktivität:* Der Agent tritt mit anderen Agenten in kommunikative und
  operative Wechselwirkung.
- *Optimierungsfähigkeit:* Der Agent ist in der Lage, ein oder mehrere Gütekriterien der ihn umgebenden Prozesse zu optimieren. Diese Eigenschaft unterscheidet ihn von konventionellen Automaten.

*Kooperation* zwischen technischen Agenten tritt im Zusammenhang mit folgenden Situationen auf:

- *Kooperatives Entscheidungsverhalten:* Im Sinne der Spieltheorie versucht der Agent, den Nutzen des Gesamtsystems zu maximieren, ohne dabei die Ziele, Aktionen oder Teilsysteme der anderen Agenten zu schädigen.
- *Konkurrenz und Verdrängung:* Der Agent tritt in eine Wettbewerbsbeziehung mit den anderen Agenten ein, um ein Optimum an Systemressourcen zu erlangen.
- *Optimierung:* Zur Erreichung eines Optimierungsziels betreibt der Agent konstruktive Kooperationen mit anderen Agenten.

Die Verbindung zwischen mehreren technischen Agenten wird mit dem Begriff der *Kopplung* belegt, der in folgenden Situationen auftreten kann:

- Kopplung zwischen Agenten, die Bestandteil des zu optimierenden Prozesses sind
- Kopplung zwischen Agenten, die Bestandteil des Optimierungsprozesses sind
- Kopplung zur Veränderung bestimmter Eigenschaften der Prozesse (Leistung, Geschwindigkeit, Redundanz etc.)

Die schwarzen Quadrate in Abb. 208 repräsentieren autonome Agenten. Fertigungseinheiten, Roboter, Computerprogramme, Menschen, Unternehmen, Märkte, Wirtschaftsunionen und dergleichen können in derartigen Systemen als Agent verstanden werden.

## Zelle

Die biologische Zelle als Elementarorganismus besitzt sämtliche Anlagen der Grundfunktionen des Lebens, wie Stoffwechsel, Wachstum, Bewegung, Vermehrung und Vererbung. Diese Grundfunktionen sind mit der Zelle untrennbar verbunden. Die biologische Zelle ist ein offenes System, d. h. sie befindet sich stets in Stoff-, Energie- und Informationsaustausch mit ihrer Umgebung. Oft werden technische Agenten in Analogie zu biologischen Zellen gesehen, da sie in Hinblick auf Autonomie, Interaktion und Optimierungsfähigkeit ein ähnliches Verhalten aufweisen.

## Fraktale

Der Begriff Fraktal stammt aus der mathematischen Theorie der fraktalen Geometrie. Er beschreibt die Selbstähnlichkeit von Komponenten einer Figur mit ihrer Gesamtheit.

Ein Fraktal ist bei Warnecke (1996) als eine selbstständig agierende Unternehmenseinheit definiert, für die folgende Sachverhalte gelten:

- Fraktale besitzen die Fähigkeit zur Selbstorganisation (Koordination, Adaption, Bilden und Auflösen, Steuerung von Prozessen innerhalb und außerhalb ihrer Systemgrenzen).
- Das Gesamtziel, das sich aus der dynamischen Kombination der Individualziele der Fraktale ergibt, muss widerspruchsfrei sein.
- Fraktale sind mit Informations- und Kommunikationssystemen ausgestattet.

- Die Leistung jedes Fraktals wird ständig gemessen und bewertet.
- Alle Fraktale benutzen die gleichen Schnittstellen und Protokolle.

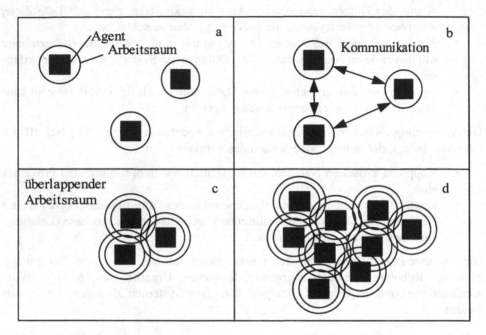

**Abb. 208:** Das Entstehen von komplexen Agentensystemen: **a** Ausgangszustand, **b** kommunikative Vernetzung, **c** überlappender Arbeitsraum, **d** komplexes Agentensystem mit wechselseitiger Kommunikation und überlappenden Arbeitsräumen

Das Merkmal der Selbstähnlichkeit bezieht sich auf die strukturellen Eigenschaften sowie auf die Art und Weise der Leistungserstellung und auf die Verfolgung von Zielen (vergleiche: Mitarbeiter und Firma). Das Fraktal wird durch seine Eigenschaften und durch sein Wirken in einer Umgebung definiert. Eine fraktale Fabrik kann auch aus Fraktalen bestehen, die nicht zu demselben Unternehmen gehören. Dies entspricht der Idee vom *virtuellen Unternehmen* (vgl. Abschn. 3.6.5). Auf zentrale Funktionen kann natürlich nicht vollständig verzichtet werden. Damit Fraktale ihre eigene Leistung bewerten können, müssen sie die Folgen ihres Wirkens vorhersehen können.

## 5.4.2  Holonik

Der Begriff *Holon* wurde im Rahmen des internationalen Projekts *Holonic Manufacturing Systems* (HMS, als Teilprojekt von IMS, Intelligent Manufacturing Systems, einem Forschungsprogramm des MITI, Ministeriums für Handel und Industrie, Japan, 1994) zur Bezeichnung modularer, autonomer und kooperativer Komponenten von dezentralisierten Fertigungssystemen verwendet. Mit Hilfe von Holonen soll die schnellere und zuverlässigere Realisierung von neuen Maschinen mit großer Skalierbarkeit und Erweiterbarkeit erreicht werden.

Das Holon (griech. „ganzes Partikel") ist eine Grundeinheit in einem offenen hierarchischen System. Innerhalb eines holonischen Systems wird mit dem Begriff Holon jeder Baustein eines holonischen Fertigungssystems bezeichnet, der physikalische Objekte oder Information transformiert, transportiert, speichert oder bewertet. Drei Eigenschaften zeichnen ein Holon aus:

- Autonomie
- Kooperationsfähigkeit
- Intelligenz

Holone können aus anderen Holonen zusammengesetzt werden. Ein Fertigungssystem kann demnach als Holarchie modelliert werden, in der Holone nach festgelegten Kooperationsregeln zusammenwirken. Diese Regeln schränken die Autonomie des Holons im Sinne der Systemziele konstruktiv ein und führen zu Organisationssystemen (vgl. Zeichen und Fürst 2000). Die Strukturen und Komponenten eines holonischen Fertigungssystems skizziert die Abb. 209.

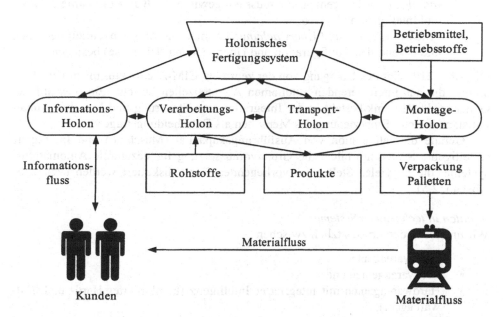

**Abb. 209:** Holonische Fertigungssysteme nach Seidel und Mey (1994)

Autonomie ist die Fähigkeit, Pläne und Strategien zu erzeugen sowie deren Ausführung zu steuern und zu regeln. Ein Holon ist nicht in eine feste baumartige Hierarchie integriert. Ein Holon verwaltet Zeit, Material, Energie und Information selbstständig. Kooperation bewirkt, dass Holonen gegenseitig akzeptierbare Pläne ausarbeiten, austauschen und gemeinsam ausführen. Der Informationsaustausch ist eine Erweiterung des CIM-Konzepts. Die Informationskanäle zwischen den Holonen sind (rechner-unterstützt) dynamisch rekonfigurierbar.

*Agentenzellen*

Als Grundelement eines komplexen holonischen Systems verfügt die Agentenzelle über folgende Eigenschaften und Fähigkeiten:

- Koordination und Kooperation
- Gruppenintelligenz
- soziale Organisationsfähigkeit (z. B. Teambildung) im technischen Sinne
- Kommunikationsfähigkeit (Fähigkeit zum freien Informationsaustausch)

Zur Realisierung dieser Eigenschaften müssen mehrere Voraussetzungen erfüllt sein:

- *Struktur:* Komplexe Agentensysteme sind aus kleineren autonomen Teilen (Agentenzellen) zusammengesetzt. Die Gesamtsysteme müssen die Fähigkeit zur Selbstorganisation, zur eigenständigen Weiterentwicklung und zur Selbst-erhaltung aufweisen.
- *Steuerungsarchitektur:* Es muss uneingeschränkte Kommunikation möglich sein sowie die Fähigkeit zur dynamischen Restrukturierung existieren.
- *Intelligenz:* Jede Agentenzelle muss ein gewisses Maß an Autonomiefähigkeit und Intelligenz aufweisen.
- *Synchronisierung und Überwachung:* Es muss die Möglichkeit zur zentralen und dezentralen Konfiguration und Überwachung (Diagnose) bestehen.

Die Abb. 210 zeigt den Übergang von der zentralen CIM-Architektur bis hin zur Hol-archie, die aus interagierenden autonomen Agentenzellen besteht. Ein wesentlicher Gedanke der Holonik besteht in der Integration von Steuerung und Maschine (unter Umständen unter Einbeziehung des Menschen als Entscheidungsträger).

Gerade die Intergration von Ausführungskapazität (Maschine) und Intelligenz (intelligente Steuerung) bildet die Grundvoraussetzung für dezentrale Automations-systeme, die an vielen Stellen im vorliegenden Buch diskutiert werden (vgl. z. B. Abschn. 2.5).

*Agenten in technischen Systemen*

Wir unterscheiden grundsätzlich zwischen

- Hardwareagenten,
- Softwareagenten und
- Hardwareagenten mit integrierter Intelligenz (kombinierter Hard- und Soft-wareagent).

Im Bereich der industriellen technischen Multiagentensysteme kombiniert der Agen-tenbegriff die Konzepte der verteilten interagierenden Softwaresysteme und die intelli-genten autonomen Hardwaresysteme (vgl. z. B. Lüth 1998).

Damit ergibt sich eine Einengung zum Agentenbegriff in der *Verteilten Künstli-chen Intelligenz* (VKI/DAI, *Distributed Artificial Intelligence*). Er werden zwei Klas-sen von verteilten Systemen unterschieden:

- *Verteiltes Problemlösen (VPL, Distributed Problem Solving)*: Mehrere Systeme lösen gemeinsam ein globales Problem, wobei kein System allein die Kapazität besitzt, das Problem allein zu lösen. Die beteiligten Systeme kennen das gemeinsame Ziel (vgl. Abb. 211 links).
- *Multiagentensysteme (MAS)*: Mehrere Systeme lösen ihre eigenen lokalen Probleme, wobei die Problemlösung eines Systems die Problemlösung der anderen Systeme negativ oder positiv beeinflussen kann (Abb. 211 rechts).

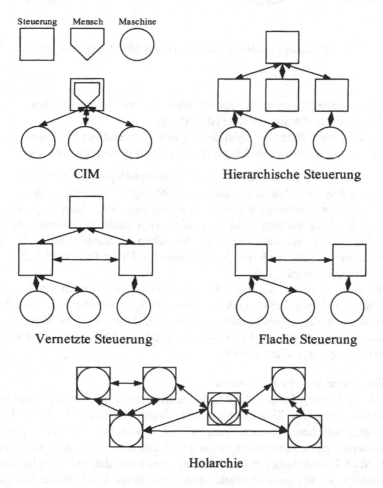

**Abb. 210:** Von der CIM-Struktur zur Holarchie

Die Methoden der verteilten künstlichen Intelligenz basieren auf einer modellierten deterministischen Welt, in der die von den Agenten erstellten symbolischen Pläne ausgeführt werden können (sog. *Single State Problem*). Es gelten folgende Annahmen:

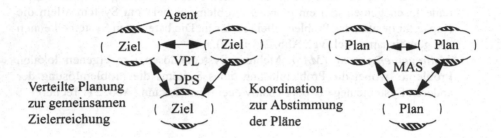

**Abb. 211:** Verteiltes Problemlösen (VPS) und Multiagentensystem (MAS)

- Die Auswirkungen in der Umwelt können vorhergesagt werden.
- Die Zeit zur Plangenerierung ist sehr kurz.
- Es gibt keine Veränderungen der Umwelt während der Planungsphase.
- Der aktuelle Weltzustand kann (rasch und eindeutig) ermittelt werden.

Bei der Erstellung von Zeitplänen für die Maschinenbelegung in der Produktionsautomatisierung gelten diese Annahmen tatsächlich häufig. Die Aufträge, die aus mehreren
Fertigungsschritten bestehen, müssen dabei so auf den Maschinen ausgeführt werden,
dass Lieferfristen eingehalten und Kostenkriterien optimiert werden können. Die
Agenten planen dann die Ausführung der Aufgaben im Sinne eines VPL oder MAS.
Treten unvorhergesehene Änderung in der Umwelt oder im Systemverhalten ein, so ist
eine Neuplanung unumgänglich.

Oft können Agenten nur einen Teil der Umwelt sensorisch wahrnehmen (sog.
*Multiple State Problem*). Lassen sich die Auswirkungen von Aktionen und der nächste
Weltzustand nicht ausreichend genau vorhersagen, dann sinkt die Verlässlichkeit der
Planungsannahmen. In diesem Fall müssen zusätzliche Maßnahmen zur sensorischen
Umwelterfassung vorgesehen werden.

*Verhandlungskonzepte der Spieltheorie*
Eine der Aufgaben der kooperativen Spieltheorie ist es, bei Problemlösungsaufgaben
geeignete Strategien zur Zielerreichung festzulegen. Es muss die Frage beantwortet
werden, unter welchen Randbedingungen eine bestimmte Verhandlungsstrategie in
einem kooperativen Gesamtsystem zu einem bestimmten, rational bewertbaren Ergebnis führt. Nach Feststellung der Randbedingungen kann das Individualsystem aus der
Gesamtstrategie seine eigene optimale Strategie wählen. Ein Beispiel soll dieses Problem erläutern.

*Beispiel für das Entstehen eines kooperativen Transports*
Einem Team von *n* Transportrobotern (Agenten) wird ein Transportauftrag angeboten.
Die erfolgreiche Ausführung des Auftrags bringt einen Gesamtnutzen *N* für alle Robo-
ter (z. B. *n* = 10 Roboter im Team, Gesamtnutzen beim Zustandekommen des Auf-

trags $N = 500 \text{ €}$). Die Ausführung des Auftrags verursacht die Gesamtkosten $K$ (z. B. $K = 100 \text{ €}$, die auf jene $k$ Roboter ($k \leq n$) entfallen, die sich an der Aufgabe beteiligen. Die Roboter treten nun gegenseitig in Verhandlung.

Für die $k$ Roboter, die sich an der Ausführung beteiligen, ergibt sich ein Nutzen von

$$N_k = \left( \frac{N}{n} - \frac{K}{k} \right), \tag{132}$$

also beispielsweise $N_k = 30 \text{ €}$ für $k = 5$, da sie zwar vom Gesamtnutzen anteilsmäßig profitieren, jedoch auch die anteiligen Kosten für den Transport tragen müssen. Für die nicht beteiligten Roboter entsteht ein direkter Nutzen von

$$N_n = \left( \frac{N}{n} \right), \tag{133}$$

im Beispiel $N_n = 50 \text{ €}$, da für sie ja keine Kosten entstehen. Es gibt also für den einzelnen Roboter keinen Anreiz, sich für den Transportauftrag zu bewerben, solange nicht klar ersichtlich ist, dass sich ausreichend viele Roboter beteiligen, um zumindest die Ausführungskosten zu decken, nämlich

$$k_{min} \geq n \frac{K}{N}, \tag{134}$$

im gegenständlichen Beispiel gilt $k_{min} \geq 2$. Erklärt sich nur ein einziger Roboter bereit, an dem Transportauftrag teilzunehmen, übersteigen die für ihn anfallenden Kosten seinen Nutzen. Zieht der Roboter seine Bereitschaft zurück, so kann der Transport nicht stattfinden. Der Systemnutzen verschwindet.

Die Einhaltung der Zusage eines einzelnen Roboters, sich an der Ausführung zu beteiligen, ist jedoch von großer Bedeutung, da sich alle anderen Roboter unter Einbeziehung dieser Zusage für die Ausführung entschieden haben und die entstehenden Kosten teilen müssen, obwohl die an der Ausführung nicht teilnehmenden Roboter ebenfalls profitieren. Hier ist eine *vertragliche Bindung* erforderlich.

Ein zweiter Punkt betrifft das Optimierungsziel der Roboter hinsichtlich der Kostensenkung. Sowohl eine Beteiligung im (ausreichend großen) Team als auch eine Nichtbeteiligung können den Nutzen des einzelnen Roboters erhöhen. Die Beteiligung führt jedoch zu einer zeitlichen Bindung der Roboterressourcen, während die Nichtbeteiligung bei fehlender Leistungsbindung zu einem höheren Nutzen führt. Stehen die Roboter untereinander im Wettbewerb, möglichst großen Nutzen oder geringe Kosten zu erwirtschaften, dann dürfen sie sich keinesfalls an der Ausführung beteiligen, solange nicht alle Roboter einbezogen sind. In diesem Fall wird die Transportaufgabe also nur dann ausgeführt, wenn sich alle Roboter beteiligen. Eine derartige Zusatzbedingung kann die Funktion des Systems in Frage stellen. Die Art der Verteilung des Nutzens hat daher Auswirkungen auf die Entscheidung, ob ein Auftrag überhaupt ausgeführt werden kann oder nicht (vgl. Lüth 1998).

Dieses Beispiel soll zeigen, dass die Definition der Pflichten und Nutzen der einzelnen Agenten ein wichtiges Kriterium zur Funktion und Güte des Gesamtsystems darstellt. Im Allgemeinen verhandeln Agenten zu einem bestimmten Zeitpunkt nicht nur an einem einzigen Auftrag, sondern an mehreren gleichzeitig. Die Komplexität der Entscheidungsfindung kann also sehr groß werden.

# 6 Industrielles Prozessmanagement

Ein Unternehmen setzt Handlungen zur Erreichung seiner strategischen Ziele. Die strategischen Ziele wiederum basieren auf den Grundtriebkräften

- langfristige Sicherung des Unternehmens,
- Gewinnmaximierung und
- Berücksichtigung von strategischen und operativen Randbedingungen.

Die Randbedingungen sind vielfältig und hängen von der Art des Geschäfts sowie von marktspezifischen Gegebenheiten ab. An oberster Stelle kommen in der Regel

- umfassende Kundenzufriedenheit,
- Anforderungen an Produkt- und Prozessqualität sowie
- umwelt- und gesellschaftspolitische Randbedingungen.

Die zur Erreichung der strategischen Ziele gesetzten Handlungen werden durch organisationsspezifische Managementmaßnahmen koordiniert und geleitet. Dazu bedient sich das Unternehmen in der Regel einer

- Aufbauorganisation und einer
- Ablauforganisation.

Die Strukturierung der *Aufbauorganisation* ergibt sich aus der Zuordnung von Teilaufgaben der Organisationseinheiten und ihrer operativen Beziehungen untereinander. Die *Ablauforganisation* ermöglicht eine periodische und terminlich abgestimmte Folge von Arbeitsabläufen, die dem Erreichen der Geschäftsziele dienen. Damit kommt der Aufbauorganisation die Bedeutung des betrieblichen Rahmens zu. Die Ablauforganisation hingegen steuert das betriebliche Geschehen.

Da Geschäftsziele primär nur durch *Aktionen* erreicht werden können, kommt dem industriellen Prozessmanagement eine hohe Bedeutung zu. Die Aufbauorganisation muss durch das Unternehmensmanagement so eingerichtet werden, dass die Geschäfts-, Management- und Supportprozesse bestmöglich ablaufen können.

## 6.1 Industrielle Prozessmanagementsysteme

Nach Art und Zielsetzung der Prozesse in einem Unternehmen können wir

- Geschäftsprozesse,
- Managementprozesse und
- Supportprozesse

unterscheiden. Die primären Geschäftsziele werden mit den *Geschäftsprozessen* verfolgt. Dazu gehören Such- und Forschungsprozesse (Suchen nach Geschäftsmöglichkeiten und Erarbeiten neuer technischer Möglichkeiten zur weiteren Erschließung des Marktes), die Produkt- und Verfahrensentwicklung einschließlich der zugeordneten Technologieentwicklung, die Produktion und das Supply Chain Management (Einkauf, Materialwirtschaft, Beschaffungs- und Vertriebslogistik) und schließlich das Marketing und der Vertrieb.

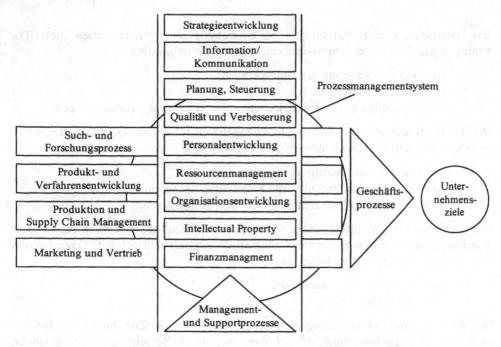

**Abb. 212:** Geschäfts-, Management- und Supportprozesse und ihre Koordination im Prozessmanagementsystem

Die Geschäftsprozesse werden durch *Management- und Supportprozesse* unterstützt. Darunter verstehen wir Prozesse von der Strategieentwicklung des Unternehmens, über die Personalentwicklung bis hin zum Finanzmanagement (siehe Abb. 212).

### 6.1.1 Anforderungen und Aufgaben

Die Hauptaufgabe eines industriellen Prozessmanagementsystems ist die Systematisierung und Standardisierung der Unternehmensprozesse. Es wird damit das Ziel verfolgt, durch Vereinheitlichung der Abläufe einerseits eine gezieltere Steuerung zu ermöglichen, andererseits die Abläufe selbst transparenter zu gestalten.

Darüber hinaus bietet sich die Möglichkeit der Integration des Systems mit computerunterstützten Wissens- und Datenverwaltungssystemen. Dazu zählt beispielsweise die Betriebsdatenerfassung (BDE).

Der Nutzen eines unternehmensweiten Prozessmanagementsystems hängt natürlich vom tatsächlichen Gebrauch im Alltag ab. Nur eine konsequente Anwendung des Systems durch alle Organisationseinheiten und die regelmäßige Pflege und Weiterentwicklung ermöglichen die Erschließung des eigentlichen Werts. Das volle Commitment der obersten Konzernleitung stellt dabei eine weitere Grundvoraussetzung dar.

## 6.1.2 Strukturen

Prozessmanagementsysteme bauen auf Prozeduren auf. Prozeduren sind durch folgende Merkmale gekennzeichnet:

1. eine Person, die für die Pflege der Prozedur im Prozessmanagementsystem verantwortlich ist („Process Owner")
2. ein Ablaufdiagramm, das die Prozedur mit ihren Prozessen und Entscheidungsfolgen über mehrere Funktionen hinweg beschreibt („Cross-Functional Flow-Chart", siehe Abb. 213)
3. definierte Prozesskennzahlen (typische und maximale Durchlaufzeit, Grad der Erreichung der enthaltenen Meilensteine beim „ersten Anlauf")
4. eine ausführliche textuelle Prozessbeschreibung
5. ein Berichtsystem, das die Dokumentation regelt

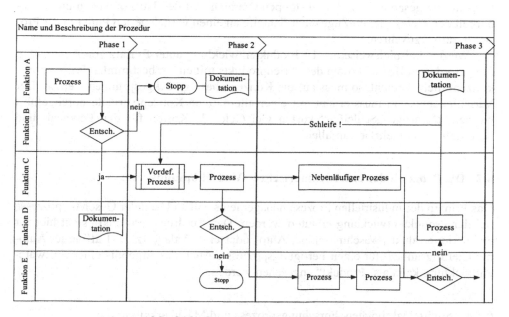

**Abb. 213:** Cross-Functional Flow-Chart

Besonders anschaulich kann eine Prozedur an Hand ihres Cross-Functional Flow-Charts dargestellt werden. Neben dem Namen und der inhaltlichen Beschreibung der Prozedur wird in diesem Diagramm ersichtlich, aus welchen Phasen sie besteht und welche Unternehmensfunktionen an den Prozessen beteiligt sind. Beispiele für Phasen sind (vgl. Abschn. 6.3.3):

- Definitionsphase
- Konzeptphase
- Entwicklungsphase
- Markteinführungsphase

Unternehmensfunktionen sind entweder durch ihre namensgleichen Organisationseinheiten beschrieben (Forschung, Entwicklung, Produktion, Einkauf, Vertrieb) oder durch funktionale Eigenschaften mehrerer Organisationseinheiten, wie beispielsweise

- Projektleitung und Controlling
- Qualitätsmanagement
- Normungswesen und Zulassungen

Das Cross-Functional Flow-Chart zeigt auch deutlich die Sequenz der Entscheidungspunkte (Meilensteine, Rauten in Abb. 213) auf. Zu einem Meilenstein gehört immer ein Entscheidungsgremium, das über seine Erreichung befindet. Bei der Nichterreichung der Zwischenziele zu einem bestimmten Meilenstein besteht entweder die Möglichkeit, die gesamte Prozedur zu stoppen (Verzicht auf den Nutzen wegen unerreichbarkeit der Ziele) oder im Zuge einer Schleife an einen vorgelagerten Punkt in der Prozedur zurückzukehren.

Werden beispielsweise bei der Produktentwicklung unter Einsatz von Automation die geforderten Herstellkosten des Serienprodukts mit einem bestimmten Produktionskonzept nicht erreicht, so muss auf die Konzeptphase zurückgesprungen werden. Der Variantenentscheid muss erneut mit einer alternativen Konzeptvariante durchgeführt werden. Derartige „Schleifen" kosten viel Geld, da Kosten für den Personal- und Materialeinsatz mehrfach anfallen.

## 6.2  Die Prozesse der unternehmerischen Wertschöpfungskette

Das Prinzip des industriellen Prozessmanagements soll an Hand der Geschäftsprozesse bei der Produktentwicklung erläutert werden. Der Ausdruck „Produkt" steht hier für ein Serienprodukt (Waschmaschine, Auto) oder eine Anlage (z. B. Raffinerie, Automatisierungsanlage für einen Fertigungsprozess). Auch das Ergebnis einer Softwareentwicklung kann als „Produkt" angesehen werden.

### 6.2.1  Suchfeldaktivitäten, Forschungsprozess und Machbarkeitsstudie

Das Ziel des Unternehmens bei der Produktentwicklung besteht zumeist darin, dem Kunden durch das Neuprodukt einen signifikanten Mehrwert zu bieten. Dieser Mehrwert orientiert sich am Wert des Vorgängerprodukts und am Wert der Konkurrenzprodukte (vgl. das Automobil als Massenprodukt). Oft ist es nicht möglich, mit bestehenden Technologien einen erhöhten Mehrwert zu schaffen. In diesen Fällen kann es nötig werden, Forschung durch Eigenleistung oder über den Einkauf dieser Leistung bei externen Institutionen (Universitäten, Forschungsinstituten) einzubringen.

In anderen Fällen ist zwar die nötige Technologie zur Entwicklung eines Produkts mit Mehrwert vorhanden, es fehlen aber die Kenntnisse über den Markt, der dieses Produkt benötigt. Hier besteht die Möglichkeit, eine (interne oder externe) Marktforschung mit der Aufklärung der Marktstruktur und der Kundenbedürfnisse zu beauftragen.

Ein dritter Fall geht davon aus, dass zwar Kundenbedürfnisse und Technologien weitgehend bekannt sind, aber ihre Zuordnung zueinander unklar ist. Es wird also nach Anwendungen gesucht, die von der Technolgie Gebrauch machen und gleichzeitig ein oder mehrere Kundenbedürfnisse befriedigen.

Drei wichtige, einer Produktenwicklung vorgelagerte Prozesse sind der

- Suchfeldprozess (systematisches Absuchen eines oder mehrerer Anwendungsfelder nach potentiellen Geschäftschancen), der
- Forschungsprozess und die
- Machbarkeitsstudie.

Die generische Struktur eines Forschungsprozesses ist in Abb. 214 dargestellt.

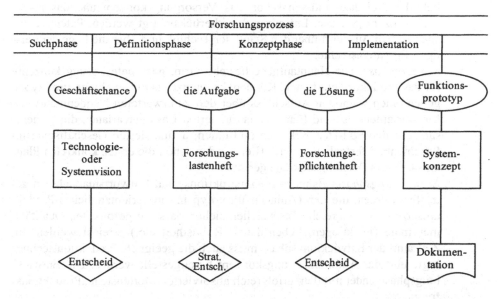

**Abb. 214:** Der Forschungsprozess

Meist dient das Ergebnis der Suchfeldaktivitäten in den Märkten als Ausgangsbasis einer Systemvision. Fehlt zur Umsetzung der Vision eine grundlegende Technologie, so kann ein Forschungsprojekt vorgelagert werden. Das Forschungslastenheft gibt darüber Auskunft, welche Ziele mit dem Forschungsvorhaben erreicht werden sollen. Das Lastenheft muss in jedem Fall lösungsneutral formuliert sein, da die entsprechenden Lösungskonzepte erst in der darauffolgenden Konzeptphase ermittelt werden. Die Freigabe des Forschungslastenhefts gilt als strategischer Entscheid, da hiermit die Anforderungen und Eigenschaften des zukünftigen Produkts maßgeblich beeinflusst werden. Es ist auch üblich, bereits beim Forschungslastenheft erste Abschätzungen der Zielkosten des Projekts und des Produkts anzugeben.

## 6.2.2 Produkt- und Verfahrensentwicklung

Ist die Geschäftschance erfasst und stehen die nötigen Technologien zur Verfügung, kann die Produkt- und Produktionsverfahrensentwicklung gestartet werden. Parallel zur Entwicklung oder Adaption eines geeigneten Produktionsverfahrens muss auch das Automatisierungskonzept erarbeitet werden. Wie im Abschn. 6.3.3 noch ausführlicher erläutert, wird die Produkt- und Verfahrensentwicklung üblicherweise in folgende Phasen gegliedert:

- *Definitionsphase*: Ausgehend von der Erfassung und Beschreibung der Geschäftschance (Business Opportunity Evaluation) wird das Lastenheft entwickelt und ein Projektplan entworfen. Zur Erarbeitung der nötigen Informationen sind umfangreiche Marktanalysen und technische Abklärungen erforderlich. Parallel dazu müssen schon das Versorgungskonzept und das Nachsorgekonzept (Service, Entsorgung) mitberücksichtigt werden. Patentrecherchen liefern Auskunft über den Stand der Technik und über die Lage der geistigen Eigentumsrechte.

- *Konzeptphase*: Die Hauptaufgabe besteht darin, geeignete Lösungskonzepte für das Produkt zu erarbeiten. Kundenakzeptanztests mit Funkions-Prototypen geben einen wichtigen Aufschluss über den zu erwarteten Kundenmehrwert. Ein Variantenentscheid führt zur favorisierten Lösungsvariante, die gemeinsam mit den Soll-Herstellkosten und einem aktualisierten Geschäftsplan im Pflichtenheft festgehalten wird. Hier werden schon die ersten konkreten Planumsätze und Deckungsbeiträge genannt.

- *Entwicklungsphase*: Es müssen Konstruktions- und Entwurfsmaßnahmen getroffen werden, die den (Anlagen-)Prototyp in ein serientaugliches Produkt umsetzen. Umfangreiche Tests stellen sicher, dass die geforderten Qualitätsmerkmale (Funktionen, Lebensdauer, Robustheit etc.) erreicht werden. Im Zeitraum der Entwicklungsphase muss auch die geeignete Produktionstechnologie und das Automatisierungskonzept bereitgestellt werden. Die Entwicklungsphase endet mit dem erfolgreich absolvierten Meilenstein „Produktionsfreigabe".

- *Produktionsphase*: Nach Freigabe der Nullserie mit einschlägigen Qualitätsprüfmaßnahmen kann die ordentliche Serienproduktion aufgenommen werden. Die Anlagen und Automatisierungskomponenten wurden bereits implementiert und konfiguriert. Am Anfang des Serienproduktionsprozesses können typische Schwachstellen in Erscheinung treten, die umgehend beseitigt werden müssen. Außerdem werden die Anlagen auf das festgelegte Produktionsziel hin optimiert.

### 6.2.3  Produktions- und Supply Chain Management

Wie bereits im Kap. 3 erläutert, umfasst der Begriff „Supply Chain" die Kette des Informations- und Materialflusses von den Lieferanten über die unternehmensinterne Produktion bis hin zu den Endkunden. Dabei sind weitere Zwischenfunktionen (Logistikdienstleister, Transportunternehmen, Zwischenlager) miteingeschlossen (Abb. 215).

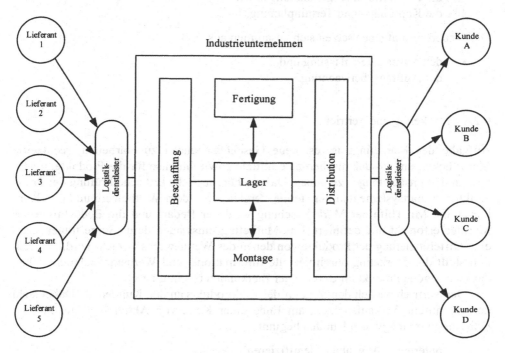

**Abb. 215:** Supply Chain

Das Prozessmanagement der Supply Chain umfasst alle Prozeduren, die funktional mit dem Einkauf, mit der Verteilung und Lagerung von Rohstoffen, Halbzeugen und Produkten sowie mit der Verteilung des Endproduktes am Markt zu tun haben (vgl. Kap. 3.5.5). Ein Auszug aus den betreffenden Prozeduren ist in der folgenden Liste angegeben:

- strategischer und operativer Einkauf
- regionaler Zukauf
- Transport von Rohstoffen
- Auftragserfassung und Auftragsbearbeitung
- Rückstandsbearbeitung
- Warenversorgung der Vertriebspartner
- Lagerhaltung
- Warenrücknahme von Kunden

- Herstellungsprozess
- Lieferantenbewertung

Produktionsplanungs- und Steuerungssysteme (PPS) unterstützen die Supply Chain bei ihren Aufgaben. Zu den planerischen Funktionen gehören

- die Produktionsprogrammplanung,
- die Produktionsmengenplanung sowie
- die Kapazitäts- und Terminplanung.

Die Steuerungsaufgaben setzen sich zusammen aus

- der Auftragsveranlassung und
- der Auftragsüberwachung.

## 6.2.4 Marketing und Vertrieb

Aufgabe des Marketings ist es, neue Geschäftschancen zu erarbeiten, rechtzeitig Marktlücken und Produktnischen zu ermitteln sowie Impulse für die Produktentwicklung und Dienstleistungen zu geben. Dazu gehört auch die kritische Prüfung der Preisstruktur, Rabattsysteme und der stetige Vergleich mit dem Wettbewerb und den Konkurrenten. Mit Hilfe der Marktforschung wird der Bedarf und die Bedürfnisse des Marktes erforscht und definiert. Das Marketing muss auch dafür Sorge tragen, dass eine Differenzierung der Produkte von denen des Wettbewerbs erreicht wird. Schließlich stellt das Marketing durch gezielte Informations- und Werbemaßnahmen sicher, dass das eigene Produkt im Bereich der Zielkunden bekannt ist.

Der Vertrieb wickelt den Verkauf des Endprodukts an den Kunden ab. Dabei steht der eigentliche Verkaufsprozess am Ende einer Kette von Aktivitäten, die mit der Erfassung von möglichen Kunden beginnt:

- potentielle Abnehmer identifizieren,
- die Kommunikation zu potentiellen Kunden herstellen,
- die Kunden von den Stärken des Produkts überzeugen und
- nach einem Verkaufserfolg den Kunden weiterhin ans Unternehmen binden.

Vertrieb und Marketing müssen eng zusammenarbeiten. Die ganzheitliche Bearbeitung der Beziehung eines Unternehmens zu seinen Kunden wird als Customer Relationship Management (CRM) bezeichnet. Damit wird die Kommunikations-, Angebots- und Distributionspolitik nicht mehr losgelöst vom eigentlichen Marketingprozess betrachtet, sondern als integraler Bestandteil zur Befriedigung der Kundenbedürfnisse. Die Anwendung von computerunterstützten Methoden wie beispielsweise CAS, Computer Aided Selling, hilft bei der Steigerung der Kundenzufriedenheit. Sind beispielsweise alle Verkäufer am Ort des Kunden mit einem Online-Bestellsystem ausgestattet, können Kundenaufträge schneller und zuverlässiger abgewickelt werden, der Kunde erhält rasch und verwechslungsfrei das gewünschte Produkt.

## 6.3 Projektmanagement

Eine wichtige Organisationsform zur Umsetzung von industriellen Veränderungsprozessen ist das *Projekt*. In allen Phasen eines Projekts wendet der Projektleiter die Instrumente des *Projektmanagements* an. Die Projektphasen erstrecken sich von der Definition der Ziele und Aufgaben bis hin zum Projektende, welches im positiven Fall der Erreichung der Projektziele entspricht. Die DIN 69901 definiert das Projekt als ein

> *Vorhaben, das im Wesentlichen durch die Einmaligkeit der Bedingungen in ihrer Gesamtheit gekennzeichnet ist, wie z. B. Zielvorgabe, zeitliche, finanzielle, personelle und andere Begrenzungen, Abgrenzung gegenüber anderen Vorhaben und projektspezifische Organisation.*

Das Projektmanagement umfasst unter anderem die systematische Zielsetzung, Planung, Organisation, Steuerung und Kontrolle von Projekten (Abb. 216). Ein Projekt grenzt sich von anderen Aufgaben und Arbeiten durch bestimmte Merkmale ab. Wenn im Folgenden die Funktionsbezeichnungen in der grammatikalisch maskulinen Form (z. B. „Projektleiter" oder „Mitarbeiter") verwendet werden, so erfolgt dies nur auf Grund der einfacheren Schreibweise. Es sind immer Männer und Frauen gemeint.

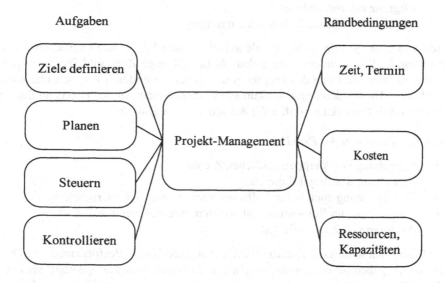

**Abb. 216:** Aufgaben und Randbedingungen des Projektmanagements

*Zielorientierung und Nutzen*

- Zielvorgabe („Was soll mit der Veränderung erreicht werden?")
- Aufgabenstellung („Wie lautet die zu lösende Aufgabe?")

- unternehmerischer Nutzen („Welchen Nutzen bringt das Ergebnis?")

*Individualität und Herausforderung*

- Einmaligkeit
- Neuartigkeit
- Komplexität in Umfang und Inhalt

*Zeit- und Ressourcenvorgaben*

- zeitliche Vorgaben (Start, evtl. Zwischenmeilensteine, Projektende)
- finanzielle Vorgaben (Budget und Personalressourcen)

*Personelle Kernkompetenzen*

- Definition des Projektleiters (es gibt auch Unter-Projektleiter)
- definierte Teams (von „one man project" bis zu interdisziplinären Teams)
- Qualifikationsprofile von Projektleiter und Team

*Organisatorischer Rahmen*

- organisatorische Zuordnung im Unternehmenskontext
- Abgrenzung von anderen Vorhaben
- aufgabenspezifische Rahmenbedingungen

Treffen alle oben genannten Merkmale auf eine Aufgabe zu, dann sprechen wir von einem *Projekt*. Da im unternehmerischen Alltag oft enge Zeit- und Budgetvorgaben gesetzt werden müssen und das Projekt in der Regel mit anderen Projekten harmonieren und unter Umständen sogar konkurrieren muss, werden in der Praxis an den Projektleiter und das Projektteam oft hohe Anforderungen gestellt.

*Herausforderungen in der Praxis*

- Erreichung von knappen zeitlichen Zielen
- Einhaltung des Projektbudgets
- Zielerreichung auch beim Auftreten unerwarteter Schwierigkeiten
- Konkurrenz um Ressourcen mit anderen unternehmerischen Vorhaben
- Auflösen von Zielkonflikten

In der Praxis tritt häufig der Zielkonflikt Zeit/Budget/Kosten/Performance auf. Da die zeitlichen Vorgaben oft eng an ein bestehendes Unternehmensziel geknüpft sind (z. B. Markteinführungstermin eines Neuproduktes), kommt der Vermeidung von Verzögerungen eine hohe Priorität zu. Ebenso wichtig ist die Qualität des Endprodukts. Oft treten während des Projekts technische, wirtschaftliche oder marktspezifische Probleme auf, die den Meilensteinplan gefährden. Durch Zuführen von weiteren personellen und finanziellen Ressourcen kann in manchen Fällen die Verkürzung von Projektphasen bewirkt werden, was jedoch dem Budget/Kostenziel entgegenläuft. Ein analoger Zielkonflikt besteht hinsichtlich der Performance des Endergebnisses (Eigenschaften, Leistungsfähigkeit und Qualität des Produkts, des Prozesses, der Information etc.) und

den eingesetzten Mitteln (Budget) bzw. den erzielbaren Produktkosten (z. B. Herstellkosten).

*Klassifizierung von Projekten*
Die Einteilung von Projekten in Klassen erfolgt nach verschiedenen Kriterien, die
nach den jeweiligen unternehmerischen Erfordernissen ausgewählt werden. In der
unten stehenden Liste sind einige Kategorien mit Beispielen angeführt.

- *Zielsetzung und Inhalt*: Automatisierungsprojekte, Produktionsmittelentwick-
  lung, Produktentwicklung, Suchfeldprojekte (z. B. zur Bedarfsanalyse am
  Markt), Produkttechnologie- und Fertigungstechnologieprojekte, Strukturpro-
  jekte (z. B. Reengineering), TQM-Projekte (siehe Abschn. 6.4.2 auf
  Seite 387), Organisationsentwicklung, Wertanalyse, KVP (Seite 387), Markt-
  abklärungen, Vertriebsorganisationsprojekte, Einführung einer neuen Informationstechnologie etc.
- *Reichweite im Unternehmen, Dimension*: Abteilungsprojekte, Bereichspro-
  jekte, Werksprojekte, Konzernprojekte, nationale Projekte (z. B. Bau einer
  neuen Filiale), internationale Projekte (z. B. Joint Ventures)
- *Projektgröße*: nach Zeitdauer (z. B. ein Monat, ein Jahr etc.), nach Budget
  (z. B. bis 10 000 €, bis 1 000 000 € etc.), nach Personalressourcen (z. B. ein
  Mannjahr, zehn Mannjahre etc.)
- *Formale und funktionale Strukturelemente*: Vorprojekte (z. B. zur Definition
  einer Projektaufgabenstellung), Analyseprojekte, Umsetzungsprojekte,
  Markteinführungen, Trainings etc.

Die Projektkategorien sind in der Regel im Prozessmanagementsystem eines Unternehmens beschrieben und gemeinsam mit den Richtlinien zur Projektdurchführung
dokumentiert.

*Koordination mehrerer Projekte*
In der Regel laufen in einem Bereich (bzw. im Unternehmen) mehrere Projekte gleichzeitig ab. Dabei sind folgende Gesichtspunkte zu beachten:

- Da oft verschiedene Projekte auf den gleichen Stamm von Personalressourcen
  und auf ein gemeinsames Bereichsbudget zugreifen, ist auf eine sorgfältige
  Planung mit einer sauberen Definition der Projektprioritäten zu achten. Es hat
  sich dabei bewährt, vor dem Start der Projekte eine eindeutige Prioritätenrang-
  folge (1, 2, 3, … und nicht 1, 1, 2, …!) festzulegen.
- Aus Gründen der Fokussierung sollte ein Projektleiter nicht mehr als ein großes Projekt gleichzeitig leiten.
- Für alle strategischen Projekte eines Unternehmens sollte ein konstant besetz-
  ter Steuerungsausschuss mit möglichst hoher Entscheidungskompetenz nomi-
  niert werden.

### 6.3.1 Grundlagen des Projektmanagements

Projektmanagement kann wie das Management anderer Unternehmensvorgänge als Funktion und als Prozess verstanden werden (vgl. Keßler und Winkelhofer 2004). Unter den funktionalen Gesichtspunkt fallen Aufgaben wie die Steuerung und Regelung von Abläufen, die Koordination von Ressourcen und die Kontrolle von Ergebnissen. Der Prozesscharakter kommt durch den definierten und strukturierten Ablauf von Handlungen, Maßnahmen und Entscheidungen zum Ausdruck. Ein Beispiel dafür ist die Prozedur der Freigabe eines Projektmeilensteins, die durch ein vordefiniertes Ablaufschema festgelegt ist und an dem das Projektteam, der Projektleiter und das Unternehmensmanagement beteiligt sind.

*Anforderungen an das Projektmanagement*
Auf einen einfachen Nenner gebracht, besteht die Aufgabe des Projektmanagements darin, alle nötigen Maßnahmen zu ergreifen, dass das anfangs definierte Projektziel vollinhaltlich, zeitgerecht und unter Einhaltung der vorgegebenen Ressourcen und Randbedingungen erreicht wird. Die DIN 69601 definiert *Projektmanagement* als die

> *Gesamtheit von Führungsaufgaben, -organisationen, -techniken und -mittel für die Abwicklung sowohl aller Projekte als auch eines einzelnen Projekts.*

Die Abwicklung „aller Projekte" deutet auf Unternehmensleitlinien und Methodensammlungen sowie Werkzeuge hin, die eine übergeordnete Unternehmenseinheit allen Projektteams zur Verfügung stellt (z. B. das Qualitätsmanagement). Diese Hilfsmittel gelten für *alle* Projekte des Unternehmens und werden üblicherweise zentral betreut.

Demgegenüber laufen die Managementprozesse des *individuellen* Projekts auf der ausführenden Ebene, koordiniert durch den Projektleiter, ab (siehe Abb. 217).

*Die Einbettung eines Projekts in den Unternehmenskontext*
Aus der Sicht der Unternehmensleitung ist ein individuelles Projekt nur ein Baustein aus einer umfassenden Menge von Aktivitäten und Prozessen, die gemeinsam den Unternehmenserfolg sicherstellen. Die Unternehmensleitung muss entscheiden, ob ein bestimmtes Projekt gestartet wird, ob ein laufendes Projekt fortgeführt wird, ob ein vom Projektleiter beantragtes Projektende freigegeben wird oder ob zusätzliche Arbeiten erforderlich sind. Die Entscheidungen basieren auf der Einschätzung des Verhältnisses aus strategischem Nutzen zum Aufwand sowie aus einer Risikobetrachtung für die verbleibende Projektlaufzeit. Vor jedem Freigabeentscheid muss sichergestellt werden, dass die Projektziele erreichbar sind. Diese Klasse von Entscheidungsvorgängen prägt die Rolle der Unternehmensleitung.

Aus der Sicht des Projektleiters und des Projektteams ist das Projekt in eine Umgebung eingebettet, die einerseits Ressourcen, Methoden und Supportfunktionen zur Verfügung stellt, andererseits ein Konkurrenzverhältnis zu anderen Projekten und Vorhaben des Unternehmens darstellt. Darüber hinaus gilt es, Synergien zu anderen Projekten und Prozessen zu nützen, um die strategisch/operative Wirkung des Ergebnisses zu verstärken und die Kosteneffizienz zu erhöhen. Diese Situation prägt die Rolle des Projektleiters und des Projektteams.

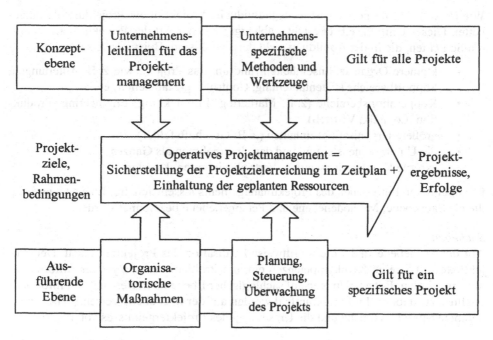

**Abb. 217:** Die Ebenen des Projektmanagements (nach Keßler und Winkelhofer 2004)

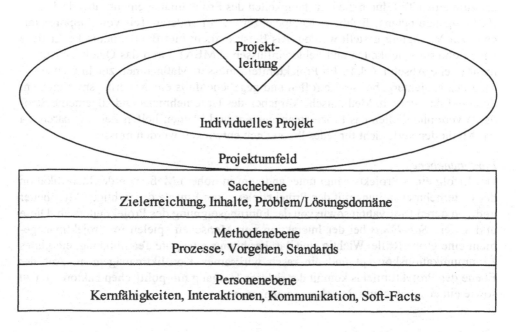

**Abb. 218:** Projekte im Projektumfeld und die drei Ebenen des Projektmanagements

Wie in Abb. 218 dargestellt, ist jedes individuelle Projekt in ein Projektumfeld eingebettet. Dieses Umfeld selbst besteht – abhängig von der Art des Projekts – aus mehreren Schichten, die in der Abbildung nicht dargestellt sind. Beispielsweise sind das:

- kleinere Organisationseinheiten rund um das Projekt, wie z. B. Abteilungen,
  Supportbereiche (Patentabteilung, Controlling-Stabstellen) etc.
- Kooperationsbereiche (z. B. Marketing, Entwicklung, Engineering, Produktion, Logistik, Vertrieb)
- größere Organisationseinheiten (z. B. Geschäftsfelder)
- die Unternehmensleitung und das Unternehmen als Ganzes
- externe Kooperationsstellen, Vertriebseinheiten, Kunden

Die operativen Funktionen des Projektmanagements lassen sich drei Ebenen zuordnen,
die als Sachebene, Methodenebene und Personenebene bezeichnet werden.

*Sachebene*
Auf der Sachebene findet die schrittweise Realisation des Projektziels statt. Der Projektleiter setzt seine Kernkompetenzen ein, um Probleme zu analysieren, Informationen einzuholen, Entscheidungen auf sachlogischer Ebene zu treffen und den Informationsfluss zu steuern. Im Projektumfeld werden auf der Sachebene verschiedene Unternehmensbereiche vernetzt und die Umsetzung des Projektergebnisses vorangetrieben.

*Methodenebene*
Die klassischen Managementaufgaben *Ziele setzen*, *Aufgaben planen*, *Konzepte erstellen und umsetzen* sowie *Ergebnisse kontrollieren* erfordern methodische Werkzeuge,
die zum einen Teil durch die Kernfähigkeiten des Projektmanagements abgedeckt sind
(Führungskompetenz, fachliche Kompetenzen), zum anderen Teil von Supportberei-
chen zur Verfügung gestellt werden. Als Beispiel dient hier die methodische Analyse
nach Fehlermöglichkeiten und Fehlereinflüssen (FMEA) durch das Qualitätsmanagement (siehe Abschn. 6.4.4). Im Projektumfeld müssen Maßnahmen zur Implementierung des Projektergebnisses getroffen und gegebenenfalls ein Änderungsmanagement
durchgeführt werden. Methodische Vorgaben des Unternehmens und allgemeine Standards vereinheitlichen das Prozessmanagement und können helfen Zeit zu sparen, da
das Methodenwerk nicht für jedes Projekt neu entwickelt werden muss.

*Personenebene*
Der Erfolg eines Projekts hängt unter anderem in hohem Maße von der Identifikation
der Unternehmensleitung mit den Projektzielen, vom Einsatz der richtigen Mitarbeiter
und von deren Motivation sowie von der Führungseignung des Projektleiters ab. Diese
und andere *Soft-Facts* bei der Interaktion von Menschen spielen im Projektmanagement eine große Rolle. Wichtig sind darüber hinaus eine gute Teambildung, ein klares
Kommunikationskonzept und ein rasch wirksames Konfliktmanagement. Auf der
Ebene des Projektumfelds kommt der richtige Umgang mit politischen Faktoren hinzu
sowie ein ausgewogenes Beziehungsmanagement.

### 6.3.2 Projektorganisationsformen

Abhängig von der Größe eines Projekts, von der Aufgabenstellung und von den Rahmenbedingungen muss eine geeignete Form der Aufbauorganisation gewählt werden (vgl. Keßler und Winkelhofer 2004). Allen organisatorischen Formen ist der Projektsteuerungsausschuss gemeinsam. Es handelt sich dabei um ein zeitlich befristet zusammengesetztes Gremium von Managern aus verschiedenen Unternehmensbereichen. Die Hauptaufgaben des Steuerungsausschusses sind die Entscheidung „in letzter Instanz" über Freigabe von personellen und finanziellen Ressourcen sowie die Freigabe von Meilensteinen.

*Reines Projektmanagement*
In dieser klassischen Organisationsform hat der Projektleiter Verfügungsgewalt über alle zugeordneten personellen und finanziellen Ressourcen. Für die Projektlaufzeit werden Mitarbeiter der Abteilungen („MA" in Abb. 219) als volle Teammitglieder („TM") dem Projektleiter unterstellt. Der Projektleiter trägt in der Regel Verantwortung für die Zielerreichung, und zwar hinsichtlich Sach-, Termin-, und Kostenzielen.

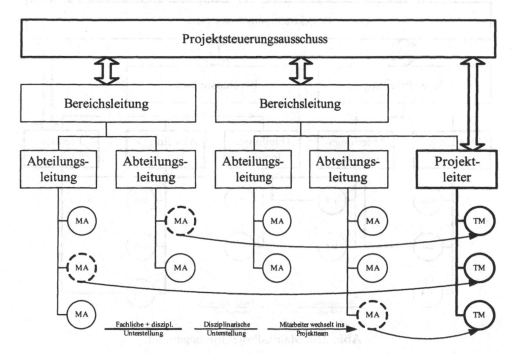

**Abb. 219:** Reines Projektmanagement

Die Vorteile dieser Organisationsform sind:

- hoher „Durchgriff" des Projektleiters in personeller Hinsicht durch disziplinarische Unterstellung der Teammitglieder
- klare Kommunikationswege durch einfache Struktur
- Identifikation der Teammitglieder gegenüber der Projektgruppe und den Projektzielen durch geschlossene Teamstrukturen
- schnelle Reaktionsfähigkeit des Teams durch hohes Empowerment des Projektleiters

Die Nachteile sind:

- Aufwand durch Wiedereingliederung in die Abteilungen nach Projektende
- Ressourcenverlust der Abteilungen für andere Aufgaben während des Projekts

Das reine Projektmanagement eignet sich für große Projekte mit höheren Risikofaktoren, bei denen die Teammitglieder zu 100 % im Team integriert sind.

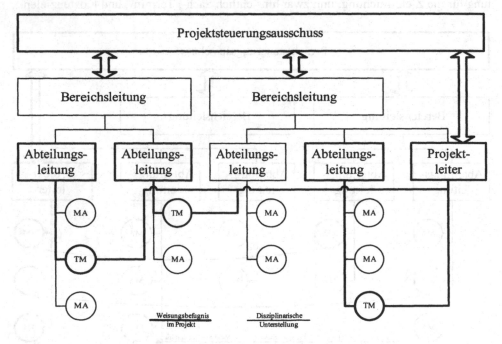

**Abb. 220:** Matrix-Projektmanagement

*Matrix-Projektmanagement*
Die Projektteammitglieder verbleiben personell in der abteilungsbezogenen Linienstruktur, der Projektleiter wird zum Fachvorgesetzten (Abb. 220). Ein Mitarbeiter hat in diesem Fall zwei Vorgesetzte, was im Extremfall zu Weisungskonflikten führen

kann. Deshalb wird in der Matrixstruktur seitens des Steuerungsausschusses vorteilhafterweise entweder dem Abteilungsleiter oder dem Projektleiter die Entscheidungspriorität ausgesprochen. Die Vorteile dieser Struktur sind:

- Der Personaleinsatz ist flexibel und kann je nach Projektphase wechseln.
- Spezialisten können in mehreren Projekten gleichzeitig eingesetzt werden.

Die Nachteile sind:

- Weisungskonflikte, wenn Abteilungs- und Projektleiter nicht voll abgestimmt sind
- kompliziertere Entscheidungs- und Kommunikationspfade

Die Matrix-Struktur eignet sich in Fällen, wo mehrere Projekte auf einen Pool von Spezialisten zugreifen müssen, und für stark interdisziplinäre Projekte. Grundvoraussetzung für den Erfolg dieser Organisationsform ist die gründliche Abstimmung zwischen Projekten und Linie während der Planungsphase und bei der Projektdurchführung sowie eine durchdachte Kommunikationsstruktur.

*Einfluss-Projektmanagement*

In dieser Organisationsform hat der Projektleiter kein direktes Weisungsrecht, weder fachlich noch disziplinarisch. Er ist deshalb auf seinen „Einfluss" auf die Teammitglieder angewiesen, die in ihrer ursprünglichen Abteilungsstruktur verbleiben. Ein indirekter Einfluss kann auch durch Schlüsselpersonen aus dem Management ausgeübt werden, die beispielsweise aus dem Bereichsmanagement stammen.

Der Vorteil des Einfluss-Projektmanagements liegt im flexiblen Personaleinsatz, da keine organisatorischen Umstellungen vorgenommen werden müssen.

Der Nachteil ist das geringe Empowerment des Projektleiters, der im Falle eines ernsten Ressourcenengpasses das Management als „Hebel" in Anspruch nehmen muss. Im ungünstigen Fall kann sich dieser Umstand auf die Motivation der Mitarbeiter schädlich auswirken.

Diese Form des Projektmanagements ist bei kleinen oder sehr kleinen Projekten zweckmäßig und nur dann, wenn die Linienstruktur bereits in eine gesunde Führungskultur eingebettet ist.

*Verantwortung, Mitverantwortung, Kompetenzen und Empowerment*

Im Projektmanagement muss ein besonderes Augenmerk auf den *Umgang mit Verantwortung* gelegt werden. In der Praxis treten einige Begriffe auf, die an dieser Stelle kurz definiert werden sollen (siehe auch Abb. 222).

- *Verantwortung* bedeutet Verpflichtung und Berechtigung zum selbständigen Handeln im Sinne der Erreichung von übergeordneten Zielen in der Aufgabe (Projekt, Auftrag) oder im Funktionsbereich. Dieses Handeln schließt auch Entscheidungen innerhalb des Gestaltungsbereichs des Verantwortungsträgers ein, für die der Träger der Verantwortung Rechenschaft über Erfolg und Misserfolg ablegt. Handlungen in diesem Gestaltungsfreiraum wollen wir mit dem Label „FORM-IT" markieren. Hierfür ein Beispiel: Der Projektleiter beschließt, die Person X mit der Konstruktion eines Ventils zu beauftragen. Er übernimmt damit die Verantwortung für das Resultat, auch wenn sich die Person später als ungeeignet für diese Aufgabe herausstellen sollte. Innerhalb des Handlungsspielraums hat der Verantwortungsträger auch Vorgaben zu akzeptieren, die wir unter der Kategorie „ACCEPT-IT" einordnen wollen. Wieder ein Beispiel: Der Bereichsleiter definiert das Projektbudget zu 10 000 €, der Projektleiter muss das Ziel innerhalb dieses Budgetrahmens erreichen. Indem er seine Funktion als Projektleiter annimmt, akzeptiert er auch automatisch die Entscheidungsbefugnis des Steuerungsausschusses. Seine Aufgabe im Bereich des „ACCEPT-IT" ist die mitverantwortliche Umsetzung der Ziele (siehe „Mitverantwortung"). Für Konsequenzen, die sich – bei ausführlicher Information und entsprechenden Empfehlungen des Projektleiters – aus Fehlentscheidungen des Steuerungsausschusses ergeben, trägt dieser – und nicht der Projektleiter – die Verantwortung.

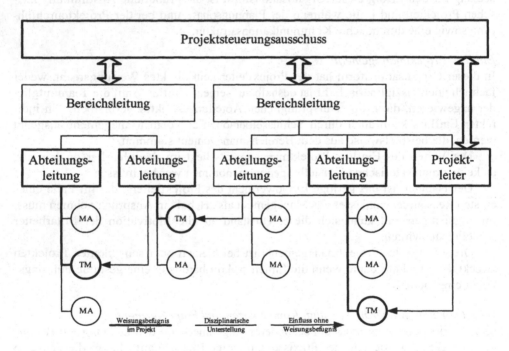

**Abb. 221:** Einfluss-Projektmanagement

- *Mitverantwortung* bedeutet die Wahrnehmung der Verantwortung für die Zielerreichung im Rahmen des Bereichs „ACCEPT-IT".
- *Kompetenzen* sind Befugnisse und Rechte, die einer Person zur Erreichung der Ziele im Rahmen einer Aufgabe übertragen werden. Kompetenzen sind eng mit dem „FORM-IT"-Teil von Verantwortung verbunden. Es kann keine

Verantwortung übernommen werden, wenn nicht ausreichende Kompetenzen für eine freie Handlungsentscheidung zur Zielerreichung vorliegen.

* *Empowerment* nennt man die Vergabe von Verantwortung und Kompetenzen durch die hierarchisch übergeordnete Stelle. Sind die vergebenen Kompetenzen zu *eingeschränkt*, werden die Entscheidungen an *zu hoher Stelle* getroffen. Sind sie zu *umfangreich*, droht ein Kontrollverlust in der Entscheidungshierarchie. Eine *zu hohe Verantwortung* kann den Verantwortungsträger überfordern, eine *zu geringe Verantwortung* demotiviert. Das angemessene Empowerment ist Voraussetzung für effiziente Führungsstrukturen.

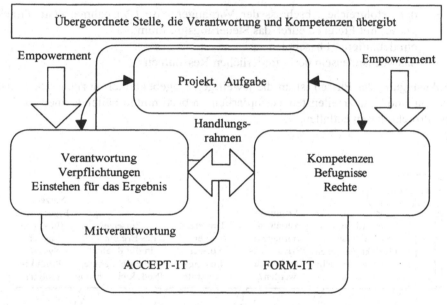

**Abb. 222:** Verantwortung und Kompetenzen

## 6.3.3 Die Phasen eines Projekts

Der Erfolg eines Projekts hängt unter anderem von einer klaren Zielsetzung, einer realistischen Planung und einem konsequenten Prozessmanagement ab. In der Praxis hat es sich bewährt, Projekte in *Phasen* einzuteilen, die in ihrer zeitlichen Folge und inhaltlichen Strukturierung festen Vorgaben folgen (Abb. 223). Jede der Phasen ist mindestens durch folgende Merkmale ausgezeichnet:

* ein Startkriterium
* ein Ziel
* eine Prozessbeschreibung
* ein Meilenstein mit Dokumentation

Die Definition und Auslegung der Phasen ist Teil der Projektplanung. Dabei werden jeder Phase ihre projektspezifischen Ausprägungen zugeordnet:

- Zielsetzungen, Anforderungen und Randbedingungen
- Inhalt und methodisches Vorgehen
- Projektphasenplan
- zeitliche Zielsetzungen (Meilensteintermine)
- Budgetierung (Kapazitätsplanung, Betriebsmittelplanung, Finanzierungsplan)
- personelle Kapazitätszuordnung

Eine bestimmte Projektphase darf erst gestartet werden, wenn gewisse Voraussetzungen gegeben sind. Dies sind in der Praxis meist

- der erfolgreiche Abschluss der Vorgängerphase (Ausnahme: erste Projektphase) mit Freigabe durch das Steuerungsgremium
- ein detaillierter Phasenplan
- das Vorhandensein der erforderlichen Ressourcen

Die Auslegung der Phasen ist an die jeweiligen Gegebenheiten anzupassen. Je nach Situation sind Zusatzmeilensteine erforderlich. In bestimmten Fällen können auch einzelne Projektphasen entfallen.

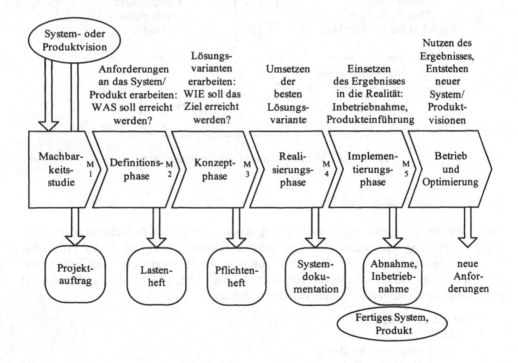

**Abb. 223:** Die generischen Phasen eines Projekts

### 6.3.4 Vision und Projektauftrag

Projektideen im industriellen Umfeld entstehen auf Grund von aktuellen Anforderungen oder durch Sichtbarwerden neuer Geschäftschancen. Das Erkennen dieser Anforderungen oder Chancen und ihre Beschreibung wird – je nach Art des Geschäfts – auch als *Produkt-* oder *Systemvision* bezeichnet.

Im technologischen Umfeld kann diese Vision durch ein Kundenbedürfnis oder durch neue technologische Möglichkeiten ausgelöst werden. Wir sprechen dann von

- *Technology Push*, wenn eine neue Technologie zum Anlass einer Produkt- oder Verfahrensinnovation wird (z. B. eine neue Chiptechnologie ermöglicht den Bau von intelligenten Sensoren oder Aktoren)
- *Market Pull*, wenn ein Kundenbedürfnis das Projekt auslöst (z. B. Kunden benötigen Automatisierungsanlagen mit erhöhter Ausfallsicherheit)

Einige Unternehmen betreiben gezielt Forschung, um *Technologie-, Produkt-* oder *Verfahrensinnovationen* zu erreichen. Diese intern oder extern implementierte Forschungsleistung wird zum Zweck der Auslösung eines kalkulierbaren Technology Push eingesetzt und kann in Form von *Grundlagen-* und/oder *angewandter Produkt/ Verfahrensforschung* durchgeführt werden.

Da der Anlass einer Projektvision im wirtschaftlichen Umfeld immer die Wahrnehmung neuer Geschäftschancen oder der Ausbau des bestehenden Geschäfts ist, stehen auch der wirtschaftliche Nutzen des Projektergebnisses als wichtigstes Entscheidungskriterium im Vordergrund. Dabei sind direkte und indirekte Effekte zu berücksichtigen. Zu den direkten Effekten gehören das Umsatz- und Gewinnwachstum durch ein neues Produkt oder ein effizienteres Produktionsverfahren. Die indirekten Effekte betreffen die strategische Position des Unternehmens im Wettbewerbsumfeld, die beherrschbaren Marktsegmente mit zugehörigen Marktanteilen und das Image des Unternehmens und seiner Produkte im Kundenkreis.

Zum Start eines Projekts wird durch ein designiertes Team (z. B. durch die Konzern-Forschung, die Vorentwicklung, den zukünftigen Projektleiter) ein Projektauftrag ausgearbeitet, der dem Projektsteuerungsausschuss zur Freigabe vorgelegt wird. Der *Projektauftrag* muss folgende Komponenten beinhalten:

- Beschreibung und Grobquantifizierung der *wirtschaftlichen Chance* (Geschäftsmöglichkeit, Prozessverbesserung, Effizienzsteigerung etc.) und des *Potentials* der Innovation/der Verbesserung
- Beschreibung der *Ausgangslage* (Anforderungen, Probleme etc.)
- *Projektziel(e)*
- Formulierung der *Aufgabe*
- Erfassen der bestehenden *Randbedingungen*
- organisatorische Einzelheiten (Projektauftraggeber, empfohlener Steuerungsausschuss, Projektleiter, Kernteam, grober Budget- und Zeitrahmen)

Sehr wichtig ist eine klare Festlegung der Komponenten des Projektauftrags in *messbaren* Größen. Nur eine qualitativ und quantitativ aussagekräftige und realistische Nutzen- zu Aufwandbeschreibung ermöglicht dem Entscheidungsgremium die Freigabe des Projekts. Zum Zeitpunkt der Erstellung des Projektauftrags liegen oft nur grobe Informationen über Chancen, Nutzen und Kosten vor. Eine Verfeinerung der Daten liegt dann nach Absolvierung der Definitionsphase in Form des *Projektlastenhefts* vor.

Die Erarbeitung der erforderlichen Informationen setzt vorangehende Recherchen voraus. Für größere Projekte werden dafür Studien durchgeführt, die die wirtschaftliche und technologische Erreichbarkeit des Projektziels sicherstellen sollen. Solche Machbarkeitsstudien (*Feasibility Studies*) werden oft als eigene Projekte abgefahren. So kann einem Automatisierungsprojekt beispielsweise ein Forschungsprojekt durch eine Universität vorangehen. Dort werden die nötigen Technologien erarbeitet und eine wirtschaftliche Umsetzungsmöglichkeit der Projektziele überprüft.

### 6.3.5  Definitionsphase und Lastenheft

Die Definitionsphase dient der Grobdefinition der Aufgaben und Ziele des beabsichtigten Projekts (Tabelle 22). Ausgangspunkt ist ein Projektauftrag und eventuell das Ergebnis einer Machbarkeitsstudie. Ziel der Definitionsphase ist die Erarbeitung des *Lastenhefts*. Es handelt sich dabei um eine Spezifikation, die festlegt, *was* das Projektziel ist, *wofür* das angestrebte Projektziel dient (Anwendung), welcher Nutzen zu welchem Aufwand erreicht werden kann und *was* die Projektinhalte sind. Ebenso wichtig ist die Sicherstellung der Wirtschaftlichkeit des Projektvorhabens. Dabei wird noch nicht festgelegt, *wie* das Projektziel erreicht werden soll. Dies ist Gegenstand der Konzeptphase (Beispiel: Das Lastenheft spezifiziert die Eigenschaften einer neu zu entwickelnden Robotersteuerung. Es werden die Anforderungen an die Steuerung beschrieben, wie Genauigkeit, Bahninterpolationsarten, Bedienereingabe, Zielhardware, Geschwindigkeits- und Beschleunigungsprofile etc.). Die Art der Realisierung (Variantenlösungen, Algorithmen, Datenfluss etc.) wird im *Pflichtenheft* beschrieben und festgelegt.

Eine besondere Bedeutung kommt dem so genannten *Lastenheft-Freeze* zu. Nachdem das Lastenheft verabschiedet wurde, darf es ohne spezielle Bewilligung durch den Steuerungsausschuss nicht mehr verändert werden. Im Laufe des Projekts könnten durch Verlust des eigentlichen Fokus neue oder modifizierte Anforderungen entstehen, die den Fortschritt des ursprünglichen Projekts empfindlich stören. Sollte sich jedoch herausstellen, dass eine Änderung des Lastenhefts für den Projekterfolg unumgänglich ist, muss eine Neuplanung erfolgen.

### 6.3.6  Konzeptphase und Pflichtenheft

Nachdem in der Definitionsphase die Projektziele und der Projektplan festgelegt und durch den Steuerungsausschuss bestätigt wurden, müssen nun in der Konzeptphase Lösungsvarianten erarbeitet werden. Es kommen verschiedene Werkzeuge der Analyse und Synthese zum Einsatz. Dazu gehören u. a. Ist-Analyse, Morphologischer Kasten zur Variantengenerierung und -bewertung (Zwicky 1989), FMEA (vgl. Abschn. 6.4.4) sowie Risikobewertungsmethoden für Technologie und Markt. Für Produkt- und Systementwicklungsprojekte müssen an dieser Stelle bereits die groben Versorgungs-, Logistik- und Vertriebskonzepte erarbeitet werden. Bei Produktentwicklungsprojekten werden in der Konzeptphase Prototypen der Vorzugsvarianten hergestellt, getestet und verglichen. Auch eine Entscheidung über *Make or/and Buy* von Systemkomponenten muss innerhalb der Konzeptphase erfolgen.

**Tabelle 22:** Definitionsphase

| Phase | Aktionen und Ergebnisse | Meilensteine und Dokumente |
|---|---|---|
| Start | • Eine Projektvision liegt vor, die im Projektauftrag beschrieben ist. Nutzen und Aufwand des Projekts sind umrissen<br>• Entscheidungsgremium gibt Projektauftrag und Projektstart frei | • Projektstart M1<br>• Dokumente: Projektauftrag, Projektvision und eine Beschreibung der Geschäftschancen sowie eine grobe Ressourcenabschätzung liegen vor |
| Durch-führung | • Das Lastenheft (Projektspezifikation) wird erarbeitet<br>• Was soll erreicht werden? Wofür?<br>• Welcher Nutzen wird erreicht?<br>• Welche Aufwände sind erforderlich?<br>• Wirtschaftlichkeit?<br>• Marktanalysen, technische Analysen, Analyse von Vertriebskonzepten<br>• Grobplanung des Projekts nach Budget, Personal und Meilensteinen<br>• Ressourcenverfügbarkeit wird geprüft<br>• Steuerungsausschuss wird gebildet | • Projektdaten- und Verwaltungssystem wird angelegt<br>• Aufzeichnungen im Rahmen der Projektdokumentation |
| Ende | • Lastenheft wird dem Steuerungsausschuss präsentiert und von ihm freigegeben (oder zurückgewiesen)<br>• „Einfrieren des Lastenhefts" | • Meilenstein M2<br>• Lastenheft und Projektplanung, inklusive Ressourcen- und Meilensteinplan |

Das abschließende Pflichtenheft spezifiziert ein wirtschaftlich bewertetes und verbindliches Lösungskonzept, das in der anschließenden Umsetzungsphase realisiert werden muss. Ein *Pflichtenheft-Freeze* im Anschluss an einen positiven Meilensteinentscheid durch den Steuerungsausschuss hilft bei der kontinuierlichen Verfolgung der Projektziele.

Alternativ kann die Konzeptphase auch in eine *Grobkonzept-* und *Feinkonzept-phase* unterteilt werden. Diese Aufteilung ist z. B. bei Software-Entwicklungsprojekten sinnvoll.

**Tabelle 23:** Konzeptphase

| Phase | Aktionen und Ergebnisse | Meilensteine und Dokumente |
|---|---|---|
| Start | • Lastenheft liegt vor, Steuerungsausschuss hat die Konzeptphase freigegeben<br>• Ein Projektplan legt die Meilensteine zeitlich fest, das Projektbudget ist ermittelt und genehmigt<br>• Die personellen Ressourcen stehen bereit | • Meilenstein M2 ist freigegeben<br>• Lastenheft liegt vor |
| Durch-führung | • Lösungsideen und -varianten werden erarbeitet. Die Frage „*Wie* und *womit* soll das Projektziel erreicht werden?" findet ihre Antwort in den Spezifikationen des *Pflichtenhefts*<br>• Die Wirtschaftlichkeit wird überprüft. Ist-Analysen und eventuelle Kundenbefragungen helfen bei der Bewertung von Lösungsvarianten. Make-or/and-Buy-Entscheid für Systemkomponenten wird getroffen<br>• Die Zielkosten werden festgelegt (im Fall einer Produktentwicklung sind das die Herstellkosten)<br>• Der Meilensteinplan und das notwendige Projektbudget werden verifiziert, notfalls angepasst | • Aufzeichnungen im Rahmen der Projektdokumentation<br>• Konstruktionszeichnungen<br>• Wirtschaftlichkeitsrechnungen<br>• Ablaufpläne etc. |
| Ende | • Pflichtenheft wird dem Steuerungsausschuss präsentiert und von ihm freigegeben.<br>• „Einfrieren" des Pflichtenhefts | • Meilenstein M3 (Entwicklungsfreigabe)<br>• Konzept mit bewerteter Vorzugslösung und bestätigter Wirtschaftlichkeit<br>• Pflichtenheft |

Die Grobkonzeptphase dient zur Festlegung der größeren funktionellen Blöcke sowie der Interfaces. In der *Grobspezifikation* (engl. *Basic Design Document*) werden diese Entwürfe zusammengefasst. Bei der objektorientierten Softwareentwicklung werden in dieser Phase die Objektklassen der höheren Abstraktionsebene definiert.

Die Feinkonzeptphase liefert hingegen bereits funktionale Ablaufpläne (Flussdiagramme, Struktogramme), durch Vererbung abgeleitete Objektklassen mit Festlegung der Funktionalität und codenahe Beschreibungselemente, eventuell bis hin zu Variablendefinitionen. Seitens der Dokumentation bilden dann *Feinspezifikation* (*Detail Design Document*) und Grobspezifikation gemeinsam das Pflichtenheft.

**Tabelle 24:** Implementierungsphase

| Phase | Aktionen und Ergebnisse | Meilensteine und Dokumente |
|---|---|---|
| Start | <ul><li>Inbetriebnahme und Abnahme der Anlage</li><li>Anlauf der Serienproduktion und Verkaufsstart des Produkts</li><li>Herausgabe und Verkauf der Software</li></ul> | <ul><li>Meilenstein M4 ist freigegeben</li><li>Systemdokumentation liegt vor</li></ul> |
| Durchführung | <ul><li>Anlagen werden im Realbetrieb getestet und nötigenfalls Korrekturen oder Verbesserungen angebracht</li><li>Produkt wird in den Markt eingeführt, Füllen der Verkaufs-Pipeline</li><li>Software wird verkauft und vom Endkunden eingesetzt</li><li>Beobachtung von allfälligen Produktmängeln und Reklamationen, Veranlassen der Behebung von Mängeln</li><li>Abrechnung von Kosten zu Nutzen</li><li>Tracking der Verkaufszahlen beginnt</li><li>Bei Prozessentwicklungen: Vollintegration des Ergebnisses in die Organisation</li><li>Sicherstellung von Pflege- und Wartung des Produkts</li></ul> | <ul><li>Qualitätsdokumentationen werden erstellt</li><li>Projektabschlussbericht wird geschrieben</li><li>Projekt wird ausgewertet</li></ul> |
| Ende | <ul><li>Projektende wird beschlossen</li><li>Die weitere Prozesskontrolle übernehmen Bereiche für Produkt-, System- und Softwarewartung</li><li>Projektteams werden aufgelöst</li><li>Der Projektleiter wird entlastet</li></ul> | <ul><li>Meilenstein M5 wird freigegeben (Projektende)</li></ul> |

### 6.3.7 Realisierungsphase und Systemdokumentation

In der Realisierungsphase wird das ausgewählte Konzept in ein Produkt umgesetzt. Im Falle eines Automatisierungsprojekts ist dieses Produkt die fertige Anlage mit der gesamten Software-Funktionalität. Im Falle einer Hardwareentwicklung ist das ein serienreifes, getestetes Produkt. Bei der Softwareentwicklung bringt die Realisierungsphase die erste, voll funktionsfähige Version hervor. In jedem Fall sind zum Abschluss der Realisierungsphase vorgeschriebene Qualitätskriterien zu erfüllen sowie eine vollständige Systemdokumentation vorzulegen. Zu beachten ist, dass das Ergebnis einer Entwicklung – beurteilt hinsichtlich seiner „Substanz" – stets *Information* ist, sieht man einmal von physischen Prototypen ab. Dieses Faktum macht deutlich, wie wichtig eine erstklassige Systemdokumentation ist.

**Tabelle 25:** Realisierungsphase

| Phase | Aktionen und Ergebnisse | Meilensteine und Dokumente |
|---|---|---|
| Start | • Das Pflichtenheft spezifiziert genau, *was* zu realisieren ist, *womit* es realisiert werden soll, und welche *Zielkosten* eingehalten werden müssen | • Meilenstein M3 ist freigegeben<br>• Pflichtenheft liegt vor |
| Durchführung | • Arbeitspakete werden gemäß Pflichtenheft ausgearbeitet<br>• Schrittweise wird das Projektziel umgesetzt<br>• Qualitäts-, Termin- und Kostenziele werden verfolgt und regelmäßig kontrolliert<br>• Die Funktionalität des Projektergebnisses wird sichergestellt<br>• Bei Produktentwicklung (Hard- & Software): Überführung des Gegenstands vom Prototypstadium in ein Stadium der Serienreife<br>• Überarbeitung des Marketingkonzepts und Detailplanung der Produkteinführung<br>• Bei reiner Softwareentwicklung: Realisierung und Test des Programmcodes<br>• Anwendungstests, Qualitätskontrolle | • Aufzeichnungen im Rahmen der Projektdokumentation<br>• Qualitätsdokumentation<br>• Dokumentation von Testergebnissen<br>• Dokumentation von Konstruktionszeichnungen, Toleranzfestlegung<br>• Code-Dokumentation (Kommentare, Debug-Infos) |

**Tabelle 25:** Realisierungsphase

| Phase | Aktionen und Ergebnisse | Meilensteine und Dokumente |
|---|---|---|
| Ende | • Fertigstellen des Projektergebnisses<br>• Bei Produktentwicklung (Hard- und Software): Erreichen der Serienreife des Produkts<br>• Bei reiner Softwareentwicklung: Fertigstellen einer voll funktionalen Version<br>• Konstruktionszeichnungen bzw. Source-Codes werden „eingefroren" | • Meilenstein M4<br>• Steuerungsausschuss: Produktionsfreigabe, Freigabe der ersten Version eines Softwarepakets<br>• Verabschiedung der Systemdokumentation |

### 6.3.8 Implementierungsphase, Abnahme und Produkteinführung

Die Implementierungsphase dient dem Einsatz des Projektergebnisses gemäß seiner Bestimmung. Die Tabelle 24 führt die damit verbundenen Aktionen und Ergebnisse auf. Am Schluss der Implementierungsphase steht das Projektende mit der Entlastung des Projektleiters.

### 6.3.9 Nutzung der Ergebnisse und neue Systemvisionen

Nach Projektende werden die Ergebnisse des Projekts gemäß ursprünglicher Zielsetzung genutzt. Dabei können Mängel zu Tage treten, die durch Produkt- oder Systembetreuung behoben werden müssen. Die Erfahrungen mit dem Projektergebnis können nun ihrerseits Anlass zu einer neuen Projektvision geben. Durch Freigabe eines neuen Projektauftrags startet ein neues Projekt.

### 6.3.10 Kostenverlauf bei Produktentwicklungsprojekten

Die einzelnen Phasen eines Produktentwicklungsprojekts sind nicht gleich „teuer". Liegt eine Machbarkeitsstudie oder eine Produktvision vor, so beginnt das Projekt mit der Definitionsphase (Meilenstein M1 in Abb. 224).

In dieser Phase werden die Anforderungen an das Produkt und an die Produktionstechnologie erarbeitet und das Lastenheft (M2) vorbereitet. Die Kosten beschränken sich hier meist auf die Personalkosten des Projektleiters und sind im Vergleich zu den Gesamtprojektkosten gering. Auch in der Konzeptphase sind die Projektkosten pro Zeiteinheit noch moderat. Typischerweise arbeitet hier das Kernteam an der Erstellung der Konzeptvarianten. Die Projektkosten nehmen erst in der Realisierungsphase dramatisch zu. Das lässt sich an Hand folgender Fakten erklären:

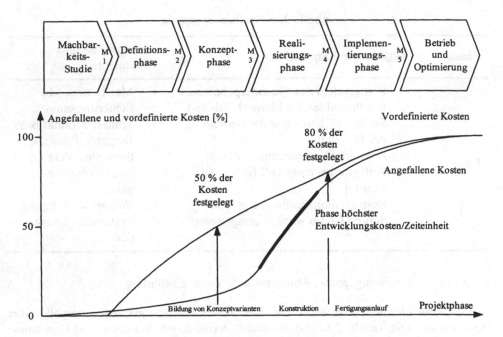

**Abb. 224:** Kostenverlauf bei der Produktentwicklung

- Es ist das gesamte Projektteam aktiv, einschließlich der Supportbereiche aus Beschaffung, Logistik und Produktion.
- Es müssen teure Prototypen hergestellt und eingehend getestet werden.
- Es fallen Kosten für Versuchswerkzeuge und Simulationen an.
- Parallel zu der Produktentwicklung müssen auch die Fertigungsprozessentwicklung und die Erarbeitung des Automatisierungskonzepts erfolgen.

Zum Meilenstein M3 (Entwicklungsfreigabe, Freigabe der Realisierungsphase) wird das Pflichtenheft vorgelegt. Mit dem folgenden Abschnitt beginnt eine sehr teure Projektphase. Um die Realisierungsphase kurz zu halten, müssen allfällige Schleifen zwischen M3 und M4 vermieden werden. Das kann nur durch ein qualitativ hochwertiges Konzept mit einer vorgängigen Risikominimierung erreicht werden.

Die Abb. 224 zeigt weiters den Grad der Vorbestimmtheit der Herstellkosten des Endprodukts. Beim Variantenentscheid werden bereits viele kostenbeeinflussende Eigenschaften des Produkts definiert. Dem Kurvenverlauf ist daher zu entnehmen, dass schon relativ früh ein großer Anteil der Kosten festgelegt wird.

Das Prinzip *Design for Cost* geht von einer frühen Definition der Obergrenze der Herstellkosten aus. Die Entwicklung des Produkts muss sich an dieser Definition orientieren. Andernfalls drohen unerwartete „Kostenexplosionen".

## 6.4 Qualitätsmanagement

Die moderne Sichtweise von Qualität stellt die Zufriedenstellung von externen und internen Kundenbedürfnissen in den Mittelpunkt. Nicht die Einhaltung von geschriebenen Standards und Normen ist das eigentliche Ziel des Qualitätsmanagements, sondern die Erreichung der Geschäftsziele. Sie ist in aller Regel von der Erfüllung der Kundenbedürfnisse abhängig. Die Anforderungen müssen für alle Phasen des Produktentstehungsprozesses durch geeignete Maßnahmen zur Qualitätssicherung und durch sinnvolle Organisationsstrukturen gewährleistet werden.

Jedes Unternehmen hat ein mehr oder weniger ausgebautes Qualitätsmanagementsystem. Durch die Normenreihe DIN EN ISO 9000 steht nun auch ein Standardisierungsinstrument zur Verfügung, das den Aufbau von unternehmensweiten Qualitätsstandards und deren Einhaltung durch ein strukturiertes Nachweissystem ermöglicht. Darüber hinaus stellt die oben angeführte Normenreihe Hilfsmittel zur Gestaltung einer qualitätsrelevanten Aufbau- und Ablauforganisation zur Verfügung. Die Funktionen der Aufbauorganisation befassen sich in diesem Zusammenhang vor allem mit Lösungen für die Kommunikation und Zusammenarbeit zwischen Organisationseinheiten des Unternehmens. Die Ablauforganisation widmet sich den qualitätsrelevanten Aktivitäten im Rahmen des Produktentstehungsprozesses, von der ersten Forschungsphase bis hin zur serienreifen Produktvermarktung.

Die Zertifizierung eines Unternehmens nach der Normenreihe ISO 9000 durch eine akkreditierte Stelle ist heute bereits ein wesentlicher Faktor für den Marktauftritt einer Firma geworden. Nicht zertifizierte Hersteller oder Lieferanten haben gegenüber zertifizierten Unternehmen eine schwache Stellung am Markt. Die „Empfehlungen" der Normenreihe werden im Falle einer externen Zertifizierung zu „Mindestanforderungen".

Qualität ist heute als strategischer Wettbewerbsfaktor ersten Rangs zu werten. Damit stellt sich auch die Frage nach der Wirtschaftlichkeit des Qualitätsmanagementsystems. Im Sinne der Effizienzsteigerung des Unternehmens sind damit auch die Ziele des QM-Systems an den wirtschaftlichen Unternehmenszielen auszurichten. Eine wichtige Rolle spielt dabei die Gewinnung und Verarbeitung von qualitätsrelevanten Daten. Durch den Einsatz von computerunterstützten Verfahren (CAQ, Computer Aided Quality Assurance) können qualitätsrelevante Verfahren wie z. B. die Fehlermöglichkeits- und -einflussanalyse (FMEA) wesentlich beschleunigt werden.

Das Qualitätsmanagement steht sinnvollerweise in enger Vernetzung mit anderen Managementbereichen des Unternehmens. Dazu gehören u. a. die Produktentwicklung, die Produktion, die strategische Beschaffung und das Unternehmenscontrolling.

### 6.4.1 Strategisches Qualitätsmanagement

Vom Begriff her bezeichnet „Qualitätsmanagement" alle qualitätsbezogenen Tätigkeiten, von der obersten Ebene der Unternehmensleitung bis hin zur operativen Ebene. Die Qualitätspolitik legt qualitätsrelevante Ziele und Absichten in Abstimmung mit der Unternehmensstrategie fest. Ihre Definition ist in der Regel Aufgabe der Vorstandsebene. Daraus abgeleitet müssen Verantwortungsbereiche, Befugnisse und

Zuständigkeiten der Mitarbeiter bestimmt und Mittel für die operative Umsetzung der Qualitätsstrategie freigegeben werden.

In weiterer Folge leiten sich Ziele und Verantwortungen ab, die schließlich von allen Führungsebenen des Unternehmens getragen werden. Die Unternehmensleitung muss sicherstellen, dass Qualitätsbewusstsein und Qualitätsverantwortung über alle Führungsebenen bis zum Mitarbeiter an der Maschine „gelebt" werden.

Ein Schlüsselfaktor im modernen Qualitätswesen ist das Prinzip der Eigenverantwortlichkeit für Qualität. Nicht die Kontrolle durch übergeordnete „Qualitätsprüfstellen" wird heute als angemessenes Mittel angesehen, sondern das Wissen eines jeden Mitarbeiters über seinen Verantwortungsbereich und die Identifikation mit den Unternehmenszielen und den daraus abgeleiteten Teilaufgaben. Das Qualitätswesen hat demnach die Hauptaufgabe, Instrumente, Werkzeuge, Methoden und Ressourcen zur Verfügung zu stellen, die den Mitarbeitern die Umsetzung der wohldefinierten Qualitätsziele ermöglichen. Diese Sichtweise steht in deutlichem Kontrast zu dem als überholt betrachteten Prinzip der „ausschließlichen Qualitätskontrolle am Endprodukt".

*Im modernen Produktionsbetrieb wird Qualität nicht mehr allein durch Kontrolle am Endprodukt sichergestellt. Vielmehr wird Qualität vom Beginn der Produktentwicklung aus geplant und in jeder Stufe des Produktentstehungsprozesses durch Eigenverantwortung aller Mitarbeiter sichergestellt. Als Hilfestellung für die Umsetzung existieren genormte Werkzeuge und Methoden.*

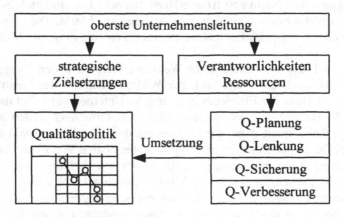

**Abb. 225:** Qualitätsmanagement nach DIN ISO 8402

## 6.4.2  Modelle des Qualitätsmanagements

Das Qualitätsmanagement hat eine über hundertjährige Geschichte. Zu Beginn des 20. Jahrhunderts tauchen vereinzelt Publikationen zum Thema „Quality Control" auf, und zwar zunächst in den USA. Etwa 1940 beginnen dann auch japanische Entwicklungen Fuß zu fassen. Dabei ist eine wechselseitige Befruchtung zwischen Japan und den USA festzustellen. Viele auch heute noch aktuelle Begriffe und Werkzeuge wie FMEA (Fehlermöglichkeits- und -einflussanalyse) oder DoE (Design of Experiments) wurden zwischen 1950 und 1960 entwickelt. In der folgenden Darstellung soll kurz auf einige ausgewählte Hauptströmungen eingegangen werden, die zum heutigen Qualitätsbegriff beigetragen haben.

*Total Quality Control (TQC)*
Unter Einbindung aller in der Wertschöpfungskette integrierten Betriebsbereiche (Entwicklung, Marketing, Logistik, Beschaffung, Produktion etc.) soll auf wirtschaftlichste Weise die Kundenzufriedenheit hergestellt werden (Feigenbaum 1991). Das Mittel zur Erreichung dieses Ziels sieht Feigenbaum im Wesentlichen in der Erhöhung der Arbeitsmotivation der Mitarbeiter und im Schaffen eines durchgängigen Qualitätsbewusstseins.

*Qualitätszirkel*
Unter dem Titel „Company Wide Quality Control" entwickelt Ishikawa (1985) eine Philosophie, die den „prüfenden außenstehenden Qualitätsverantwortlichen" durch den Mitarbeiter der Produktion ersetzt. Er leitet nun die Qualität im eigenen Verantwortungsbereich und setzt zu diesem Zweck Teams ein (Qualitätszirkel). Durch diese Maßnahme wird ein höheres Motivationsniveau erreicht, da nun jeder Mitarbeiter für die Kontrolle seiner eigenen Arbeit zuständig ist. Der unerwünschte Effekt einer außenstehenden „Polizeibehörde" fällt weg. Außerdem stärken die Qualitätszirkel das Teambewusstsein und damit das Gefühl, gemeinsam an einem Ziel zu arbeiten.

*Null-Fehler-Produktion*
Kern dieser Philosophie ist die beinahe triviale Erkenntnis, dass es am wirtschaftlichsten ist, überhaupt keine Fehler zu machen. Eingeführt wurde dieses Prinzip von Philip Crosby (1972 und 1989). Die Methode stützt sich auf Fehlerverhütungspläne und Fehleranalysezirkeln. Sie alle verfolgen das Ziel, möglichst keine Fehler zu machen. Treten dennoch Fehler auf, so sollen sofort Erkenntnisse zur Systemverbesserung abgeleitet werden.

*Kaizen*
Der japanische Begriff „Kaizen" kann direkt übersetzt werden als „Veränderung zum Besseren" oder „Reform". Im deutschen Sprachgebrauch hat sich die Bedeutung „Kontinuierlicher Verbesserungsprozess" (KVP) durchgesetzt. Es geht hier weniger um eine Managementmethode als um die Summe von Maßnahmen zur Verbesserung von Prozessen und Systemen. Wichtig ist dabei die Verfolgung von wirtschaftlichen Optimierungszielen. Die Größe der Veränderung spielt primär keine Rolle, es kommt vielmehr auf das Bewusstsein aller Mitarbeiter an, ständig nach Verbesserungen Ausschau zu halten (Womack, Jones und Roos 1991). Kaizen integriert die Konzepte TQC (Total Quality Control), Kundenorientierung, die Implementation von Qualitätszirkeln sowie das JIT(Just-in-time)-Prinzip. Die Methode des Vorschlagswesens hängt ebenfalls mit Kaizen zusammen, es wurde in den 1980er Jahren in vielen japanischen Firmen und später auch in den USA und Europa eingeführt. Mitarbeiter aller hierarchi-

schen Ebenen sind dabei aufgefordert, Verbesserungsvorschläge im Sinne einer Effizienzsteigerung der Prozesse einzubringen. In regelmäßigen Abständen evaluiert ein Gremium die Eingaben. Die besten Ideen werden mit kleinen Gratifikationen honoriert und umgesetzt. Kaizen konzentriert sich klar auf inkrementale Verbesserungsschritte, meist auf der operativen Ebene, und differenziert sich dadurch vom Prinzip der „Break-Through-Innovation".

*Total Quality Management (TQM)*
Die Methode des Total Quality Managements definiert sich als Managementparadigma eines Unternehmens (DIN ISO 8402). Ziele sind der nachhaltige Geschäftserfolg durch konsequente Befriedigung der Kundenbedürfnisse über Qualität der Produkte und Services sowie die Mitarbeiterzufriedenheit des Unternehmens. Sie hat indirekt positive Auswirkungen auf die qualitative Performance. Nutznießer der Methode sind Kunden, das Unternehmen, die Mitarbeiter und letztendlich die Gesellschaft. Als umfassendes Prinzip des Qualitätsmanagements setzt TQM das volle Commitment des TOP-Managements voraus.

Zur Umsetzung von TQM ist der konsequente Einsatz von Werkzeugen des Qualitätsmanagements erforderlich. Ein Beispiel dafür ist das Quality Function Deployment (QFD), s. Abschn. 6.4.4. Darüber hinaus müssen firmenintern Kunden- und Lieferantenbeziehungen definiert werden, die – ähnlich wie bei externen Kunden-Lieferanten-Beziehungen – auf der Basis eines durchgängigen Qualitätssystems geführt werden. In DIN EN ISO 9004 (siehe Abschn. 6.4.3) wird auf den Grundgedanken von TQM Bezug genommen. Demnach ist jeder Mitarbeiter und Manager verpflichtet, sich aktiv am kontinuierlichen Verbesserungsprozess zu beteiligen.

*Lean Production*
Die Automobilindustrie arbeitet schon seit dem Beginn ihrer Existenz an Methoden, die eine signifikante Effizienzsteigerung der Produktionsprozesse und eine Erhöhung der Wertschöpfung zum Ziel haben. Die Firma Toyota entwickelte in den 1960er Jahren ein System namens „Toyota Production System", das in den USA und Europa als „Lean Production" bekannt wurde. Nach Womack, Jones und Roos (1991) sind die wesentlichen Kennzeichen dieses Systems:

- Konzentration auf die Wertschöpfung
- Vermeidung von Verschwendung (Zeit, Geld, unnötige Vorgänge)
- Einsatz von Just-in-time-Technologien
- Arbeitsgruppen und Qualitätszirkel
- Fehlererkennungssysteme

Von 1985 bis 1990 führte das Massachusetts Institute of Technology (MIT) eine Studie zum Thema Lean Production durch. Die Studie fand international große Beachtung.

*Simultaneous Engineering*
In der Phase der Produktentwicklung müssen viele Entscheidungen getroffen werden, die in hohem Ausmaß Einfluss auf die Herstellkosten, den Preis, den Mehrwert und damit auf die Wirtschaftlichkeit und Vermarktbarkeit des Endprodukts haben. Die Strategie des Simultaneous Engineerings konzentriert sich auf die Produktentwick-

lungsphase. Das Prinzip beruht auf der engen Vernetzung von Kunden, Marketing, Vertrieb, Entwicklung, Produktion, Logistik, Lieferanten und dem Betriebscontrolling während der Neuentwicklung eines Produkts.

Die enge Vernetzung betrifft alle Phasen des Produktlebenszyklus, von der Planung über die Entwicklung und die Markteinführung bis hin zur Entsorgung der Altprodukte. Die Kundenbedürfnisse werden zu Beginn der Lastenheftdefinition ausführlich ermittelt. Die Projektteams entwickeln dann parallel dazu Produkt- und Fertigungstechnologien. Die Qualität des Endprodukts muss durch Qualitätsmanagement während der Produktentstehung sichergestellt werden. Schnittstellenverluste zwischen Abteilungen und Doppelarbeit durch sequentielle Abarbeitung von Aufgaben sollen vermieden werden. Die Organisationsstrukturen definieren sich primär durch Projektteams, erst in zweiter Linie durch Abteilungszugehörigkeit. Zusammenfassend lassen sich folgende Schlüsselfaktoren für ein erfolgreiches Simultaneous Engineering nennen:

- enge Vernetzung der beteiligten Entwicklungsbereiche durch Projektteams
- frühzeitige Erfassung der Kundenbedürfnisse
- Erstellung von gründlichen Lastenheften vor dem Beginn der Entwicklung
- parallele Entwicklungen von Produkt- und Fertigungstechnologie
- durchgängiges Qualitätsmanagementsystem
- frühzeitige Einbindung der Logistik, der Versorgung und des After Market Services
- Einsatz geschulter, hochqualifizierter Projektleiter mit Kommunikationsqualifikation

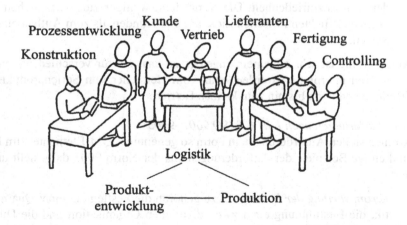

**Abb. 226:** Simultaneous Engineering (Concurrent Engineering)

### 6.4.3  Qualitätsnormen

Seit dem Jahr 2000 gilt als internationale Referenz die Normenreihe DIN EN ISO 9000 ff. Ihre Teile werden in vielen Ländern auch als nationale Normen anerkannt. Der Ansatz ist prozess- und kundenbezogen. Die Architektur dieser Normenreihe ist auf drei Grundbausteinen aufgebaut, die sich ihrerseits wieder in Komponenten gliedern.

- DIN EN ISO 9000 beschreibt die Grundlagen und Begriffe des Qualitätsmanagements und dient als Leitfaden zur Auswahl und Anwendung der Normen. Darin enthalten sind Festlegungen für die Elemente eines Qualitätsmanagementsystems (QM-Systems) und Spezifikationen zu den Qualitätsmanagement-Nachweisstufen. Ausgehend von dieser Norm werden die vertraglichen Vereinbarungen zwischen Kunden und Lieferanten getroffen, unter Berücksichtigung der Normen 9001–9003. Sie enthalten Modelle zur Darlegung des QM-Systems.
- DIN EN ISO 9001 befasst sich mit den Nachweisstufen für Entwicklung und Konstruktion, Produktion, Montage und Wartung. Als umfassendste Nachweisstufe ist sie in jenen Unternehmen heranzuziehen, die sich mit allen erwähnten Funktionen auseinander setzen müssen.
- DIN EN ISO 9002 beschreibt Nachweisstufen für Montage und Wartung und ist z. B. für Produzenten relevant, die nach vorgegebenen Spezifikationen fertigen.
- DIN EN ISO 9003 spezifiziert lediglich Forderungen für Endprüfungen.
- DIN EN ISO 9004 ist ein Leitfaden zur Qualitätsverbesserung im Rahmen eines gesamtheitlichen Qualitätssicherungssystems unter Berücksichtigung der Kundenzufriedenheit. Die Norm dient weniger zur vertraglichen Definition von Pflichten zwischen Lieferant und Kunden als zum Aufbau eines QM-Systems.

Die Normenreihe ist sehr allgemein angelegt, so dass sie für verschiedene Unternehmensstrukturen interpretiert werden kann, vom Hersteller von Serienprodukten über die Verfahrensindustrie bis hin zum kleinen Betrieb.

*Nachweisforderungen nach DIN EN ISO 9001–9003*
Die Normen stellen Anforderungen in Form so genannter „QM-Elemente". Im Folgenden sind einige Beispiele der Anforderungen aus der Norm 9001 dargestellt und kurz erläutert.

- *Verantwortung der Leitung:* Dazu gehören die Festlegung einer Qualitätspolitik, die Bestimmung einer zweckdienlichen Organisation und die Durchführung der QM-Bewertung.
- *Qualitätsmanagementsystem:* Ein geeignetes QM-System muss eingeführt und „zum Leben erweckt" werden. Dazu gehören Definition von Strukturen, Ressourcen, Schulungen und eine ausgezeichnete Dokumentation.
- *Vertragsprüfung:* Die umfassende schriftliche Festlegung der Anforderungen steht am Beginn eines Entwicklungs- oder Produktionsvertrags. Machbar-

keitsanalysen und eine saubere Vertragsdokumentation sind weitere wichtige QM-Elemente.

- *Designlenkung:* Zuständigkeiten und Verfahren für Konstruktionsaufgaben sowie ein durchgängiges Änderungsmanagement einschließlich Dokumentationssystem stehen im Mittelpunkt dieses Elements.

- *Dokumentation:* Befasst sich mit der Lenkung von Dokumentationen und Datenströmen.

- *Beschaffung:* Dazu gehören Beschaffungsspezifikationen, die Auswahl von qualitativ einwandfreien (evtl. ISO-9000-spezifizierten) Zulieferern und die Überprüfung der gelieferten Teile oder Halbzeuge einschließlich Dokumentation.

- *Kennzeichnung und Rückverfolgbarkeit:* Rohmaterialien, Bauteile und Produkte müssen zu jedem Zeitpunkt lokalisierbar sein. Die eindeutige Rückverfolgbarkeit von Teilen ist wichtig. Insbesondere bei Reklamationen oder bei Schadensfällen im Bereich des Kunden ist diese Identifikation von Bedeutung. Nur so können Ursachen für Qualitätsmängel nachverfolgt werden.

- *Prozesslenkung:* Jeder Lieferant muss seine Produktionsprozesse beherrschen. Dazu müssen Fertigungs-, Montage- und Wartungsprozesse nach qualitätsrelevanten Gesichtspunkten geplant und durchgeführt werden. Auch hier spielt die Dokumentation eine wichtige Rolle.

- *Prüfmittelüberwachung:* Prüfmittel zur Bestimmung der Produktqualität müssen regelmäßig überwacht und kalibriert werden. Über diese Vorgänge sind saubere Protokolle zu führen.

- *Lenkung fehlerhafter Produkte:* Werden fehlerhafte Produkte erkannt, so müssen sie für die weitere Verwendung zuverlässig gesperrt werden.

- *Vorbeugungsmaßnahmen:* Durch Risiko- und Schwachstellenanalysen sind Qualitätsabweichungen vorbeugend zu vermeiden.

- *Interne Qualitätsaudits:* Regelmäßige Audits, die durch geschultes Personal innerhalb des Unternehmens durchgeführt werden, stellen die Wirksamkeit des QM-Systems sicher. Audits führen zu Berichten, in denen Verbesserungsmaßnahmen – gereiht nach ihrer Dringlichkeit – vermerkt sind. Das QM-System muss dann die termingerechte Behebung der Mängel sicherstellen.

- *Systemdokumentation und QM-Handbuch:* Weiterführende Normen innerhalb der Reihe 9000 legen Richtlinien für eine transparente Systemdokumentation mit klarer Spezifikation der verantwortlichen Personen fest. Die Dokumentationsstruktur besteht aus einem QM-Handbuch, den Verfahrensanweisungen bzw. Organisationsrichtlinien sowie den Prüf- und Arbeitsanweisungen (Tabelle 26). Das Handbuch soll eine schnelle Übersicht über das QM-System vermitteln und muss daher übersichtlich und knapp gestaltet werden. Es enthält keine detaillierten Arbeits- oder Prüfanweisungen, sondern lediglich Verweise auf Dokumente, die weitere Details beinhalten.

*Überprüfungen des QM-Systems*
Zur kontinuierlichen Pflege eines Qualitätsmanagementsystems gehören Maßnahmen zur Überprüfung. Im Konkreten sind dies interne und externe Qualitätsaudits, die nach DIN ISO 8402 folgendermaßen definiert sind:

> *„Qualitätsaudits sind systematische und unabhängige Untersuchungen, um festzustellen, ob die qualitätsbezogenen Tätigkeiten und die damit zusammenhängenden Ergebnisse den geplanten Anforderungen entsprechen und ob diese Anordnungen wirkungsvoll verwirklicht werden und dazu geeignet sind, die Ziele zu erreichen."*

**Tabelle 26:** Qualitätsmanagement Dokumentationssystem nach Eversheim und Schuh (1996)

| Anwendungs-domäne | Qualitätsmanagement Dokumentation | Inhalte |
|---|---|---|
| Unternehmen | QM-Handbuch | Organisation, Grundsätze, Verantwortlichkeiten |
| Teilbereiche, Abteilungen | Verfahrensanweisungen, Organisationsrichtlinien | Schnittstellendefinitionen, Ablaufbeschreibungen organisatorisches Know-how |
| Sachgebiet, Arbeitsplatz | Prüfanweisungen, Arbeitsanweisungen | Einzeltätigkeiten, Detailanweisungen, technisches Know-how |

Man unterscheidet *interne Audits* (durch DIN EN ISO 9001 festgelegt), bei denen firmeninterne geschulte Auditoren die Systeme und Prozesse überprüfen und gegebenenfalls Maßnahmen zur Mangelbehebung verhängen, und *externe Audits* durch akkreditierte Stellen. Die Qualitätszertifizierung nach ISO 9000 kann nur durch externe Stellen bewirkt und verlängert werden. Die Abb. 227 zeigt den schematischen Zusammenhang der verschiedenen Auditierungsformen.

*Die ISO-14000-Normenreihe*
Der Umweltschutz spielt eine zunehmend wichtiger werdende Rolle für die Erhaltung der globalen Lebensbedingungen und der Lebensqualität. Die Gesellschaft fordert immer mehr einen maßvollen Umgang mit den natürlichen Ressourcen. Ein ausgeprägtes Umweltbewusstsein wird heute als Schlüsselfaktor für das Wohlergehen zukünftiger Generationen angesehen. ISO 14000 ist eine Normenreihe, die den Umweltschutz systematisch im Management eines Unternehmens verankert. Sie zielt darauf ab, Umweltaspekte bei allen firmenpolitischen Entscheidungen und im Alltag systematisch zu berücksichtigen.

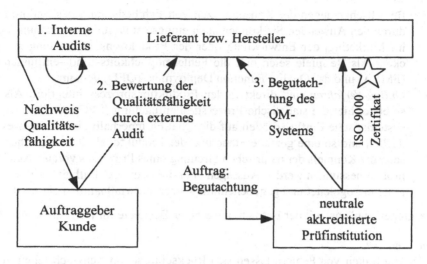

**Abb. 227:** Interne und externe Bewertung des Qualitätsmanagements

Mit Hilfe der Norm kann ein Unternehmen nachweisen, dass es sich umweltgerecht verhält. Betriebe werden systematisch beim Aufbau des Umweltmanagementsystems nach weltweit gültigem Standard unterstützt. ISO 14000 ff ist ein Instrument, mit dem die Umweltbelastung systematisch erfasst und die Umweltsituation laufend verbessert werden kann. Umweltrisiken werden bewertet, Notfallpläne ausgearbeitet und Störfälle durch gezielte präventive Maßnahmen verringert.

### 6.4.4 Die Instrumente und Werkzeuge des Qualitätsmanagements

In modernen industriellen Q-Managementsystemen existieren eine Reihe von Verfahren und Hilfsmitteln, die zur Erreichung der Qualitätsziele eingesetzt werden. Sie lassen sich nach jener Phase des Produktentstehungsprozesses gliedern, in der sie typischerweise zum Einsatz kommen. Demnach unterscheiden wir Werkzeuge, die *parallel zum Entwicklungsprozess* angewendet werden, und Verfahren, die im *Zuge der Produktion* zur qualitätsrelevanten Steuerung von Prozessen direkt mit dem Produktionsvorgang gekoppelt sind. In der ersten Kategorie besteht kein unmittelbarer zeitlicher Zusammenhang mit den Produktionsvorgängen (präventives Qualitätsmanagement). Bei der zweiten Kategorie liegt das Q-Werkzeug sozusagen in einer Rückkopplungsschleife zum Fertigungsprozess (Online-Fehlervermeidung und -beseitigung). Die beiden Verfahrenstypen lassen sich wie folgt charakterisieren:

- *Präventive Verfahren*: Sie dienen in erster Linie zum Erlangen eines tieferen Verständnisses von Systemzusammenhängen. Dazu gehört beispielsweise die Abhängigkeit der Erfüllung von Kundenanforderungen von den verschiedenen Produkt- und Fertigungsparametern. Präventive Verfahren dienen weiters zur Erstellung von Risikoanalysen für das Auftreten von Qualitätsmängel oder für Abschätzungen der Konsequenzen von Fehlbedienung des Endproduktes durch den Anwender. Sie können auch eingesetzt werden, um Planungsfehler im Marketing, der Entwicklung oder der Produktionsvorbereitung aufzudecken. Als Beispiele seien hier die Fehlermöglichkeits- und -einflussanalyse (FMEA) und das Quality Function Deployment (QFD) genannt.

- *Online-Verfahren* sind direkt in den Produktionsprozess integriert. Als Beispiel sei hier die statistische Prozessgrößenregelung (SPC) erwähnt. Sie soll systematische Einflussgrößen auf die Qualität innerhalb eines Prozesses aufdecken und so eine gezielte Steuerung der Produktqualität ermöglichen. Das setzt die Kenntnis der natürlichen Streuung eines Prozesses voraus. Aus Stichprobenmessungen werden Aussagen über die Grundgesamtheit der Prozessparameter abgeleitet und gegebenenfalls korrektive Maßnahmen definiert.

Wir beginnen zunächst mit der Betrachtung einiger Beispiele für präventive Verfahren.

*Pareto-Analyse*

Aus der Häufigkeit von Fehlern lassen sich Rückschlüsse auf Schwachstellen in Produkten, Prozessen und Produktionsanlagen ziehen. Bei der Pareto-Analyse wird die Häufigkeit verschiedener Fehlerarten untersucht (Abb. 228). Das Prinzip der Analyse stützt sich auf die Erkenntnis, dass meist nur wenige Fehlerarten zusammen bereits einen Großteil der Gesamtfehlersumme ausmachen. Die Häufigkeiten der Fehlerarten werden im Pareto-Diagramm in fallender Reihenfolge als Balken dargestellt. Eine auf 100 % normierte Summenkurve zeigt den kumulierten Verlauf der Fehlermenge. Sie erreicht am rechten Diagrammende stets den Wert 100 %. Am Beispiel der Abb. 228 kann man erkennen, dass die Fehlerarten A, B und C zusammen bereits über 70 % aller im System auftretenden Fehler ausmachen.

Es werden in weiterer Folge jene Fehler ermittelt, die mit höchster Häufigkeit auftreten. Eine situative Bewertung entscheidet dann darüber, welche Fehlerarten noch für die Optimierungsmaßnahmen in Betracht gezogen werden.

Das Instrument eignet sich gut zur Verfolgung von kontinuierlichen Verbesserungsmaßnahmen. Nach jeder Verbesserung im System wird das Pareto-Diagramm aktualisiert und damit der gewonnene Nutzen erfasst.

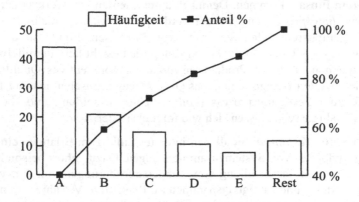

**Abb. 228:** Diagramm einer Pareto-Analyse

*Ishikawa-Diagramm*

Das 1969 von Kaoru Ishikawa entwickelte Diagramm eignet sich zur Analyse von Ursache-Wirkungs-Ketten. Wegen seiner charakteristischen graphischen Grundstruktur wird es auch als „Fischgräten-Diagramm" (Abb. 229) bezeichnet.

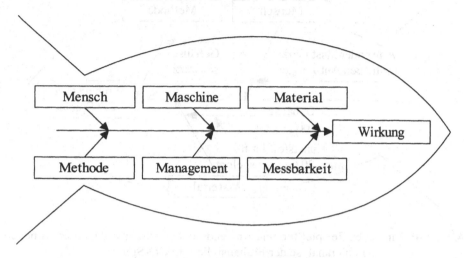

**Abb. 229:** Ishikawa Diagramm

Das Diagramm eignet sich für die Untersuchung der Auswirkung von Qualitätsmerkmalen. Zunächst wird die Wirkung am Ende des Diagramms eingezeichnet. Danach werden Einflussfaktoren fischgrätenartig hinzugefügt. Dabei ist zu beachten, dass die sechs „Standardfehlerursachen" Mensch, Maschine, Material, Methode, Management und Messbarkeit Beachtung finden. Weitere Teilursachen können dann in Form kleiner Pfeile an die Hauptursachen angefügt werden. Ein einfaches Beispiel zur Anwendung dieser Methode zeigt Abb. 230.

*Quality Function Deployment*

Aus der direkten Übersetzung des englischen Begriffs geht etwa die Bedeutung „Einsatz von Qualitätsfunktionen" hervor. Entwickelt und erstmals vorgestellt wurde die Methode jedoch in Japan, und zwar von Prof. Yoji Akao (Akao 1978, Akao 1990). Im Japanischen wird sie mit HIN SHITSU KI NO TEN KAI bezeichnet, was im Einzelnen bedeutet:

- HIN SHITSU: Produktqualität, -eigenschaften, -merkmale und -attribute
- KI NO: Funktion
- TEN KAI: Evolution, Entwicklung, Verteilung, Diffusion

Der Bedeutungsraum ist im Japanischen viel breiter. Er entspricht dem Charakter der Methode, die sich als umfassende *Qualitätsplanungsphilosophie* versteht. Den Kern der QFD-Methode bilden die Kundenerwartungen, -wünsche und -anforderungen. Aus ihnen werden die Pläne zur qualitätskonformen Entwicklung von Produkten und Prozessen abgeleitet.

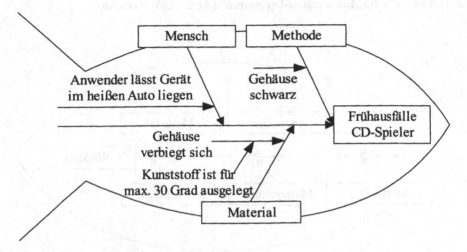

**Abb. 230:** Einfaches Beispiel für eine Anwendung des Ishikawa-Diagramms bei der Fehleranalyse der Frühausfälle von CD-Spielern

*QFD ist ein umfassendes Qualitätsplanungs- und Kommunikationssystem, dessen Ziel es ist, eine Verbesserung der Unternehmensleistung und eine Steigerung der Wettbewerbsfähigkeit durch geeignete Koordination der Unternehmensressourcen zu erreichen.*

Der QFD-Prozess gliedert sich in die Teilschritte Produktplanung, Teileplanung, Prozessplanung und Produktionsplanung (Abb. 231).

1. Produktplanung: Die Kundenanforderungen sind die Basis zur Ermittlung der Produktmerkmale und der geforderten Qualitätseigenschaften.

2. Teileplanung: Aus den Produktmerkmalen werden die Anforderungen und Merkmale der Teile ermittelt. Gleichzeitig wird ein Realisierungskonzept erstellt.

3. Prozessplanung: Aus der Spezifikation der Komponenten werden die Anforderungen an den Produktionsprozess abgeleitet.

4. Produktionsplanung: Zur Einhaltung der geforderten Prozessparameter wird ein Qualitätssicherungskonzept benötigt. In dieser letzten Stufe zur Produktionsvorbereitung werden die entsprechenden Maßnahmen geplant.

Die QFD-Methode eignet sich zur Produkt- und zur Prozessentwicklung. Beispielsweise können mit ihrer Hilfe Dienstleistungsprozesse geplant werden. Hier beschränken wir uns auf die Produktentwicklung.

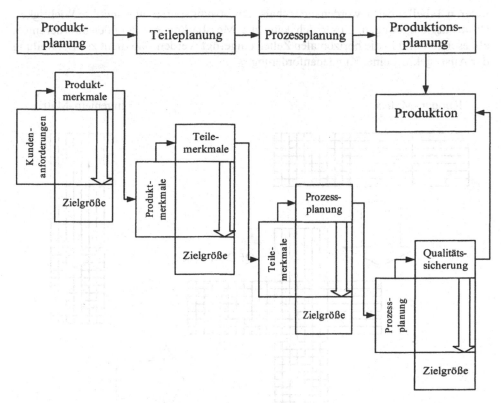

**Abb. 231:** Phasen des QFD-Prozesses

Zur Strukturierung der Daten in der QFD-Methode werden tabellenartige Darstellungen, sogenannte Matrizen, verwendet (Abb. 232). Die Matrix der Kundenanforderungen („Was wird gefordert?") wird der Matrix der technischen Lösungen gegenübergestellt („Wie sieht die technische Lösung aus?"). Durch Überlappung entsteht die QFD-Matrix.

Das Überlappungsfeld dient zur Darstellung der Kopplungsstärke zwischen den Kundenanforderungen und den zugehörigen technischen Lösungsansätzen. Aus dem Beispiel in Abb. 233 wird der Gebrauch der Tabellen für die erste QFD-Phase (Produktplanung) ersichtlich: Zunächst werden die Kundenanforderungen an die Eigenschaften eines neuen Automobils ermittelt (im Beispiel: hohe Beschleunigung bei großem Fahrkomfort). Die technischen Lösungsansätze zur Befriedigung der Anforderungen (Motorleistung, Fahrzeugmasse, Motorwirkungsgrad) werden ermittelt und in den senkrechten Matrixfeldern eingetragen. Dabei kann es vorkommen, dass unterschiedliche Kundenanforderungen gegensätzliche Ausprägungen der technischen Parameter voraussetzen: Eine große Fahrzeugmasse erhöht den Komfort, vermindert aber das Beschleunigungsvermögen. Die Stärke der Kopplung zwischen Anforderungen und technischer Lösung wird in den Überlappungsbereich der Zellen eingetragen. In der unteren Tabellenhälfte werden die technischen Lösungsparameter und ihre Wichtigkeit (Priorität) eingetragen. Zusätzlich kann die Messbarkeit der Kundenanforderungen abgeschätzt und in die horizontalen Zellen eingefügt werden. Sie dient zur Beurteilung der Aussagekraft einer Kundenanforderung.

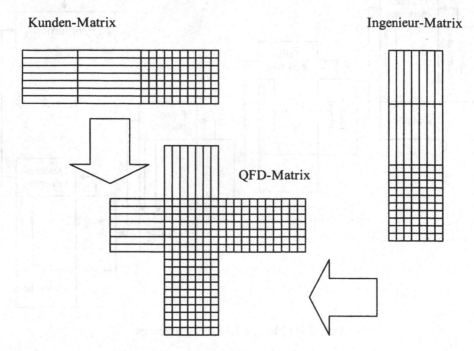

Kunden-Matrix                                      Ingenieur-Matrix

QFD-Matrix

**Abb. 232:** Die QFD-Matrix ensteht aus der Kombination der Kundenanforderungen und der ingenieurmäßigen Lösungen

Die Basismatrix wird oft um weitere Felder ergänzt, wie in Abb. 233 dargestellt. Hinzu kommt in dieser Darstellung eine Abschätzung der Bedeutung der Anforderungen für die Marktposition des Unternehmens sowie des Potentials, das sich aus den neuen Produkt-Leistungs-Merkmalen ausschöpfen lässt.

Darüber hinaus gibt es in der Praxis oft Wechselwirkungen zwischen technischen Lösungsmerkmalen. Im dreieckigen Korrelationsfeld (Abb. 234) können diese Wechselwirkungen beispielsweise mit „schwach", „mittel" oder „stark" bewertet werden.

Die Ähnlichkeit dieser Darstellung mit einem Haus hat dem Diagramm den Namen „QFD-House of Quality" gegeben. Das Einsatzgebiet der QFD-Methode ist typischerweise die Produkt-, Anlagen- und Prozessneuentwicklung. Der Ausgangspunkt der Betrachtungen liegt immer bei den Kundenanforderungen. Damit wird sichergestellt, dass das Produkt nicht an den Kunden „vorbei entwickelt" wird.

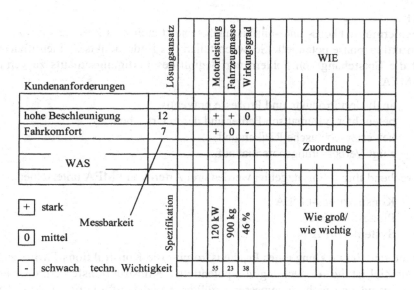

**Abb. 233:** Ein Beispiel für die QFD-Basismatrix

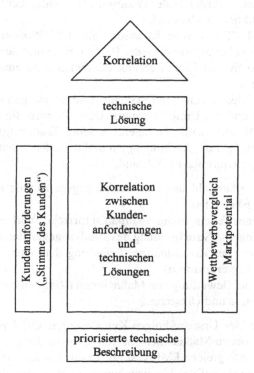

**Abb. 234:** „QFD-House of Quality"

*FMEA*

Die Fehlermöglichkeits- und -einflussanalyse setzt sich zum Ziel, schon während der Konstruktionsphase potentielle Schwachstellen des Endprodukts zu identifizieren und damit die Entstehung von Fehlern vor Beginn des Fertigungsanlaufs zu vermeiden. Die FMEA

- analysiert Produkte und Prozesse präventiv,
- beleuchtet systematisch Fehler und deren Ursachen,
- bewertet technische Risiken und
- zeigt Verbesserungspotential auf.

Entsprechend ihrem Einsatzgebiet werden drei Arten von FMEA unterschieden:

- Konstruktions-FMEA
- Prozess-FMEA
- System-FMEA

Während der Entwicklung eines Produkts kommt die Konstruktions-FMEA zum Einsatz. Ihr Ziel ist die Aufdeckung von potentiellen Konstruktionsfehlern oder Fehlern, die auf Grund von nicht angemessen erfüllten Kundenanforderungen entstehen. Sie ermöglicht darüber hinaus eine Risikoabschätzung und den Vergleich verschiedener Lösungsvarianten in Hinblick auf ihre Robustheit am Markt.

Fertigungskonzepte werden in der Prozess-FMEA untersucht. Die Prozess-FMEA baut auf der Konstruktions-FMEA auf.

In der System-FMEA werden Konstruktions- und Prozess-FMEA miteinander verknüpft. So kann ein Bezug zwischen der Bauteileebene und dem Gesamtsystem hergestellt werden. Die System-FMEA erlaubt darüber hinaus eine Risikoeinschätzung für das Gesamtsystem.

Die Fehlermöglichkeits- und -einflussanalyse setzt eine genaue Kenntnis des Produkts, der Prozesse und des Umfelds voraus. Deshalb wird die FMEA vorteilhafterweise in interdisziplinären Teams durchgeführt. Jedes Teammitglied steuert sein Wissen über das Produkt, über die Anforderungen und über den Herstellprozess bei.

Die Schritte einer typischen FMEA sind:

- Zielsetzung (Auswahl des Untersuchungsgegenstands und Abgrenzung des Betrachtungsbereichs)
- Auswahl eines Teams, inklusive organisatorischer Vorbereitungen
- Beschreibung und Strukturierung des Analysegegenstands
- Durchführung der Risikoanalyse (Erfassung der potentiellen Fehler, Fehlerfolgen und Fehlerursachen)
- Erfassung und Bewertung von Maßnahmen (Risikominimierung)
- Dokumentation und Umsetzung

Durch die Analyse der Ursache-Folgen-Kette werden die Systemzusammenhänge transparent und es können Maßnahmen zur Fehlervermeidung gefunden werden. Voraussetzung für eine erfolgreiche FMEA ist ein Team, das ausreichende Erfahrung und Sachkenntnisse in Bezug auf den Untersuchungsgegenstand mitbringt. Für eine leichtere Handhabung der Tabellen und Dokumentationen gibt es heute einschlägige CAQ-Programme.

*Fehlerbaumanalyse*
Ausgehend von einem Fehler (z. B. „Kessel birst") werden alle möglichen Ursachen und potentiellen Ausfallkombinationen in einem Baumdiagramm eingetragen und über Bool'sche Ausdrücke miteinander verknüpft (Abb. 235).

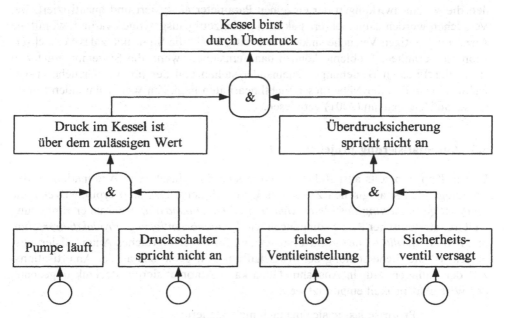

**Abb. 235:** Beispiel einer Fehlerbaumanalyse

Die Kombination der Ursachen eines Ausfalls werden nach dem Top-down-Verfahren bestimmt. Auf diese Weise gelangt man zu einer Reihe von Teilursachen, deren gleichzeitiges oder alternatives Auftreten den zu untersuchenden Ausfall bewirkt. Werden die Teilursachen nach ihrer Auftrittswahrscheinlichkeit bewertet, so kann die Fehlerbaumanalyse auch Grunddaten für eine Risikoanalyse liefern. Das Verfahren ist nach DIN 25424 genormt.

*DoE*
Die Methode des „Design of Experiments" baut auf statistischer Versuchsplanung auf. Sie wird zur Analyse von technischen Systemen eingesetzt. Das System wird in einer Reihe von Experimenten untersucht, wobei die Abhängigkeit der Systemreaktionen auf gewisse Parameterveränderungen betrachtet wird. Ziel ist es, auf Grund der Systemantworten Rückschlüsse auf die Systemstruktur zu ziehen.

Ein Beispiel: In Windkanalversuchen wird die Aerodynamik einer Fahrzeugkarosserie untersucht. Ziel ist es, den Luftwiderstand zu minimieren, indem geometrische

Parameter der Karosserie variiert werden. Eingangsgrößen sind geometrische Formparameter, Ausgangsgröße ist der gemessene Luftwiderstand.

Dabei tritt das Problem der gegenseitigen Abhängigkeit der Eingangsparameter auf. Werden beispielsweise fünf Parameter nur zwischen den Werten „groß" und „klein" variiert, treten bereits 32 Parameterkombinationen auf. Zur vollständigen Erfassung der Systemreaktion (Änderung des Luftwiderstands) müssten 32 Versuche durchgeführt werden.

Hier setzt das Prinzip DoE an. Durch so genannte faktorielle Versuchspläne werden die Wechselwirkungen der einzelnen Parameter analysiert und quantifiziert. Bei Versuchen werden dann mehrere Faktoren gleichzeitig ausgewogen variiert, womit die Anzahl der nötigen Versuche sinkt. Gleichzeitig bleibt die Signifikanz des Versuchsergebnisses erhalten. Probleme können dann entstehen, wenn die Systemparameter in stark nichtlinearen Beziehungen zueinander stehen und der für die Versuche ausgewählte Zustand in der Nähe dieser Nichtlinearitäten liegt. Zur weiterführenden Literatur sei auf Kleppmann (2001) verwiesen.

## 6.5 Automatisierungsprojekte

Wie in Kap. 1 bereits ausgeführt, orientiert sich der Einsatz von Automation an den grundlegenden strategischen Zielen des Unternehmens. Das sind typischerweise die *langfristige Sicherung des Unternehmens und Gewinnmaximierung* unter Einhaltung weiterer strategischer Randbedingungen wie *Kundenorientierung*, *Produktführerschaft* und *Produktqualität*. Die Grundvoraussetzung für ein erfolgreiches Automatisierungsprojekt ist die Sicherstellung der Wirtschaftlichkeit, gemessen an der Amortisationszeit der Anlagen. Nur in Ausnahmefällen kann Automatisierungstechnik ungeachtet der Wirtschaftlichkeit eingesetzt werden:

- Die Prozesse lassen sich manuell nicht steuern;
- die Prozessqualität ist nur über Automation erreichbar;
- die Arbeit wäre manuell wirtschaftlicher auszuführen, ist aber aus ergonomischen Gründen unzumutbar oder gefährlich.

Ein wichtiges Merkmal von Automatisierungsprojekten liegt in der Tatsache begründet, dass ein technischer Prozess oder eine technische Anlage (bestehend oder neu zu entwickeln) mit einem Automatisierungssystem zu einem *Gesamtsystem*, dem *Prozessautomatisierungssystem,* verknüpft werden muss. Dieser *Systemgedanke* steht im Mittelpunkt aller Automatisierungsvorhaben (Abb. 236).

Da technisch/industrielle Prozesse oft auf komplizierten physikalisch/chemischen Umwandlungen beruhen (sowohl in Fertigungsprozessen als auch in verfahrenstechnischen Prozessen), sind in Automatisierungsprojekten typischerweise Kenntnisse aus verschiedenen Fachbereichen einzusetzen. Dazu kommen noch spezifische Kernfähigkeiten aus dem Bereich Automatisierungstechnik selbst.

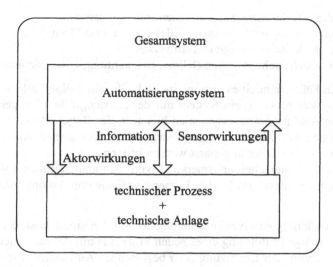

**Abb. 236:** Das Prozessautomatisierungssystem als Gesamtsystem

## 6.5.1 Klassifizierung von Automatisierungsprojekten

Der Kern eines Automatisierungsprojekts ist die Lösung einer Automatisierungsaufgabe durch Ingenieure (vgl. Lauber und Göhner 1999b). In vielen Fällen ist der technische Prozess und sein Zeitverhalten bereits vorgegeben. Dann richtet sich die Auslegung des Automatisierungssystems nach Struktur und Parametern eben nach diesem vorliegenden Prozess, unter Berücksichtigung der Anforderungen an die „Echtzeitfähigkeit". Darunter verstehen wir die Eignung des Automatisierungssystems hinsichtlich der zeitlichen Reaktionsfähigkeit auf die ablaufenden technisch/physikalisch/chemischen Prozesse.

Hinsichtlich der Art von Automatisierungsprojekten lässt sich zunächst unterscheiden, ob der Zielgegenstand ein Produkt oder eine Anlage ist.

*Produktautomatisierungsprojekte*
Der zu automatisierende Prozess läuft in einem Produkt ab. Derartige Produkte mit hohen Produktionsstückzahlen sind z. B. Kraftfahrzeuge, Haushaltsmaschinen (Waschmaschinen, Geschirrspüler) und Produkte der Unterhaltungselektronik (Videorecorder). Der Umfang der Automatisierungsfunktionen ist hier eher gering, es kommt bei der Entwicklung vor allem auf geringe Herstellkosten, kundenfreundliche Bedienungsmöglichkeiten und kurze Entwicklungszeiten an.

*Anlagenautomatisierungsprojekte*
Typische Beispiele für Anlagen, die Automatisierungstechnik erfordern, sind

- verfahrenstechnische Anlagen (chemische Industrie),
- fertigungstechnische Anlagen (Teilefertigung und Montage),
- energietechnische Anlagen (Kraftwerke),
- gebäudetechnische Anlagen (Klima, Beleuchtung, Überwachung etc.).

In den meisten Fällen handelt es sich um individuelle, einmalige Fälle, d. h. das Automatisierungssystem muss an ein System mit der „Seriengröße 1" angepasst werden. Hersteller von Automatisierungssystemen bieten in der Regel Modulsysteme an, die an die jeweiligen Anforderungen durch Auswahl der geeigneten Komponenten und Konfiguration der Parameter angepasst werden können.

Ein weiteres Unterscheidungsmerkmal von Automatisierungsprojekten richtet sich nach ihrem Einsatzfall (vgl. Abb. 1, operative Ziele von Automatisierungsprojekten):

- Ersteinführung von Automatisierungstechnik bei einem bestehenden Prozess
- gleichzeitige Einführung eines neuen Prozesses mit Automatisierungstechnik
- Erweiterung oder Ergänzung einer bestehenden Automatisierungsanlage

Im Falle der Ersteinführung von Automatisierungstechnik kann der Vorteil genützt werden, eine homogene Systemarchitektur mit ausgewogenen, zeitgemäßen Komponenten zu installieren. Bei der Erweiterung oder Verbesserung von bestehenden Anlagen können Kompatibilitätsprobleme zwischen den existierenden und den neuen Komponenten entstehen. Neue Schnittstellen oder Protokolle verursachen hier mitunter große Integrationsprobleme. Bei der Erweiterung eines bestehenden Systems kann jedoch vorhandenes Wissen über den Prozess und die Anlage eingesetzt werden, das eine Konfiguration der neuen Komponenten erleichtert.

### 6.5.2  Projektorganisation mit mehreren Auftragnehmern

In komplexen Automatisierungsprojekten treten manchmal Organisationsstrukturen mit mehreren untergeordneten Auftragnehmern auf.

Das in Abb. 237 konstruierte Beispiel geht von einem Pipeline-Betreiber aus, der ein neues Leitsystem einführen will. Eine Machbarkeitsstudie muss zunächst die zu erwartenden Verhältnisse im Erdölnetz analysieren (Auftragnehmer A, z. B. Ingenieurbüro). Mit der Konzeption der möglichen Lösungsvarianten wird der Automatisierungstechnik-Spezialist B betraut. Das Softwarehaus C erhält den Auftrag zur Erarbeitung eines Softwarekonzepts. C selbst vergibt Teile der Software-Entwicklung an seine Subkontraktoren C1 und C2. Das Projektmanagement muss also Prozesse auf verschiedenen Ebenen und mit verschiedenen externen Partnern koordinieren. Gegebenenfalls kommen mehrere Projektleiter für mehrere Subprojekte zum Einsatz (Abb. 238)

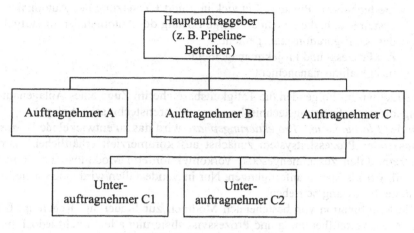

**Abb. 237:** Subkontraktor-Systeme

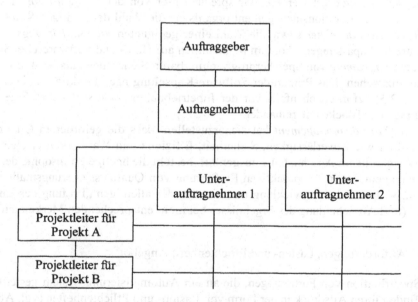

**Abb. 238:** Matrixprojektorganisation bei Mehrfachprojekten mit mehreren Unterauftragnehmern

### 6.5.3 Tätigkeitsbereiche im Automatisierungsprojekt

Im Zuge eines Automatisierungsprojekts treten im Allgemeinen vier Tätigkeitsbereiche auf (Lauber und Göhner 1999b):

- die technische Planung, Entwicklung und Umsetzung des Automatisierungssystems, d. h. die ingenieurmäßige Lösung der Automatisierungsaufgabe
- das Konfigurationsmanagement
- das Prozess- und Projektmanagement
- das Qualitätsmanagement

Wir betrachten im Folgenden die Tätigkeitsbereiche im Zuge eines Anlagenautomatisierungsprojekts (fertigungstechnische oder verfahrenstechnische Anlage).

In der *Planungs- und Projektierungsphase* wird das zu entwickelnde Prozessautomations- oder Prozessleitsystem zunächst aus kommerziell erhältlichen Hard- und Softwaremodulen zusammengesetzt. Vorkonfektionierte Modullösungen sind in der Regel billiger als Spezialanfertigungen. Nur in Sonderfällen wird eine spezielle Komponentenentwicklung betrieben.

Die Kombination von bestehenden Modulen zur Steuerung, Regelung, Überwachung, Messwertaufbereitung und Prozessvisualisierung allein reicht jedoch nicht zur Lösung der Automatisierungsaufgabe aus. Die Komponenten müssen an die Gegebenheiten des Prozesses gemäß den Anforderungen an die Funktionalität des Automatisierungssystems angepasst werden. Wir sprechen hier von der *Konfiguration* des Systems. Das Konfigurationsmanagement organisiert die Wahl der richtigen *Steuerungs- und Regelungsparameter* sowie die Wahl einer geeigneten *Automatisierungsstruktur*. Strukturelle Anpassungen erfordern Maßnahmen auf Hard- und Softwareseite. So sind z. B. die *Programme* von Speicherprogrammierbaren Steuerungen als Strukturkomponenten anzusehen. Das Prinzip der Software-Kapselung nach Funktionsblöcken (vgl. Abschn. 2.5) erfordert ebenfalls vor der Inbetriebnahme eine softwaremäßige „Verschaltung" der Blöcke untereinander.

Das *Qualitätsmanagement* hat sicherzustellen, dass die geforderten Qualitätseigenschaften wie Zuverlässigkeit, Sicherheit, Effizienz und Wartbarkeit erreicht werden. Wie bereits im Abschn. 6.4.1 ausgeführt, besteht die heutige Philosophie des Qualitätsmanagements in der proaktiven Einführung von Qualitätssicherungsmaßnahmen *vor* und *während* der Entwicklung und nicht in der alleinigen „Prüfung des Endprodukts" (und Ausscheidung des Ergebnisses bei nicht entsprechenden Merkmalen).


### 6.5.4 Anforderungen, Lasten- und Pflichtenheft, Angebot

Die Spezifikation von Forderungen, die an ein Automatisierungssystem gestellt werden, finden ihren Ausdruck in der Form von Lasten- und Pflichtenheften (vgl. Abschn. 6.3.5 und 6.3.6). Der Auftragnehmer entwickelt auf der Basis dieser Spezifikation ein Angebot. Je nach Umfang und Ziel des Auftrags kann das Angebot aufgrund eines Lastenhefts oder eines Pflichtenhefts erstellt werden. Spezifikationen bestehen im Allgemeinen aus funktionalen Anforderungen und aus Randbedingungen.

*Funktionale Anforderungen*
Hier wird angegeben, was das zu entwickelnde Automatisierungssystem machen soll. Die funktionalen Anforderungen beschreiben die auszuführenden Funktionen, die zu verarbeitenden Daten und die einzuhaltenden zeitlichen Abläufe.

*Randbedingungen*

Unter Randbedingungen verstehen wir Kriterien, die gleichzeitig mit den funktionalen Anforderungen zu erfüllen sind. Das sind beispielsweise

- Wirtschaftlichkeit (Investitionshöhe und Restrisiko, Amortisationszeit)
- Qualitätskriterien
- Schnittstellenanforderungen (Syntax, Adressen, Pinbelegungen)
- Leistungsanforderungen (z. B. Antwortzeiten, Ladezeiten)
- Ausfallsicherheit und Sicherheitsanforderungen
- Betriebsanforderungen (Größe, Gewicht, Bedienerfreundlichkeit, Wartungszyklen, Umgebungsbedingungen sowie die räumliche Verteilung der Komponenten)
- Lebensdaueranforderungen
- Anforderungen an die Entwicklung (Entwurfsqualität, Einsatzmittelverfügbarkeit, Liefertermine etc.)

*Gliederung des Lastenhefts*

Das Lastenheft beschreibt, welche Automationsaufgabe für welchen Anwendungszweck zu lösen ist. Die VDI/VDE-Richtlinie 3694 spezifiziert einen Rahmen für die Lastenheftgliederung bei Automatisierungsprojekten. Im Folgenden ist ein kurzer Auszug aus dieser Richtlinie wiedergegeben.

1. Einführung in das Projekt (Veranlassung und Zielsetzung des Automatisierungsvorhabens, Projektumfeld, Beschreibung der wesentlichen Aufgaben und Eckdaten für das Projekt)
2. Beschreibung der Ausgangssituation (technischer Prozess, vorhandene Komponenten im Automatisierungssystem, Angaben zur Organisationsstruktur, Arbeitsgebiete, Verantwortlichkeiten und Zuständigkeiten, Datendarstellung und Mengengerüst im Istzustand)
3. Aufgabenstellung und Sollzustand (Kurzbeschreibung und Gliederung der Aufgabenstellung, Ablaufbeschreibung für den regulären und irregulären Betrieb, Datendarstellung und Mengengerüst im Sollzustand, Zukunftsaspekte
4. Schnittstellen (Übersicht, technischer Prozess/Rechner, Mensch/Rechner, Rechner/Rechner, Anwendungsprogramm/Rechner sowie Anwendungsprogramm/Anwendungsprogramm)
5. Anforderungen an die Systemtechnik (Datenverarbeitung, Datenerhaltung, Software, Hardware, Hardwareumgebung, technische Merkmale des Gesamtsystems)
6. Anforderungen für die Inbetriebnahme und den Einsatz (Dokumentation, Montage, Inbetriebnahme, Probebetrieb und Abnahmen, Schulungskonzepte, Festlegungen für den organisatorischen Ablauf verschiedener Betriebsarten, Instandhaltung und Softwarepflege)
7. Anforderungen an die Qualität (Software-Qualität, Hardware-Qualität, Maßnahmen zur Qualitätssicherung)
8. Anforderungen an die Projektabwicklung

*Gliederung des Pflichtenhefts*

Das Pflichtenheft inkludiert das Lastenheft und definiert darüber hinaus, wie und womit die Automationsaufgabe zu lösen ist. Analog zum Lastenheft existiert eine Richtlinie nach VDI/VDE 3694, die den Rahmen der Pflichtenheftgliederung beschreibt. Im Folgenden ist dieser Rahmen verkürzt wiedergegeben.

1. Systemische Lösung (Strukturpläne, Einzelfunktionen, Darstellung der Kommunikations- und Datenflüsse, Erläuterung der Ein- und Ausgangsgrößen)
2. Systemtechnik (Datenverarbeitungssystem, Datenbanksystem, Software, Gerätetechnik einschließlich ihrer technischen Daten sowie technische Angaben für das Gesamtsystem. Dazu gehören Antwortzeiten, Durchsatz, Verfügbarkeit, Robustheit und Fehlertoleranz.)

Im Pflichtenheft wird eine konkrete Aussage über die technische und wirtschaftliche Realisierbarkeit gegeben.

*Angebotserstellung*

Seitens des Auftragnehmers muss aus den Angaben des Lasten- oder Pflichtenhefts ein Angebot erarbeitet werden (in gewissen Fällen ist das Lasten- oder Pflichtenheft selbst Teil des Angebots). Der Angebotserstellung geht immer eine Vorphase voraus, in der geklärt werden muss, *ob* überhaupt ein Angebot erstellt werden soll. Die Entscheidung muss auf Grund der Eignung der Projektaufgabe für das anbietende Unternehmen und auf Grund der aktuellen Konkurrenzsituation getroffen werden.

Bei der Aufwandsabschätzung steht der Auftragnehmer oft unter folgendem Dilemma: Wird der Zeit- und Kostenaufwand zu hoch eingeschätzt („teures Angebot"), erhält vielleicht die Konkurrenz den Auftrag. Wird er zu niedrig eingeschätzt („billiges Angebot"), kann unter Umständen nicht kostendeckend gearbeitet werden. Darüber hinaus steht der Unternehmer bei der Erstellung eines Angebots oft unter erheblichem Zeitdruck.

## 6.5.5 Konzept- und Realisierungsphase

Bei der *Produktautomatisierung* (z. B. Massenprodukte wie Waschmaschinen) werden in diesen Phasen die Soft- und Hardwarekomponenten (Mikrocontroller und Programmcode) entworfen und getestet.

Im Falle der *Prozessautomatisierung* (Verfahrenstechnik, Verkehrsleittechnik, Fertigungstechnik etc.) werden die Automatisierungsmodule der technischen Anlage einschließlich der integrierten Steuerungssoftware konzipiert.

Die Konzeptphase geht von den Anforderungen des Lastenhefts aus und endet in der Definition des Pflichtenhefts. Die Realisationsphase setzt die Forderungen des Pflichtenhefts in eine ausführbare Automatisierungslösung um. Das bedeutet einen Übergang vom Problembereich in den Lösungsbereich (Abb. 239).

Für die Anlagenautomatisierung werden heute von vielen Herstellern eine große Zahl an modularen Komponenten angeboten. Es handelt sich dabei beispielsweise um

- Speicherprogrammierbare Steuerungen
- Prozessleitsysteme
- Bussysteme und Interface-Komponenten
- Leitwartenmodule und Visualisierungsmittel
- Sensor- und Aktorsysteme
- Roboter
- Regler
- Softwaremodule für Standardfunktionen

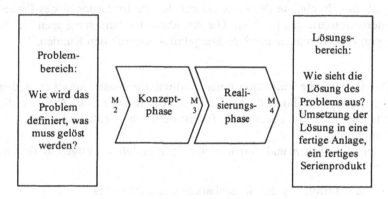

**Abb. 239:** Übergang vom Problem- in den Lösungsbereich

Eine wichtige Voraussetzung zum modularen Aufbau eines Automatisierungssystems aus fertigen Komponenten ist die Kompatibilität der Schnittstellen und Protokolle der einzelnen Module. Für die Programmierung von Speicherprogrammierbaren Steuerungen wurde 1992 von der Internationalen Elektrotechnischen Kommission der Standard IEC 61131 festgelegt (vgl. Abschn. 2.4). Ziel ist es, die Portabilität von Programmen auf unterschiedliche Gerätesysteme zu gewährleisten. Eine analoge Standardisierung existiert für Feldbuskomponenten (vgl. Abschn. 2.7). Die Anwender (Prozessbetreiber) fordern mehr und mehr nach *offenen Systemen*, die eine Mischung von Komponenten verschiedener Hersteller erlauben. Die Realisierungsphase beinhaltet

- die Umsetzung des entworfenen Softwaresystems in lauffähigen Programmcode,
- den Aufbau von Schaltungen und Geräten,
- die Integration der Softwarekomponenten in die Hardwaremodule sowie
- den Test auf spezifikationsgemäße Funktion.

Oft müssen bei der Realisierung gewisse Phasen mehrmals durchlaufen werden, insbesondere wenn sich ein gewisses Lösungskonzept als nicht erfolgreich herausstellt. Diese „Schleifen" kosten Zeit und Geld und bewirken im Minimum einen Verlust durch erhöhte Projektkosten und verspätete Anlagenabnahme. Deshalb ist es äußerst wichtig, vor dem Start der Konzeptphase durch ein Studium von Dokumentationen

und Berichten die Erfahrung aus vorangegangenen Automatisierungsprojekten in die
eigene Konzeptfindung einzubinden.


### 6.5.6  Implementierung und Inbetriebnahme

In der Implementierungsphase wird die Abnahme einer Anlage vorbereitet. Im Falle
eines Produktautomationsprojekts erfolgt die Integration der Automatisierungskomponenten in das Gesamtprodukt. Ziel der Implementierung ist die Sicherstellung der spezifikationsgemäßen Funktion von Anlage oder Produkt. Die *Validation* beinhaltet die
Prüfung, ob die Ergebnisse der Entwicklung den Anforderungen des Prozesses und
den Kundenanforderungen genügen. Die Abnahme ist dann sozusagen die endgültige
Überprüfung und Akzeptanz des Projektergebnisses durch den Kunden.

*Tests*
In der Praxis wird die Validation einer automatisierungstechnischen Anlage durch
Tests vorgenommen. Beim *statischen* Test wird die Reaktion der Anlage auf vorgegebene Werte überprüft. Der *dynamische* Test bewertet das zeitliche Verhalten auf vorgegebene Anregungen.

Die Begriffe *Prüfen* und *Testen* weisen folgenden wichtigen Bedeutungsunter-
schied auf:

- Prüfen: Ermittlung der Brauchbarkeit eines Produkts
- Testen: Aufdecken der Fehler eines Produkts

Durch Tests lässt sich im Allgemeinen nur das Vorhandensein von Fehlern, nicht
jedoch die Fehlerfreiheit des Produkts feststellen.

*Qualitätssicherung*
Die Abnahme eines Produkts oder einer Anlage erfolgt im Zuge einer endgültigen
Freigabe durch das Qualitätsmanagementsystem des Auftragnehmers und des Auftrag-
gebers. Die dabei zugrunde gelegten Verfahren orientieren sich an den Anforderungen
der Normenreihe ISO 9000 (vergleiche die Abschnitte 6.4.3 und 6.4.4).

# Literatur

**Zitierte Literatur**

Ahlers, R. J. (Hrsg.) (2000) Das Handbuch der Bildverarbeitung. Methoden – Programme – Anwendungen. Expert Verlag, Renningen-Malmsheim

Ahrens, K., Götz, E., Möbus, J., Müller-Baku, R., Schmiedgen, G. (1990) Produktionsleittechnik: Divergierende Begriffe in Verfahrenstechnik und Fertigungstechnik. Automatisierungstechnische Praxis atp 32, Heft 10

Ahrens, W., Scheurlen, H.-J., Spohr, G.-U. (1997) Informations-orientierte Leittechnik. Informatikmethoden angewandt auf leittechnische Fragestellungen. Oldenbourg, München

AWF, Ausschuss für Wirtschaftliche Fertigung e. V. (Hrsg.) (1985) AWF-Empfehlung – Integrierter EDV-Einsatz in der Produktion – CIM Computer Integrated Manufacturing – Begriffe, Definition, Funkionszuordnungen. Eschborn

Balzert, H. (1982) Die Entwicklung von Softwaresystemen – Prinzipien, Methoden, Sprachen, Werkzeuge. BI-Wissenschaftsverlag, Mannheim

Bässmann, H., Besslich, P. W. (1993) Bildverarbeitung Ad Oculos, 2. Aufl. Springer, Berlin Heidelberg New York

Bender, K. (Hrsg.) (1992) Profibus. Der Feldbus für die Automation, 2. überarb. Aufl. Hanser, München Wien

Besslich, P. W., Tian, L. (1990) Diskrete Orthogonaltransformationen. Springer, Berlin Heidelberg

Borst, W. (1992) Der Feldbus in der Maschinen und Anlagentechnik. Die Anwendung der Feldbus-Norm bei Entwicklung und Einsatz von Mess- und Stellgeräten. Franzis, München

Craig, J.-J. (1989) Introduction to Robotics. Second Ed. Addison-Wesley

Crosby, P. B. (1972) The art of getting your own sweet way. McGraw-Hill, New York

Crosby, P. B. (1989) Let's talk quality. McGraw-Hill, New York

Denavit, J., Hartenberg, R. S. (1955) A kinematic notation for lower-pair mechanisms based on matrices. ASME J. Applied Mechanics 22, pp. 215–221

Desel, J., Reisig, W., Rozenberg, G. (Hrsg.) (2004) Lectures on Concurrency and Petri Nets. Advances in Petri Nets. In: Lecture Notes in Computer Science, Vol. 3098, Springer

Dietrich, D. (1997) Der Feldbus – eine Technologie im Umbruch. Elektrotechnik und Informationstechnik. 114, H. 5, pp. 223–224

Dietrich, D., Loy, D., Schweinzer, H.-J. (1999) LON-Technologie. Verteilte Systeme in der Anwendung, 2., überarb. Aufl. Hüthig, Heidelberg

Dretske, F. I. (1981) Knowledge and the flow of information. MIT Press, Cambridge, Massachusetts

Epple, U. (1994) Die leittechnische Anlage und ihre Elemente: Prozessleitsysteme. In: Polke (Hrsg.) Prozessleittechnik. Oldenbourg, München

412

Eversheim, W., Schuh, G. (Hrsg.), Hütte, Akademischer Verein (Hrsg.) (1996) Betriebshütte, Produktion und Management 2., 7. Aufl. Springer, Berlin

Favre-Bulle, B. (2001) Information und Zusammenhang. Informationsfluß in Prozessen der Wahrnehmung, des Denkens und der Kommunikation. Springer, Wien New York

Feigenbaum, A. (1991) Total Quality Control, 3. Aufl. McGraw-Hill, New York

Felser M., Sauter, T. (2002) The Fieldbus War: History or Short Break between Battles?, IEEE International Workshop on Factory Communication Systems (WFCS), Västerås, 28.–30. Aug. 2002, pp. 73–80

Föllinger, O. (1991) Nichtlineare Regelungen II, 6. Aufl. Oldenbourg, München

Föllinger, O. (1994) Regelungstechnik. Einführung in die Methoden und ihre Anwendung, 8., überarb. Aufl. Hüthig, Heidelberg

Ford, H. (1923) Mein Leben und Werk. Unter Mitwirkung von Samuel Crowther, 26. Aufl., einzig autoris. dt. Ausg. von Curt und Marguerite Thesing. Leipzig

Gevatter, H.-J. (Hrsg.) (1999) Handbuch der Meß- und Automatisierungstechnik. Springer, Berlin Heidelberg New York

Hackstein, R. (1989) Produktionsplanung und -steuerung, 2., überarb. Aufl. VDI, Düsseldorf

Hamming, R. W. (1986) Coding and information theory, 2. Aufl. Prentice Hall, Englewood Cliffs, New Jersey

Helberg, P. (1987) PPS als CIM-Baustein. Erich Schmidt, Berlin

Horowitz, I. M. (1963) Synthesis of Feedback Systems. Academic Press, New York

IEC (2001) International Electrotechnical Commission – IEC SC65C WG7: "Function blocks for process control – Part 1 Overview of system aspects", Committee Draft for Vote, Geneva

Ignatowitz, E. (1982) Chemietechnik. Verlag Europa-Lehrmittel, Wuppertal

Internationale Vereinigung für soziale Sicherheit (IVVS) (1990): PAAG-Verfahren (HAZOP) Hrsg.: IVVS, Heidelberg

Isermann, R. (1977) Digitale Regelsysteme. Springer, Berlin

Ishikawa, K. (1985) What Is Total Quality Control? The Japanese Way. Prentice-Hall, Englewood Cliffs, New Jersey

Jähne, B. (2002) Digitale Bildverarbeitung, 5., überarb. u. erw. Aufl. Springer, Berlin Heidelberg

Janocha, H. (1992) Aktoren. Grundlagen und Anwendungen. Springer, Berlin Heidelberg New York

John, K.-H., Tiegelkamp, M. (2001) IEC 61131-3: Programming Industrial Automation Systems. Springer, Berlin Heidelberg

Keßler, H., Winkelhofer, G. A. (2004) Projektmanagement. Leitfaden zur Steuerung und Führung von Projekten, 4., überarb. Aufl. Springer, Berlin

Kleppmann, W., (2001) Taschenbuch der Versuchsplanung. Produkte und Prozesse optimieren, 2., erw. Aufl. Hanser, München Wien

Krebs, H. (1988) Entwurf und quantitative Beschreibung diversitärer Software. Verlag TÜV Rheinland, Köln

Kuhlen, R. (1995) Informationsmarkt: Chancen und Risiken der Kommerzialisierung von Wissen. Universitätsverlag Konstanz, Konstanz (Schriften zur Informationswissenschaft Bd. 15)

Kurbel, K. (1999) Produktionsplanung und -steuerung. Methodische Grundlagen von PPS-Systemen und Erweiterungen. Oldenbourg, München Wien

Lauber, R. (1981) Zuverlässigkeit und Sicherheit in der Prozessautomatisierung. Informatik-Fachberichte Bd. 39. Springer, Berlin Heidelberg

Lauber, R., Göhner, P. (1999a) Prozeßautomatisierung 1. Automatisierungssysteme und -strukturen, Computer- und Bussysteme für die Anlagen- und Produktautomatisierung, Echtzeitprogrammierung und Echtzeitbetriebssysteme, Zuverlässigkeits- und Sicherheitstechnik, 3., völl. neuberab. Aufl. Springer, Berlin Heidelberg New York

Lauber, R., Göhner, P. (1999b) Prozeßautomatisierung 2. Modellierungskonzepte und Automatisierungsverfahren, Softwarewerkzeuge für den Automatisierungsingenieur, Vorgehensweisen in den Projektphasen bei der Realisierung von Echtzeitsystemen. Springer, Berlin Heidelberg New York

Lewis, H. L., Papadimitriou, Ch. H. (1981) Elements of the Theory of Computation. Prentice-Hall

Litz, L. (1998) Grundlagen der Sicherheitsgerichteten Automatisierungstechnik. at Automatisierungstechnik 46, Heft 2

Lüth, T. (1998), Technische Multiagentensysteme. Verteilte autonome Roboter- und Fertigungssysteme. Hanser

MacKay, D. J.-C. (2003) Information Theory, Inference, and Learning Algorithms. Cambridge University Press

Magin, R., Wüchner, W. (1987) Digitale Prozessleittechnik. Vogel, Würzburg

Matyas, K. (2001) Taschenbuch Produktionsmanagement. Planung und Erhaltung optimaler Produktionsbedingungen. Hanser, München Wien

Mauth, R. (1998) Mission Critical Components – ERP Systems are embracing component technology, so you can maintain applications quicker and easier. Byte, May 1998

Mertens, P. (1997) Integrierte Informationsverarbeitung 1. Administrations und Dispositionssysteme in der Industrie, 11. Aufl. Gabler, Wiesbaden

Minsky, M., Papert, S. (1969) Perceptrons, an introduction to Computational Geometry. MIT Press, Cambridge, Massachusetts

Mossakowski, T., Holsten, Ch., Janneck, J. (1988) Programmieren mit Turbo Prolog: Theorie und Praxis der logischen Programmierung. Markt und Technik

Neumann, v., J. (1945) First Draft of a Report on the EDVAC. Moore School of Electrical Engineering, University of Pennsylvania

Niebuhr, J., Lindner, G. (2002) Physikalische Messtechnik mit Sensoren, 5., überarb. Aufl. Oldenbourg, München

Pallaske, Z. (1992) Prozessmodelle. In: Prozessleittechnik (M. Polke, Hrsg.). Oldenbourg, München Wien

Park, Y., Kim, S. (2003) On the Application of UML to Designing On-line Business Model, Idea Group Inc.

414

Pichler, A., Vincze, M., Andersen, H., Madsen, O. Häusler, K. (2002) Automatic Robot Painting of Parts in Batch Size One. VDI Berichte 1679, pp. 23–26

Polke, M. (Hrsg.), Ahrens, W. (1994) Prozessleittechnik, 2. Aufl. Oldenbourg, München Wien.

Prechtl, P., Burkard F.-P. (1996) Metzler-Philosophie-Lexikon: Begriffe und Definitionen. Metzler, Stuttgart

Profos, P., Pfeifer, T. (1992) Handbuch der industriellen Messtechnik, 5., überarb. u. erw. Aufl. Oldenbourg, München Wien

Reisig, W. (1986) Petrinetze. Eine Einführung, 2. Aufl. Springer

Rich, E., Knight, K. (1991) Artificial intelligence, 2. Aufl. McGraw-Hill, New York

Roschmann, K. (1990) Stand und Entwicklungstendenzen der Betriebsdatenerfassung im CIM-Konzept, in: H. Krallmann (Hrsg.) CIM – Expertenwissen für die Praxis, München Wien

Rosenblatt, F. (1957) The perceptron: A perceiving and recognizing automaton (Project PARA). Technical Report 85–460–1, Cornell Aeronautical Laboratory

Rosenblatt, F. (1962) Principles of Neurodynamics: Perceptrons and the Theory of Brain Mechanisms. Spartan Books, Washington DC

Russel S. J., Norvig P. (1995) Artificial intelligence: a modern approach, Prentice Hall, Englewood Cliffs, New Jersey

Sauter, T., Felser M. (1999) The importance of being competent – the role of competence centres in the fieldbus world, FeT '99 Fieldbus Technology, Magdeburg, September 1999, Springer, pp. 299–306

Scheer, A.-W. (1990) CIM Computer Integrated Manufacturing. Der computergesteuerte Industriebetrieb, 4., neu bearb. u. erw. Aufl. Springer, Berlin Heidelberg New York

Schilling, R. (1990) Fundamentals of robotics. Analysis and control. Prentice-Hall, Englewood Cliffs

Schnell, G. (Hrsg.) et al. (1996) Bussysteme in der Automatisierungstechnik, 2., überarb. Aufl. Vieweg, Wiesbaden

Schraft, R. D., Kaun, R. (1998) Automatisierung der Produktion. Erfolgsfaktoren und Vorgehen in der Praxis. Springer, Berlin Heidelberg New York

Schrödl, M. (1996) Sensorless Control of AC Machines at Low Speed and Standstill Based on the INFORM Method. Conference Record of the 31st IEEE IAS Meeting, San Diego (USA), 6.–10. Oct. 1996, Vol. 1, pp. 270–277

Sciavicco, L., Siciliano, B. (2000) Modelling and Control of Robot Manipulators, 2. Aufl. Springer, London Berlin Heidelberg

Seidel, D., Mey, M. (1994) IMS – Holonic Manufacturing Systems: Glossary of Terms, In: Seidel D., Mey M. (Hrsg.), IMS – Holonic Manufacturing Systems: Strategies Vol. 1, March, IFW, University of Hannover, Germany.

Seiffert, U. (2001) Automobile Elektronik – Zukünftige Anforderungen an die Kraftfahrzeug-Elektrik/Elektronik, Elektronik Automotive, 9/2001, pp. 84–87

Shannon, C. E. (1948) A mathematical theory of communication. Bell System Technical Journal 27: 379–423, 623–656

Spur, G. (Hrsg.), Auer, B. H., Sinnig, H. (1982) Industrieroboter. – Steuerung, Programmierung und Daten von flexiblen Handhabungseinrichtungen. Callwey, München

Takahashi, Y., Rabins, M. J., Auslander, D. M. (1970) Control and dynamic systems. Addison-Wesley, Reading, Mass.

Thompson, R. F. (1990) Das Gehirn: von der Nervenzelle zur Verhaltenssteuerung, 2. Aufl. Spektrum Akademischer Verlag, Heidelberg

Tränkler, H.-R., Obermeier, E. (Hrsg.) (1989) Sensortechnik. Handbuch für Praxis und Wissenschaft. Springer, Berlin Heidelberg New York

Tribus, M. (1961) Thermostatics and thermodynamics. Van Nostrand Company, Princeton, New Jersey

Walke, B. (1987) Datenkommunikation 1, Teil 1. Verteilte Systeme, ISO/OSI-Architekturmodell und Bitübertragungsschicht. Hüthig, Heidelberg

Warnecke, H.-J. (1996) Die Fraktale Fabrik. Revolution der Unternehmenskultur. Springer, Berlin Heidelberg

Warnecke, H.-J., Becker, H.-D., Pirron, J. (1995) Weg zur rechnerintegrierten Produktion. Beuth, Berlin Wien Zürich

Weinmann, A. (1995) Regelungen. Analyse und technischer Entwurf. Band 2: Multivariable, digitale und nichtlineare Regelungen; optimale und robuste Systeme, 3., überarb. u. erw. Aufl. Springer, Wien New York

Weinmann, A. (1999) Computerunterstützung für Regelungsaufgaben. Springer, Wien New York

Wiendahl, H.-P. (1997) Betriebsorganisation für Ingenieure, 4. Aufl. Hanser, Wien München

Womack J. P., Jones, D. T. und Roos, D. (1991) Die zweite Revolution in der Automobilindustrie. Campus, Frankfurt a. M., New York

Zadeh, L. A. (1992) Fuzzy logic: advanced concepts and structures. IEEE, Piscataway, New York

Zadeh, L. A. (1994) Soft Computing and Fuzzy Logic. IEEE Software, vol. 11, no. 6, 48–56.

Zeichen, G., Fürst, K. (2000) Automatisierte Industrieprozesse. Springer, Wien New York

Zwicky, F. (1989) Entdecken, Erfinden, Forschen im Morphologischen Weltbild. 2. Aufl. (reprint) Baeschlin, Glarus

**Weiterführende Literatur**

Amberg, M. (1999) Prozeßorientierte betriebliche Informationssysteme. Methoden, Vorgehen und Werkzeuge zu ihrer effizienten Entwicklung. Springer, Berlin

Asada H.; Slotine J.-J. E. (1986) Robot Analysis and Control. John Wiley & Sons, New York Chichester Brisbane Toronto Singapore

Bonfig, K. W. (1992) Feldbus-Systeme. Expert, Ehningen

Brooks, V. B. (1981) Handbook of physiology: the nervous system. Bethesda, Maryland

416

Devlin, K. (1993) Infos und Infone: die mathematische Struktur der Information. Birkhäuser, Basel

Dietrich, D., Schweinzer, H. (Hrsg.) (1997) Feldbustechnik in Forschung, Entwicklung und Anwendung. Beiträge zur Feldbustagung FeT '97 in Wien, 13.–14. Oktober 1997. Springer, Wien

Favre-Bulle B., Khachatouri Yeghiazarians, V. (1996) Manipulator Structures with Kinematic Redundancy and Biokinematic Properties for Object Grasping. In: Proc. of the 27th International Symposium on Insdustrial robots, Oct. 6–8, 1996, Milan, ISIR 96

Favre-Bulle, B., Busch, Ch., Feurstein, R. (2002) Bionic Solutions for Planar Tentacle Grippers. Int. Journ. of Automation Austria, IJAA, Jg. 10, H. 1, pp. 125–139

Früh, K. F. (Hrsg.), Ahrens, W. (1997) Handbuch der Prozeßautomatisierung. Prozeßleittechnik für verfahrenstechnische Anlagen. Oldenbourg, München, Wien

Hofstadter, D. R. and the Fluid Analogies Research Group (1995) Fluid concepts and creative analogies: computer models of the fundamental mechanisms of thougt. Basic Books, New York

Hopfield, J. J. (1982) Neural networks and physical systems with emergent collective computational abilities. Proceedings of the National Academy of Science USA 79: 2554–2558

Hubermann, B. A., Hogg, T. (1986) Complexity and adaption. Physica 22D: 376–384

Koether, R. (2001) Technische Logistik. 2. Aufl., Hanser, München Wien

Kohonen, T. (1982) Self-organized formation of topologically correct feature maps. Biological Cybernetics 43: 59–69

Minsky, M. (1975) A framework for representing knowledge. In: P. Winston (Hrsg.), The psychology of computer vision. McGraw-Hill, New York

Neumann, v., J. (1958) The computer and the brain. Yale Univ. Press

Niemann, H. (1974) Methoden der Mustererkennung. Akademische Verlagsgesellschaft, Frankfurt a. M.

Österle, H., Brenner, W., Hilbers, K. (1991) Unternehmensführung und Informationssystem. Der Ansatz des St. Galler Informationssystem-Managements. Teubner, Stuttgart

Pickhardt, R., Mildenberger, O. (Hrsg.) (2000) Grundlagen und Anwendung der Steuerungstechnik. Petri-Netze, SPS, Planung. Vieweg, Braunschweig

Prechtl, A. (1994) Vorlesungen über die Grundlagen der Elektrotechnik Bd. 1 und 2. Springer, Wien New York

Shastri, L. (1993) A computational model of tractable reasoning: taking inspiration from cognition. In: Proceedings of the Thirteenth International Joint Conference on Artificial Intelligence. Morgan Kaufmann, San Mateo, Kalifornien

Weber, W. (2002) Industrieroboter. Methoden der Steuerung und Regelung. Hanser, München, Wien

Wiener, N. (1948) Cybernetics: control and communication in the animal and the machine. Wiley, New York

Wiener, N. (1963) Kybernetik: Regelung und Nachrichtenübertragung im Lebewesen und in der Maschine, 2. rev. und erg. Aufl. Econ, Düsseldorf

Wöltge, M. (1991) Betriebsorganisation. Vogel, Würzburg

# Sachverzeichnis

SpringerWirtschaft

Bernard Favre-Bulle

# Information und Zusammenhang

Informationsfluß in Prozessen der Wahrnehmung,
des Denkens und der Kommunikation

2001. XII, 271 Seiten. 118 Abbildungen.
Broschiert **EUR 34,50**, sFr 53,50
ISBN 3-211-83468-0

Im Zeitalter der elektronischen Medien ist „Information" zu einem schil-
lernden Schlagwort geworden. Sie legt die Basis für Entscheidungsprozesse und bestimmt unser Denken und Handeln. Doch was ist Information und wie funktioniert sie? Das Buch stellt das Thema erstmals aus
der Sicht der Informationstheorie, der Wahrnehmung, des Denkens und
der Sprache dar. Auf interdisziplinärer Ebene wird der Informationsbegriff
erarbeitet. Wie erlangen Daten Sinn und Bedeutung?

Das Werk behandelt die Natur der Informationsflüsse und diskutiert die
Rolle des Kontextes. Zahlreiche Beispiele und Abbildungen unterstützen
die Erläuterungen. Anhand des Japanischen wird der dramatische Einfluss des sprachlichen Kontextes auf die inhaltliche Interpretation verdeutlicht. Der Leser erhält Einblicke in die Mechanismen der Informationsflüsse und kann damit rascher die richtigen Entscheidungen treffen.
Er vermeidet Missverständnisse, indem er die Rolle des Zusammenhangs
in seinen Denkprozessen beachtet.

SpringerWienNewYork

P.O. Box 89, Sachsenplatz 4–6, 1201 Wien, Österreich, Fax +43.1.330 24 26, books@springer.at, **springer.at**
Haberstraße 7, 69126 Heidelberg, Deutschland, Fax +49.6221.345-4229, orders@springer.de, springer.de
P.O. Box 2485, Secaucus, NJ 07096-2485, USA, Fax +1.201.348-4505, orders@springer-ny.com, springeronline.com
Eastern Book Service, 3–13, Hongo 3-chome, Bunkyo-ku, Tokyo 113, Japan, Fax +81.3.38 18 08 64, orders@svt-ebs.co.jp
Preisänderungen und Irrtümer vorbehalten.

SpringerPhysik

Georg A. Reider

# Photonik

Eine Einführung in die Grundlagen

**Zweite, überarbeitete und erweiterte Auflage.**
2004. XII, 386 Seiten.
Broschiert etwa **EUR 45,–**, sFr 76,50
ISBN 3-211-21901-3

Die Photonik beschäftigt sich mit der kontrollierten Erzeugung, Ausbreitung, Manipulation und Detektion von – vorwiegend kohärenten – Lichtfeldern. Der Begriff ist nicht nur in Anlehnung an die Elektronik gebildet, in zahlreichen Anwendungen (Nachrichten-, Daten-, Displaytechnik oder Sensorik) gehen Photonik und Elektronik tatsächlich eine intensive Verbindung ein.

Das Buch vermittelt ein fundiertes Verständnis dieses modernen Wissensgebietes, von den physikalischen Grundlagen bis hin zur Ebene der photonischen „Bauelemente": Laser, Verstärker, Wellenleiter, Modulatoren und Schalter, Interferometer, Detektoren etc. Dabei werden nicht nur die Grundkonzepte dargestellt, sondern auch leistungsfähige Formalismen zur Analyse photonischer Prozesse eingeführt. Damit liefert das Buch für Physiker und Techniker einen umfassenden Überblick und das Rüstzeug zur Einarbeitung in Spezialgebiete der Angewandten Optik, wie Nachrichtentechnik, Lasermaterialbearbeitung, Sensorik und medizinische Laseranwendungen.

SpringerWienNewYork

P.O. Box 89, Sachsenplatz 4–6, 1201 Wien, Österreich, Fax +43.1.330 24 26, books@springer.at, **springer.at**
Haberstraße 7, 69126 Heidelberg, Deutschland, Fax +49.6221.345-4229, orders@springer.de, springer.de
P.O. Box 2485, Secaucus, NJ 07096-2485, USA, Fax +1.201.348-4505, orders@springer-ny.com, springeronline.com
Eastern Book Service, 3–13, Hongo 3-chome, Bunkyo-ku, Tokyo 113, Japan, Fax +81.3.38 18 08 64, orders@svt-ebs.co.jp
Preisänderungen und Irrtümer vorbehalten.

## Springer und Umwelt